인류의 미래

화성 개척, 성간여행, 불멸, 지구를 넘어선 인간에 대하여

인류의 미래

미치오 카쿠

박병철 옮김

THE FUTURE OF HUMANITY　김영사

인류의 미래

1판 1쇄 발행 2019. 5. 3.
1판 2쇄 발행 2019. 5. 4.

지은이 미치오 카쿠
옮긴이 박병철

발행인 고세규
편집 이승환 | 디자인 윤석진
발행처 김영사
등록 1979년 5월 17일(제406-2003-036호.)
주소 경기도 파주시 문발로 197(문발동) 우편번호 10881
전화 마케팅부 031)955-3100, 편집부 031)955-3200, 팩스 031)955-3111

값은 뒤표지에 있습니다.
ISBN 978-89-349-9537-1 03440

홈페이지 www.gimmyoung.com   블로그 blog.naver.com/gybook
페이스북 facebook.com/gybooks   이메일 bestbook@gimmyoung.com

좋은 독자가 좋은 책을 만듭니다.
김영사는 독자 여러분의 의견에 항상 귀 기울이고 있습니다.

이 도서의 국립중앙도서관 출판시도서목록(CIP)은 서지정보유통지원시스템 홈페이지
(http://seoji.nl.go.kr)와 국가자료공동목록시스템(http://www.nl.go.kr/kolisnet)에서
이용하실 수 있습니다.(CIP제어번호 : CIP2019012951)

나의 사랑하는 아내 시즈에,
그리고 두 딸 미셸과 앨리슨에게

7만 5천 년 전의 어느 날, 단 하나의 사건으로 대부분의 인류가 지구에서 사라졌다.[1]

인도네시아의 토바Toba 화산이 폭발하여 거대한 재구름이 하늘을 가렸고, 온갖 파편들이 수천 km까지 날아가 땅 위의 모든 것을 뒤덮었다. 그것은 지난 2,500만 년을 통틀어 가장 강력한 폭발이었으며, 화산을 중심으로 2,700km³에 달하는 공간이 먼지로 가득찼다. 이 폭발로 인해 말레이시아와 인도의 상당한 지역까지 화산재가 9m 높이로 쌓였고, 유독가스와 먼지가 바람을 타고 아프리카까지 날아와 모든 생명체를 전멸시켰다.

이 엄청난 재앙이 지구를 휩쓸었던 당시의 상황을 머릿속으로 상상해보자. 우리의 선조들은 하늘을 덮은 회색 재구름과 타는 듯한 열기속에서 완전히 공포에 질렸을 것이다. 폭발 초기에는 많은 사람들이 질식하거나 유독가스에 희생되었고, 얼마 후 기온이 급강하하면서 소위 말하는 '화산겨울volcanic winter'이 찾아와 눈에 보이는 모든 초목과 야생동물이 사라졌다. 그 와중에 살아남은 사람과 동물들은 초토화된 땅에서 먹을 것을 찾기 위해 사투를 벌여야 했으며, 대부분은 추위와 굶주림에 시달리다가 서서히 죽어갔다. 생명체뿐만 아니라 지구

자체가 최후를 맞이한 것 같았다. 끝까지 살아남은 극소수 사람들의 목표는 단 하나, 세상에 드리운 죽음의 커튼을 피해 가능한 한 먼 곳으로 도망가는 것이었다.

이 초대형 재난의 흔적은 우리의 혈통 속에 고스란히 남아 있다.[2] 유전학자들은 무작위로 추출한 두 사람의 DNA가 거의 똑같다는 놀라운 사실을 알아냈다. 임의로 추출한 침팬지 두 마리의 DNA 차이는 지구상에서 가장 다른 두 사람의 DNA 차이보다 크다. 다시 말해서, 인간의 개인차가 침팬지의 개인차보다 훨씬 작다는 뜻이다. 이 현상을 설명하려면 '현 인류의 조상은 침팬지보다 훨씬 적은 수에서 출발했다'고 가정하는 수밖에 없다. 그렇다면 토바 화산이 폭발한 후 끝까지 살아남은 사람들(약 2천 명)이 현생인류의 조상인 셈이다. 이 지저분하고 초라한 소규모의 인간들이 바로 아담과 이브이며, 76억에 달하는 세계인구의 직계조상이다. 자고로 조상이 다양해야 후손도 다양한 법인데, 웬만한 호텔에 집단투숙이 가능한 인원에서 시작하여 76억의 후손이 탄생했으니 서로 형제자매처럼 닮을 수밖에 없다. 다행히도 우리의 조상은 그 끔찍한 재난을 이겨내고 살아남을 만큼 육체적, 정신적으로 강인한 사람들이었다.

아무것도 없는 불모의 땅에서 하루를 연명하기 위해 사투를 벌였던 그들은 훗날 지구 곳곳에 수십억의 후손들이 북적대리라고는 상상도 못했을 것이다.

오늘날 우리는 7만 5천 년 전에 일어났던 사건이 앞으로 다가올 대재앙의 리허설에 불과하다는 사실을 잘 알고 있다. 지난 1992년에 "멀리 떨어진 별 근처에서 행성이 발견되었다"는 소식을 듣고 깜짝 놀랐던 기억이 난다. 이로써 우리의 태양계 바깥에도 행성이 존재한다는 주장이 사실로 확인되었으며, 우주를 바라보는 관점도 크게 달라졌다. 그러나 얼마 후에 날아온 뉴스는 다소 실망스러웠다. 그 외계 행성은 이미 초신성 폭발을 겪고 수명을 다한 펄서pulsar(짧은 주기로 전파를 방출하면서 빠르게 자전하는 중성자별_옮긴이) 주변을 돌고 있어서, 한때 생명체가 존재했다 해도 지금까지 살아 있을 가능성은 전혀 없다고 했다. 제아무리 질긴 생명체라 해도, 가까운 별에서 터져 나오는 핵에너지를 견뎌낼 수는 없기 때문이다.

그때 내 머릿속에는 다음과 같은 생각이 떠올랐다. 그 행성에 고도의 문명을 가진 생명체가 살고 있었다면, 폭발을 앞둔 태양을 바라보며 죽을 날만 조용히 기다리지는 않았을 것이다. 그들은 모든 자원과 기술을 총동원하여 긴 세월 동안 대규모 우주선함대를 만들고, 별이 폭발하기 직전에 새로운 행성을 찾아 대대적인 탈출을 감행했을 것이다. 절망과 공포에 휩싸인 수많은 생명체들이 탈출 마감시간에 임박하여 마지막 남은 우주선 몇 자리를 확보하기 위해 다투는 모습을 상상해보라. 그 상황은 문자 그대로 아비규환 아수라장이었을 것이다. 게다가 끝내 우주선에 타지 못하고 행성에 남겨진 생명체들은 어떤 심정이었을지, 생각만 해도 끔찍하다.

지구에 사는 우리도 언젠가는 이들과 비슷한 종말을 맞이하게 될 것이다. 이것은 심판이나 징벌이 아니라, 물리법칙에 의해 이미 정해진 사실이다. 과연 우리는 7만 5천 년 전의 선조들처럼 재난을 극복하고 끝까지 살아남을 수 있을까?

미세한 박테리아에서 고층건물처럼 솟은 나무와 육중한 공룡, 그리고 가장 똑똑한 인간에 이르기까지, 지구에 존재해왔던 수많은 생명체들 중 99.9%는 이미 멸종했다. 즉, 멸종은 지극히 자연스러운 현상이며, 인류가 끝까지 생존할 확률은 별로 높지 않다는 이야기다. 지금 당장 발밑을 파서 화석이 있는 곳까지 도달하면 고대에 존재했던 생명체의 흔적을 어렵지 않게 찾을 수 있다. 지금 생존하는 생명체는 그들 중 극히 일부에 불과하다. 과거에 수백만 종의 생명체들이 이 땅에서 햇빛을 받으며 번성하다가 속절없이 사라져갔다. 생명이란 원래 그런 것이다.

장엄하면서도 로맨틱한 석양과 바닷바람의 상큼한 냄새, 그리고 오색찬란한 가을단풍이 제아무리 아름답고 소중하다 해도, 언젠가는 이 땅에서 완전히 사라지고 지구는 인간이 살 수 없는 불모지로 변할 것이다. 과거에 멸종한 생명체에게 그랬던 것처럼, 자연은 결국 인간에게도 등을 돌릴 것이다.

지구의 생명체가 적대적인 환경에 처했을 때 그들이 할 수 있는 일이란 (1) 열악한 환경에서 탈출하여 살 만한 곳을 찾거나, (2) 주어진 환경에 적응하거나, (3) 멸종하는 수밖에 없다. 그러나 먼 훗날 찾아올 재앙은 정도가 너무 심하여 적응이 불가능할 수도 있다. 그렇다면 남는 것은 지구를 탈출하거나 멸종하는 것뿐이다. 다른 선택은 없다.

이런 재앙은 과거에 여러 번 반복되었으며, 미래에도 반드시 일어날 것이다. 지구는 이미 다섯 차례에 걸쳐 대량멸종을 겪었고, 그 와중에 90%의 생명체가 종적을 감추었다. 낮이 지나면 밤이 찾아오는 것처럼, 대량멸종 사건은 앞으로도 반드시 일어날 것이다.

수십 년의 짧은 주기로 봐도, 인류는 어리석고 근시안적인 판단을 연발하며 스스로 위험을 자초했다. 화석연료에 기인한 지구온난화와 일부 불안정한 지역에서 대두되고 있는 핵무기의 위협이 그 대표적 사례이다. 단순한 기침이나 재채기를 통해 감염되도록 무기화된 세균도 인류를 심각하게 위협하고 있다. 이들이 본격적으로 창궐하면 세계인구의 98%가 사망할 것으로 추정된다. 게다가 폭증하는 인구와 함께 날로 고갈되어가는 자원도 큰 걱정거리로 남아 있다. 미래의 어느 날, 모든 자원이 고갈되어 '환경적 종말'이 닥치면 우리의 후손들은 마지막 남은 자원을 확보하기 위해 사투를 벌일 것이다.

스스로 책망하고 반성한다 해도 소용없다. 인류가 자초한 기후변화 외에, 제어 가능한 범위를 벗어난 자연재해가 닥칠 수도 있기 때문이다. 그중에서 가장 빈번하게 나타나는 것은 수천 년을 주기로 반복되는 빙하기이다. 지난 10만 년 동안 지구의 대부분은 두께 800m의 단단한 얼음으로 뒤덮여 있었고, 이 황량한 환경에서 많은 생명체들이 멸종했다. 그리고 1만 년 전에는 갑자기 기온이 높아져서 얼음이 녹아내린 덕분에 인류는 지구 곳곳에 진출하여 고대문명을 건설할 수 있었다. 그러나 지금은 두 빙하기 사이에 낀 간빙기間氷期일 뿐이며, 앞으로 10만 년 이내에 또 다른 빙하기가 찾아올 것이다. 그때가 되면 모든 도시들은 두터운 눈에 덮이고, 현대문명은 얼음에 깔려 자취를 감출 것이다.

또한 미국 옐로스톤 국립공원Yellowstone National Park의 슈퍼 화산도 언제 폭발할지 아무도 알 수 없다. 이 초대형 화산이 폭발하면 미국대륙이 갈라지고 지구 전체가 화산재와 먼지로 뒤덮일 것이다. 옐로스톤 화산은 63만 년 전과 130만 년 전, 그리고 210만 년 전에 폭발한 전력이 있으니 폭발 주기는 약 70만 년이다. 그러므로 앞으로 10만 년 안에 폭발할 가능성이 매우 높다.

시간 스케일을 100만 년 단위로 늘리면 또 다른 재앙의 주기가 눈에 들어온다. 6,500만 년 전에 공룡을 멸종시킨 소행성 충돌이 바로 그것이다. 그 당시에 직경 10km짜리 소행성이 멕시코의 유카탄반도 Yucatán peninsula에 추락하여 토바 화산 폭발 때보다 훨씬 많은 불덩어리와 파편이 지구 전역에 흩날렸고, 재구름이 태양을 가리는 바람에 대부분의 식물이 광합성을 하지 못하여 서서히 죽어갔다. 그다음 일은 불을 보듯 뻔하다. 식물은 먹이사슬의 기초를 떠받치는 생명군이므로 이들이 없으면 초식동물이 굶어죽고, 초식동물이 없으면 육식동물도 굶어죽는다. 그리하여 공룡을 비롯한 지구의 생명체들은 마치 도미노가 쓰러지듯 연쇄적으로 사라져갔고, 이 하나의 사건으로 생명체의 90%가 멸종했다.

지난 수천 년 동안 인류는 지구가 사격장을 방불케 하는 우주공간에서 위험하게 표류하고 있다는 사실을 까맣게 모르는 채 마음 편하게 살아왔다. 그러나 지난 수십 년 사이에 과학자들은 공룡을 멸종시킨 충돌사건이 언제든지 재발할 수 있음을 깨달았다. 지구의 공전궤도와 교차하는 궤도를 따라 움직이는 천체를 '지구근접천체near-Earth object, NEO'라 하는데, 2017년에 공개된 관측데이터에 의하면 무려 16,294개나 된다. 망원경에 잡힌 것만 이 정도니, 실제로는 태양계 안에서 수백만 개의 혜성과 소행성들이 지구를 위협하고 있을 것이다.

언젠가 내가 천문학자 칼 세이건과 인터뷰를 하면서 소행성과 출동할 가능성을 물었더니 곧바로 이런 답이 돌아왔다. "그냥 우리가 우주적 규모의 사격장 안에서 살고 있다고 보면 됩니다. 큰 소행성이 지구에 떨어지는 건 기정사실입니다. 단지 시기가 문제일 뿐이죠." 그때가 되어 문제의 소행성들이 망원경에 잡힌다면, 수천 개의 점들이 죽음의 전령처럼 지구를 향해 돌진하는 끔찍한 광경을 목격하게 될 것이다.

이 모든 위험을 운 좋게 피해간다 해도, 도저히 피할 수 없는 결정타가 남아 있다. 앞으로 50억 년이 지나면 태양은 적색거성이 되어 부피가 점점 커지다가 수성과 금성, 그리고 지구까지 삼켜버릴 것이다. 용광로보다 뜨거운 태양의 대기 속으로 지구가 유입되면 분자구조가 분해되면서 모든 것이 증발하고, 생명체는 흔적도 없이 사라진다.

다른 동물들은 다가올 재앙을 무력하게 기다릴 수밖에 없겠지만 인간만은 예외이다. 우리에게는 운명을 바꿔줄 첨단 과학이 있기 때문이다. 지구생명체의 99.9%가 멸종한다 해도, 인간은 나머지 0.01% 안에 속할 수 있다. 독자들은 이 책을 읽으면서 에너지와 통찰력, 그리고 주어진 자원을 십분 활용하여 인류의 운명을 바꾸기 위해 노력하는 선구자들을 만나게 될 것이다. 그들 중에는 인류가 지구를 버리고 우주로 진출해도 얼마든지 번성할 수 있다고 믿는 사람도 있다. 과연 우리는 종말이 다가왔을 때 첨단 과학기술을 이용하여 지구를 떠나 태양계의 다른 행성으로 이주할 수 있을까? 또는 태양이 수명을 다했을 때 태양계를 벗어나 외계행성으로 삶의 터전을 옮길 수 있을까? 지금부터 그 가능성을 철저히 분석해보고자 한다.

역사를 돌아보면 인간은 생명을 위협하는 중대한 사건에 직면할 때마다 인간성humanity(인간만이 갖고 있는 특성. '인간애'나 '인정'이 아니라, 위기를 극복하려는 인간 특유의 기질을 의미함_옮긴이)을 십분 발휘하여 위기를 슬기롭게 극복해왔고, 더욱 큰 목적을 이루기도 했다. 어떤 면에서 보면 탐험정신은 인간의 유전자에 각인된 본성일지도 모르겠다.

그러나 지금 우리는 '지구를 떠나 우주로 진출해야 한다'는 역사상 가장 큰 도전에 직면해 있다. 물리법칙은 거짓말을 하지 않는다. 결국 인류는 생존을 위협하는 위기에 봉착하게 될 것이다.

하나의 행성에 묶여서 눈을 지그시 감고 자비를 바라며 종말을 기다릴 수는 없다. 지극히 인간 중심적인 발상이긴 하지만, 우리가 아는 한 인간의 생명은 우주에서 가장 소중하기 때문이다.

칼 세이건은 종말 대책을 논하면서 "우리에게는 일종의 보험이 필요하다. 인류는 두 개의 행성에 적응하는 종two planet species이 되어야 한다"고 강조했다. 다시 말해서, 만일의 경우에 대비하여 두 번째 계획 필요하다는 뜻이다.

이 책에서는 재난을 극복했던 과거의 사례들을 돌아보고, 눈앞에 닥친 재앙을 극복하는 방법을 다각도로 살펴볼 것이다. 결코 쉬운 일은 아니지만 우리에게는 다른 선택의 여지가 없다.

7만 5천 년 전에 멸종위기를 간신히 넘긴 우리의 선조들은 개척정신을 발휘하여 초토화된 지구를 서식 가능한 행성으로 서서히 개조해나갔다. 나는 이 책을 통해 미래에 직면하게 될 어려운 문제들을 미리 짚어보고, 단계적으로 해결책을 제시하고자 한다. 아마도 인간은 별들 사이에서 살아가는 '다중행성 생명체multiplanet species'가 될 운명일지도 모른다.

contents

3

우주의 생명체

인류의 생존이 경각에 달렸을 때, 다른 세계를 탐험하는 것은 우리의 기본적 의무이다.
칼 세이건

공룡이 멸종한 것은 우주개발 프로그램을 추진하지 않았기 때문이다. 그러므로 우리가
우주개발 프로그램을 추진하지 않아서 멸종한다면, 그것은 당연한 인과응보다.
래리 니븐

서론

다중행성
생명체를
향하여

어린 시절, 나는 SF 소설의 전설로 통하는 아이작 아시모프Isaac
Asimov의《파운데이션Foundation》3부작을 읽고 한동안 머릿속이 혼
란스러웠다. SF 작가라는 사람이 광선총을 난사하며 외계인과 싸우
는 장면을 그리지 않고, 어린아이에게 다소 난해한 질문을 제기했기
때문이다. "앞으로 5천 년 후에 인류의 문명은 어떤 형태로 진화할 것
인가? 우리가 마주치게 될 궁극적인 운명은 과연 무엇인가?"

아시모프의 3부작에서 인류는 은하수 전역에 흩어져 있는 수백만
개의 행성에 진출하여 거대한 은하제국을 건설한다. 지구는 이미 옛
날에 사라졌고, 새로운 삶의 터전을 찾아 지구를 탈출한 사람들이 은
하수 곳곳에서 복잡한 사회와 경제기반을 구축하여 거대한 경제통합
체를 만든다. 이 거대한 네트워크는 마치 방정식으로 분자의 운동을
서술하듯이 수학적 분석을 통해 미래를 정확하게 예측할 수 있다.

지난 세기 말에 나는 아시모프 박사를 초청하여 우주에 대한 견해를 들은 적이 있는데, 전문적인 식견도 놀라웠지만 그의 박학다식함은 과연 소문대로 타의 추종을 불허했다. 잔뜩 흥분한 나는 한 시대를 대표하는 거장 앞에서 어린 시절부터 품어왔던 질문을 속사포처럼 퍼부었다. "《파운데이션》 시리즈는 어떤 계기로 쓰게 되었습니까?", "은하 전체를 배경으로 택한 이유는 무엇입니까?", "인류의 미래가 정말 그런 식으로 펼쳐질 것 같습니까?" 등등… 내 질문이 끝나기가 무섭게 다음과 같은 답이 돌아왔다. "로마제국의 흥망성쇠에서 영감을 얻었지요. 거기에는 로마인들이 온갖 방법으로 격동의 세월을 극복해온 역사가 고스란히 담겨 있답니다."

나는 인류의 역사도 그런 식으로 전개될지 궁금해지기 시작했다. 혹시 인간은 은하수 전체에 걸친 거대문명을 건설할 역사적 사명을 띠고 지구에서 태어난 것은 아닐까? 그렇다면 우리의 운명은 지구가 아니라 별에서 찾아야 하지 않을까?

아시모프 소설의 테마 중 대부분은 올라프 스테이플던Olaf Stapledon(1886~1950, 영국의 철학자 겸 SF 소설가_옮긴이)의 대표작 《스타메이커Star Maker》에서 이미 다뤘던 내용이다. 이 소설에서 몽상가인 주인공은 어떤 신비한 힘에 이끌려 몸은 지구에 남은 채 의식만 우주로 날아가 멀리 떨어진 행성에 도착한다. 그는 여행 도중 환상적인 외계제국들을 접하는데, 어떤 제국은 풍부한 자원 속에서 평화를 누리며 전성기를 구가하고, 개중에는 거대한 우주선을 이용하여 성간제국星間帝國, interstellar empire을 건설한 종족도 있다. 그러나 나머지 대부분의 제국들은 반감과 불화, 그리고 전쟁을 겪으면서 문명이 완전히 파괴되어 흔적만 남아 있었다.

스테이플던의 소설에 등장하는 혁명적 개념들은 후속 SF 작가들에게 적지 않은 영향을 미쳤다. 예를 들어 《스타메이커》에서 극도로 진보한 문명은 수준 낮은 문명이 첨단 기술로 오염되는 것을 막기 위해 자신들의 존재가 발각되지 않도록 철저하게 비밀을 유지하는데, 이것은 〈스타트렉Star Trek〉 시리즈에 등장하는 행성연합의 기본지침 중 하나이다.

또한 《스타메이커》의 주인공은 우주여행을 하던 중 모항성(태양)을 포함하는 거대한 구球, sphere를 건설하여 모항성의 에너지를 100% 활용하는 초고도문명의 행성과 마주치는데, 이것은 요즘 SF 소설에 '다이슨 스피어Dyson sphere'라는 이름으로 자주 등장한다.

텔레파시로 대화하는 우주종족도 《스타메이커》에서 시작된 아이디어이다. 〈스타트렉〉에 등장하는 외계종족 중 하나인 보그족Borg은 모든 개체들이 정신적 네트워크로 연결되어 있어서 타인의 생각을 읽을 수 있으며, 하이브Hive라는 집단공동의식의 명령에 절대 복종한다.

소설의 끝 부분에서 주인공은 드디어 별의 창조자 '스타메이커'와 조우한다. 그는 우주를 창조한 절대적 존재로서 자신만의 물리법칙을 통해 우주를 운영하고 있다. 그런데 놀랍게도 우주는 하나가 아니었다. 스타메이커는 새로운 우주를 계속 창조하면서 다른 한편으로는 자기 마음에 들지 않는 우주를 파괴하고 있었다.

스테이플던의 소설은 라디오가 첨단 기술의 기적으로 여겨지던 1930년대에 출간되어 엄청난 충격을 안겨주었다. 1930년대만 해도 인간이 우주로 진출하여 문명을 건설한다는 것은 상상의 도를 넘어 거의 망상에 가까웠기 때문이다. 이 무렵에는 최첨단 기술의 상징인 프로펠러 비행기조차도 구름 위로 올라가기가 쉽지 않았기에, 다른 별에 간다는 것은 상상도 할 수 없는 일이었다.

그럼에도 불구하고 《스타메이커》는 출간하자마자 불티나게 팔려나갔다. 훗날 아서 클라크Arthur Clarke는 이 책을 "SF 소설 역사상 가장 위대한 작품"으로 꼽았으며, 1차 대전 후 등장한 젊은 SF 작가들에게 더없이 훌륭한 지침서로 자리잡았다. 그러나 어렵게 싹튼 SF 붐은 2차 세계대전이 발발하면서 곧바로 사그라들었다.

새로운 행성 찾기

케플러 우주망원경과 지상의 천문학자들이 지금까지 은하수Milky Way(태양계가 속한 은하_옮긴이) 안에서 발견한 외계행성의 수는 약 4천 개에 달한다. 이들은 모두 모항성의 주변을 공전하고 있으며, 크기와 밀도가 지구와 비슷한 것도 있다. 그렇다면 이들 중 어딘가에는 스테이플던이 예견한 외계문명도 존재할 수 있지 않을까?

2017년에 NASA의 과학자들은 지구로부터 '겨우' 39광년 떨어진 곳에서 별 주변을 공전하는 지구만 한 행성 7개를 발견했는데, 이들 중 3개는 액체 상태의 물이 존재할 만큼 모항성과의 거리가 충분히 가까운 것으로 판명되었다. 조금 있으면 천문학자들이 행성의 대기를 분석하여 수증기의 존재 여부를 확인해줄 것이다. 물은 DNA의 재료인 유기화합물을 섞어주는 '범우주적 용매'이므로, 외계행성에 물이 존재한다면 생명체가 서식할 가능성도 높다. 외계생명체의 존재가 확인될 날이 코앞으로 다가온 것이다. 태양계 바깥에서 지구와 비슷한 행성을 찾는 것은 오랜 세월 동안 천문학의 성배聖杯로 여겨져왔다.

이와 비슷한 시기에 천문학자들은 우리의 태양에서 제일 가까운 별인 프록시마 센타우리Proxima Centauri 근처에서 지구와 거의 같은 크기의 '프록시마 센타우리 b'라는 행성을 발견했다. 프록시마 센타우리까지의 거리는 약 4.2광년으로, 인류가 별을 탐사하는 시대가 온다면 당연히 탐사 대상 1호로 떠오를 것이다.

위에 언급된 행성들은 외계행성 백과사전Extrasolar Planets Encyclopaedia에 수록된 목록의 극히 일부에 불과하다. 매주 업데이트되는 이 목록에는 모항성을 공전하는 행성뿐만 아니라, 4개(또는 그 이상)의 별들이 서로에 대하여 공전하는 이상한 항성계도 포함되어 있다. 대부분의 천문학자들은 이렇게 말한다. "당신이 제아무리 희한한 행성계를 떠올린다 해도, 물리법칙에 위배되지 않는 한 우주 어딘가에 반드시 존재한다."

이는 곧 은하에 존재하는 지구만 한 행성의 수를 대략적으로나마 계산할 수 있음을 의미한다. 하나의 은하는 약 1,000억 개의 별로 구성되어 있으므로, 우리 은하(은하수)에는 태양과 비슷한 별을 중심으로 공전하는 지구만 한 행성이 약 200억 개쯤 존재한다. 그런데 망원경으로 관측 가능한 은하의 수가 약 1,000억 개이므로, 지구와 비슷한 행성 1조×20억 개가 우주 전역에 흩어져 있는 셈이다.

천문학자들이 지구만 한 행성을 찾아내면 그다음 단계는 행성의 대기를 분석하여 산소와 물을 찾고, 생명체의 흔적을 찾고, 그곳에서 방출된 라디오파에 귀를 기울이는 것이다. 그리하여 외계생명체가 발견된다면 인류의 역사는 불을 발견한 이후로 가장 극적인 변화를 겪게 된다. 외계생명체는 지구와 우주의 관계뿐만 아니라, 인류의 운명 자체를 바꿀 것이기 때문이다.

우주탐사의 새로운 황금기

새로 발견된 외계행성과 신세대 선구자들의 기발한 아이디어에 힘입어 일반대중의 우주에 대한 관심이 다시 한 번 증폭되고 있다. 사실 우주개발 프로그램이 이 정도 수준까지 발전할 수 있었던 것은 20세기 후반에 미국과 소련 사이에 치열하게 전개된 냉전 덕분이었다. 당시 냉전에서의 패배는 곧 국가의 소멸을 의미했기에, 미국정부가 연방예산의 5.5%를 아폴로 우주프로그램Apollo space program(NASA에서 추진한 달탐사계획_옮긴이)에 쏟아부어도 국민들은 별로 개의치 않았다. 그러나 1990년대에 냉전이 종식되면서 우주개발 기금도 바닥을 드러냈다.

미국의 우주인이 달 표면을 마지막으로 걸은 지 어언 45년이 지났다. 인간을 달까지 데려다주었던 새턴Saturn 5호 로켓은 낱낱이 분해되어 박물관 폐품처리장에서 녹슬고 있고, 1960~1970년대 초유의 관심사였던 인류의 달 정복기는 대중의 기억에서 거의 지워졌다. 아폴로 우주프로그램이 종료된 후 NASA는 "목적이 불분명하면서 돈만 잡아먹는 기관"이라는 비난을 받으면서 아무도 가본 적 없는 우주의 신천지를 개척하기 위해 부단히 노력해왔다.

한 가지 다행스러운 것은 우주개발에 들어가는 비용이 점차 저렴해지고 있다는 점이다. 과거에는 나라살림이 휘청거릴 정도로 막대한 예산을 우주여행에 쏟아부었지만, 요즘은 개인기업의 자본이 유입되면서 단가가 크게 낮아졌다. 빙하가 녹는 속도에 버금갈 정도로 느리게 진행되는 NASA의 프로젝트에 염증을 느낀 기업가들(일론 머스크 Elon Musk, 리처드 브랜슨Richard Branson, 제프 베조스Jeff Bezos 등)이 우주개발을 위해 기꺼이 지갑을 연 것이다. 이들은 우주여행에서 수익을 창출할 뿐만 아니라, 다른 별로 진출하려는 인류의 꿈을 실현하기 위해 기업가 특유의 열정을 불태우고 있다.

정부의 의지도 어느 때보다 강하다. 문제는 "미국은 우주인을 화성에 보낼 수 있는가?"가 아니라 "언제 보낼 것인가?"이다. 전 대통령 버락 오바마는 인류가 화성에 도착하는 시기를 2030년으로 내다봤고, 현 대통령 도널드 트럼프는 우주개발 시간표를 앞당기라며 NASA의 관계자들을 밀어붙이고 있다.

행성간 여행이 가능한 우주로켓(오라이언 캡슐Orion capsule이 탑재된 NASA의 우주발사시스템Space Launch System, SLS 로켓과 드래곤캡슐Dragon capsule이 탑재된 일론 머스크의 팰컨헤비 추진로켓Falcon Heavy booster rocket)은 지금 초기 실험단계를 거치는 중이다. 실험이 성공적으로 마무리되면 우주인을 달과 소행성, 화성, 또는 그 너머로 데려다줄 것이다. 대중과 기업체의 관심이 앞으로 계속 높아지면, 화성에 최초로 깃발을 꽂은 주인공이 되기 위해 너도나도 우주선을 띄워서 화성 가는 길이 심각한 교통체증을 겪을지도 모른다.

전문가들 중에는 앞으로 수십 년이 지나면 우주개발이 최고의 현안으로 떠오르면서 또 한 차례의 우주 전성시대가 도래할 것으로 내다보는 사람도 있다.

미래의 과학은 우주탐험을 어떻게 바꿔놓을 것인가? 구체적인 세부사항은 알 수 없지만 현대 과학기술이 진보하는 양상을 고려하면,

외계행성을 식민지화하고 다른 별로 여행하는 방법 정도는 예측할 수 있다. 아직은 먼 훗날의 일이지만, 우주개발의 중요한 이정표가 세워지는 시기는 어느 정도 짐작 가능하다.

이 책에서 우리는 우주개발이라는 원대한 목표를 달성하기 위해 반드시 필요한 요소를 단계적으로 살펴볼 것이다. 다가올 우주시대를 예측하려면 그와 관련된 과학기술부터 알아야 한다.

기술혁명

미래의 과학기술은 어떤 형태로 진화할 것인가? 일단은 인류의 역사에서 과학이 거쳐온 길을 되돌아보는 것으로 시작해보자. 우리의 선조들이 요즘 세상에 나타난다면 현대문명과 과학을 어떤 눈으로 바라볼까? 인류는 역사의 대부분을 적대적인 환경과 싸우면서 치열하게 살아왔다. 수렵과 채집으로 살아가던 시절에는 모든 소지품을 등에 진 채 식량을 찾아 떠돌아다니면서 온갖 위험에 고스란히 노출되었기 때문에 평균수명이 20~30세를 넘지 않았다. 인간이라고 해서 손톱만큼도 봐주지 않는 야생에서 식량을 구하고 피신처를 찾는 일은 그야말로 전쟁이었을 것이다. 사냥에 실패한 날은 굶기 일쑤였고, 어쩌다가 포식자와 마주치면 죽기살기로 도망쳐야 했으며, 전염병이 돌면 한 무리가 전멸하곤 했다. 이렇게 살던 사람들이 갑자기 현대사회로 오면, 다른 행성에서 지구로 사진을 전송하고, 엄청난 불을 내뿜는 금속덩어리에 올라탄 채 달까지 날아가고, 자동주행장치가 탑재된 자동차를 타고 돌아다니는 현대인들이 주술사나 마법사로 보일 것이다.

항상 그런 것은 아니지만 대부분의 과학혁명은 물리학에서 시작되었다. 19세기 과학혁명에 불을 댕긴 주인공은 일반역학과 열역학이론을 구축한 물리학자들이었고, 공학자와 기계전문가들이 물리학이론에 기초하여 증기엔진과 증기기관차를 발명함으로써 본격적인 산업혁명 시대로 진입했다. 인류가 무지와 가난, 그리고 중노동에서 해방되어 질 높고 여유로운 삶을 누릴 수 있게 된 것은 이때가 처음이었다.

그 후 20세기에 찾아온 두 번째 기술혁명도 전기와 자기의 법칙을 알아낸 물리학자들이 견인했다. 마이클 패러데이Michael Faraday의 전자기 유도법칙을 이용하여 운동에너지(수력)와 화학에너지(화력)를 전기에너지로 바꿈으로써 발전기와 TV, 라디오, 그리고 레이더로 대변되는 전기시대가 도래한 것이다. 인류가 우주프로그램을 개발하여 사람을 달에 보낼 수 있었던 것도 전기에너지 덕분이었다.

21세기에 진행 중인 3차 기술혁명은 양자물리학에서 시작되었다. 슈퍼컴퓨터와 인터넷, 신형 원격통신, GPS, 그리고 일상생활 곳곳에 사용되는 초소형 칩들은 양자물리학을 응용한 트랜지스터와 레이저의 산물이다.

이 책에서는 행성과 별을 탐사하는 데 필요한 기술을 집중적으로 다룰 것이다. 1부에서는 달에 영구기지를 세우고 화성을 식민지로 개발하는 방법을 생각해볼 텐데, 이를 위해서는 과학에 불어닥친 네 번째 혁명, 즉 인공지능과 나노기술nanotechnology, 그리고 생명공학을 십분 활용해야 한다. 지금의 기술로는 화성을 테라포밍terraforming(행성을 개조하여 인간이 생존할 수 있도록 만드는 작업_옮긴이)할 수 없지만, 22세기가 되면 얼어붙은 불모의 사막을 거주 가능한 땅으로 바꿀 수 있을 것이다. 자기복제로봇과 가볍고 강한 나노소재를 이용하여 기지를 짓고 생명공학으로 식량을 재배하면 화성은 훌륭한 거주지가 될 것이고, 이곳을 전초기지로 삼아 소행성과 목성, 토성의 위성으로 기지를 확장해나갈 수 있다.

2부에서는 태양계를 벗어나 가까운 별을 탐험하는 시대로 미리 가볼 예정이다. 물론 이것도 지금의 기술로는 불가능하지만, 다섯 번째 과학혁명에서 탄생한 나노우주선과 레이저항해술, 램제트융합ramjet fusion, 반물질엔진antimatter engine 등이 불가능을 가능하게 만들어줄 것이다. 얼마 전부터 NASA는 특별연구기금을 조성하여 성간여행星間旅行, interstellar travel을 연구하는 학자들을 지원하고 있다.

3부에서는 외계의 별로 진출한 인류가 낯선 환경에서 생존하려면 어떤 기술이 필요한지 알아볼 것이다. 성간여행은 최소 수십 년에서 수백 년까지 소요되는 장거리 여행이기 때문에 인간의 신체가 긴 시간 동안 정상기능을 발휘해야 하고, 이를 위해서는 유전공학을 십분 활용하여 수명을 늘려야 한다. '젊음의 샘' 같은 것은 아직 존재하지 않지만, 요즘 과학자들은 세포의 노화를 늦추거나 멈추는 방법을 연구하고 있다. 이 연구가 성공하면 우리의 후손들은 불멸의 삶을 누릴지도 모른다. 또한 외계행성은 중력과 대기성분, 그리고 주변환경이 지구와 완전히 다를 것이므로 거기에 적응하도록 유전공학을 이용하여 신체를 개조해야 한다.

두뇌의 뉴런 연결망 지도를 작성하는 '휴먼 커넥톰 프로젝트Human Connectome Project'가 성공하면 우주개발은 완전히 새로운 국면을 맞이하게 될 것이다. 두뇌의 모든 구조가 알려지면 굳이 사람을 우주로 보낼 필요 없이 커넥톰(도식화된 두뇌신경망)을 레이저빔에 실어서 우주로 날려보내면 된다. 레이저는 빛의 속도로 날아가기 때문에 시간이 크게 절약되고, 사람이 직접 가지 않기 때문에 위에 언급한 위험요소를 걱정할 필요도 없다.

19세기 사람이 우리를 마술사로 생각한다면, 우리 눈에는 22세기의 후손들이 어떤 모습으로 비쳐질까?

짐작건대, 우리의 후손은 그리스신화에 등장하는 신처럼 보일 것 같다. 그들은 머큐리Mercury(전령의 신. 플레이아데스의 장녀 마이아와 제우스 사이에서 태어난 막내아들. 헤르메스Hermes라고도 함_옮긴이)처럼 공간으로 날아올라 가까운 행성을 방문하고, 비너스처럼 완벽한 불사의 신체를 갖고 있으며, 아폴로처럼 태양에너지를 무한정으로 활용하고, 제우스처럼 정신력을 발휘하여 원하는 것을 얻는다. 또한 그들은 유전공학을 이용하여 페가수스 같은 신화 속 동물을 마음대로 만들어낼 수도 있다.

다시 말해서, 인류는 과거 한때 자신이 숭배했던 신神이 될 운명이라는 이야기다. 우주를 마음대로 주무르는 방법은 과학이 알려줄 것이다. 문제는 우리의 후손들이 이 엄청난 기술을 오용하거나 악용하지 않고 솔로몬처럼 현명하게 사용해야 한다는 것이다.

물론, 어느 날 갑자기 외계생명체와 조우할 가능성도 있다. 그들의 문명이 우리보다 수백만 년 앞서 있어서 은하수를 마음대로 누비며 시공간을 조작할 수 있다면, 인류의 운명은 어떻게 달라질 것인가? 이 문제도 뒤에서 자세히 논하기로 한다. 아마도 그들은 블랙홀black hole과 웜홀wormhole을 이용하여 빛보다 빠르게 움직일 수 있을 것이다.

지난 2016년, 지구로부터 몇 광년 떨어진 별 주변에서 다이슨 스피어로 추정되는 거대한 구조가 발견되어 '진보된 외계문명'이 뜨거운 화제로 떠오른 적이 있다. 데이터가 부족하여 정확한 결론을 내리진 못했지만, 역사상 처음으로 외계문명의 존재 여부에 관한 증거를 발견한 과학자들은 흥분을 감추지 못했다.

마지막으로 고려할 것은 우주 자체의 수명이다. 지구에 종말이 오면 우주선을 타고 미리 개척해놓은 다른 행성으로 피한다지만, 우주의 종말이 오면 어디로 도망가야 할까? 물론 우리의 우주는 아직 팔팔하게 젊기 때문에 당분간은 아무 일도 일어나지 않을 것이다. 그러나 우주가 계속 팽창한다면 온도가 점점 낮아지다가 절대온도 0K(영하 273도)에 도달할 것이며, 우리가 아는 한 이런 극저온에서는 어떤 생명체도 살아남을 수 없다. 이런 상황에서 살아남는 길은 단 하나, 초공간을 통해 다른 우주로 피신하는 것뿐이다.

현대 이론물리학에 의하면 우리의 우주는 수없이 많은 거품우주들 사이에서 표류하는 하나의 거품일 수도 있다(이것은 나의 연구주제이기도 하다). 즉, 우주는 하나가 아니라 여러 개일 수도 있다는 이야기다 (이것을 다중우주multiverse라 한다). 우주 사이를 연결하는 통로를 개척하면 우리 우주에 종말이 닥쳐도 새 보금자리를 찾을 수 있을 것이다. 수많은 우주를 바라보면 '별의 창조자'의 위대한 설계를 엿볼 수 있을지도 모른다.

과거에 '과도한 상상이 낳은 허구'로 여겨졌던 미래형 기술들이 하나둘씩 실현되고 있으니, 더욱 황당무계한 아이디어도 언젠가는 현실 세계에 구현될 것이다.

지금 인류는 역사상 가장 위대한 모험을 눈앞에 두고 있다. 아시모프-스테이플던의 상상력과 현실 사이의 격차는 눈부시게 발전하는

28

과학이 좁혀줄 것이다. 별로 향하는 우리의 여정은 지구를 떠나는 것에서 시작된다. 옛말에 천릿길도 한 걸음부터라고 했다. 태양계 바깥으로 나가려면 일단 로켓부터 만들어야 한다.

1

지구 벗어나기

THE FUTURE OF HUMANITY

세계에서 가장 큰 수소–산소 연료탱크 위에 앉아 불이 붙기를 기다리면서
태연자약하다면, 그는 현재 상황을 제대로 이해하지 못하고 있음이 분명하다.
우주인 존 영

01

이륙
준비

1899년 10월 19일, 17살 먹은 한 소년이 벚나무에 올라 상념에 잠겼
다가 과학의 역사를 바꿀 위대한 아이디어를 떠올렸다. 얼마 전부터
그는 허버트 조지 웰스H. G. Wells의 소설《우주전쟁War of the Worlds》
에 등장하는 우주비행체, 즉 로켓에 완전히 매료되어 있었다. 이 첨단
우주선을 타고 화성으로 갈 수 있다면 얼마나 좋을까? 그 소년은 화
성으로 가는 것이 인간의 운명이라고 생각했다. 나무에서 내려올 즈
음 소년의 인생은 영원히 달라져 있었다. 그날 이후로 소년은 로켓을
만드는 데 남은 인생을 고스란히 바쳤고, 해마다 10월 19일이 되면
마음을 다잡으면서 최초의 아이디어를 떠올렸던 그날을 조용히 자축
했다.

 그 소년의 이름은 훗날 '로켓의 아버지'로 역사에 남게 될 로버트
고다드Robert Goddard였다. 그는 액체연료로 작동되는 다단계로켓을

최초로 개발하여 우주개발사의 서막을 열었으며, 우주를 바라보는 인간의 시각을 완전히 바꿔놓았다.

치올콥스키 외로운 몽상가

고다드는 고립과 가난, 그리고 동료들의 조롱에도 불구하고 자신의 꿈을 끝까지 밀어붙여서 우주시대의 지평을 연 소수의 몽상가 중 한 사람이었다. 이 분야에서 최초로 두각을 나타낸 선구자로는 우주여행의 이론적 기초를 확립한 러시아의 위대한 로켓과학자 콘스탄틴 치올콥스키Konstantin Tsiolkovsky를 꼽을 수 있다. 지독하게 가난한 교사였던 그는 젊은 시절에 도서관의 과학서적 열람실에 틀어박혀 뉴턴의 운동법칙을 우주여행에 응용하는 방법과 로켓의 원리를 연구하면서 대부분의 시간을 보냈다.[1] 놀라운 것은 그가 전문과학자의 도움 없이 로켓에 필요한 수학과 물리학, 역학을 스스로 깨우쳤다는 점이다. 그는 지구의 탈출속도(escape velocity, 지구의 중력을 벗어나기 위해 요구되는 최소한의 속도_옮긴이)가 40,000km/h라는 사실을 알아냈는데, 당시는 25km/h로 달리는 마차가 가장 빠른 교통수단으로 통하던 시절이었다.

1903년, 치올콥스키는 자체 중량과 연료의 양이 주어졌을 때 로켓의 최대속도를 결정하는 로켓방정식을 유도하여 학계에 발표했다. 이 방정식에 의하면 로켓의 속도와 연료는 지수함수적 관계에 있다. 간단히 말해서, 로켓의 속도가 산술급수로 증가할 때 연료의 양은 기하급수로 증가한다는 뜻이다. 이것은 우리의 직관과 사뭇 다른 결과이다. 예를 들어 로켓의 속도를 두 배로 높이고 싶을 때 연료를 두 배로 늘리면 될 것 같지만, 실제로는 4배, 또는 8배 이상의 연료가 필요하다.

이 지수함수적 관계 때문에, 로켓이 지구의 중력을 벗어나려면 처음부터 엄청난 양의 연료를 싣고 출발해야 한다. 치올콥스키는 자신이 유도한 로켓방정식을 이용하여 달까지 가는 데 필요한 연료의 양을 최초로 계산했다. 인류가 달에 진출한 것이 1960년대 후반이었으니, 거의 60년 전에 필요한 계산을 마친 셈이다.

"지구는 인간의 요람일 뿐, 삶의 터전은 아니다. 언제까지나 요람에서 살 수는 없지 않은가"–이것은 치올콥스키가 평생 간직했던 그만의 철학, 즉 '코스미즘cosmism'의 핵심이다. 그는 우주로 진출하는 것이 인류의 운명이라는 확고한 신념하에, 평생을 지구에 살면서 지구를 벗어나는 방법에만 몰두했던 별종 중의 별종이었다. 그가 1911년에 출간한 책에는 다음과 같은 내용이 적혀 있다. "무서운 속도로 내달리는 소행성에 올라타고, 달의 암석을 손으로 집어들고, 텅 빈 우주공간에 이동식 정거장을 띄우고, 지구–달–태양에 거대한 고리형 거주지를 건설하고, 수십 km 거리에서 화성을 관측하고, 화성의 위성, 또는 화성 표면으로 착륙을 시도한다. 이보다 미친 짓이 또 어디 있겠는가!"[2]

치올콥스키는 경제적으로 너무 궁핍하여 실험용 모형을 만들지는 못했지만, 그의 뒤를 이은 고다드는 실제로 작동하는 로켓 시제품을 제작하여 우주여행의 서막을 열었다.

로버트 고다드 로켓의 아버지

로버트 고다드는 어린 시절 살던 동네에 전기조명이 처음 들어왔을 때, 그 기적 같은 위력에 깊은 감명을 받아 과학에 관심을 갖게 되었다고 한다. 그는 삶의 모든 곳에 혁명적 변화를 가져올 수 있는 것은 과학뿐이라고 생각했다. 다행히도 그의 부친은 아들의 꿈을 전폭적으로 지지하면서 망원경과 현미경, 그리고 과학잡지 〈사이언티픽 아메리칸Scientific American〉의 정기구독권을 사주었다. 소년 고다드는 연을 날리는 것으로 첫 실험을 진행하다가, 어느 날 도서관에서 뉴턴의 《프린키피아Principia》를 읽고 고전물리학을 알게 된 후로 뉴턴의 운동법칙을 로켓에 적용하기 시작했다.

고다드가 로켓과학 분야에 도입한 혁명적 아이디어는 액체연료와 다단계 추진체, 그리고 자이로스코프gyroscope로 요약된다. 그는 다양한 연료로 실험을 한 끝에 분말연료는 효율이 낮아서 로켓에 부적절하다는 사실을 깨달았다. 수백 년 전 중국에서 발명된 분말형 화약은 순간폭발력이 강한 편이었지만 균일하게 타지 않기 때문에 장난감 로켓을 날리는 수준에 머물러 있었다. 고다드가 이룩한 첫 번째 혁신은 분말연료를 포기하고 정확한 제어가 가능한 액체연료를 도입한 것이다(액체연료는 균일하게 타면서 잔여물을 거의 남기지 않는다). 그는 알콜탱크와 액체산소탱크(산화제)를 하나로 연결한 로켓을 제작했는데, 파이프와 밸브를 통해 액체연료가 점화실로 주입되면 '제어된 폭발'을 일으키며 로켓을 추진하는 식이었다.

로켓이 발사되어 하늘로 올라가면 연료가 빠르게 소진된다. 아래로 향하는 지구의 중력을 극복하는 것은 물론이고, 점점 빨라져야 하기 때문이다. 여기서 고다드의 두 번째 혁신적 아이디어가 등장한다. 연료를 하나의 탱크에 싣지 않고 몇 개의 탱크에 분할하여, 비행 중 소진된 탱크를 몸체에서 분리하는 것이다. 이렇게 하면 로켓의 무게가 현저하게 감소하여 운항거리가 길어지고 연료효율도 높일 수 있다.

세 번째 혁신은 자이로스코프였다. 자이로스프가 회전하기 시작하면 다른 방향으로 몸체를 기울여도 회전축은 항상 같은 방향을 향한다. 예를 들어 자이로스코프의 회전축이 북극성을 향하고 있었다면, 반대방향으로 뒤집어도 회전축은 여전히 북극성을 가리킨다. 그러므로 우주선 내부에 자이로스코프를 설치하면 우주공간에서 길을 잃어도 회전축을 기준으로 삼아 올바른 방향을 찾아갈 수 있다. 이 사실을 간파한 고다드는 로켓에 자이로스코프를 설치하여 스스로 목적지를 찾아가도록 만들었다.

1926년, 고다드는 액체연료로 추진되는 최초의 실험로켓을 발사하여 만족스러운 결과를 얻었다. 이 로켓은 12m까지 상승하여 2.5초 동안 56m를 날아간 후 양배추 밭에 떨어졌는데, 이 지점은 훗날 로켓과학의 성지聖地이자 미국의 역사기념물로 지정되었다.

그 후 고다드는 클라크대학Clark College의 연구소에서 모든 화학로켓의 기본구조를 설계했다. 오늘날 발사대에서 엄청난 불꽃을 내뿜으며 이륙하는 대형 우주로켓들은 고다드가 제작했던 조그만 실험용 로켓의 직계후손이다.

조롱거리로 전락하다

실험비행에 성공했음에도 불구하고, 대부분의 언론은 고다드의 업적을 깎아내렸다. 고다드가 우주여행을 신중하게 연구하고 있다는 사실이 처음으로 세상에 알려진 1920년에 〈뉴욕타임스〉는 기다렸다는 듯이 혹평을 쏟아냈다. "고다드 교수는 작용-반작용 법칙도 모르면서 클라크대학의 '안락한 의자'에 앉아 헛소리만 늘어놓고 있다. 그의 과학지식은 고등학생 수준에도 못 미치는 것 같다."[3] 그리고 고다드가 또 하나의 실험용 로켓을 발사한 1929년에 우스터Worcester 지역신문에는 "달로 가는 로켓, 목적지에서 384,000km 빗나가다"라는 기사가 헤드라인을 장식했다. 〈뉴욕타임스〉를 비롯한 신문사의 기자들은 작용-반작용의 법칙을 제대로 이해하지 못한 채 '로켓은 진공 중에서 날아갈 수 없다'고 하늘같이 믿었던 것이다.

'모든 작용action에는 크기가 같고 방향이 반대인 반작용reaction이 수반된다'라는 뉴턴의 세 번째 운동법칙이야말로 우주여행의 핵심이다. 풍선을 팽팽하게 불었다가 입구를 막지 않은 채 손에서 놓으면 빠른 속도로 어지럽게 날아가는 것도 작용-반작용 법칙 때문이다. 이 경우에 작용은 풍선에서 빠르게 방출되는 공기이고, 반작용은 그 반대방향으로 날아가는 풍선이다. 이와 마찬가지로 로켓의 작용은 후미에서 높은 속도로 분출되는 뜨거운 기체이고, 반작용은 그 반대방향(전방)으로 서서히 나아가는 로켓이다. 물론 이 법칙은 텅 빈 우주공간에서도 똑같이 적용된다.

고다드는 1945년에 63세의 나이로 세상을 떠났다. 그로부터 24년이 지난 1969년, 아폴로 11호가 달에 착륙했을 때 〈뉴욕타임스〉는 다음과 같은 사과문을 발표했다. "고다드가 옳았다. 로켓은 대기뿐만 아니라 진공 중에서도 완벽하게 작동한다. 본지는 과거의 실수를 뉘우치며 이미 고인이 된 로버트 고다드에게 깊이 사과하는 바이다."

전쟁과 평화의 로켓

치올콥스키를 비롯한 로켓 개발의 1세대 과학자들은 우주여행과 관련된 물리학과 수학의 기틀을 다져놓았고, 고다드를 비롯한 2세대 과학자들은 시제품 로켓을 제작하여 하늘로 날려보냈다. 그렇다면 3세대 로켓과학자들은 어떤 일을 했을까? 이들은 막대한 돈을 쥐고 있는 정부의 관심을 사는 데 성공했다. 그 대표적 인물이 베르너 폰 브라운 Wernher von Braun이다. 그는 독일정부(전후에는 미국정부)의 전폭적인 지원하에 선구자들이 만들어놓은 설계도와 모형을 발전시켜서 대형 로켓을 제작했고, 결국은 이 로켓을 달까지 보내는 데 성공했다.[4]

로켓과학자들 중 가장 유명한 베르너 폰 브라운 남작은 1912년에 독일의 귀족집안에서 태어났다. 그의 부친은 바이마르공화국Weimar Republic(1918년에 독일혁명으로 수립되어 1933년 나치정권에 의해 소멸된 독일공화국_옮긴이) 시절에 농림부장관을 지낸 관료였고 모친은 프랑스와 덴마크, 그리고 스코틀랜드의 피가 섞인 왕족이었다. 어린 시절 피아니스트로 유명했던 폰 브라운은 간단한 소품을 작곡할 정도로 음악적 재능이 탁월하여, 주변 사람들은 그가 장차 훌륭한 연주자나 작곡가가 될 것으로 예상했다고 한다. 그러나 어머니가 천체망원경을 사준 날부터 그는 평생 가까이했던 음악을 뒤로하고 우주의 매력에 깊이 빠져들기 시작했다. 피아노와 작곡이 삶의 전부였던 소년에게 SF 소설과 로켓추진 자동차가 삶의 새로운 대안으로 떠오른 것이다.

1924년의 어느 날, 12살 소년 브라운은 베를린 길거리에 사람들이 모여서 장난감 수레에 폭죽을 터뜨리는 요란한 광경을 목격하고 잔뜩 흥분하여 함께 어울리다가 출동한 경찰에게 연행된 적이 있다. 훗날 그는 당시의 일을 회상하며 이렇게 말했다. "아버지 덕분에 간신히 풀려나올 수 있었지요. 하지만 그날의 광경은 제 상상의 한계를 넘어선 것이었습니다. 폭죽이 터지자 수레가 한쪽으로 기울더니 마치 혜성처럼 긴 꼬리를 그리며 쏜살같이 앞으로 날아가더군요. 로켓의 연료가 소진될 때쯤에는 천둥치는 듯한 소리와 함께 수레가 어지럽게 나뒹굴다가 똑바로 선 채 멈췄는데, 그 모습이 참으로 당당해 보였습니다."

사실 폰 브라운은 수학을 잘하는 학생이 아니었다. 그러나 로켓과학자가 되겠다는 열정 하나만으로 미적분학과 뉴턴의 운동법칙, 그리고 우주여행에 필요한 역학을 마스터했고, 대학에 진학한 뒤에는 지도교수 앞에서 당당하게 자신의 소신을 밝혔다. "저는 기필코 달에 갈 것입니다."[5]

그는 물리학과 대학원에 진학하여 1934년에 박사학위를 받았지만, 대부분의 시간을 베를린 로켓협회Berlin Rocket Society의 회원들과 함께 보냈다. 이 모임은 순수한 아마추어 단체로서 도시 외곽에 있는 불모지(약 1.2km²)에서 발사실험을 해왔는데, 폰 브라운이 학위를 받은 바로 그해에 3.6km 상공까지 로켓을 띄워 올리는 데 성공했다.

폰 브라운은 천문학과 우주항행학astronautics 논문을 써서 독일 대학의 물리학과 교수가 될 수도 있었다. 그러나 아돌프 히틀러가 집권하고 대학교를 포함한 독일 전체가 군사기지화되면서 폰 브라운의 운명은 완전히 다른 방향으로 흘러갔다. 신무기 개발에 유난히 관심이 많았던 독일 국방부가 그에게 넉넉한 지원금을 약속한 것이다(로버트 고다드도 미군에 연구지원금을 신청했지만 거절당했다). 그 후로 폰 브라운의 학위논문은 군사기밀로 분류되어 1960년까지 출판되지 못했다.

폰 브라운은 원래 정치에 관심이 없는 사람이었다. 그의 관심사는 로켓을 개발하는 것뿐, 후원자가 누구인지는 별로 중요하지 않았다. 나치당은 미래형 로켓을 제작하는 초대형 프로젝트에 폰 브라운을 총책임자로 임명하고 독일의 저명한 과학자들을 연구원으로 채용했다. 그들에게 떨어진 지령은 단 하나, "비용이 얼마가 들어도 좋으니 목적지에 정확하게 도달할 수 있는 대형 로켓을 제작하라"였다. 절호의 기회를 놓칠 수 없었던 폰 브라운은 연구를 진행하기 위해 나치당에 가입했고 훗날 SS-친위대의 일원이 되었다(독일에서 그의 최종직함은 친위대 소령이었다_옮긴이). 그러나 악마와 거래를 하면 점점 더 많은 것을 요구하기 마련이다.

V-2 로켓의 약진

치올콥스키의 설계도와 고다드의 시제품은 폰 브라운의 지휘하에 V-2 로켓(보복무기 제2로켓, Vergeltungswaffe-2)으로 탄생하여 런던과 앤트워프Antwerp(벨기에 북부의 항구도시_옮긴이)를 쑥대밭으로 만들었다. V-2의 위력에 비하면 고다드의 로켓은 장난감에 불과했다(여기서 말하는 위력이란 파괴력이 아니라 로켓의 비행성능을 의미한다_옮긴이). 길이 14m에 무게 12.5톤, 최고속도 5,760km/h(음속의 4.7배)인 V-2는 한 번 발사되면 고도 96km까지 상승하여 320km를 날아간 후 음속의 3배에 가까운 속도로 목표물에 떨어졌으며, 음속을 돌파할 때 발생하는 충격파를 제외하고는 아무런 사전경고도 날리지 않았다. 당시에는 어떤 비행기도 V-2를 따라잡을 수 없고 아무런 소리도 나지 않았으니, 영국은 속수무책으로 당할 수밖에 없었다.

V-2 로켓은 속도와 사정거리, 비행고도 등 거의 모든 면에서 기존의 기록을 갈아치웠다. 그것은 세계최초의 장거리 탄도미사일이자 음속을 돌파한 최초의 로켓이었으며, 지상에서 발사되어 대기권을 벗어난 최초의 로켓이기도 했다.

가공할 신무기에 당황한 영국정부는 런던 시민을 안심시키기 위해 가스관이 폭발했다고 거짓 발표를 했다. 그러나 정체불명의 비행체가 하늘에서 떨어지는 광경을 이미 많은 사람이 목격했기에, 사람들은 "하늘을 나는 가스관"이라며 정부를 조롱했다. 얼마 후 나치의 대변인이 신무기가 발사되었음을 선언하자 윈스턴 처칠은 마지못해 영국이 로켓으로 공격당했다고 시인했다.

도저히 막을 수 없는 초대형 미사일이 언제 하늘에서 떨어질지 모르는 상황에서 사람들의 공포는 극에 달했고, 유럽의 운명이 폰 브라운을 비롯한 일부 과학자들의 손에 들어간 것 같았다.

전쟁의 공포

독일이 개발한 신무기는 엄청난 사상자를 낳았다. 전쟁 기간 동안 3,000개 이상의 V-2 로켓이 연합국가에 발사되어 약 9,000명이 죽었는데, 독일군에게 잡혀서 V-2 제작에 투입되어 중노동을 하다가 죽어간 연합군 포로까지 포함하면 사망자는 거의 12,000명에 달한다. 폰 브라운은 자신이 만든 로켓이 어떤 결과를 초래했는지 나중에 알게 되었지만 때는 이미 늦어 있었다.

어느 날, 그는 로켓이 제작되는 현장을 방문했다가 경악을 금치 못했다. 현장에 같이 있었던 동료가 훗날 증언한 바에 따르면, 폰 브라운은 이렇게 중얼거렸다고 한다. "정말 지옥이 따로 없네. 당장 SS 보안요원한테 따져야겠어. 저렇게 많은 사람들이 이런 혹독한 환경에서 로켓을 만들고 있다니… 차라리 나한테 줄무늬 작업복을 입히지 그래? 이건 어떤 변명으로도 용납이 안 돼!" 또 다른 동료는 "폰 브라운이 그 죽음의 캠프를 보고 담당자에게 항의했습니까?"라는 질문을 받고 이렇게 대답했다. "만일 그랬다면 현장에서 총살당했을 겁니다."

폰 브라운은 자신이 개발한 로켓 때문에 발목을 잡힌 신세가 되었다. 전세가 불리하게 돌아가던 1944년의 어느 날, 그는 한 파티석상에서 잔뜩 취한 채 "이 전쟁은 우리가 원하는 쪽으로 진행되지 않을 것"이라고 했다. 그는 고성능 로켓을 만들고 싶었을 뿐, 거기에 폭탄을 실어서 날려보내는 것을 원하지는 않았다. 그러나 그 자리에 있던 스파이가 폰 브라운의 언행을 정부에 고발했고, 결국 그는 나치당을 비방하고 공산주의를 옹호했다는 혐의로 게슈타포에게 체포되어 폴란드에 있는 교도소에 수감되었다. "그가 독일을 배신하고 영국 쪽에 붙어서 V-2 프로젝트를 방해할 수도 있다"는 일부 장교들의 증언도 그에게 불리하게 작용했을 것이다.

히틀러는 폰 브라운을 못마땅하게 여겼다. 그러나 당시 군수장관이었던 알베르트 슈페어Albert Speer가 "V-2 프로젝트를 추진하려면 그가 반드시 필요하다"고 히틀러에게 간청하여, 죽음을 코앞에 둔 상황에서 극적으로 석방되었다.

V-2는 시대를 수십 년 이상 앞선 로켓이었으나, 개발이 다소 지연되어 1944년 말에야 실전에 배치되는 바람에 이미 기울어진 전세를 뒤집지는 못했다.

1945년 4월, 히틀러가 자결함으로써 전쟁이 끝났다. 베를린에 입성한 미군은 '페이퍼클립 작전Operation Paperclip'이라는 프로그램의 일환으로 독일의 과학자들을 소집하여 미국으로 보냈는데, 이때 폰 브라운과 그의 연구원들도 화물차 300량에 달하는 V-2 로켓 부품과 함께 미국으로 건너갔다.

미국의 과학자들은 V-2 로켓을 철저하게 분석하여 1958년에 그 후속작에 해당하는 레드스톤 로켓Redstone rocket(미국 최초의 탄도미사일_옮긴이)을 제작했다. 폰 브라운과 그의 동료들이 나치에 복역했던 전과는 말끔하게 지워졌지만, 폰 브라운은 전쟁 때 자신이 했던 일에서 결코 자유로울 수 없었다. 코미디언 모트 살Mort Sahl은 "별에 가려고 했는데, 가끔은 런던에 떨어졌어요"라며 폰 브라운을 빈정댔고,[6] 가수 톰 레러Tom Lehrer는 다음과 같은 노랫말을 지었다. "일단 로켓이 발사되면 어디로 떨어지는지 누가 신경 쓰나요? 그건 제 소관이 아니랍니다."

로켓과 냉전

1920~1930년대에 미국정부는 고다드가 제작한 로켓의 중요성을 간

과하는 바람에 이 분야의 선두가 될 수 있는 절호의 기회를 놓쳤다. 그리고 종전 후에는 미국으로 건너온 폰 브라운을 활용하지 못하여 두 번째 기회마저 놓치고 말았다. 1950년대에 미국은 폰 브라운과 그의 동료들에게 큰 관심을 보이지 않은 채 육-해-공군 사이의 경쟁에 열을 올리고 있었다. 그리하여 육군은 폰 브라운을 영입하여 레드스톤 로켓을 개발했고 해군은 뱅가드Vanguard 미사일을, 공군은 대륙간 탄도미사일의 초기 버전인 아틀라스Atlas 미사일을 독립적으로 개발했다.

군대로부터 자유로워진 폰 브라운은 과학교육에 관심을 갖기 시작하여 월트 디즈니와 함께 어린아이들에게 로켓과학을 소개하는 애니메이션 시리즈를 제작했다. 이 시리즈에서 그는 달에 가기 위해 과학자들이 얼마나 많은 노력을 해왔는지 강조하면서, 화성행 우주선단을 개발한다는 원대한 포부를 밝혔다.

미국의 로켓 개발 프로젝트가 가다 서다를 반복하는 동안 소련은 빠른 속도로 나아가고 있었다.[7] 스탈린과 니키타 흐루쇼프Nikita Khrushchev는 우주개발 프로그램의 전략적 중요성을 일찍 간파하고 국가의 최우선 과제로 밀어붙였다. 소련의 로켓 개발을 진두지휘한 사람은 세르게이 코롤료프Sergei Korolev였는데, 그의 신상에 대해서는 알려진 바가 거의 없다. 소련공산당이 전략상의 이유로 그의 신분을 철저히 비밀에 부쳤기 때문에 한동안 그는 "수석 설계자", 또는 "공학자"로 불렸다. 물론 소련도 미국처럼 V-2 로켓에 관여했던 한 무리의 공학자들을 자국으로 데려가 재빨리 후속 로켓을 제작했다. 그러니까 냉전시대에 미국과 소련의 미사일 경쟁은 사실상 독일 과학자들에 의해 진행된 셈이다.

미국과 소련의 주요 목적 중 하나는 하루라도 빨리 인공위성을 궤도에 올리는 것이었다. 궤도비행의 개념을 최초로 정립한 사람은 아이작 뉴턴이다. 그가 남긴 불후의 명저 《프린키피아》에는 대포에서 발사된 탄환의 궤적과 속도의 관계가 유명한 그림과 함께 서술되어 있다. 뉴턴의 설명은 다음과 같은 식으로 전개된다. 산꼭대기에서 대포를 발사하면 탄환은 가까운 계곡으로 떨어질 것이다. 그러나 탄환의 속도가 빠를수록 도달거리가 점차 멀어지다가, 어떤 임계속도에 도달하면 탄환은 지면에 닿지 않은 채 지구를 한 바퀴 돌게 된다(즉, 탄환은 지구의 위성이 된다). 여기서 뉴턴은 물리학사에 길이 남을 '사고의 전환'을 시도했다. 즉, 탄환을 달로 바꿔서 운동방정식을 적용하면 달의 공전궤도를 정확하게 예측할 수 있다는 것이다.

뉴턴은 대포알 사고실험에서 다음과 같은 질문을 제기했다. 사과가 떨어지듯이, 달도 지구를 향해 떨어지는 것은 아닐까? 고속으로 발사된 대포알은 지구를 선회하는 동안 자유낙하를 하고 있으므로, 지구를 공전하는 달도 자유낙하를 하는 중이다. 뉴턴은 이 논리에 입각하여 대포알과 달, 그리고 행성의 운동을 하나의 통일된 이론으로 설명할 수 있었다. 뉴턴의 운동법칙은 사과와 달뿐만 아니라 거시세계의 모든 만물에 적용된다. 그렇다면 대포알이 도중에 땅에 떨어지지 않고 지구를 한 바퀴 돌려면 얼마나 빠른 속도로 날아가야 할까? 뉴턴의 방정식으로 계산한 값은 약 28,900km/h이다.

소련의 과학자들은 뉴턴의 운동법칙을 적용하여 1957년 10월 4일, 최초의 인공위성 스푸트니크 1호를 궤도에 진입시키는 데 성공했다.

스푸트니크 시대

소련이 스푸트니크 1호 발사에 성공했다는 소식이 알려지자 미국 전체가 공황상태에 빠졌다. 그것은 소련이 로켓과학에서 미국보다 앞섰다는 확실한 증거이자, 소련의 미사일이 언제라도 미국에 떨어질 수 있다는 불길한 징조이기도 했다. 게다가 두 달 뒤에 미 해군에서 발사한 로켓 뱅가드가 출발 후 2초 만에 폭발하는 장면이 TV를 통해 전국에 생중계되면서 미국의 자존심은 나락으로 떨어졌다. 나는 그날 있었던 일이 지금도 생생하게 기억난다. 미사일 발사 장면을 TV로 봐도 되겠냐고 어머니에게 물었더니 마지못해 허락해주셨는데, 엔진이 점화된 후 1m쯤 위로 올라갔다가 곧바로 주저앉으면서 발사대가 화염에 휩싸였고, 노즈콘nose cone(로켓의 원뿔형 꼭대기. 인공위성이 탑재된 부분_옮긴이)이 꺾어지면서 화염 속으로 사라졌다.

그로부터 4개월 후에 시도한 두 번째 뱅가드 미사일 발사도 실패로 돌아갔다. 참다못한 언론은 뱅가드 미사일을 '프로프니크Flopnik', '카푸트니크Kaputnik', '웁스니크Oopsnik'라고 빈정대며 미국의 무능함을 질타했고, UN 국제회의에 파견된 소련 대표는 "미국이 원한다면 한 수 가르쳐줄 수도 있다"며 한껏 여유를 부렸다.

위기를 느낀 미국은 익스플로러Explorer 1호 개발에 급히 폰 브라운을 투입했다. 익스플로러의 발사체는 주노Juno 1호 로켓이었고 주노 1호는 V-2의 직계후손이었으니, 폰 브라운을 영입한 것은 최선의 선택이었다.

그러나 소련은 이미 한참 앞서 나가고 있었다. 그 후로 몇 년 동안 소련은 우주개발에서 '최초'라는 타이틀을 거의 독식하다시피 했는데, 그중 몇 가지를 소개하면 다음과 같다.

1957: 스푸트니크 2호, 최초로 살아 있는 생명체(라이카Laika라는 개)
를 태우고 궤도 진입 성공(편도비행)
1957: 루니크Lunik 1호, 최초로 달 근접비행 성공
1959: 루니크 2호, 최초로 달 착륙 성공(무인우주선)
1959: 루니크 3호, 최초로 달의 반대쪽 면 촬영
1960: 스푸트니크 5호, 최초로 살아 있는 생명체(개)를 태우고 우주
비행을 한 후 무사 귀환 성공
1961: 베네라Venera 1호, 최초로 금성 근접비행 성공

소련의 우주개발 프로그램은 1961년에 유리 가가린Yuri Gagarin을
태운 위성이 궤도비행에 성공함으로써 정점을 찍었다.

나는 미국 전체가 스푸트니크 충격에 휩싸였던 시절을 지금도 생생
하게 기억하고 있다. 공산당혁명 후 쇠퇴일로를 걷던 국가가 어떻게
갑자기 미국보다 앞서 나가게 되었을까?

시사평론가를 비롯한 각계 전문가들은 미국의 교육방법에 문제가
있다고 결론지었다. 실제로 1960년대 초에는 미국 학생들의 학업능
력이 소련보다 크게 뒤떨어진 상태여서, 정부는 소련과 경쟁할 수 있
는 세대를 키워내기 위해 자본과 자원, 미디어를 총동원했다. 그 무렵
에 유행했던 표어 중에는 이런 것도 있었다. "이반Ivan은 읽을 줄 알
지만 자니Johnny는 못 읽는다."

스푸트니크 충격이 미국을 강타했던 시대에 많은 학생들은 물리학
자나 화학자, 또는 로켓과학자가 되는 것이 조국을 위한 의무라고 생

각했다.

국가의 운명이 백척간두에 선 상황에서 각계 전문가와 여론은 미국의 우주개발을 군대가 이끌어야 한다고 강력하게 주장했다. 그러나 아이젠하워 대통령은 민간주도를 고집하며 미국항공우주국, 즉 NASA를 설립했고, 그 뒤를 이은 존 F. 케네디 대통령은 가가린을 태운 소련의 인공위성이 궤도 진입에 성공한 직후에 "미국은 1960년대가 가기 전에 사람을 달에 보내겠다"고 선언했다.

케네디의 선언은 미국 전체를 바꿔놓았다. 1966년에 미국정부는 연방예산의 5.5%를 달 착륙 프로그램에 쏟아부었고, NASA는 1인 우주선 머큐리Mercury와 2인 우주선 제미니Gemini, 그리고 3인 우주선 아폴로Apollo를 연이어 발사하면서 달에 착륙하는 데 필요한 기술을 최대한 신중하게 개발해나갔다. 유인궤도비행과 무인행성탐사는 소련이 이미 선수를 쳤으므로, NASA는 사람을 달에 보낸다는 야심 찬 목표하에 (1) 우주인이 모선 밖으로 나와서 임무를 수행하는 최초의 우주유영, (2) 두 대의 우주선을 우주공간에서 연결하는 도킹docking 기술, (3) 유인우주선의 달 궤도비행(착륙은 하지 않음), 그리고 최종단계에서 (4) 유인우주선의 달 착륙 순서로 계획을 추진해나갔다.

폰 브라운은 "위기에 처한 미국을 구하라"는 특명을 받고 역사상 가장 큰 로켓인 새턴 5호의 제작에 참여했다. 똑바로 세웠을 때 자유의 여신상 전체 높이보다 18m 더 높은 새턴 5호는(총 길이=110.6m) 140톤의 화물과 연료를 싣고 지구궤도를 돌다가 약 40,000km/h(지구의 탈출속도)까지 가속할 수 있도록 설계되었다.

1969년 7월, 새턴 5호로 추진되는 아폴로 11호 우주선이 발사된 후 NASA는 과거의 악몽이 재현될까봐 한시도 마음을 놓을 수 없었으며, 닉슨 대통령도 만일의 경우에 대비하여 두 가지 연설문을 준비해 놓았다. 하나는 성공적인 달 착륙을 축하하는 내용이었고 다른 하나는 착륙에 실패한 경우 "미국의 우주인이 달에서 사망하여 비통한 마음 금할 길 없으며, 유가족들과 슬픔을 함께한다"는 위로문이었는데, 아닌 게 아니라 정말로 두 번째 연설이 방송을 탈 뻔했다. 달 착륙을 몇 초 앞둔 시점에 착륙선 안에서 컴퓨터 경고음이 요란하게 울려댄 것이다. 그러나 선장이었던 닐 암스트롱이 착륙선 조종모듈을 재빨리 수동으로 전환한 덕분에 달 표면에 사뿐히 내려앉을 수 있었다. 나중에 확인해보니 그것은 연료가 50초 분량밖에 남지 않았다는 경고음이었다. 1분만 늦었어도 착륙선은 달 표면에 추락했을 것이다.

그리하여 1969년 7월 20일, 닉슨 대통령은 미리 준비해둔 첫 번째 발표문을 당당한 어조로 읽어 내려갔다. "우리 자랑스러운 우주인들의 성공적인 달 착륙을 진심으로 축하합니다!" 새턴 5호는 지금까지도 사람을 태우고 지구궤도를 벗어난 가장 큰 로켓으로 남아 있다. 더욱 놀라운 것은 이 거대한 로켓이 단 한 번도 사고를 내지 않았다는 점이다. 새턴 5호는 총 15대가 제작되어 그중 13대가 발사되었으며, 1968년 12월부터 1972년 12월까지 총 24명의 우주인을 태우고 장거리 왕복임무를 무사고로 완수했다('새턴 5호'는 달 착륙선을 지구에서 달 궤도까지 실어나른 로켓의 이름이고, '아폴로 11호'는 달 착륙 임무를 수행한 우주선의 이름이다_옮긴이). 물론 아폴로 우주선에 탑승한 우주인들은 미국의 명성을 전 세계에 드높인 영웅으로 미국인의 칭송을 한 몸에 받았다.

소련도 달을 향한 경쟁에서 미국에 뒤지지 않기 위해 총력을 기울였으나, 몇 가지 악재가 겹치는 바람에 뜻을 이루지 못했다. 무엇보다도 소련의 로켓 개발을 이끌었던 세르게이 코롤료프가 1966년에 세상을 떠난 것이 큰 타격이었고, 사람을 달에 데려다줄 N-1 로켓이 네 번이나 발사에 실패하면서 과학자들의 사기가 크게 떨어졌다. 그러나 가장 큰 이유는 소련의 경제규모가 미국보다 작았기 때문이다. 냉전 초기에는 일부 분야에서 미국을 앞서갔지만, 전체적인 경제규모가 미국의 절반에 불과했던 소련이 계속 우위를 점하기란 애초부터 불가능한 일이었다.

우주에서 길을 잃다

1969년 7월, 닐 암스트롱과 버즈 올드린Buzz Aldrin이 무거운 장비를 잔뜩 진 채 달 표면을 걷던 모습이 지금도 눈에 선하다. 그 당시 나는 미 육군에 입대하여 워싱턴의 루이스기지Fort Lewis에서 전투훈련을 받으며 언제가 될지 모를 베트남 파병을 기다리는 처지였다. 나는 TV 에서 펼쳐지는 그 놀라운 광경에 압도당하면서도 다른 한편으로는 걱정이 앞섰다. 베트남에 파병되어 전사할 수도 있지 않을까? 그렇게 되면 훗날 태어날 나의 아이들에게 이 역사적인 사건을 들려줄 수도 없지 않은가.

1972년 12월, 새턴 5호 로켓이 아폴로 17호 우주선을 싣고 마지막으로 발사된 후 미국인의 관심은 다른 쪽으로 옮겨갔다. 정부는 빈곤퇴치전쟁War on Poverty(미국 내의 특정 지역에 집중된 빈곤을 퇴치하기 위해 1964년부터 정부 주도로 추진된 복지사업_옮긴이)을 성공적으로 마무리하기 위해 총력을 기울였고, 금방 끝날 것 같았던 베트남전은 목숨과 돈을 쏟아붓는 소모전으로 변질되었다. 이웃이 굶주리고 젊은 군인들이 수시로 죽어나가는 판에, 달에 간다는 것은 일부 과학자들의 사치스러운 돈 잔치처럼 보일 뿐이었다.

사실이 그렇다. 우주개발 프로그램에는 이름에 걸맞게 '천문학적인' 비용이 들어간다. 그래서 아폴로계획이 끝난 후 몇 가지 대안이 도마에 올랐는데, 그중 하나는 군대나 민간기업, 또는 과학자 그룹의 주도하에 무인로켓을 우주공간에 띄우는 것이었다. 사람이 가지 않으면 잡다한 안전장치가 필요 없으므로 우주탐사용 장비를 더 많이 실을 수 있다. 그러나 국회의원과 납세자들을 설득할 때에는 무인우주선보다 유인우주선이 훨씬 유리하다. 유인/무인 여부와 관련하여 한 의원은 이런 말을 한 적이 있다. "사람이 가지 않으면 돈을 줄 수 없다."(No Buck Rogers, no bucks. 버크 로저스Buck Rogers는 필립 놀런Philip F. Nowlan의 SF 소설 《아마겟돈 2419 A.D.》의 주인공으로 여기서는 '유인우주선'을 상징하며, '버크buck'는 '돈'이라는 뜻으로도 통용된다_옮긴이)

납세자와 국회의원들은 '막대한 돈을 들여 몇 년 동안 날아가는' 우주선보다 '저렴한 가격으로 목적지에 빨리 갈 수 있는' 우주선을 원했다. 그러나 우주탐사의 기본목표와 국민의 여망을 절충하다 보니, 아무도 좋아하지 않을 변종 우주선 설계도가 탄생했다. 화물을 잔뜩 실은 우주선에 사람까지 태워서 일회용 탐사를 하게 된 것이다.

그 대안으로 떠오른 것이 1981년에 등장한 우주왕복선space shuttle이다. 이 우주선은 지난 수십 년 동안 쌓아온 우주 관련 기술이 하나로 집약된 '공학의 기적'으로, 27톤의 화물을 싣고 국제우주정거장International Space Station, ISS에 도킹하여 임무를 수행할 수 있도록 제작되었다. 1960~1970년대를 풍미했던 아폴로 우주선은 임무를 마친 후 모든 장비를 버리고 승무원을 태운 캡슐만 바다로 착륙하는(엄밀히 말하면 '추락하는') 방식이었던 반면, 우주왕복선은 기본적인 형태가 비행기와 비슷하여 7명의 승무원을 태우고 임무를 수행한 후 지상의 활주로에 착륙하는 방식이어서 부분적으로 재활용이 가능하다. 그 결과 일반대중들은 국제우주정거장에서 손을 흔들며 인사하는 우주인을 수시로 볼 수 있게 되었고, 다양한 국적의 승무원을 우주왕복선에 태움으로써 비용을 마련하기도 쉬워졌다.

그러나 시간이 흐르면서 우주왕복선에도 문제가 드러나기 시작했다. 원래 우주왕복선은 비용절감을 위한 차선책이었는데, 날이 갈수록 비용이 많이 들더니 결국 1회 발사비용이 1억 달러(약 1,120억 원)를 돌파한 것이다. 우주왕복선으로 화물을 지구 저궤도까지 운반하는 데 들어가는 비용은 1kg당 약 88,000달러로, 기존의 로켓보다 4배쯤 비싸게 먹힌다. 발사 간격이 길어진 것도 또 다른 문젯거리였다. 우주왕복선이 한 번 임무를 수행하고 돌아오면 최소 몇 달이 지나야 그 다음 임무를 수행할 수 있다. 미국 공군은 우주왕복선 프로그램에 참여하여 매번 발사될 때마다 군사임무를 함께 수행해왔는데, 발사 간격이 너무 길어서 불편을 겪다가 결국은 NASA와의 협조를 포기했다.

뉴저지에 있는 프린스턴 고등과학원Institute for Advanced Study in Princeton의 물리학자 프리먼 다이슨Freeman Dyson은 우주왕복선이 사람들의 기대에 부응하지 못한 이유를 다음과 같이 설명했다. "기차는 처음 등장했을 때 화물과 여행객을 같이 실어나르다가, 세월이 흐르면서 화물차(생산자용 기차)와 객차(소비자용 기차)로 분리되어 비용을 낮추고 효율을 높이는 데 성공했다. 그러나 우주왕복선은 생산자와 소비자를 분리하지 않았기 때문에 '모든 이를 위한 모든 것'이 아니라 '아무에게도 득될 것 없는 무용지물'로 전락했다. 게다가 비용은 엄청나게 비싸면서 발사 간격도 긴데, 어느 누가 관심을 갖겠는가?"

챌린저호Challenger와 콜럼비아호Columbia의 대형참사로 14명의 우주인이 목숨을 잃은 것도 악재로 작용했다. 이 사건 후로 정부와 기업은 물론이고 일반대중들까지 우주개발 프로그램을 회의적 시각으로 바라보았으며, "우주에서는 승무원을 잃지 않겠다"던 NASA의 자존심도 크게 손상되었다(1967년 7월, 훈련 중이던 아폴로 1호 우주선 캡슐 안에서 화재가 발생하여 승무원 3명 모두 사망하는 사고가 발생했다. 그 후로 NASA는 "비록 지상에서는 승무원을 잃었지만, 우주에서는 절대로 승무원을 잃지 않겠다"고 천명한 바 있다_옮긴이). 물리학자 제임스 벤포드James Benford와 그레고리 벤포드Gregory Benford는 공동저서 《스타십 센추리Starship Century》에 다음과 같이 적어놓았다. "미국 의회는 NASA를 '탐험기관'이 아닌 '일자리 창출기관'으로 간주하기 시작했다. 사실 우주정거장도 과학발전에 별 도움이 안 됐다. … 그것은 우주로 진출하는 전초기지가 아니라 엄청나게 비싼 캠핑장일 뿐이었다."[8]

냉전이 종식된 후 우주개발 프로그램은 빠르게 동력을 잃어갔다. 여기서 아폴로 우주프로그램이 한창 진행되던 전성기에 나돌던 농담 한마디를 소개한다. NASA에서 돈이 필요해지면 직원 한 사람을 국회에 파견하여 한마디만 외치면 된다. "러시아!" 그러면 의원은 급하게 수표책을 꺼내면서 묻는다. "얼마면 되겠어요?" 그러나 좋은 시절은 끝났다. 아이작 아시모프가 말한 대로 "터치다운을 했으니, 공을 가방에 넣고 집에 가는 일만 남았다."

2011년, 드디어 올 것이 오고 말았다. 버락 오바마 대통령이 항공우주공학을 대상으로 제2의 '발렌타인데이 대량학살Valentine's Day massacre'을 감행한 것이다. 연단에 선 그는 간단한 손짓 하나로 컨스

털레이션 프로그램(Constellation program, 우주왕복선 대체 프로그램)과 달 탐사 프로그램, 그리고 화성탐사 프로그램을 백지화시켰다. 그날 발표한 내용의 골자는 "미국인의 세금부담을 줄이기 위해 NASA의 재정지원을 중단하고, 우주개발프로그램을 민간기업에 이양한다"는 것이었다. 그 바람에 2만 명의 과학자들이 졸지에 직장을 잃었고, 어렵게 쌓아온 우주 관련 지식도 무용지물이 될 위기에 처했다. 가장 큰 충격은 지난 수십 년 동안 러시아와 경쟁관계에 있던 미국의 우주인들이 우주정거장에 가려면 러시아의 로켓을 빌려 타야 한다는 점이었다. 이로써 우주개발 전성기는 완전히 끝난 것처럼 보였다.

왜 이렇게 되었을까? 이 모든 참사의 원인은 '비용'이라는 하나의 단어로 요약된다. 로켓을 이용하여 지구 저궤도까지 화물을 옮기는 데 들어가는 비용은 1kg당 약 22,000달러이다. 사람을 궤도에 진입시키려면 대충 사람만 한 크기의 금덩어리를 운송비로 지불해야 한다는 뜻이다. 달에 가는 비용은 이것의 10배, 화성은 100배가 넘는다. 우주인 한 사람을 화성에 보내려면 우주선 제작을 포함하여 총 4천억 ~5천억 달러를 쏟아부어야 한다.

우주왕복선이 뉴욕으로 입성하던 날, 나는 뉴욕 시민으로서 기쁨보다 슬픔이 앞섰다. 관광객들은 도로변에 늘어서서 연신 사진을 찍으며 감탄을 연발했지만, 사실 그것은 한 시대의 종말을 알리는 장례식 행렬이었다. 그날 나는 42번가 부두를 향해 나아가는 행렬을 바라보다가 문득 미국이 과학과 인류의 미래를 포기했다는 생각이 들면서 침통한 심정으로 발길을 돌렸다.

이 암울한 시기를 돌아볼 때마다, 나는 15세기에 전성기를 구가했던 중국의 왕실함대를 떠올리곤 한다. 그 시대에 중국은 과학과 탐험에 관한 한, 이견의 여지가 없는 초일류국가였다. 그들은 화약과 나침반을 발명했고 고도의 인쇄술을 보유하고 있었으며, 군사력과 과학기술도 세계 최고 수준이었다. 그러나 비슷한 시기에 중세유럽은 소모적인 종교전쟁과 잔혹한 종교재판에 몰두하여 무고한 사람을 마녀로 몰아세우고, 조르다노 브루노Giordano Bruno와 갈릴레오 갈릴레이 같은 위대한 과학자를 화형에 처하거나 가택연금시키는 등, 종교라는 이름으로 과학을 핍박했다. 당시 유럽은 혁신의 근원지가 아니라 과학기술을 외국에서 수입하는 처지였다.

명나라 초기의 무장 정화鄭和, Zheng He는 황제의 명에 따라 총 317척의 배를 이끌고 사상 최대규모의 원정길에 올랐다(이때 출항한 배는 콜럼버스가 탔던 배보다 세 배나 길었고, 선원 수는 28,000명에 달했다). 왕궁에서 환관宦官으로 일하다가 영락제永樂帝의 신임을 얻어 남해 원정함대의 총사령관으로 발탁된 정화는 1405년부터 1433년까지 총 일곱 차례에 걸쳐 동남아시아와 중동을 거쳐 아프리카 동부까지 진출했으며, 귀향길에는 기린 같은 신기한 동물과 온갖 진기한 보물을 배에 가득 싣고 황제가 보는 앞에서 퍼레이드를 벌였다.

그러나 영락제의 후임으로 제위에 오른 홍희제洪熙帝는 악화된 민심을 수습하기 위해 정화의 원정을 중단시켰고, "일반 백성은 배를 소유하지 못한다"는 금지령까지 만들어서 해외진출을 봉쇄했다. 그리하여 한때 전 세계를 누볐던 대규모 선단은 분해되거나 불에 태워졌으며, 정화의 업적도 후대에 제대로 전달되지 못했다. 더욱 안타까운 것은 그 후의 황제들도 외부세계와의 접촉을 피하면서 스스로를 고립시켰다는 점이다. 그리하여 한때 세계 최고를 자랑했던 중국의 문화는 서서히 사양길을 걷다가 완전히 몰락하여 내전과 혁명을 겪게 된다.

예나 지금이나, 번영의 원동력은 단연 과학이다. 수천 년 동안 번영을 누려온 국가도 과학과 기술에 등을 돌리는 순간부터 대책 없이 나락으로 떨어진다. 이것은 역사가 증명하는 사실이다.

미국의 우주개발 프로그램도 지난 수십 년 동안 사양길을 걸어왔으나, 다행히도 최근 들어 정치 및 경제적 환경이 조금씩 변하고 있다. 새로운 아이디어와 새로운 에너지, 그리고 새로운 기금으로 무장한 일부 뜻있는 거부巨富들이 우주개발의 선봉장을 자처하고 나선 것이다. 좋은 징조이긴 한데, 우주에 관한 한 전례가 없는 조합이어서 걱정이 앞서는 것도 사실이다. 과연 정부와 민간기업은 서로 상생하면서 새로운 우주시대를 개척해나갈 수 있을까?

당신의 영혼은 내 영혼을 낳은 빛입니다. 당신은 나의 태양이자 달이며,
나의 별입니다.
에드워드 커밍스

02

우주여행의
새로운 시대

수백 년에 걸쳐 서서히 쇠퇴했던 중국의 해군함대와 달리, 미국의 유
인 우주개발 프로그램은 수십 년 동안 사양길을 걷다가 몇 가지 요인
이 급변하면서 부활의 조짐을 보이고 있다.

그중 하나가 실리콘밸리 사업체의 자본유입이다. '정부와 민간기
업'이라는 유별난 조합으로 조성된 기금 덕분에 요즘 로켓과학은 새
로운 시대를 맞이하고 있다. 우주여행 경비가 크게 낮아진 것도 좋은
징조이다. 또한 TV 우주다큐멘터리와 할리우드의 SF 영화가 연이어
제작되면서 우주탐험에 대한 일반대중의 관심도 높아졌다.

가장 중요한 것은 NASA가 다시 한 번 대중의 관심을 끌고 있다는
점이다. NASA는 지난 1990년대부터 뚜렷한 목표를 설정하지 못한
채 우유부단하고 혼란스러운 정책으로 헛발질을 연발하다가, 2015년
10월 8일에 드디어 사람을 화성에 보낸다는 확실한 장기목표와 함께

한동안 외면해왔던 달 탐사를 재개하기로 결정했다. 다시 말해서, 달을 '화성으로 가는 징검다리'로 삼겠다는 뜻이다. 이로써 NASA는 오랜 방황을 끝내고 뚜렷한 목표를 갖게 되었으며, 전문가들은 가능성을 타진한 후 "드디어 NASA가 다시 한 번 우주개발을 선도하게 되었다"며 환영의 뜻을 밝혔다.

이제 계획을 세웠으니 실천하는 일만 남았다. 지구와 가장 가까운 이웃인 달을 거쳐 깊은 우주로 진출하려면 어떤 기술이 필요할까?

달로 돌아가다

달로 돌아간다는 차기 프로젝트의 성공 여부는 우주발사시스템Space Launch System, SLS이라는 대형 추진로켓과 유인우주선 오라이언Orion의 성능에 달려 있다. 이들은 오바마 정부가 2010년에 컨스털레이션 프로그램을 폐지한 후로 졸지에 낙동강 오리알 신세가 되었다가 NASA에 의해 극적으로 구조되었는데, 완전히 다른 임무를 위해 개발된 발사체와 우주선을 하나로 엮는 것도 결코 만만한 작업이 아니다.

현재 SLS/오라이언 로켓은 2020년대 중반에 사람을 태우고 달 근접비행을 시도한다는 계획을 세워놓은 상태이다.

SLS/오라이언 로켓시스템의 기본구조는 이전에 활약했던 우주왕복선보다 새턴 5호 로켓에 더 가깝다. 지난 45년 동안 박물관 전시품으로 눌러앉아 있던 새턴 5호가 SLS 추진로켓으로 화려하게 부활한 것이다. SLS/오라이언 로켓을 보고 있노라면 1960년대로 되돌아간 듯한 착각이 들 정도다.

SLS의 적재량은 130톤, 길이는 약 111m로 새턴 5호 로켓과 거의 비슷하다. 우주왕복선의 승무원들은 로켓추진체와 나란히 붙어 있는 우주선에 앉아서 카운트다운을 기다렸지만, SLS/오라이언의 승무원들은 새턴 5호 위에 얹혀진 아폴로 우주선처럼 로켓추진체 위에 얹혀진 캡슐 안에서 카운트다운을 기다리게 된다. 우주왕복선과 달리 SLS/오라이언의 주목적은 화물운송이 아니라 사람을 실어나르는 것이다. 또한 SLS/오라이언은 지구 저궤도까지 가는 단거리용이 아니라, 새턴 5호처럼 탈출속도에 도달하여 지구를 벗어나는 용도로 설계되었다.

오라이언 우주선 캡슐은 4~6인승이지만(새턴 5호의 아폴로 캡슐은 3인승이었다) 지름 5m에 높이 3.3m, 무게 25.8톤으로 결코 넓은 공간이 아니다(공간은 곧 돈이기 때문에, 개발자들은 덩치가 작은 우주인을 선호했다. 예를 들어 유리 가가린의 키는 157cm였다).

또 새턴 5호는 오직 달에 가기 위해 제작된 로켓이었지만, SLS는 달과 소행성, 또는 화성 등 거의 모든 곳에 갈 수 있는 전천후 로켓이다.

NASA의 관료주의적 행태와 느린 개발속도에 염증을 느낀 일부 백만장자들이 직접 나선 것도 커다란 호재로 작용했다. 이 젊은 사업가들은 '유인우주선 개발을 민간기업에 이양한다'는 버락 오바마 전 대통령의 정책에 크게 고무되어, 막강한 재력을 기반으로 이 분야에 뛰어든 사람들이다.

NASA를 지지하는 사람들도 할 말은 있다. 그들은 "NASA의 우주선 개발이 민간기업보다 느리게 진행되는 이유는 안전을 최우선으로 고려하기 때문"이라고 주장한다. 우주왕복선이 두 차례 사고를 겪은 후 의회 청문회에서 악화된 민심을 고려하여 우주개발 프로그램을

사람을 달까지 싣고 갔던 새턴 5호Saturn V 로켓과 우주왕복선, 그리고 현재 실험 중인 로켓의 크기 비교

중단시켰는데, 그 와중에 비슷한 사고가 한 번만 더 발생하면 아예 폐기될 수도 있기 때문에 만사에 신중을 기할 수밖에 없다는 이야기다. 또한 이들은 1990년대에 NASA가 '더 빠르게, 더 좋게, 더 싸게Faster, Better, Cheaper'를 슬로건으로 채택한 것도 개발속도를 늦추는 원인이 되었다고 지적한다. 1993년에 마스 옵저버Mars Observer가 화성 궤도 진입을 코앞에 두고 연료탱크가 파열되어 통신이 두절되는 사고가 발생하자 여론은 "준비가 덜된 상태에서 너무 급하게 서둘렀기 때문"

이라며 NASA를 비난했고, 그 후로 '더 빠르게, 더 좋게, 더 싸게'라는 슬로건은 슬그머니 자취를 감추었다.

그러므로 실패의 대가(주로 돈 문제)가 두려워서 매사에 조심하는 관료들과 빨리 결과를 보고 싶어하는 성급한 사람들 사이에서 균형을 유지하는 것이 중요하다.

그럼에도 불구하고 두 명의 백만장자가 발벗고 나서서 빠른 길을 재촉하고 있다. 아마존의 창업자이자 〈워싱턴포스트〉의 소유주인 제프 베조스와 페이팔PayPal(온라인 전자결제 시스템_옮긴이)과 테슬라 Tesla(전기자동차 생산업체_옮긴이), 그리고 스페이스엑스SpaceX의 설립자인 일론 머스크가 바로 그들이다.

미국 언론은 "백만장자들의 결투"라는 제목으로 두 사람의 경쟁을 연일 대서특필하고 있다.

베조스와 머스크는 "인류의 생활터전을 우주로 확장한다"는 공통의 목표를 추구하고 있지만, 방법에는 약간의 차이가 있다. 현재 머스크는 화성에 관심을 갖는 반면, 베조스의 관심은 달에 고정되어 있다.

달

1969년 7월 16일, 최초의 유인 달 탐사선 아폴로 11호가 달을 향해 이륙하는 장관을 구경하기 위해 수천 명의 군중이 플로리다의 케이프 커내버럴Cape Canaveral에 모여들었다. 달까지 가는 3일 동안 세 명의 우주인들은 무중력상태를 비롯하여 지구에서 한 번도 겪은 적 없는 다양한 현상을 체험할 예정이었다. 달에 착륙하면 국기를 꽂고,

사진을 찍고, 월석月石을 채취하고, 몇 가지 간단한 실험을 한 후 지구 귀환선을 타고 태평양에 착륙할 것이며(사실은 착륙이 아니라 추락에 가깝지만), 세 명의 우주인은 인류 역사의 새로운 장을 연 영웅으로 등극할 운명이었다.

우주선의 경로는 뉴턴의 운동법칙을 이용하여 완벽하게 계산되었으나, 한 가지 문제가 남아 있었다. 그런데 이 문제는 미국의 남북전쟁이 끝난 직후인 1865년에 프랑스 작가 쥘 베른Jules Verne이 발표한 소설 《지구에서 달까지From the Earth to the Moon》에서 이미 제기된 문제였다. 다른 점이 있다면 달 여행을 주관한 단체가 NASA가 아니라 볼티모어 건클럽Baltimore Gun Club이었다는 점이다.

놀랍게도 쥘 베른은 인간이 달에 가기 100여 년 전에 달 탐사선과 관련된 데이터를 정확하게 예측했다. 그의 소설에 등장하는 우주선 캡슐의 크기와 착륙 위치, 그리고 귀환 방법 등은 실제 아폴로 11호의 제원 및 경로와 거의 일치한다.

쥘 베른의 소설에서 가장 크게 틀린 내용은 우주인이 거대한 대포알을 타고 달까지 날아간다는 부분이다. 아무런 추진력 없이 발사 속도만으로 달까지 날아가려면 대포의 포신 안에서 지구 중력가속도의 약 2,000배에 달하는 가속운동을 해야 하는데, 이런 극단적인 환경에서 살아남을 생명체는 없다(자기 몸무게의 2,000배에 달하는 힘이 가해진다는 뜻이다_옮긴이). 당시에는 액체연료로 추진되는 로켓이 존재하지 않았으니, 베른에게는 다른 선택의 여지가 없었을 것이다.

또한 쥘 베른은 여행 도중에 우주인들이 무중력상태를 겪게 된다는 것도 알고 있었다. 단, 그는 여행 도중 우주선이 특정 지점을 지날 때 무중력상태를 잠깐 겪는 것으로 서술했지만, 아폴로 11호에 탑승한 우주인들은 달에 도착할 때까지 대부분의 시간을 무중력상태에서 보냈다(이 내용은 요즘도 잘못 이해하고 있는 사람들이 의외로 많다. 서점에 가면 "우주공간에는 중력이 작용하지 않는다"고 적혀 있는 교양과학서가 종종 눈에 띄는데, 이것은 완전히 틀린 설명이다. 실제로 우주공간은 중력으로 가득차 있으며, 태양과 같은 별 주변에는 목성처럼 거대한 행성을 궤도에 묶어둘 정도로 강력한 중력이 작용하고 있다. 우주여행 중 무중력상태가 되는 것은 중력이 없어서가 아니라, 우주선과 그 안에 있는 모든 물체들이 동일한 가속도로 '떨어지고 있기' 때문이다. 물론 우주선에 탄 승무원들도 동일한 가속도로 떨어지고 있으므로 중력이 작용하지 않는 것처럼 느끼는 것이다).

요즘은 우주에 가기 위해 볼티모어 건클럽 회원들에게 모금을 할 필요는 없다. 제프 베조스와 같은 거부들이 사재를 털어서 우주선 개발에 박차를 가하고 있기 때문이다. 국민의 세금으로 운영되는 NASA는 새로운 로켓을 개발할 때마다 납세자(또는 의회)의 허락을 받아야 했지만, 베조스는 블루 오리진Blue Origin이라는 개인회사를 설립하여 자신의 돈으로 자신이 원하는 로켓을 만들고 있다.

베조스의 프로젝트는 이미 설계단계를 넘어서 '뉴셰퍼드New Shepard'(미국인 최초로 우주선을 타고 탄도비행을 했던 앨런 셰퍼드Alan Shepard의 이름에서 따온 것이다)라는 로켓을 실험하는 단계로 접어들었다. 이것은 발사 후 탄도비행을 하다가 출발점으로 안전하게 되돌아온 최초의 로켓으로, 이 분야에서 일론 머스크의 팰컨로켓Falcon rocket을 앞질렀다(팰컨로켓은 지구궤도에 화물을 운송하는 최초의 재활용로켓이다).

베조스의 뉴셰퍼드는 탄도로켓suborbital rocket이다. 즉 28,900km/h의 속도까지 가속되지 않기 때문에 지구 저궤도에 진입할 수 없으며, 당연히 달에도 갈 수 없다. 그러나 뉴셰퍼드가 제 성능을 발휘한다면 우주관광을 실현한 최초의 로켓이 될 것이다. 최근에 블루 오리진은 뉴셰퍼드의 가상 비행 장면을 컴퓨터그래픽으로 구현한 동영상을 공개했는데, 마치 내가 초호화 우주선의 1등석에 타고 있는 듯한 착각이 들 정도로 리얼했다(유튜브의 검색창에 'Soar With Blue Origin'을 입력하면 해당 영상을 볼 수 있다_옮긴이). 일단 우주선 캡슐 안으로 들어가면 널찍한 공간이 관광객을 맞이한다. 좁아터진 조종석에 꽁꽁 묶여 있는 SF 영화의 우주선 승무원과 달리, 6명의 관광객들은 최고급 가죽으로 만든 등받이 조절시트에 편안히 앉아 카운트다운을 기다린다. 물론 모든 좌석은 창가좌석이고, 창문의 크기는 가로 70cm, 세로 100cm로 역대 어떤 우주선 창문보다 크다. 그야말로 '초호화판 우주선'이다.

그러나 제아무리 호화스러운 여행이라 해도 대기권 밖으로 나가는 우주여행이기 때문에, 선글라스에 꽃무늬 티셔츠를 입고 캐리어를 끌면서 탑승할 수는 없다. 여행객들은 출발 이틀 전에 블루 오리진의 우주선 발사대가 설치되어 있는 텍사스주의 반 혼Van Horn으로 집결하여 담당직원에게 안전교육을 받아야 한다. 단, 직원은 주의사항만 전달할 뿐, 로켓에 같이 탑승하지는 않는다. 뉴셰퍼드는 조종사가 필요없는 완전자동 로켓이기 때문이다.

총 여행시간은 11분, 여행치곤 그다지 긴 시간은 아니다. 발사 후 수직방향으로 고도 100km까지 상승하여 대기권의 경계면에 접근하면 파랗던 하늘이 어두운 자주색을 거쳐 완전히 검은색으로 변한다. 여행객을 태운 캡슐이 대기권을 벗어났을 때 좌석의 안전벨트를 풀면 여행객들은 약 4분 동안 무중력상태를 체험할 수 있다.

일부 사람들은 무중력상태에서 속이 메스껍거나 구토증세를 보일 수도 있다. 그러나 블루 오리진의 담당자는 "무중력에 노출되는 시간이 짧기 때문에 귀환하면 금방 사라지고, 후유증도 전혀 없다"고 장담했다.

(NASA에서는 우주인을 무중력상태에 적응시키기 위해 속칭 '구토혜성vomit comet'이라 불리는 KC-135 비행기를 운용하고 있다. 여기에 우주인을 태우고 높은 고도로 상승한 후 엔진을 끄고 자유낙하하면 그 안에 있는 모든 사람과 물체들은 무중력상태에 놓이게 된다. 물론 계속 낙하할 수는 없으므로 30초쯤 지난 후에 다시 엔진을 켜고 상승하는데, 이런 훈련을 몇 시간 동안 반복한다.)

뉴셰퍼드의 우주비행이 마지막 단계에 이르면 캡슐이 동체에서 분리되어 지상으로 떨어지다가 3개의 낙하산이 펼쳐지면서 안전하게 착륙한다. 착륙지점이 바다가 아닌 육지이기 때문에 기존의 우주선처럼 해상구조대를 파견할 필요가 없다. 그리고 출발 과정에서 엔진이나 연료탱크에 문제가 생기면 곧바로 캡슐이 분리되도록 설계되었기 때문에 인명사고가 날 위험도 거의 없다(우주왕복선 챌린저호에는 조종석 분리기능이 없었기 때문에 연료탱크가 폭발하면서 7명의 우주인이 목숨을 잃었다).

그렇다면 여행경비는 어느 정도일까? 블루 오리진사는 아직 구체적인 가격을 발표하지 않았지만, 전문가들의 분석에 따르면 대략 1인당 20만 달러(약 2억 2,500만 원)일 것으로 추정된다. 경쟁사인 버진그룹Virgin Group의 회장 리처드 브랜슨Richard Branson이 개발한 탄도우주선의 여행비용과 거의 같은 가격이다. 브랜슨은 항공사 버진 애틀랜틱Virgin Atlantic과 우주여행 사업체 버진 갤럭틱Virgin Galactic을 설립한 또 한 사람의 백만장자로서, 항공기 디자인계의 살아 있는 전설로 통하는 버트 루탄Burt Rutan을 전폭적으로 지원하고 있다. 평생을 비행기 설계와 조종에 전념해온 루탄은 2004년에 자신이 제작한 스페이스십원SpaceShipOne(대기권의 경계인 고도 110km까지 도달하도록 설계된 관광용 우주선_옮긴이)을 안사리 엑스프라이즈Ansari XPRIZE(미국 XPRIZE 재단이 주최한 우주선 개발 경진대회_옮긴이)에 출품하여 1천만 달러의 상금을 거머쥔 인물이다. 스페이스십원은 2014년에 모하비사막에서 실험비행을 하다가 두 차례의 사고를 겪었지만 브랜슨은 이에 굴하지 않고 우주관광을 반드시 실현하겠다는 야망을 불태우고 있다. 베조스와 브랜슨 중 누가 먼저 상업적으로 성공할지는 알 수 없지만, 우주관광 시대가 코앞에 다가온 것만은 분명한 사실이다.

베조스는 사람을 지구궤도에 진입시켜서 더욱 실용적인 임무를 수행하는 또 하나의 로켓을 설계 중이다. 이것은 길이 95m에 1,720톤의 추력을 발휘하는 3단 로켓으로, 미국인 최초로 지구궤도를 선회했던 우주비행사 존 글렌John Glenn의 이름을 따서 '뉴글렌New Glenn'으로 명명되었다. 또한 베조스는 지구궤도를 벗어나 달까지 갈 수 있는 새로운 로켓 '뉴암스트롱New Armstrong'도 구상하고 있다.

어린 시절 베조스는 TV 드라마 〈스타트렉〉에 등장하는 우주선 엔터프라이즈호Enterprise를 보면서 우주로 가는 꿈을 키웠다. 그는 학창시절에 〈스타트렉〉 스토리를 기반으로 한 여러 연극에 출연하여 스팍Spock과 커크 선장Captain Kirk 등 다양한 캐릭터를 연기했고, 심지어는 컴퓨터 역할을 맡은 적도 있다고 한다. 대부분의 청소년들은 생애 최초의 자동차나 졸업무도회에 최고의 가치를 부여하기 마련인데, 베조스는 다음 세기의 계획을 세우면서 청소년기의 대부분을 보냈다. 그의 꿈은 '지구궤도에 200~300만 명을 수용할 수 있는 대규모 우주공원을 조성하여 호텔과 놀이공원을 짓고, 언제든지 왕복할 수 있는 로켓을 제작하는 것'이었다.

베조스는 자신의 저서에 다음과 같이 적어놓았다. "내 아이디어의 기본은 지구를 버리는 것이 아니라 원래 모습으로 보존하는 것이다. … 모든 사람들이 한동안 지구를 떠나 있으면 지구는 안전해지고, 결국은 거대한 공원으로 재탄생하게 될 것이다."[1] 그가 추구하는 궁극의 목적은 오염의 주범인 산업시설을 우주공간으로 옮기는 것이었다.

2000년 9월, 36살의 베조스는 자신의 꿈을 실현하기 위해 미래형 로켓을 개발하는 블루 오리진을 설립했다(인터넷 쇼핑몰 아마존은 30살이었던 1994년에 설립했다_옮긴이). 우주에서 바라본 지구가 푸른 구슬blue marble처럼 보이기 때문에, 우주 진출을 염원하는 마음에서 회사명을 그렇게 지었다고 한다. 베조스는 블루 오리진의 설립목적을 다음과 같이 설명했다. "단기목표는 간단합니다. 관광객에게 유료로 우주구경을 시켜주자는 거지요. 복잡하게 생각할 것 없습니다. 장소가 우주라는 것만 다를 뿐, 여행객을 목적지까지 데려다주고 다시 데려온다는 점에서는 기존의 여행사와 똑같습니다. 우리의 궁극적인 목표는 수백만 명의 사람들이 우주에서 살아가도록 만드는 것입니다. 물론 긴 세월이 걸리겠지만 추구할 만한 가치가 있다고 생각합니다."

그는 2017년에 "달을 대상으로 화물배송시스템을 구축하는 것도 블루 오리진의 단기목표 중 하나"라고 선언했다. 이미 아마존이라는 회사를 통해 지구 전역을 커버하는 판매 및 배송시스템을 구축한 CEO가 각종 기계와 건물자재, 다양한 상품을 달까지 배송하겠다고 나섰으니 왠지 신뢰가 간다. 베조스의 계획대로 된다면 오랜 세월 동안 외로움의 상징이었던 달은 유인 영구기지와 산업시설로 북적대는 허브로 거듭날 것이다.

'달 유인기지'는 아폴로 11호가 달에 가기 전부터 회자되었던 이야기다. 물론 당시에는 심하게 앞서 나가는 SF 소설이나 몽상가의 헛소리쯤으로 치부되었다. 그러나 지구에서 손꼽는 거부이자 대통령과 의회와 소통이 가능하고 〈워싱턴포스트〉까지 소유하고 있는 사람이 이런 이야기를 한다면 귀담아들을 필요가 있다.

달 영구기지

기술이 아무리 좋아도 달의 개발가치가 낮으면 아무런 의미가 없다. 특히 개발의 주체가 개인기업인 경우에는 수지타산이 맞아야 한다. 그래서 물리학자와 천문학자들은 달에 묻혀 있는 자원을 분석한 끝에 '달에는 발굴 가치가 있는 자원이 최소 세 종류 이상 존재한다'고 결론지었다.

1990년대에 달과 관련하여 중요한 사실이 밝혀지면서 과학계가 술렁거리기 시작했다.[2] 달의 남반구에 있는 대규모 산악지대와 운석공隕石孔(운석이 떨어질 때 충격으로 생긴 웅덩이 모양의 지형_옮긴이) 근처에서 다량의 얼음이 발견된 것이다. 이 지역은 지형적 특성에 의해 영구음영(1년 내내 태양의 직사광선이 들지 않는 지역_옮긴이)이 형성되어, 온도가 영상으로 올라가지 않는다. 그렇다면 얼음은 어디서 온 것일까? 과학자들은 그 근원을 태양계 형성초기에 일어났던 혜성과 달의 충돌에서 찾고 있다. 혜성은 주로 얼음과 먼지, 그리고 바위로 이루어져 있기 때문에 달의 영구음영 지대에 떨어지면 얼음이 쌓이고, 시간이 흐르면 산소와 수소로 분해된다(산소와 수소는 로켓의 연료이기도 하다). 그렇다면 달은 먼 우주로 진출하는 로켓의 '중간 급유지'가 될 수 있다. 또한 달에 물이 존재한다면 기지에 거주하는 우주인들이 마시거나 소규모 농사를 지을 수도 있다.

실제로 실리콘밸리의 다른 기업가들은 달에서 얼음을 채취하기 위해 '문 익스프레스Moon Express'라는 회사를 이미 설립해놓았다(아마도 정부의 허가를 받고 달을 대상으로 상업활동을 하는 최초의 회사일 것이다). 문 익스프레스의 1차 목표는 얼음층을 찾는 무인탐사선을 달에 착륙시키는 것인데, 개인 기부자들의 도움을 받아 충분한 재원을 확보한 상태이다. 가장 중요한 돈이 마련되었으니, 그다음 단계는 일사천리로 진행될 것이다.

과학자들은 아폴로 우주인들이 달에서 가져온 월석을 분석한 끝에 '달에는 상업적 가치가 높은 물질이 다양하게 존재할 것으로 추정된다'고 결론지었다. 예를 들어 희토류稀土類, rare earth(자연에 드물게 존재하는 금속원소의 총칭_옮긴이)는 전자산업에 반드시 필요한 원자재로서, 대부분이 중국에 집중되어 있다(희토류는 세계 각지에 조금씩 퍼져 있으나, 교역량으로 따지면 중국이 전 세계의 97%를 차지한다. 현재 전 세계 희토류의 30%가 중국에 매장되어 있다). 몇 년 전에 중국의 공급자들이 희토류의 가격을 갑자기 올리는 바람에 한바탕 무역전쟁이 벌어지면서, 전자산업계 종사자들은 중국의 독점력을 뼈저리게 실감했다. 게다가 희토류 공급량은 향후 10년 동안 서서히 감소할 것으로 예견되기 때문에, 하루라도 빨리 새로운 공급처를 찾아야 한다. 그런데 다행히도 달에 희토류가 존재한다는 증거가 발견되었으니, 채산성만 맞는다면 시도할 가치가 충분히 있다. 전자산업에서 희토류 못지않게 중요한 백금도 달에 존재할 것으로 추정된다. 아마도 이 백금은 까마득한 과거에 소행성이 충돌하면서 달에 이전되었을 것이다.

마지막으로, 핵융합반응에 사용되는 헬륨-3(^{3}He)도 달에서 얻을 수 있다. 수소원자들이 엄청난 고온에 노출되면 수소원자의 핵(양성자)들이 핵융합반응을 일으켜 헬륨-4(^{4}He)로 변하면서 다량의 에너지와 열이 방출된다. 이때 발생한 에너지는 다양한 목적으로 사용할 수 있는데, 문제는 핵융합 과정에서 방출된 중성자들이 인체에 해롭다는 것이다. 그러나 수소 대신 헬륨-3을 원료로 삼아 핵융합반응을 유도하면 중성자 대신 양성자가 방출되고, 양성자는 전하를 띠고 있기 때문에 자기장을 걸어서 원하는 방향으로 유도할 수 있다. 핵융합반응기는 아직 실험단계에 머물러 있지만, 완전한 기술이 개발된다면 원료는 달에서 얼마든지 구할 수 있다.

그런데 여기에는 미묘한 문제가 남아 있다. 달에서 원료를 채굴하는 것이 과연 합법적 행위일까? 누군가가 이의를 제기할 수도 있지 않을까?

1967년에 미국, 소련, 영국을 비롯한 일부 국가들은 "지구상의 어떤 국가도 달과 같은 외계 천체의 소유권을 주장할 수 없다"는 내용을 골자로 하는 '외기권 우주조약Outer Space Treaty'을 체결한 바 있다(2019년 2월 현재 이 조약에 가입한 나라는 총 108개국이며, 한국은 조약발효 3일 뒤인 10월 13일에 서명했다_옮긴이). 이 조약에 따르면 어떤 국가도 핵무기를 지구궤도에 띄울 수 없으며, 달을 비롯한 외계 천체에 핵무기를 설치할 수도 없다. 물론 외계에서 핵무기를 실험하는 것도 금지된다. 외기권 우주조약은 우주개발과 관련된 최초의 조약이자, 지금까지 효력이 살아 있는 유일한 조약이기도 하다.

그런데 이 조약에는 달의 상업적 활용에 대한 금지조항이 없다. 아마도 조약을 체결하던 당시에 '개인이나 민간기업은 절대로 달에 갈 수 없다'고 하늘같이 믿었기 때문일 것이다. 그러나 세계적 거부들이 달의 상업적 가치를 가늠하면서 장기 프로젝트를 추진하고 있으니, 이제는 천체의 소유권 문제를 공론화할 때가 되었다.

중국은 2025년까지 달에 사람을 보내겠다고 공언했다.[3] 계획대로 된다면 아폴로 11호 못지않게 획기적인 사건이 될 것이다. 그러나 그 전에 개인이나 민간기업이 달에 먼저 도착하여 소유권을 주장한다면 어떻게 될 것인가?

기술 및 정치적 문제가 해결되었다면 다음 질문을 제기할 차례다. 달에서의 삶은 지구와 얼마나 다를 것인가?

달에서 살아가기

1960~1970년대에 아폴로 우주선의 승무원들이 달에 머문 시간은 단 며칠에 불과했다. 그러나 달에 전초기지가 완공되면 우주인의 체류시간이 길어질 것이고, 장기임무를 수행하려면 달의 낯선 환경에 적응해야 한다.

장기체류에 가장 문제가 되는 것은 식량과 물, 그리고 공기이다.[4] 우주선의 적재량에는 뚜렷한 한계가 있기 때문에, 지구에서 아무리 많이 가져간다 해도 몇 주만 지나면 곧 바닥날 것이다. 개발 초기에 필요한 모든 자원은 지구에서 배달하는 수밖에 없다. 사람을 먼저 보낸 후, 무인우주선에 물품을 실어서 몇 주 간격으로 계속 보내야 한다. 달에 파견된 선발대에게는 이 수송선이 생명줄이므로, 사소한 사고도 대재난으로 이어질 가능성이 높다. 임시기지라 해도 달에 일단 기지가 완공되면 우주인들이 제일 먼저 할 일은 호흡용 산소를 생산하고 식용작물을 키우는 것이다. 산소는 몇 가지 화학반응을 통해 만들 수 있고, 물은 달에 있는 얼음에서 채취하면 된다. 여기서 얻은 물은 식용뿐만 아니라 농작물의 수경재배水耕栽培(흙을 사용하지 않고 물과 수용성 영양분으로 만든 배양액 속에서 식물을 키우는 방법_옮긴이)에도 사용할 수 있다.

다행히도 지구에서 송출된 전파가 달까지 가는 데에는 2.5초밖에 안 걸리기 때문에 통신 지연은 큰 문제가 되지 않는다. 달에 파견된 우주인은 단 몇 초의 지연만 참으면 지구에 있는 관제요원과 전화통화를 할 수 있고 인터넷도 검색할 수 있으며, 가족들의 최신 소식을 전해들을 수도 있다.

달에 처음으로 도착한 선발대는 한동안 착륙선 캡슐을 기지로 활용하면서 가끔씩 밖으로 나가 태양 집열판을 펼쳐놓아야 한다. 달의 하루는 지구의 한 달에 해당하기 때문에(달은 자전주기와 공전주기가 같다_옮긴이) 2주에 걸친 낮과 밤이 주기적으로 반복된다. 그러므로 밤에 전기를 사용하려면 낮 시간 동안 충분한 양의 전기를 비축해둬야 한다.

달에 도착한 우주인들은 몇 가지 이유에서 달의 극지방을 탐사할 필요가 있다. 첫째, 극지방의 산악지대는 1년 내내 해가 지지 않는 영구양지가 존재하기 때문에, 이곳에 태양 집열판 수천 개를 설치해놓으면 에너지를 안정적으로 얻을 수 있다. 둘째, 달의 극지방에는 1년 내내 해가 들지 않는 영구음영도 존재하는데, 이곳에도 중요한 자원이 매장되어 있다. 가장 중요한 것은 수 m 두께로 표면을 덮고 있는 북극의 얼음층으로, 총량은 거의 6억 톤에 달한다. 이 얼음을 정제하면 사람이 마실 수 있고, 물을 전기분해하여 호흡에 필요한 산소를 얻을 수도 있다. 사실 산소는 얼음층뿐만 아니라 달의 토양 속에도 다량 함유되어 있다.

우주인들은 달의 약한 중력에도 적응해야 한다. 뉴턴의 중력법칙에 의하면 두 물체 사이에 작용하는 중력의 세기는 두 질량의 곱에 비례한다. 그런데 달의 질량은 지구의 1/6이기 때문에, 달에서 느끼는 중력도 지구의 1/6로 감소한다.

그 덕분에 달에서는 무거운 장비도 쉽게 운반할 수 있다. 또한 달의 탈출속도는 지구보다 훨씬 느리기 때문에(2.38km/s) 착륙과 이륙이 훨씬 쉽다. 지구에서는 우주선의 이착륙이 세계적인 화젯거리지만, 미래의 달 기지에서는 마치 비행기가 뜨고 내리는 것처럼 일상사가 될 것이다.

그러나 달에 파견된 우주인들은 걸음걸이와 손동작 등 가장 단순한 행동부터 새로 익혀야 한다. 과거에 아폴로 우주인들은 지구로 귀환하여 인터뷰를 할 때 '달에서 걷기가 매우 어색했다'고 했다. 지구에서는 한 지점에서 다른 지점으로 이동할 때 뛰는 것이 가장 빠르지만, 달에서는 발을 번갈아가며 점프하는 것이 상책이다. 달의 중력이 지구보다 약해서 한 번 점프할 때마다 먼 거리를 갈 수 있고, 행동을 제어하기도 쉽기 때문이다.

또 한 가지 중요한 문제는 복사輻射, radiation이다. 아폴로 우주인들처럼 며칠 만에 돌아온다면 큰 문제가 되지 않지만, 체류기간이 몇 개월로 길어지면 다량의 복사에 노출되어 암에 걸릴 수도 있다(달에는 생명을 위협하는 요소가 많다. 그래서 모든 우주인들은 응급처치교육을 받아야 하고, 대원 중에는 의사가 반드시 있어야 한다. 예를 들어 대원 중 누군가가 심장마비를 일으키거나 맹장염에 걸리면 의사가 원격지원시스템을 이용하여 지구에 있는 전문의와 연결시키고, 전문의는 원격제어장치를 이용하여 수술을 집도하는 식이다. 여기에 로봇을 도입하면 다양한 현미경수술도 할 수 있다). 그리고 지구에 있는 천문학자들은 태양의 활동을 계속 관찰하면서 달에 파견된 우주인들에게 매일 '일기예보'를 제공해야 한다. 달에는 대기가 없으므로 태풍이 불 염려는 없지만, 태양플레어solar flare(태양폭발, 태양의 표면에서 간헐적으로 폭발이 일어나 다량의 하전입자들이 방출되는 현상_옮긴이)를 미리 경고해주지 않으면 태양에서 날아온 하전입자에 고스란히 노출되어 치명상을 입을 수 있다. 태양플레어가 예보되면 우주인들은 즉시 하던 일을 멈추고 기지 안에서 몇 시간 동안 대피해야 한다.

달에 존재하는 천연 용암동굴을 개조하여 대피소로 활용할 수도 있다. 이 동굴은 고대 화산활동의 흔적으로 직경이 수백 m에 달하고 깊이도 충분히 깊어서, 태양복사를 피하기에 안성맞춤이다.

선발대가 임시거처를 확보했다면, 대규모 우주수송선단이 본격적으로 나설 차례다. 영구기지를 짓는 데 필요한 기계와 자재를 무인우주선에 실어서 달로 보내는 것이다. 지구에서 부품을 미리 만들어두거나 팽창성 자재를 사용하면 공사기간을 크게 단축할 수 있다(영화 〈2001: 스페이스 오디세이2001: Space Odyssey〉에서는 우주인들이 달에 건설된 거대한 지하기지에서 살아간다. 이곳에는 로켓 착륙장을 비롯하여 달의 채굴작업을 지휘하는 본부와 통신장비 등 다양한 시설이 자리잡고 있다. 달에 건설될 첫 번째 기지는 영화처럼 대규모는 아니겠지만, 머지않아 거의 비슷한 모습을 갖추게 될 것이다).

지하기지를 건설하다 보면 기계의 부품을 수리하거나 새로 만들어야 하는 경우가 종종 발생할 것이다. 불도저나 크레인과 같은 대형장비가 심각하게 고장나면 지구에서 다시 보내는 수밖에 없지만, 작은 부품은 3D 프린터를 이용하여 현장에서 제작할 수 있다.

할 수만 있다면 기지에서 모든 장비를 직접 만드는 것이 바람직하다. 물론 달에는 공기가 없으므로 용광로를 만들 수는 없을 것이다(용광로가 작동하려면 산소를 공급해야 한다). 그러나 달의 토양을 마이크로파 microwave로 가열하면 단단한 벽돌이 되기 때문에, 달 기지의 기본 건축자재는 현지조달이 가능하다. 원리적으로는 건물뿐만 아니라 거의 모든 기반시설을 달의 흙으로부터 만들 수 있다.

달에서의 여가활동과 오락시설

스트레스 및 긴장 해소용 오락시설은 달에서도 필요하다. 1971년에 아폴로 14호의 우주인들이 달에 착륙했을 때 NASA의 관제요원들은 영상을 보고 깜짝 놀랐다. 선장이었던 앨런 셰퍼드가 아무도 모르게 6번 아이언 골프채를 갖고 갔던 것이다! 셰퍼드는 골프공을 달 표면에 놓고 약간의 준비운동을 한 후, 보란 듯이 200야드짜리 샷을 멋지게 날렸다. 그것은 지구가 아닌 천체에서 행해진 최초의 스포츠활동이었다(워싱턴 D.C.에 있는 스미소니언 항공우주박물관에는 셰퍼드가 달에서 휘둘렀던 골프채의 복사본이 전시되어 있다). 달은 대기가 없고 중력이 약해서 여가스포츠를 즐기기에 적절치 않지만, 선발대가 기지를 완성하고 생활이 안정되면 어떻게든 방법을 찾아낼 것이다.

아폴로 15, 16, 17호의 우주인들은 먼지로 뒤덮인 달 표면에서

루나 로빙 비클Lunar Roving Vehicle이라는 탐사용 자동차를 타고
27~35km를 이동했다. 물론 이것은 과학적으로 중요한 임무였지만,
달의 거대한 운석공과 산악지대를 감상하는 최초의 인간이 되었다는
사실만으로도 평생 잊지 못할 희열과 경외감을 느꼈을 것이다. 미래
에 등장할 달 탐사용 자동차는 월석의 성분을 분석하고 태양 집열판
을 설치하고 기지를 건설하는 것뿐만 아니라, 관광객에게 달의 전경
을 구경시켜주는 관람차로 활용될 것이다. 여기서 한 걸음 더 나아가
기지 근처에 전용트랙을 만들어놓고 자동차 경주를 벌일 수도 있다.
　달 관광과 탐험은 여가활동의 일환으로 상품가치가 충분하다. 중
력이 약하기 때문에 운전자는 도중에 타이어를 갈아끼우지 않고 장
거리 여행을 할 수 있으며, 등반가는 큰 힘을 들이지 않고 산을 오르
내릴 수 있다(특히 절벽을 내려올 때에는 체중이 가볍기 때문에 초보자도 밧줄
을 쉽게 탈 수 있다). 체력이 약하거나 운전을 할 수 없는 사람들은 수십
억 년 동안 아무도 손대지 않은 운석공과 산맥을 구경하는 것만으로
도 벅찬 감동을 느낄 것이다. 또한 동굴탐험을 좋아하는 사람들은 달
의 지하에서 거미줄처럼 연결되어 있는 용암동굴을 돌아보며 최고의
희열을 만끽할 수 있다. 지구의 동굴은 오랜 세월 동안 지하수에 의해
깎여나가면서 그 흔적이 종유석과 석순의 형태로 남아 있지만, 달의
지하에는 물이 흐르지 않기 때문에 굳은 용암이 원형 그대로 남아 있
다. 지구의 동굴에 익숙한 사람도 달의 동굴 속으로 들어가면 완전히
다른 세상을 경험하게 될 것이다.

달 출생의 비밀

달에 매장된 자원의 종류가 확인되었다면, 그다음에 할 일은 매장량을 가늠하는 것이다. 아무리 값진 보물이 묻혀 있다 해도 매장량이 적으면 수지타산이 맞지 않기 때문이다. 지구에서 금광이나 유전이 발견될 때마다 세계경제의 판도가 바뀌었으니, 달의 경우도 크게 다르지 않을 것이다. 그런데 자원의 매장량을 알려면 달의 내부구조를 알아야 하고, 이를 위해서는 달의 기원을 알아야 한다. 우리의 달은 과연 어떤 과정을 거쳐 존재하게 되었을까?

이 질문은 지난 수천 년 동안 수많은 사람의 상상력을 자극해왔다. 달은 주로 밤에 뜨기 때문에, 흔히 '어두움'이나 '광기'의 상징으로 비유되곤 한다. 정신이상자나 괴짜를 뜻하는 '루너틱lunatic'은 라틴어로 달을 뜻하는 '루나luna'에서 파생된 단어이다.

고대의 뱃사람들은 달과 조수潮水, 그리고 태양의 움직임을 유심히 살핀 끝에 이들 사이에 모종의 관계가 있음을 간파했다.

또한 고대인들은 지구를 향한 달의 면이 항상 일정하다는 사실도 알아냈다. 달을 사람의 머리에 비유하면, 자신의 옆모습이나 뒷모습을 절대로 공개하지 않고 오직 앞 얼굴만 보여주고 있는 셈이다.

이 수수께끼를 해결한 사람은 고전물리학의 대부 아이작 뉴턴이었다. 그는 정교한 수학계산을 통해 밀물과 썰물이 달과 태양의 중력 때문에 생기는 현상임을 알아냈다. 그의 이론에 의하면 지구도 달에 조력을 행사한다. 그러나 달은 바다 없이 바위로만 이루어져 있기 때문에 조수현상은 일어나지 않고 전체적인 형태가 변한다. 그래서 과거한때 달은 공전궤도를 따라가며 뒤뚱거렸으나 세월이 흐르면서 점차 상태가 안정되어 지금처럼 한쪽 면이 지구를 향하도록 고정되었다. 이런 현상을 조석고정潮汐固定, tidal locking이라 하는데, 달뿐만 아니라 목성과 토성의 위성 중 상당수가 이와 같은 상태에 놓여 있다.

뉴턴의 법칙을 적용하면 조석력 때문에 달이 나선을 그리며 지구로부터 서서히 멀어져간다는 사실도 증명할 수 있다. 달의 공전반경은 지금도 매년 3.8cm씩 커지는 중이다. 별로 큰 값은 아니지만 지구에서 발사된 레이저가 달에 반사되어 되돌아오는 데 걸리는 시간을 측정하면 그 차이를 꽤 정확하게 알 수 있다(달에 갔던 우주인들은 이 측정을 위해 거울을 설치해놓았다). 레이저가 달까지 왕복하는 데에는 2초 남짓한 시간이 걸리는데, 이 시간이 서서히 길어지고 있는 것이다. 달이 나선을 그리며 멀어지고 있으므로, 이 과정을 거꾸로 되돌리면 과거의 공전궤도를 추정할 수 있다.

이 계산에 의하면 달은 수십억 년 전에 지구로부터 분리되었다. 최근 발견된 증거에 따르면 지구는 탄생 직후인 약 45억 년 전에 화성만 한 크기의 소행성 '테이아Theia'와 격렬한 충돌을 일으켰고, 그 여파로 지구에서 커다란 덩어리가 우주공간으로 떨어져 나갔다. 이것은 컴퓨터 시뮬레이션을 통해 확인된 결과이다. 물론 충돌의 각도에 따라 결과는 천차만별로 달라진다. 그러나 우리는 결과를 이미 알고 있으므로 역으로 추적해보면 정면충돌이 아니라 약간 비스듬한 각도로 충돌했음을 알 수 있다(정면으로 충돌했다면 지구는 산산조각 났을 것이다). 그래서 떨어져 나간 덩어리에는 지구 중심부의 철심鐵心, iron core이 많이 섞여 있지 않았다. 오늘날 '달'로 불리는 이 덩어리에는 약간의 철 성분이 함유되어 있을 뿐, 지구처럼 강력한 자기장은 존재하지 않는다.

충돌을 겪은 후 지구는 마치 팩맨Pac-Man처럼 커다란 덩어리가 떨어져 나간 비대칭 구球가 되었으나, 중력의 수학적 특성 덕분에 결국 지금과 같은 모습을 되찾았다(중력은 거리와 관계된 힘이므로 부정형 천체에 자체중력이 오랜 시간 동안 작용하다 보면 중심부에서 표면까지의 거리가 일정한 구형이 된다. 달의 경우도 마찬가지다_옮긴이).

테이아 소행성이 지구와 충돌했다는 증거는 아폴로 우주인들이 가져온 380kg짜리 월석에서 찾을 수 있다. 월석의 주성분은 실리콘, 산소, 철 등으로 지구의 돌과 비슷한 반면, 소행성벨트asteroid belt(화성과 목성 사이에서 태양 주변을 공전하는 소행성 집단_옮긴이)를 돌아다니는 바위들은 완전히 다른 성분으로 이루어져 있다. 즉, 지구와 달의 성분이 비슷하다는 것은 원래 한 몸이었음을 시사하는 강력한 증거이다.

나는 대학원생 시절에 버클리 복사연구소Berkeley Radiation Laboratory에서 월석을 현미경으로 관찰하다가 나도 모르게 감탄사를 연발한 적이 있다. 월석의 표면에는 수십억 년 전에 미세입자가 충돌하면서 생긴 미세한 운석공이 수없이 나 있었는데, 현미경의 배율을 높였더니 그 작은 운석공 안에 더 작은 운석공이 모습을 드러내고, 배율을 더 높였더니 또 그 안에 더 작은 운석공이 존재했던 것이다. 지구로 떨어지는 작은 입자(미세운석)들은 대기를 통과하면서 기화되어 지면까지 도달하지 못하기 때문에 '운석공 속의 운석공'이라는 독특한 흔적을 남기지 않는다. 그러나 달에는 대기가 없기 때문에 작은 입자들의 공격에 고스란히 노출되어 이와 같은 흔적이 남아 있는 것이다(그러므로 미세운석은 달에 파견된 우주인들에게 심각한 위협이 될 수 있다).

달의 구성성분은 지구와 매우 비슷하기 때문에 지구에 드문 광물이나 보석이 무더기로 존재할 가능성은 거의 없다. 즉, 노다지를 캐기 위해 달을 파헤치는 것은 별로 바람직하지 않다는 이야기다. 그러나 달에 도시를 건설하는 것이 목적이라면 대규모 굴착을 시도할 만한 가치가 있다. 건물과 차도, 고속도로 등을 건설하는 데 필요한 자재가 달의 지하에 충분히 매장되어 있을 것이기 때문이다.

달에서 걷기

달에서 우주복을 벗으면 어떻게 될까? 물론 공기가 없으니 숨을 쉴 수 없을 것이다. 그러나 공기보다 심각한 문제가 있다. 우주복을 벗으면 몸속의 혈액이 끓기 시작한다!

다들 알다시피 물은 섭씨 100도에서 끓는다. 그러나 이것은 지구의 해수면(1기압)에서 물을 끓일 때 이야기고, 압력이 낮으면 물의 끓는 점도 낮아진다. 나는 어린 시절에 산에서 캠핑을 하다가 이 사실을 확실하게 깨달았다. 버너에 프라이팬을 데운 후 집에서 하던 대로 계란을 깨서 넣었더니 지글거리며 맛있게 익는 것처럼 보였는데, 막상 입에 넣으니 거의 날계란이었다. 고지대에서는 대기압이 낮아서 물의 끓는점이 낮아진다는 사실을 감안하지 않은 것이 실수였다. 프라이팬 위의 계란은 거품을 내면서 익는 것처럼 보였지만, 그것은 낮은 온도에서 수분이 끓는 현상이었을 뿐, 계란이 익기에는 온도가 너무 낮았던 것이다.

어린 시절, 크리스마스 시즌에 이와 비슷한 일을 또 한 번 겪은 적이 있다. 당시 우리 어머니는 벽에 예쁜 장식을 설치한 후 가느다란 튜브에 물을 채운 구식 등을 걸어놓았는데, 전원을 켜면 다양한 색상의 물이 끓기 시작하면서 아름다운 장관을 연출했다. 궁금증이 동한 나는 물이 끓는 튜브를 손으로 만졌다가 깜짝 놀랐다. 물이 맹렬하게 끓고 있는데도 온도는 별로 높지 않았던 것이다. 그로부터 몇 년 후, 나는 그 비밀을 알게 되었다. 튜브 안이 거의 진공상태여서 물의 끓는점이 낮아졌기 때문에, 약간의 전기에너지가 공급되면 낮은 온도에서도 곧바로 끓었던 것이다.

달에 파견된 우주인들도 우주복에 구멍이 나면 이와 비슷한 현상을 겪게 된다. 구멍을 통해 공기가 빠져나가면 우주복 내부의 압력이 낮아지면서 물의 끓는점이 낮아지고, 그 결과 몸속의 피가 끓기 시작한다!

지구에서 편안한 의자에 앉아 있을 때에는 대기압의 존재를 느끼지 못하지만, 사실 우리 몸에는 1cm²당 약 1kg의 압력이 작용하고 있다. 공기 속에서 산다는 것은 머리 위로 거대한 공기기둥을 떠받치고 사는 것과 같다(틀린 말은 아니지만, 이런 식으로 설명하면 대기압이 수직방향으로만 작용한다는 뜻으로 오해하기 쉽다. 대기는 유체이므로 수압과 같이 모든 방향으로 작용한다_옮긴이). 그런데도 우리 몸이 안으로 찌그러지지 않는 이유는 몸속에 존재하는 공기가 바깥쪽으로 똑같은 크기의 압력을 행사하고 있기 때문이다. 외부의 대기압과 내부의 압력이 정확하게 균형을 이루어 아무런 힘도 느끼지 않는 것이다. 그러나 달에는 공기가 없으므로 대기압은 거의 0이고 신체 내부에서 바깥쪽으로 작용하는 압력(1cm²당 약 1kg)만 작용한다.

그러므로 달에서는 우주복을 벗지 않는 것이 상책이다. 어쩌다가 미세운석이 떨어져서 옷에 구멍이 생기면 곧바로 조치를 취해야 한다. 그렇지 않으면 체내의 피가 끓으면서 온갖 부작용이 나타날 것이다.

달의 영구기지는 어떤 모습일까? 안타깝게도 NASA에서는 아직 청사진을 공개하지 않았기 때문에, SF 소설이나 할리우드 영화에 기초하여 대충 짐작하는 수밖에 없다. 달 기지는 한 번 완공된 후 더 이상의 물자공급 없이 스스로 유지되도록 설계되어야 한다. 지구에서 우주선을 추가로 보내지 않으면 비용도 크게 절약될 것이다. 그러나 계획대로 되려면 건물을 짓는 공장과 식량을 재배하는 초대형 그린하우스, 산소를 생산하는 화학공장, 거대한 태양광발전소 등 대규모 기반시설이 필요하고, 이 모든 비용을 감당하려면 확실한 재원을 확보해야 한다. 달의 구성성분은 지구와 비슷하므로, 달에서 보물을 찾는 것보다 우주에서 새로운 매출원을 찾는 편이 낫다. 그래서 실리콘밸리의 사업가들은 얼마 전부터 소행성에 관심을 갖기 시작했다. 우주에는 엄청난 부富를 안겨다줄 수도 있는 소행성이 도처에 널려 있기 때문이다.

자연은 우리에게 묻는다. "우주개발 프로그램은 잘 진행되고 있는가?"
그러나 자연은 말을 못하기 때문에, 질문을 던지는 대신 킬러 소행성을
우리에게 보내고 있다.

무명씨

03

하늘의
광산

1803년의 어느 날, 토머스 제퍼슨Thomas Jefferson은 나폴레옹에게
1,500만 달러를 보낸다는 약정서에 서명한 후 심기가 몹시 불편했다.
자신의 대통령 재임기간 중 가장 큰돈이 걸린 계약이자 논란의 여지
가 다분했던 문제를 충분한 의견수렴 없이 결정해버렸기 때문이다.
그는 로키산맥을 미국에 편입시킴으로써 영토를 거의 두 배로 확장
시켰다. 그러나 프랑스로부터 루이지애나Louisiana(지금의 루이지애나주
가 아니라 미국 중부를 남북으로 가로지르는 땅_옮긴이)를 사들인 것은 자신
의 평판과 미국의 운명을 건 엄청난 모험이었다.

제퍼슨은 벽에 걸린 지도를 바라보면서 거금을 들여 불모의 땅을
사들인 것이 과연 현명한 선택이었는지 의심을 품기 시작했다.

불안감이 극에 달한 제퍼슨은 메리웨더 루이스Meriwether Lewis와
윌리엄 클라크William Clark를 불러 자신이 사들인 루이지애나를 탐

사하라는 지시를 내렸다. 과연 그곳은 개발을 기다리는 천연의 보고
일까? 아니면 황량한 불모지일까?

제퍼슨은 지금 기회를 놓치면 국토를 확장하는 데 천 년은 걸릴 것
이라며 스스로 위로했다.

서부 개척 시대의 발판이 된 이 사건으로부터 수십 년 후, 모든 것
이 180도 달라졌다. 1848년에 캘리포니아의 서터스밀Sutter's Mill에서
금광이 발견된 것이다. 북아메리카의 동부지역에 살던 사람들은 일확
천금의 꿈을 좇아 불모의 땅으로 진출했고(이때 최소 30만 명이 캘리포니
아로 이주했다. 인구이동이 가장 많았던 해가 1849년이어서, 금을 찾아 서부로 떠
난 사람을 '포티나이너49-er'라 불렀다_옮긴이) 샌프란시스코 항구는 각지
에서 몰려온 배로 북새통을 이뤘다. 인구가 폭증했으니 경제규모가
커진 것은 당연지사이다. 금광 덕분에 캘리포니아는 모든 미국인에게
약속의 땅으로 급부상했고, 1849년에 주state로 승격되었다.

목장주와 목동, 농부, 심지어는 사업가들도 골드러시에 합류하여
미국 서해안에 최초의 거대도시가 탄생했다. 1869년에는 미국 전역
을 연결하는 철도가 캘리포니아에 개설되어 운송과 교역의 중심지로
부상했고, 인구는 더욱 빠르게 증가했다. "젊은이, 여기서 뭉개지 말
고 서부로 가게나!" 19세기 미국의 상황은 이 한마디로 요약된다.

오늘날 일부 사람들은 화성과 목성 사이에 있는 소행성벨트를 '새
로운 골드러시의 진원지'로 주목하고 있다. 이미 몇몇 사업가들이 소
행성 탐사에 대한 관심을 적극적으로 표명했고, NASA는 소행성을 지
구로 가져오는 프로젝트에 재정적 지원을 약속했다.

캘리포니아의 금광처럼 소행성벨트도 차세대 노다지 밭으로 떠오
를 것인가? 만일 그렇게 된다면 우리는 새로운 우주경제를 어떤 식으

로 운영해야 하는가? 일단은 19세기 미국의 서부개척시대에 농산물 생산과 공급이 어떤 식으로 이루어졌는지 알아보자. 1800년대에는 한 무리의 카우보이들이 미국 남서부의 평원에서 1,500km 이상 떨어진 도시(시카고 등)까지 소떼를 몰고 가는 모습을 쉽게 볼 수 있었다. 이들이 도시에 도착하면 공장에서 소를 도축, 가공한 후 기차를 이용하여 동부해안의 대도시에 공급했다. 소떼가 미국 남서부와 북동부의 경제를 연결했던 것처럼 소행성은 달과 지구를 연결하는 경제통로가 될 수 있다. 즉, 소행성은 소떼에 해당하고 달은 시카고, 지구는 동부해안의 대도시에 해당한다. 소행성을 달에 가져와서 값진 광물을 채취한 후 우주선에 실어서 지구로 보내는 식이다.

소행성벨트의 기원

소행성 채굴의 채산성을 더 깊이 따지기 전에, 유성流星, meteor과 운석隕石, meteorite, 소행성小行星, asteroid, 혜성彗星, comet 등 혼란스러운 용어부터 정리하고 넘어가자. 유성은 우주에서 대기로 진입하여 긴 꼬리를 그리며 떨어지는 돌멩이를 의미한다. 이 꼬리는 유성과 대기의 마찰 때문에 발생하며, 진행방향의 반대쪽으로 길게 형성된다. 맑은 날 밤하늘을 바라보면 몇 분 간격으로 떨어지는 유성을 쉽게 볼 수 있다.

이 유성이 지면과 충돌한 후에는 이름이 '운석'으로 바뀐다. 즉, 우주를 방황하던 돌멩이가 지구의 대기 중으로 유입되어 추락하는 동안에는 유성이고, 추락한 후부터는 운석이다.

소행성은 태양계를 배회하는 바위조각의 총칭으로, 대부분은 화성과 목성 사이의 소행성벨트에 속해 있다. 지금까지 발견된 소행성의 질량을 모두 합하면 달의 4%쯤 되는데, 아직 발견되지 않은 소행성이 훨씬 많기 때문에 총 질량은 가늠하기 어렵다(총 개수가 수십억 개에 달할 것으로 추정된다). 대부분의 소행성들은 소행성벨트 안에서 안정된 궤도운동을 하고 있지만, 가끔은 궤도를 이탈하여 지구로 진입하는 것도 있다. 이런 소행성은 유성이 되었다가 운석이 된다.

혜성은 아주 먼 곳에서 생성된 얼음과 바위의 혼합체이다. 소행성은 태양계 안에 존재하는 반면, 대부분의 혜성은 태양계의 경계선 근처에 있는 카이퍼벨트(Kuiper Belt, 해왕성 바깥에서 태양 주위를 공전하는 작은 천체들의 집합_옮긴이)나 훨씬 멀리 떨어진 오르트 구름Oort Cloud (태양계의 바깥에 먼지와 얼음이 구 껍질 모양으로 결집되어 있는 거대한 구름_옮긴이)에서 공전운동을 하고 있다. 이들 중 궤적의 일부가 태양에 가까운 혜성은 태양 근처를 지날 때 우리 눈에 보이기도 하는데, 태양과의 거리가 가까워지면 태양풍의 영향을 받아 얼음과 먼지입자들이 긴 꼬리를 늘어뜨리게 된다. 즉, 혜성의 꼬리는 진행방향과 상관없이 태양의 반대쪽을 향한다.

최근 몇 년 사이에 천문학자들은 태양계의 형성 과정에 대하여 꽤 많은 사실을 알아냈다. 지금으로부터 약 50억 년 전, 우리의 태양은 수소와 헬륨, 그리고 다량의 먼지로 이루어진 채 자전하는 구름이었다. 이 구름은 직경이 몇 광년이나 될 정도로 거대했지만(1광년은 빛이 1년 동안 가는 거리로, 약 9조 4,600억 km이다) 인근에 다른 천체가 없었기 때문에 자체중력에 의해 수축되기 시작했고, 직경이 작아질수록 회전속도가 빨라졌다. 이것은 피겨스케이팅 선수가 양팔을 뻗은 채 제자리에서 돌다가 팔을 오므리면 회전속도가 빨라지는 것과 같은 이치이다. 이런 상태가 수억 년 동안 계속되다가 결국 구름은 빠르게 회전하는 원반모양이 되었으며, 그 중심부에서 태양이 탄생했다. 그리고 태양을 에워싼 원반형 기체와 먼지는 원시행성protoplanet(원시태양 주변을 공전하던 작은 물체들이 서로 충돌하면서 질량이 크게 증가한 초기의 행성체_옮긴이)으로 성장하여 오늘날 존재하는 행성의 모체가 되었다. 태양계 행성들이 일제히 같은 방향으로 공전하면서 하나의 공전면(공전궤도를 포함하는 평면)에 놓여 있는 이유는 이들이 "하나의 거대한 기체 원반에서 탄생한 형제들"이기 때문이다.

이때 탄생한 원시행성 중 하나는 주변의 파편을 닥치는 대로 집어삼키며 덩치를 열심히 키워서 거의 목성만 한 크기까지 자랐는데, 엄청난 자체중력을 이기지 못하고 산산이 분해되어 소행성벨트가 되었다. 물론 이것은 가능한 시나리오 중 하나일 뿐이다. 과거의 어느 날, 두 개의 원시행성이 충돌하여 산산이 부서지면서 소행성벨트가 되었다는 설도 있다.

태양계의 행성은 크게 네 종류로 구분된다. 가장 안쪽에 있는 수성, 금성, 지구, 화성은 주로 바위로 이루어진 '바위형 행성'이고 그다음에 있는 것이 '소행성벨트'이며, 그 바깥의 목성, 토성, 천왕성, 해왕성은 기체로 이루어진 '가스형 행성'이다. 그리고 가장 먼 곳에 혜성벨트에 해당하는 '카이퍼벨트'가 자리잡고 있다. 이 4종류의 벨트 바깥에는 '오르트 구름'이라 불리는 구형球形의 혜성구름이 태양계를 에워싸고 있다.

분자구조가 단순한 물은 초기 태양계에 비교적 흔한 물질이었으나, 온도에 따라 형태가 달라진다. 태양에 가까운 수성과 금성은 온도가 높아서 물이 증기의 형태로 존재하고, 이들보다 먼 지구에서는 물이 액체 상태로 존재할 수 있다[태양과의 거리가 적당하여 액체 상태의 물이 존재할 수 있는 영역을 '골디락스 존Goldilocks zone'(《골디락스와 곰 세 마리》라는 동화에서 유래된 용어_옮긴이)이라 한다]. 그리고 지구보다 먼 곳에서 물은 얼음으로 변한다. 그러므로 화성을 포함하여 태양계 외곽에 있는 행성과 혜성에 물이 얼음의 형태로 존재하는 것은 태양과의 거리가 멀기 때문이다.

소행성 채굴

소행성에서 값진 자원을 얻겠다고 무작정 우주선을 보낼 수는 없다. 보물이 있다 해도 매장량이 적으면 막대한 손해를 보기 십상이다. 그러므로 우주선을 띄우기 전에 소행성의 성분을 가능한 한 정확하게 분석해야 한다.

사실 소행성 채굴은 그다지 황당한 발상이 아니다. 개중에는 이미 지구에 떨어진 것도 있어서 대략적인 구성성분이 알려져 있는데, 주성분은 철과 니켈, 탄소, 코발트이며, 희토류와 희귀금속(백금, 팔라듐, 로듐, 루테늄, 이리듐, 오스뮴 등)도 다량 함유되어 있다. 이 원소들은 지구에도 존재하지만 매장량이 작아서 값이 매우 비싸다. 앞으로 수십 년 후에 희토류와 희귀금속이 고갈되면 많은 비용을 들여 소행성에서 채굴해도 수지타산을 맞출 수 있다. 가장 그럴듯한 방법은 소행성을 달의 위성궤도로 진입시킨 후 채굴용 우주선을 띄우는 것이다.

이 사실을 간파한 일부 사업가들은 소행성에서 광물을 추출하여 지구로 가져오는 프로젝트를 추진하기 위해 2012년에 '플래니터리 리소시스Planetary Resources'라는 회사를 설립했고, 구글의 모회사인 알파벳Alphabet, Inc.의 CEO 래리 페이지Larry Page와 대표이사 에릭 슈미트Eric Schmidt, 그리고 오스카상 수상자인 영화감독 제임스 카메론James Cameron이 직접 나서서 소행성 채굴 프로젝트를 지원하고 있다.

소행성은 '우주공간을 날아다니는 금광'에 비유되곤 한다. 지난 2015년에 직경 900m짜리 소행성이 지구와 약 160만 km의 거리를 두고 지나갔는데(달까지 거리의 4배), 중심부에 백금 9천만 톤이 들어 있는 것으로 확인되었다. 돈으로 환산하면 무려 5조 4천억 달러(약 6,000조 원)에 달한다. 노다지도 이런 노다지가 없다. 플래니터리 리소시스사는 지구와 비교적 가까운 거리에 있으면서 채굴 가치가 있는 소행성 목록을 이미 작성해놓은 상태이다.[1] 이들 중 하나라도 지구로 가져온다면 투자금액의 몇 배를 회수할 수 있을 것이다.

천문학자들은 약간의 계산을 통해 지구 근처에 있는(즉, 공전궤도가 지구의 궤도와 어디선가 만나는) 16,000개의 소행성 중 채굴 가능한 대상을 12개로 잡아놓았다. 이들은 직경이 3~20m 사이로 비교적 덩치가 작은 편이어서, 약간의 힘을 가하면 달의 위성궤도로 진입시켜서 그곳에 잡아놓을 수 있다.

이뿐만이 아니다. 2017년 1월에 한 소행성이 지구로부터 51,200km 거리(달까지 거리의 13%)를 스쳐 지나가기 직전에 발견되었다. 이 소행성은 직경이 6m 정도여서 지구로 떨어져도 큰 피해는 없었겠지만, 천문학자들은 이 사건을 계기로 지구와 궤도가 겹치는 소행성이 우리의 짐작보다 훨씬 많다는 사실을 깨달았다(소행성의 궤도가 지구의 공전궤도와 만난다고 해서 반드시 충돌한다는 보장은 없다. 충돌사건이 일어나려면 지구와 소행성이 '같은 시간에' 궤도의 교점을 지나야 한다_옮긴이).

소행성 탐사하기

소행성의 중요성을 깊이 인식한 NASA는 화성탐사의 첫 단계로 소행성탐사를 선택했다. 2012년에 플래니터리 리소시스사가 기자회견 자리에서 소행성 개발계획을 발표하고 몇 달이 지난 후 NASA는 소행성의 성분을 분석하여 탐사가치를 평가하는 '소행성 로봇탐사 프로젝트Robotic Asteroid Prospector Project'를 발족했고, 2016년 가을에 소행성 베누Bennu를 탐사하기 위한 우주선 오시리스 렉스OSIRIS-REx를 발사했다. 베누는 직경 480m짜리 소행성으로 2135년에 지구를 스쳐지나갈 것으로 예상된다. 오리시스 렉스 탐사선은 2018년까지 베누 근처를 선회하다가 그곳에 착륙하여 50g~2kg짜리 돌멩이를 채취한 후 지구로 귀환할 예정이다. 물론 위험요소가 없는 것은 아니다. 탐사선이 베누의 궤도를 교란시키면 다음 주기 때 지구로 떨어질 수도 있다(베누가 지구와 충돌하면 히로시마에 투하된 원자폭탄의 1,000배 가까운 파괴력을 발휘할 것으로 예상된다). 그러나 이 프로젝트가 성공하면 천체의 포획 및 분석법과 관련하여 값진 정보를 얻게 될 것이다.
　또한 NASA는 주먹만 한 소행성을 지구로 가져오는 '소행성 궤도변경 임무Asteroid Redirect Mission, ARM'를 추진 중이다. 아직 재원은 확보되지 않았지만, 관계자들은 우주개발 프로그램의 채산성을 높여줄 프로젝트로 큰 기대를 걸고 있다. ARM은 두 단계를 거쳐 진행되는데, 첫 단계는 지구의 망원경으로 탐사가치가 있는 소행성을 찾아서 무인탐사선을 보내는 것이다. 탐사선은 가까운 거리에서 소행성을 면밀히 조사한 후 가치가 있다고 판단되면 적당한 위치를 찾아 착륙을 시도한다. 그리고 족집게처럼 생긴 팔로 소행성의 돌출부를 단단히 쥐고 엔진을 점화하여 달의 궤도로 가져간다.

그다음 단계는 지구에서 오라이언 캡슐이 탑재된 유인우주선 우주발사시스템SLS을 달에 보내는 것이다. 이 우주선이 달 궤도에 도달하면 본체에서 분리된 오라이언 캡슐이 소행성을 움켜쥔 채 궤도를 돌고 있는 탐사선과 도킹을 시도한다. 이 과정이 성공적으로 이루어지면 오라이언에 타고 있던 우주인들이 탐사선으로 이동하여 소행성 샘플을 분석한 후, 도킹을 풀고 지구로 귀환하여 바다에 안착한다.

이 프로젝트의 문제점 중 하나는 망원경만으로 소행성의 가치를 파악하기가 어렵다는 점이다. 소행성은 한 덩어리의 단단한 고체일 수도 있고, 작은 바위들이 중력으로 뭉쳐 있을 수도 있다. 후자의 경우라면 탐사선이 착륙할 때 산산이 부서져서 모든 것이 수포로 돌아갈 수도 있다. 그러므로 탐사선을 보내기 전에 충분한 분석이 이루어져야 한다.

대부분의 소행성은 부정형不定形이다. 간단히 말해서, 제멋대로 생겼다. 찌그러진 감자처럼 구형에 가까운 것도 있지만, 덩치가 작은 소행성들은 외관을 분류할 수 없을 정도로 불규칙적이다.

이 시점에서 아이들이 흔히 떠올리는 질문을 생각해보자. 모든 행성과 별들은 왜 구형球形, sphere인가? 정육면체나 피라미드처럼 생긴 별은 왜 존재하지 않는가? 소행성은 덩치가 작아서 중력이 약하기 때문에 어떤 형태도 취할 수 있다. 그러나 행성이나 별처럼 큰 천체는 질량이 크기 때문에 매우 강한 중력이 작용한다. 만일 행성의 한

부분이 다른 부분보다 돌출되어 있다면 그 방향의 질량이 다른 방향보다 많다는 뜻이고, 따라서 그 방향으로 더 강한 중력이 작용하여 돌출부위가 평평해진다(다들 알다시피 중력은 인력이다). 또한 중력은 거리의 함수이므로 거리가 같으면 중력의 세기도 같다. 그러므로 돌출부위가 평평해지다가 중심으로부터의 거리가 다른 곳과 같아지면 중력의 세기도 같아져서 더 이상의 변형이 생기지 않는다. 지금으로부터 수십억 년 전, 초기 태양계의 행성들은 완벽한 구형이 아니었을 것이다. 그러나 오랜 세월 동안 자체중력으로 압축되는 와중에 돌출부위가 서서히 평평해지면서 지금과 같은 구형이 되었다.

아이들이 궁금해할 만한 질문이 또 있다. 탐사선이 소행성벨트로 진입하면 정신없이 날아오는 바위에 부딪혀 산산조각 나지 않을까? 영화 〈스타워즈〉에는 주인공을 태운 우주선이 비처럼 쏟아지는 소행성 사이를 곡예비행으로 빠져나가는 장면이 종종 등장하는데, 이것은 극적인 장면을 연출하기 위한 설정일 뿐이다. 실제로는 우주선을 타고 소행성벨트에 진입해도 조종사는 별다른 변화를 느끼지 못한다. 아주 가끔씩 바위가 지나가는 장면을 보고서야 "아하, 내가 소행성벨트 안으로 들어왔구나!"라며 고개를 끄덕일 것이다. 소행성벨트는 대부분이 텅 빈 진공이며, 크고 작은 바위들이 아주 먼 간격으로 흩어져 있다. 그러므로 새로운 땅을 찾아 우주로 진출한 미래의 탐험가들이 소행성벨트 안으로 진입한다 해도 곡예비행을 할 일은 없을 것이다.

초기의 소행성탐사가 계획대로 진행된다면 적절한 장소를 찾아서 본격적인 채굴작업을 지원하는 영구기지를 건설할 필요가 있다. 어떤 장소가 적당할까? 가장 그럴듯한 후보는 소행성벨트에서 덩치가 가장 큰 세레스(Ceres, 그리스신화에 등장하는 '농업의 여신'. 우리가 아침으로 먹는 '시리얼cereal'도 이 이름에서 유래되었다)이다. 2006년에 세레스는 명왕성과 함께 왜소행성dwarf planet으로 분류되었는데, 간단히 말해서 '태양계의 다른 행성들과 같은 대접을 해주기에는 덩치가 너무 작고, 소행성으로 분류하기에는 너무 큰 천체'라는 뜻이다. 세레스의 직경은 달의 1/4에 불과하며 대기가 없고 중력도 약해서 행성으로 보기에는 확실히 작다. 그러나 직경이 약 930km에 달하면서(텍사스주의 폭과 비슷하다) 소행성벨트 전체 질량의 1/3을 차지하고 있으니 소행성치고는 너무 크다. 우주기지를 지으려면 무엇보다 우주선 이착륙이 쉽고 지반이 튼튼해야 하는데, 이 점에서 볼 때 중력이 약하면서 기본체격을 갖춘 세레스가 가장 이상적이다.

2007년에 NASA에서 발사한 '돈미션호Dawn Mission'는 2015년에 세레스에 도달하여 주변을 선회하면서 성분을 분석했다. 이때 전송해 온 데이터에 의하면 세레스는 거의 구형이고 대부분이 얼음과 바위로 이루어져 있으며, 수많은 운석공이 표면을 덮고 있다. 세레스와 유사한 다수의 소행성에 얼음이 존재한다면, 이로부터 로켓연료에 필요한 수소를 얻을 수 있을 것이다. 최근 들어 일단의 과학자들은 NASA의 적외선망원경Infrared Telescope Facility으로 소행성을 추적한 끝에 24 테미스24 Themis 소행성이 얼음으로 덮여 있으며, 표면에 생화학 물질이 존재한다는 사실을 알아냈다. 그렇다면 '수십억 년 전에 소행성과 혜성이 지구와 빈번하게 충돌하면서 생명의 기본단위인 아미노산과 물을 배달했다'는 가설도 설득력을 얻게 된다.

소행성은 달이나 행성보다 훨씬 작기 때문에 도시를 세우기에는 적절치 않다. 거의 대부분 공기도, 물도, 에너지원도 없으며 식물을 재배할 토지도 없다. 게다가 사람이 살기에는 중력이 너무 약하다. 그러므로 소행성은 우주도시 건설에 필요한 자원을 채굴하는 '일시적 광산'으로 활용될 가능성이 높다.

그러나 소행성은 우리의 메인 이벤트인 '화성에 사람 보내기' 프로젝트의 중간 경유지로 핵심적인 역할을 하게 될 것이다.

지금도 화성은 그 자리에서 우리를 기다리고 있다.
버즈 올드린

나는 화성에서 죽고 싶다. 단, 추락사 하는 것 말고!
일론 머스크

04

화성이냐
파산이냐

일론 머스크는 정말 희한한 사업가다. 그는 사람을 화성에 데려다줄 로켓을 만드는 것이 자신의 사명이라고 굳게 믿고 있다. 치올콥스키와 고다드, 그리고 폰 브라운도 화성에 가기를 꿈꿨지만 머스크는 레벨이 다르다. 그는 꿈을 실현할 능력이 있기 때문이다! 게다가 그는 꿈을 향해 조금씩 다가가면서 게임의 규칙을 완전히 바꿔놓았다.

머스크는 남아프리카공화국에서 어린 시절을 보내며 우주개발 프로그램에 깊이 빠져들었다. 공학자였던 그의 부친은 아들의 꿈을 전폭적으로 지원하며 함께 소형로켓을 만들었다고 한다. 머스크는 소년 시절에 '인류가 멸종을 피하는 길은 다른 행성으로 이주하는 것뿐'이라고 결론짓고 '여러 행성을 오가는 삶'을 인생의 제1목표로 삼았다. 물론 이 목표는 지금도 머스크의 '해야 할 일 목록to do list'에서 여전히 1위 자리를 지키고 있다.

그는 로켓 외에 컴퓨터와 사업에 대한 열정도 대단하여, 10살 때 '블래스터Blaster'라는 컴퓨터 게임을 만들어서 12살 때 한 사업가에게 500달러를 받고 판 경력도 있다. 그는 자신의 꿈을 마음껏 펼치기 위해 미국으로 이주하기를 바랐는데, 17살 때 퀸스대학교의 입학허가서를 들고 혼자 캐나다로 건너갔다. 그리고 2년 후에 펜실베이니아대학교로 옮겨 물리학과 학부과정을 마쳤을 때, 머스크는 두 가지 진로를 놓고 한동안 고민에 빠졌다. 하나는 물리학자나 공학자가 되어 로켓을 비롯한 첨단기기를 설계하는 것이고, 다른 하나는 사업가가 되어 컴퓨터 관련 기술로 돈을 버는 것이었다. 물론 자신의 오랜 꿈을 이루려면 돈이 반드시 필요했다.

머스크의 고민은 1995년에 스탠퍼드대학교의 응용물리학과 박사과정에 입학한 후 곧바로 해결되었다. 박사과정을 시작한 지 단 이틀 만에 갑자기 학교를 그만두고 막 탄생한 인터넷 업계로 뛰어든 것이다. 그는 28,000달러를 빌려서 소프트웨어 회사를 차리고 신문사를 상대로 온라인 도시안내 프로그램을 제공하다가 4년 뒤에 무려 3억 4,100만 달러를 받고 컴팩Compaq에 팔았다. 그는 이 거래에서 올린 순수익 2,200만 달러로 X.com을 차렸는데, 이 회사가 바로 온라인 계좌이체로 유명한 페이팔PayPal의 전신이다. 페이팔은 2002년에 15억 달러의 가격으로 이베이eBay에 인수되었으며, 머스크는 이 거래에서 1억 6,500만 달러의 순수익을 올렸다.

거부가 된 머스크는 본격적으로 꿈을 실현하기 위해 전 재산의 90%를 투자하여 스페이스엑스SpaceX와 테슬라모터스Tesla Motors를 차렸다. 다른 우주 관련 회사들은 로켓을 설계할 때 기존의 기술을 그대로 차용한 반면, 스페이스엑스는 혁명적 설계를 도입하여 재사용이 가능한 로켓을 제작했다. 머스크의 목표는 재사용이 가능한 로켓을 만들어서 우주여행비용을 1/10 수준으로 줄이는 것이다(기존의 로켓은 연료가 소진되면 발사체를 분리하여 바다에 버리는 식이었다).

머스크는 거의 맨땅에서 시작하여 팰컨Falcon(〈스타워즈〉에 등장하는 '밀레니엄 팰컨Millenium Falcon'에서 따온 이름)을 개발했다. 이 로켓은 우주 선모듈 드래곤(Dragon, '매직드래곤 퍼프Puff, the Magic Dragon'라는 민요에서 따온 이름)의 발사체로 개발되었는데, 2012년에 발사되어 '우주정거장에 도달한 최초의 상업용 로켓'으로 역사에 기록되었다. 또한 스페이스엑스의 팰컨은 '궤도비행 후 지구로 안전하게 되돌아온 최초의 로켓'이라는 기록도 갖고 있다. 머스크의 첫 아내였던 저스틴 머스크 Justine Musk는 누군가가 남편에 대해 묻자 이렇게 대답했다. "그이는 마치 터미네이터 같아요. 일단 목표를 세우고 일을 시작하면 하늘이 무너져도… 멈출 줄을… 모른다니까요!"

2017년에 머스크는 한 번 사용했던 추진로켓(발사체)을 재사용함으로써 또 하나의 기록을 세웠다. 그 전에 발사되었던 로켓을 회수하여 부품을 닦고, 조이고, 기름칠한 후 다시 발사하는 데 성공한 것이다 (게다가 이 발사체는 우주선에서 분리된 후 '혼자 알아서' 발사지점으로 귀환하여 안전하게 착륙했다_옮긴이). 발사체를 다시 쓸 수 있으면 우주여행 비용이 크게 절약된다. 한 가지 사례를 들어보자. 2차 대전이 끝난 1945년만 해도 자동차는 군인이나 젊은이들이 도저히 가질 수 없는 사치품이었다. 그런데 중고차 시장이 활성화되면서 중산층 사람들도 자동차를 소유할 수 있게 되었고, 이로 인해 삶의 패턴과 사회적 교류방식 등 거의 모든 일상이 혁명적으로 바뀌었다. 현재 미국의 중고차 거래량은 연간 4천만 대로, 새 자동차 판매량의 2.2배에 달한다. 머스크는 펠컨로켓이 중고 자동차처럼 우주여행의 비용을 줄여줄 것으로 기대하고 있다. 중고 로켓의 안정성이 입증되면 인공위성을 궤도에 띄우려는 기업체나 공공기관은 추진로켓이 새 것이건 중고품이건 개의치 않을 것이다. 가격이 저렴하면서 안정성이 보장된다면 다른 것은 별로 중요하지 않다. 화물을 배달하는 데 굳이 새 트럭에 실을 필요가 어디 있겠는가?

재활용 로켓을 구현한 것도 대단한 업적인데, 머스크는 여기에 만족하지 않고 자신이 오랜 세월 동안 구상해온 화성개발계획을 발표하여 세상을 놀라게 했다. "2018년에 무인탐사선을 화성에 보낸 후, 2024년에 유인우주선을 보내겠다"라고 장담한 것이다. NASA가 2030년대 중반에 사람을 화성에 보내겠다고 했으니, 그보다 10년쯤 앞서서 화성에 깃발을 꽂겠다는 이야기다. 그의 최종목적은 전초기지가 아니라, 화성에 대규모 도시를 건설하는 것이다. 머스크는 한 대당 수백 명의 이주민을 태운 개량형 펠컨로켓 수천 대가 화성으로 날아가서 도시를 건설하는 장면을 상상하는 것이 취미라고 했다. 이 원대한 계획이 성공하려면 우주여행에 들어가는 비용을 혁신적으로 낮춰야 한다. 현재 우주선을 화성에 보내려면 대략 4천억~5천억 달러가 필요한데, 머스크는 이 비용을 100억 달러까지 줄이겠다고 장담했다. 초기에는 화성행 왕복티켓이 상상을 초월할 정도로 비싸겠지만, 머스크의 생각대로 비용이 절감되면 1인당 20만 달러(약 2억 2천만 원)까지 내려갈 것이다. 고도 110km까지 왕복하는 버진 갤럭틱의 스페이스십투SpaceShipTwo 탑승료가 20만 달러이고 러시아제 로켓으로 국제우주정거장ISS까지 가는 비용이 2천만~4천만 달러임을 감안하면 결코 비싼 가격이 아니다.

머스크는 자신이 개발한 로켓시스템을 '화성 거주민 운송체 Mars Colonial Transporter'로 명명했다가 나중에 '행성간 운송시스템 Interplanetary Transport System'으로 바꾸었다. "화성에 국한되지 않고 태양계 어느 곳이나 갈 수 있는 운송시스템"이라는 뜻이다. 그는 미국 전역에 그물망처럼 연결되어 있는 철도처럼, 모든 행성을 연결하는 운송시스템을 구상하는 중이다.

머스크는 다른 회사와의 연계도 시도하고 있다. 그는 화성 진출에 필수적인 태양에너지 개발에 거액을 투자했고, 그가 설립한 회사 테슬라는 이미 최첨단 전기자동차를 출시했다. 화성 개척에서 가장 중요한 기술은 전기기계장치와 태양광발전이므로, 머스크는 이 일을 수행하는 데 최고의 적임자인 셈이다.

NASA는 일을 추진하는 속도가 느리기로 유명하다. 그러나 개인기업들은 신선하고 혁신적인 아이디어와 기술을 도입하여 개발기간을 크게 단축할 것이라고 장담한다. 머스크는 스페이스엑스와 NASA의 차이점을 다음과 같이 설명했다. "NASA에서는 실패를 용납하지 않는다고 하던데, 정말 어리석은 발상입니다. 우리 회사에서 실패는 언제나 환영입니다. 실패 없이 일이 진행된다는 것은 충분한 혁신을 도모하지 않았다는 뜻이니까요."[1]

머스크의 성격은 요즘 우주개발이 진행되는 방식과 매우 비슷하다. 무모하고, 용감하고, 관습타파에 적극적이고, 혁신적이면서 똑똑하다. 그는 새로운 형태의 로켓과학자로서, 군이 분류하자면 사업가 - 억만장자 - 과학자에 속한다. 점잖은 경영자와 기발한 발명가의 속성을 모두 갖고 있는 것이, 아이언맨Iron Man의 또 다른 자아인 토니 스타크 Tony Stark를 닮았다. 실제로 영화 〈아이언맨〉의 첫 번째 속편은 로스앤젤레스에 있는 스페이스엑스 본사에서 촬영되었으며, 이곳을 방문하는 사람들은 정교하게 제작된 실물 크기의 아이언맨 모델을 볼 수 있다. 또한 남성복 디자이너 닉 그레이엄Nick Graham은 머스크에게 영향을 받아 뉴욕 패션위크New York Fashion Week(뉴욕시에서 1년에 두 번 개최되는 대규모 패션쇼_옮긴이)에서 우주를 테마로 한 런웨이 컬렉션을 선보였는데, 디자인의 취지를 묻는 기자의 질문에 다음과 같이 대답했다. "새로운 검은색은 화성을 상징합니다. 모든 사람의 야망이 반영된 색이죠. 저의 의상은 일론 머스크가 사람을 화성에 데려가겠다고 약속한 2025년의 가을을 모티브로 디자인되었습니다."[2]

머스크는 자신의 철학을 다음과 같이 요약했다. "재산을 축적하는 데에는 별 관심 없습니다. 저의 바람은 행성을 마음대로 오가는 세상이 하루라도 빨리 오도록 기여하는 것뿐입니다."[3] 엑스프라이즈 XPRIZE 재단의 피터 다이어맨디스Peter Diamandis도 한마디 거들었다. "지금은 화성을 향하여 첫발을 내딛는 단계이므로 돈벌이는 중요하지 않습니다. 머스크의 선견지명은 매우 고무적이면서 강력한 전염성을 발휘하고 있습니다."

화성을 향한 경쟁

물론 화성개발 프로젝트는 머스크의 독무대가 아니다. 보잉사Boeing의 CEO인 데니스 뮬렌버그Dennis Muilenburg는 "화성에 첫발을 내딛는 사람은 틀림없이 보잉사의 로켓을 타고 갈 것"이라고 장담했다.[4] 게다가 그는 머스크가 화성개발계획을 발표한 지 일주일 만에 이런 주장을 펼쳤으니, 경쟁심을 느낀 것이 분명하다. 각종 매스컴의 헤드라인을 장식한 사람은 머스크였지만, 보잉사는 우주여행 분야에서 오랜 세월 동안 경험을 축적해온 초우량기업이다. 사람을 최초로 달에 데려다준 새턴 5호 로켓도 따지고 보면 결국 보잉사의 작품이었으며, 지금은 NASA와의 계약하에 초대형 SLS 로켓을 제작하고 있다.

개인기업보다 NASA를 지지하는 사람들은 "대규모 우주개발계획이 성공하려면 천문학적 세금이 뒷받침돼야 한다"고 주장한다. '우주계획의 보석'이라 불렸던 허블 우주망원경Hubble Space Telescope이 그 대표적 사례였다. 자칫 잘못하면 거금을 날릴 수도 있는 위험천만한 일에 과연 개인투자자들이 지갑을 열 수 있을까? 비용이 너무 많이 들거나 이익을 창출하기 어려운 일을 추진하려면, 아무래도 대형 관료조직의 후원을 받는 편이 안전할 것 같다.

현재 추진 중인 우주프로그램들은 각자 나름대로 장점을 갖고 있다. 보잉사의 SLS는 화물적재량이 무려 130톤에 달한다. 머스크의 팰컨헤비로켓은 그 절반인 64톤에 불과하지만 발사비용이 훨씬 저렴하다. 현재 스페이스엑스의 우주선 발사비용은 1파운드당 1,000달러(1kg당 248만 원)로 기존 상업용 우주선의 10% 수준이며, 재활용기술이 개선되면 더 저렴해질 것으로 예상된다.

NASA는 비교적 유리한 위치에 있다. SLS와 팰컨헤비 중 마음에 드는 것을 고르면 된다. 머스크는 "보잉사의 도전을 어떻게 생각하느냐"는 질문에, 다음과 같이 대답했다. "화성으로 가는 방법이 다양하게 제시되는 건 바람직한 현상이라고 봅니다… 프로젝트를 추진하는 업체가 많은 것도 고무적이죠… 잘 아시다시피, 많을수록 좋습니다."[5]

NASA의 대변인은 말한다. "NASA는 아폴로 11호에 이어 또 하나의 위대한 발걸음을 내딛는 사람에게 최고의 찬사를 보낼 준비가 되어 있습니다. 그 주인공은 화성에 도달한 사람이 될 것입니다… 화성에 가려면 더없이 똑똑하면서 용감해야 합니다… 지난 몇 년 동안 NASA는 화성탐사계획을 실현하기 위해 열심히 노력해왔으며, 외국의 우주기관이나 개인기업과도 긴밀하게 협조해왔습니다."[6] 지금 당장은 낭비처럼 보일 수도 있지만, 앞으로 수십 년 후에는 기업 간의 경쟁이 우주개발 프로그램의 가장 큰 동력으로 인정받게 될 것이다.

그런데 여기에는 살짝 아이러니한 구석이 있다. 과거에 과학자들은 우주선의 무게를 줄이기 위해 전자기기를 가능한 한 작게 만드느라 무진 고생을 했고, 그 덕분에 현대문명의 총아인 컴퓨터가 탄생했다. 그 후 컴퓨터혁명 덕분에 큰돈을 벌어들인 오늘날의 억만장자들은 사재를 털어서 과거의 우주개발시대로 되돌아가고 있다.

유럽과 중국, 러시아도 2040~2060년까지 사람을 화성에 보낸다는 계획을 세워놓았다. 재원확보에 문제가 없는 것은 아니지만, 2025년까지 달에 사람을 보낸다는 중국의 계획은 실현될 가능성이 높다. 중국은 1970년대에 마오쩌둥이 "지금처럼 과거로 회귀하면 우주에 감자 한 알도 띄울 수 없을 것"이라고 한탄할 정도로 상황이 좋지 않았으나, 1990년대에 러시아로부터 로켓기술을 적극적으로 도입하여 지금까지 열 명의 '타이코닛taikonaut'(우주를 뜻하는 '타이콩太空'과 우주인을 뜻하는 'astronaut'의 합성어_옮긴이)을 궤도에 올리는 데 성공했고 2020년까지 새턴 5호 수준의 로켓과 우주정거장을 건설하기 위해 박차를 가하고 있다. 중국의 전략은 러시아와 미국의 우주개발과정을 5년 단위로 착실하게 따라가는 것이다.

화성으로 가는 길에는 다양한 위험요소가 도사리고 있다. 한 기자가 일론 머스크에게 "죽음을 무릅쓰고 화성에 직접 가실 겁니까?"라고 물었더니 이런 답이 돌아왔다. "천만에요! 첫 여행길에는 사고를 당할 확률이 꽤 높을 텐데, 저는 우리 아이들이 성인이 되는 모습을 지켜보고 싶습니다."

우주여행은 소풍이 아니다

화성여행길에 마주칠 수 있는 위험요소는 한두 가지가 아니다.

가장 큰 위험은 장비 결함에 의한 대형사고이다. 우주시대로 들어선 지 50년 이상 지났는데도 로켓이 대형사고를 일으킬 확률은 여전히 1%대를 유지하고 있다. 로켓 내부에는 수백 개의 가동부품이 설치되어 있는데, 이들 중 하나라도 오작동을 일으키면 목적지에 도달할 수 없다. NASA의 우주왕복선도 135회의 임무를 수행하는 동안 두 번의 참사를 겪었다. 확률로 환산하면 약 1.5%다. 지난 50년 동안 우주에 갔던 544명의 우주인들 중 18명이 사고로 죽었으니, 3.3%의 확률로 참사가 발생한 셈이다. 당신이라면 살아서 돌아온다는 보장도 없이 시속 40,000km로 날아가는 수백 톤짜리 연료탱크 위에 앉고 싶겠는가? 이런 점에서 보면 우주인은 정말로 용감한 사람들이다.

NASA에는 '화성 징크스'라는 것이 있다. 지금까지 발사된 화성탐사선 중 약 3/4이 과도한 태양복사와 기계 결함, 통신장애, 또는 미소행성微小行星 때문에 목적지에 도달하지 못했다. 그래도 미국은 좀 나은 편이다. 러시아는 온갖 불운이 겹쳐서 화성탐사에 14번이나 실패했다.

여행시간이 긴 것도 문제이다. 아폴로 우주선은 단 3일 만에 달에 도착했지만 화성은 편도로 9개월 동안 날아가야 하고, 임무수행 후 복귀할 때까지는 거의 2년이 걸린다. 언젠가 나는 오하이오주 클리블랜드의 외곽에 있는 NASA 훈련센터를 방문한 적이 있다. 이 센터는 우주여행에 수반되는 각종 스트레스를 분석하여 적절한 대비책을 강구하는 곳이다. 우주선 승무원이 우주공간에서 무중력상태에 장시간 노출되면 뼈와 근육이 수축되어 제 기능을 발휘하지 못한다. 우리의 몸은 오랜 세월 동안 지구의 중력을 받으며 진화해왔기 때문에 중력이 조금만 달라져도 신체기능이 저하되고, 이 상태가 오래 지속되면 심각한 장애를 일으킬 수 있다. 러시아의 우주인 발레리 폴랴코프 Valeri Polyakov는 437일이라는 최장 우주체류 기록을 세운 후 지구로 귀환했을 때 구조대의 도움을 받으며 캡슐에서 간신히 기어 나왔다.

이뿐만이 아니다. 우주공간에 오래 머물면 척추가 늘어나면서 키가 몇 cm 커졌다가 지구로 돌아오면 며칠 안에 정상상태로 되돌아간다. 또한 우주에서는 뼈의 무게가 한 달에 1%씩 감소하는데, 이 증세를 늦추려면 적어도 매일 두 시간씩 러닝머신에서 뛰어야 한다. 그래도 우주정거장에서 6개월 동안 머물다 돌아온 우주인이 신체기능을 완전히 회복하려면 꼬박 1년이 걸리고, 개중에는 평생 동안 회복되지 않은 사례도 있다(최근 들어 무중력상태가 시신경에 악영향을 준다는 사실이 밝혀졌다. 우주인들의 시력이 퇴화되는 현상은 과거에도 알려져 있었는데, 정밀검사를 해보니 시신경의 일부가 불에 탄 것처럼 손상되어 있었다. 정확한 원인은 알 수 없지만, 아마도 눈에 들어 있는 액체의 압력 때문인 것으로 추정된다).

미래의 우주선은 스스로 회전하면서 발생한 원심력을 중력으로 사용하게 될 것이다. 놀이공원에 가서 회전하는 놀이기구(특히 자전하는 원통)를 타보면 이 힘을 실감나게 느낄 수 있다. 원통이 회전하면서 발생한 원심력이 그 안에 탄 사람을 벽 쪽으로 밀어붙이는데, 벽을 바닥이라고 생각하면 중력에 의해 몸이 끌리는 현상과 동일하다. 이때 회전속도를 적절히 조절하면 원심력의 크기가 지구의 중력과 같아지도록 만들 수 있다. 그러나 거대한 우주선을 통째로 회전시키려면 비용이 너무 많이 들고, 아직은 돌리는 방법도 마땅치 않다. 회전하는 선실이 충분히 크지 않으면 원심력이 균일하게 작용하지 않아서 멀미를 느끼거나 방향감각을 잃게 된다.

우주공간에서는 태양플레어나 우주선宇宙線, cosmic ray(우주에서 지구로 쏟아지는 고에너지 방사선_옮긴이)에서 방출된 복사radiation도 문제를 일으킬 수 있다. 평소 태양풍과 우주선의 위협을 느껴본 적 없는 우리는 지구의 두터운 대기층과 강한 자기장이 고에너지 복사를 막아준다는 사실을 까맣게 잊은 채 살아간다. 지구의 대기는 우주에서 날아온 위험한 복사를 대부분 흡수하지만, 뉴욕에서 LA까지 비행기를 타고 가는 사람들은 매 시간당 수 밀리렘millirem의 복사에 노출되고 있다. 이 양은 치과에서 X선 촬영을 할 때 몸에 쏟아지는 복사량과 비슷하다. 화성으로 가는 우주인들은 지구를 에워싼 복사벨트를 통과하면서 다량의 방사선에 노출되어 면역력이 약해지고, 노화가 빠르게 진행되거나 암에 걸릴 수도 있다. 이들은 2년에 걸친 여행기간 동안 지구에 있는 사람보다 거의 200배나 많은 복사를 직격탄으로 맞게 된다(그러나 복사량과 위험성은 곧바로 비례하지 않는다. 예를 들어 복사량이 200배 많아지면 평생 동안 암에 걸릴 확률은 21%에서 24%로 높아지는 정도이다. 물론 3%는 무시할 수 없는 수치지만, 이보다는 여행 도중에 불의의 사고를 겪을 확률이 훨씬 높다).

우주선宇宙線 중에는 우주공간에서 눈에 보일 정도로 강력한 것도 있다. 나는 우주여행 도중 섬광처럼 빛나는 우주선을 목격한 우주인과 인터뷰를 한 적이 있는데, "겉모습은 아름답지만 계속 바라보면 눈에 심각한 상처를 입기 십상"이라고 했다.

2016년에는 '복사(방사능)가 사람의 두뇌에 미치는 영향'에 대하여 별로 좋지 않은 소식이 신문을 통해 공개되었다. 캘리포니아대학교 어바인캠퍼스의 과학자들이 2년에 걸친 화성여행 기간 동안 받게 될 방사능과 동일한 양을 쥐에게 쪼였더니 뇌에 심각한 손상이 나타났다는 것이다. 방사능에 노출된 쥐는 잔뜩 흥분하여 과도한 행동을 보였고, 신체기능도 정상이 아니었다. 그러므로 화성행 우주선宇宙船은 강력한 차폐막으로 덮여 있어야 한다.

태양플레어도 우주선宇宙線 못지않게 위험하다. 1972년에 아폴로 17호가 달에 갈 준비를 마쳤을 때, 강력한 태양플레어가 달을 덮치는 사건이 발생했다. 만일 그 시간에 우주인들이 달에 있었다면 대참사가 일어났을 것이다. 단, 우주선宇宙線과 달리 태양플레어는 지구에서 관측이 가능하기 때문에, 달에 있는 우주인에게 몇 시간 앞서 경고메시지를 전달할 수는 있다. 지금도 국제우주정거장에 파견된 승무원들은 태양플레어가 발생할 때마다 모든 작업을 중단하고 차폐막이 설치된 방으로 피신해야 한다.

미소행성은 우주선에 구멍을 낼 수도 있다. NASA의 과학자들은 임무를 마치고 돌아온 우주왕복선에서 미소행성과 충돌한 흔적을 수도 없이 발견했다. 우주왕복선 전체를 특수소재로 만든 초강력 타일로 덮었는데도 잔뜩 상처를 입은 채 돌아온 것이다. 시속 64,000km로 내달리는 우표만 한 크기의 미소행성은 로켓의 몸체에 구멍을 낼 정도로 강력하다. 이런 일이 발생하면 선실의 공기가 순식간에 빠져나가면서 우주인들의 목숨이 위태로워진다. 그래서 우주선을 설계할 때에는 실내를 여러 개의 구획으로 분리하여 한 구획에 구멍이 생기면 재빨리 다른 구획과 차단되도록 만들어야 한다.

장기여행에 지친 우주인의 심리상태도 문제를 야기할 수 있다. 좁은 캡슐 안에 여러 명이 비비고 앉아서 몇 달 동안 여행을 한다는 것은 결코 쉬운 일이 아니다. 게다가 사람의 심리는 개인차가 크고 변수가 다양하기 때문에 어떤 일이 벌어질지 예측하기도 어렵다. 이런 상황에서는 당신의 신경을 건드리는 사람에 의해 생사가 좌우된다. 과연 무사히 도착할 수 있을까?

화성에 가기

2017년, NASA와 보잉사는 몇 달 동안 심사숙고한 끝에 화성유인탐사계획을 공개했다. NASA의 유인탐사부 부서장 윌리엄 거스텐마이어William Gerstenmaier가 발표한 구체적인 탐사일정은 다음과 같다.[7]

첫 단계는 몇 년 동안 테스트를 거친 후 SLS/오라이언 로켓을 2019년에 발사하는 것이다. 유인우주선은 아니지만 완벽한 자동조종으로 달까지 날아가서 근접궤도를 선회하기로 되어 있다. 이 단계가 성공적으로 마무리되면 4년 후에 사람을 달에 보낼 예정이다. 아폴로 11호 이후 반세기가 더 지나 사람이 달을 밟게 되는 셈이다. SLS/오라이언 로켓의 비행기간은 약 3주인데, 탐사라기보다는 로켓의 안정성을 평가하는 실험비행에 가깝다.

NASA의 새로운 계획에는 놀라운 반전이 숨어 있다. 사실 SLS/오라이언 시스템은 우주로 진출하기 위한 워밍업에 불과하고, 화성으로 갈 때에는 완전히 다른 로켓이 사용된다.

현재 NASA는 '딥 스페이스 게이트웨이Deep Space Gateway, DSG'라는 다목적 우주정거장을 설계하고 있다. 생긴 모습은 국제우주정거장과 비슷하지만 덩치가 조금 작고, 주목적은 지구가 아닌 달의 궤도를 선회하는 것이다. DSG는 인간이 상주하는 우주기지로서 2023년에 착공하여 2026년부터 가동될 예정이며, 건설자재는 SLS를 통해 4회에 걸쳐 운반될 것이다.

그러나 메인 이벤트는 중간 기착지가 아니라, 이곳에서 발사되어 화성으로 가는 '딥 스페이스 트랜스포트Deep Space Transport, DST'이다. 이 우주선은 2029년에 달 궤도를 300~400일 동안 선회하면서 성능을 테스트한 후 2033년에 사람을 태우고 화성으로 갈 예정이다.

우주전문가들은 NASA의 프로그램을 열렬히 지지하고 있다. 전체적으로 실현가능성이 높으면서 각 단계별로 매우 치밀하게 계획되었기 때문이다.

그러나 NASA의 계획은 일론 머스크가 생각하는 화성여행과 다소 거리가 있다. 영구적으로 작동하는 달 기지를 건설한 후 그곳을 기점으로 화성에 가는 것과, 지구-화성 간 직통항로를 개설하는 것은 분명히 다른 이야기다. 달 궤도에 영구기지를 건설하려면 꽤 긴 시간이 소요될 것이므로, 머스크는 NASA보다 10년쯤 앞서서 화성에 깃발을 꽂을 가능성이 높다. 스페이스엑스는 2022년에 달 정거장을 거치지 않고 화성에 간다는 계획을 세워놓은 상태이다. 한 가지 문제는 드래곤캡슐의 부피가 DST보다 훨씬 작다는 것인데, 어느 쪽이 더 효율적인지는 아직 단언하기 어렵다.

화성으로 가는 초행길

화성여행과 관련된 정보는 대부분 공개되어 있으므로, 약간의 지식만 있으면 각 단계의 진행방식을 대충 짐작할 수 있다. 앞으로 수십 년 동안 NASA의 우주개발계획은 다음과 같은 단계를 거쳐 진행될 것이다.

역사상 최초로 화성에 발자국을 남길 사람은 지금쯤 고등학교에서 천문학을 배우는 학생일 가능성이 높다. 그는 지구 외의 다른 행성에 첫발을 딛는 영예를 누리기 위해 자원한 수백 명의 지원자들 중 한 사람일 것이다. 물론 혼자서 화성까지 갈 수는 없다. 최초의 화성여행에는 당대 최고의 파일럿과 공학자, 과학자, 그리고 의사가 동행하게 될 것이다.

2033년의 어느 날, 이들은 언론 앞에서 약간 걱정스러운 인터뷰를 한 뒤 오라이언 우주선에 탑승할 것이다. 오라이언 캡슐은 아폴로 우주선의 캡슐보다 50%쯤 크지만 네 명이 타기에는 여전히 좁다. 그러나 중간기착지인 달에 도착할 때까지 3일만 참으면 되기 때문에 큰 문제는 되지 않는다. SLS 추진로켓이 점화되면 우주인들은 엄청난 진동을 느낄 것이다. 여기까지는 과거의 아폴로 우주선과 크게 다르지 않다.

그러나 둘 사이의 유사성은 여기까지다. SLS 우주선이 달 궤도에 진입하는 순간, 우주인들은 최초의 달 우주정거장 딥 스페이스 게이트웨이DSG의 웅장한 모습에 완전히 압도된다. SLS가 DSG와의 도킹

NASA의 딥 스페이스 게이트웨이Deep Space Gateway는 달의 궤도를 돌면서 화성으로 가는 우주선에 연료와 보급품을 공급하는 우주기지의 역할을 하게 될 것이다.

에 성공하면 우주인들은 잠시 휴식을 취할 수 있다.

그 후 우주인들은 과거의 우주선과 비슷하게 생긴 딥 스페이스 트랜스포트DST로 옮겨 탄다. 이 우주선은 한쪽 끝에 지우개가 달린 기다란 연필과 비슷하게 생겼다(지우개 부분은 우주인들이 탑승할 캡슐에 해당한다). 연필의 몸통 부분에는 가늘고 기다란 태양전지판(집열판)이 여러 개 달려 있어서 멀리서 보면 범선을 연상케 한다. 오라이언 캡슐의 무게는 25톤, DST는 41톤이다.

그 후로 거의 2년 동안 우주인들은 DST 안에서 살아가게 된다. 이 캡슐은 오라이언보다 크기 때문에 우주인들의 활동공간도 넓다. 무중력상태에 2년 동안 노출되었다가 화성에 도착하면 두 발로 서는 것조차 어렵기 때문에, 우주인들은 DST 안에서 근육과 골격을 강화하는 운동을 꾸준히 해나가야 한다.

우주인들이 DST로 옮겨 타면 전체적인 계기 상태를 확인한 후 엔진을 점화한다. 지구에서 출발할 때에는 천지를 뒤흔드는 거대한 불길을 내뿜으며 요란하게 이륙했지만, 이번에는 이온엔진ion engine(이온을 전기장으로 가속시켜서 추진력을 얻는 엔진_옮긴이)이 부드럽게 작동하면서 서서히 가속된다. 이때 창밖을 바라보면 뜨거운 이온이 분출되면서 만들어진 부드러운 불길이 시야에 들어올 것이다.

DST는 '태양전기추진solar electric propulsion'이라는 새로운 추진방식으로 작동한다. 태양전지판이 열에너지를 전기에너지로 바꾸면 이 전기를 이용하여 기체(제논 등)를 이온화시키고, 전기장을 통해 이온이 밖으로 분출되면서 추진력을 얻는 식이다. 화학반응을 이용한 기존의 로켓엔진은 작동시간이 단 몇 분에 불과하지만, 이온엔진은 급격한 출력을 발휘할 필요가 없기 때문에 몇 달, 또는 몇 년 동안 작동할 수 있다.

이로써 9개월에 걸친 길고 지루한 여행이 시작된다. 가장 큰 문제는 우주인들이 느끼는 권태감인데, 특별한 해결책은 없다. 그냥 지구에 있을 때처럼 운동을 하거나 게임을 하고, 머리가 녹슬지 않도록 수시로 계산문제를 풀고, 웹 서핑을 하고, 테이블에 모여 앉아 각자의 연애담을 들려주며 시간을 보내야 한다. 사실 우주선 조종에 관한 한, 정기적으로 경로를 수정하는 것 외에는 할 일이 별로 없다(가끔은 손상된 부품을 수리하거나 교체하기 위해 우주유영을 할 수도 있다). 또 한 가지 문제는 여행이 지속될수록 지구와 교신하는 데 소요되는 시간이 점점 길어진다는 것이다. 화성에서 송출된 전파가 지구에 도달하려면 최대

24분이 걸리는데, 즉각적인 교신이 필요할 때에는 영원처럼 길게 느껴질 것이다.

우주선이 화성에 어느 정도 가까워지면 창밖으로 붉은 행성이 모습을 드러내고, 이때부터 우주인들은 바빠지기 시작한다. 화성의 궤도에 매끈하게 진입하려면 로켓을 반대방향으로 점화하여 속도를 늦춰야 한다.

우주에서 가까이 바라본 화성은 지구와 완전 딴판이다. 푸른 바다와 나무로 덮인 초록색 산맥, 그리고 밝게 빛나는 도시는 찾아볼 수 없고, 행성 전체가 붉은 사막과 거대한 산, 그리고 깊은 계곡으로 덮여 있다. 이곳에 형성된 지형들은 지구와 비교가 안 될 정도로 스케일이 크다. 게다가 거대한 먼지폭풍이 곳곳에서 불고 있는데, 개중에는 행성 전체를 뒤덮을 정도로 큰 것도 있다.

우주선이 화성 궤도에 진입하면 우주인들은 화성착륙용 캡슐로 이동한다. 그 후 캡슐은 우주선 몸체에서 분리되어 한동안 궤도운동을 하다가 화성의 대기권으로 진입한다. 이때 엄청난 열이 발생하겠지만, 캡슐의 열차폐막이 우주인들을 안전하게 보호해줄 것이다. 그러다가 화성 표면에 가까워지면 차폐막을 떼어내고 역추진엔진을 점화하여 화성 표면에 사뿐히 내려앉는다.

캡슐의 해치를 열고 나온 우주인들은 '화성을 밟은 최초의 인간'이 된다(지금까지 달을 밟아본 우주인은 12명이나 되지만, 대부분의 사람들은 최초로 발자국을 남긴 닐 암스트롱만 기억하고 있다. 그러므로 화성탐사에 선발된 우주인들도 '화성에 최초의 발자국을 남긴 인간'이 되기 위해 치열한 경쟁을 벌일 것이다_옮긴이). 이들은 우주개발사의 새로운 장을 열고 인간이 다행성 종족으로 가는 길을 이끈 선구자로 역사에 기록될 것이다.

화성에 착륙한 우주인들은 지구와 화성 사이의 거리가 가장 가까워질 때까지 몇 달 동안 머물면서 임무를 수행하게 된다. 주된 임무는 물과 미생물의 존재 여부를 확인하는 실험을 수행하고, 영구적인 에너지공급을 위해 태양집열판을 설치하는 것이다. 그 외에 영구동토층의 얼음에 구멍을 뚫어서 성분을 분석하는 것도 중요한 임무 중 하나이다. 화성의 지하 얼음층은 훗날 화성에 기지를 건설했을 때 식수와 산소, 그리고 수소연료를 조달하는 중요한 자원이기 때문이다.

임무를 마친 우주인들은 우주선 캡슐로 돌아와 엔진을 점화한다(화성의 중력은 지구의 40%가 채 안 되기 때문에 지구에서 출발할 때처럼 강력한 추진력을 발휘하지 않아도 된다). 화성을 박차고 떠오른 캡슐은 궤도를 돌던 주선主船과 도킹을 시도하고, 이때부터 9개월에 걸친 귀환여행이 시작된다.

지구로 돌아온 캡슐은 바다 어딘가에 착륙하여 대기 중이던 요원들에 의해 구조될 것이다(달에 갔다가 돌아온 우주인들은 주로 항공모함에 의해 구조되었지만, 민간우주인의 경우에는 특별 제작된 구조용 선박이 출동할 것 같다). 무사귀환에 성공한 우주인들은 인류의 새로운 미래를 개척한 영웅으로 전 세계 언론에 대서특필될 것이다.

앞서 말한 바와 같이 화성으로 가는 길에는 다양한 위험요소가 도사리고 있다. 그러나 대중의 열망과 NASA의 지원, 그리고 민간기업의 의지가 지금과 같은 추세로 유지된다면 화성 유인탐사는 향후 10~20년 안에 실현될 것이다. 물론 이것은 시작에 불과하다. 이제 화성을 지구 못지않게 안락한 서식지로 개조하는 일이 남아 있다.

인간이 화성을 탐사하고 도시를 건설하는 시기는 인류역사상 가장 위대한 시기로 기록될 것이다. 이때가 되면 사람들은 새로운 행성으로 진출하여 자신만의 세상을 만들 수 있다.
로버트 주브린

05

화성
식민지

2015년에 개봉된 영화 〈마션Martian〉에서 주인공 맷 데이먼Matt Damon은 엄청난 도전에 직면한다. 그를 포함한 탐사대원들이 화성에 착륙하여 임무를 수행하던 중 모래폭풍이 불어닥치는 바람에 맷 데이먼의 우주복이 파손되었는데, 한치 앞도 볼 수 없는 난리통에 그가 죽었다고 판단한 나머지 대원들이 우주선을 타고 화성을 떠난 것이다. 그러나 우리의 주인공은 죽지 않았다. 이제 그에게 주어진 최대 임무는 모든 것이 꽁꽁 얼어붙고, 공기도 없고, 척박하기 그지없는 화성에서 살아남는 것이다. 졸지에 '화성에 존재하는 유일한 인간'이 된 데이먼은 머릿속에 저장된 노하우를 총동원하여 치열한 생존전략을 펼쳐나간다. 과연 그는 자신이 살아 있다는 사실을 지구의 관제센터에 알릴 수 있을까? 지구에서 알았다고 해도, 구조팀이 화성으로 올 때까지 살아남을 수 있을까?

이 영화는 화성에 파견된 우주인의 고달프고 어려운 삶을 매우 사실적으로 보여주었다. 모래폭풍이 불면 마치 땀띠약 분말을 뿌린 것처럼 우주선이 붉은 먼지로 뒤덮인다. 게다가 대기의 대부분은 이산화탄소이고 대기압은 지구의 1%에 불과하기 때문에, 호흡장비 없이 화성대기에 노출되면 몇 분 만에 질식하고 몸속의 피가 끓어오르기 시작한다. 맷 데이먼은 호흡에 필요한 산소를 확보하기 위해 기지 안에 남아 있는 물질을 이용하여 화학반응을 유도한다.

또한 그는 식량을 생산하기 위해 인공정원을 만들어서 감자를 키운다. 물론 비료는 자신이 배출한 배설물을 사용하는 수밖에 없다.

그는 화성의 환경을 위와 같은 식으로 조금씩 바꿔나가면서 생존에 성공했고, 결국 자신을 버리고 떠난 탐사팀에 의해 극적으로 구조된다. 이 영화 덕분에 화성에 대한 대중들의 관심이 높아진 것은 분명한 사실이다. 그러나 화성은 과거 19세기에도 초유의 관심사로 떠오른 적이 있었다.

1877년에 이탈리아의 천문학자 지오반니 스키아파렐리Giovanni Schiaparelli는 망원경으로 화성 표면을 관측하던 중 이상한 선을 발견했다. 그는 이것을 '카날리canali'(이탈리아어로 '하상河床', 강바닥이라는 뜻)라고 명명했는데, 그의 논문이 영어로 번역되는 과정에서 'i'가 누락되는 바람에 '운하canal'로 돌변했다. 다들 알다시피 강바닥과 운하는 완전히 다른 뜻이다. 강바닥은 자연적으로 생성된 지형이지만, 운하가 존재하려면 그것을 건설할 생명체가 있어야 한다. 이 단순한 번역 실수 하나 때문에 '화성에서 온 사람man from Mars'이라는 주제로 온갖 허구와 뜬소문이 영국과 미국을 휩쓸었고, 일부 천문학자들도 대중의 관심에 영합하여 사람들의 호기심을 돋우는 논문을 연달아 발표했다. 당시 '부유한 괴짜'로 유명했던 미국의 천문학자 퍼시벌 로웰 Percival Lowell은 "지금 화성은 죽은 행성이지만 과거에 멸종을 앞둔 화성인들이 극지방의 얼음을 메마른 땅으로 끌어오기 위해 절박한 마음으로 초대형 운하를 건설했다"고 주장했다. 그는 자신의 가설을 증명하기 위해 애리조나사막의 플래그스태프Flagstaff에 첨단 관측소 를 짓고 화성을 관측하면서 여생을 보냈다(결국 그는 운하의 존재를 증명 하지 못했다. 그 후 1960년대에 소련의 탐사선 마르스Mars가 화성 근접촬영에 성 공하면서 그 운하는 광학적 환영幻影으로 판명되었다. 그러나 로웰천문대는 명왕 성을 발견하고 우주팽창의 증거를 최초로 관측하는 등 천문학계에 커다란 업적을 남겼다).

허버트 조지 웰스가 1897년에 발표한 SF 소설《우주전쟁》도 화성 에 대한 관심을 높이는 데 결정적 역할을 했다. 화성인들이 지구를 화 성과 비슷한 환경으로 개조하기 위해 대대적인 침공을 시도하고, 지 구인들은 생존을 위해 필사적으로 저항한다는 내용이다. 이 책은 출 간 후 '화성인의 침공'이라는 새로운 문학장르를 탄생시킬 정도로 엄 청난 영향력을 발휘했으며, 천문대에 틀어박혀 뜬구름만 잡던 천문 학자들도 갑자기 세상 밖으로 나와 인류의 생존전략을 논하기 시작 했다.

1938년의 핼러윈 바로 전 날, 미국의 배우 오손 웰스Orson Welles 는 조지 웰스의《우주전쟁》을 라디오 드라마로 만들어 방송했다. 그 런데 극중에서 화성인의 침공을 알리는 방송기자의 역할을 너무 실 감나게 연기하여 청취자들이 실제상황으로 오인하는 바람에 뉴욕시 전체가 공황상태에 빠지는 웃지 못할 촌극이 벌어졌다. 사람들이 일 제히 집에서 뛰쳐나와 차를 타고 도망가는 통에 도시교통이 마비되고 슈퍼마켓은 비상식량을 구입하려는 사람들로 북새통을 이뤘는데, 오손 웰스의 천연덕스러운 연기는 그 와중에도 계속되었다. "여러분, 믿을 수가 없습니다. 화성인이 지구를 공격하고 있습니다! 비행접시들이 죽음의 광선을 내뿜으면서 뉴욕으로 집결하고 있습니다…" 이 소문은 순식간에 사방으로 퍼져나가 한동안 미국 전역이 공황상태에 빠졌고, 소동이 끝난 후 방송사는 "두 번 다시 위기상황을 실제인 것처럼 방송하지 않겠다"며 정중하게 사과했다(이 금지조항은 지금도 남아 있다).

그 후로 '화성인의 침공'은 하나의 사회현상으로 자리잡았다. 칼 세이건은 젊은 시절에 존 카터John Carter의 화성 관련 SF 소설 시리즈에 완전히 빠져들었고, 소설《타잔Tarzan》으로 유명한 에드거 라이스 버로스Edgar Rice Burroughs는 1912년에 남북전쟁 참전병사가 화성으로 공간이동된다는 황당한 SF 소설을 발표했다. 이 책에는 "화성은 지구보다 중력이 약하므로 존 카터가 그곳에 가면 슈퍼맨이 될 수 있다. 그는 땅을 박차고 날아올라 외계인 타크스Tharks에게 납치된 아름다운 공주 데자 토리스Dejah Thoris를 가뿐하게 구해낼 것이다"라고 적혀 있는데, 일부 문화역사가들은 이것이 〈슈퍼맨〉 이야기의 기원이라고 주장한다. 아닌 게 아니라, 슈퍼맨 이야기가 처음 소개된 1938년판 〈액션 코믹스Action Comics〉에는 다음과 같은 설명이 첨부되어 있다. "슈퍼맨의 고향은 지구보다 중력이 훨씬 강한 크립톤Krypton 행성이다. 그래서 지구에 온 슈퍼맨은 지구인과 비교가 안 될 정도로 강력한 힘을 발휘할 수 있다."

화성에서 살아가기

SF 소설이나 영화를 보면 화성에서의 삶이 제법 낭만적일 것 같지만, 현실은 전혀 그렇지 않다. 인간이 낯선 곳에서 생존하려면 물이 있어야 하는데, 화성에는 액체 상태의 물이 존재하지 않으므로 얼음을 활용하는 수밖에 없다. 즉, 영구동토층이 나올 때까지 꽁꽁 얼어붙은 땅을 파고 들어가야 한다. 일단 얼음층이 발견되면 녹이고 정화하여 식수로 사용하고, 산소를 추출하여 호흡용으로 비축하고, 수소는 로켓 엔진의 연료로 쓸 수 있다. 또한 우주복사와 먼지폭풍을 피하려면 바위를 파고 들어가 지하에 거처를 마련해야 한다(화성은 대기가 희박하고 자기장이 매우 약하기 때문에 보호장비 없이 돌아다니면 우주에서 날아온 복사, 즉 고에너지 입자에 고스란히 노출된다). 앞에서 달 기지를 논할 때 언급했던 것처럼 화산 근처의 거대한 용암동굴을 활용할 수도 있다. 화성에는 화산이 많기 때문에 땅을 조금만 파고 들어가면 쉽게 찾을 수 있을 것이다.

화성의 하루는 24시간 37분으로 지구와 거의 비슷하고, 자전축도 공전면에 대하여 지구와 거의 비슷한 각도로 기울어져 있다(지구=23.5도, 화성=25도). 그러나 화성의 중력은 지구의 40%밖에 안 되기 때문에, 뼈와 근육이 손실되지 않으려면 운동을 부지런히 해야 한다. 또한 화성 거주민은 추운 기온과 사투를 벌여야 한다. 화성의 낮 기온은 0°C 근처지만, 해가 진 후에는 -127°C까지 내려간다. 이런 혹한에서 전기가 끊기거나 난방장치가 고장난다면… 생각만 해도 끔찍하다.

2030년에 사람을 화성에 보낸다 해도, 안전한 기지가 구축되려면 2050년까지는 족히 기다려야 할 것이다.

화성에서의 스포츠

화성 거주민에게 운동은 선택이 아닌 필수사항이다. 운동을 게을리하면 뼈와 근육이 약해져서 지구로 귀환했을 때 제대로 움직일 수 없다. 화성에 간 지구인은 슈퍼맨과 비슷한 능력을 발휘하기 때문에, 제아무리 둔한 사람도 금방 흥미를 느낄 것이다(사실 운동을 싫어하는 사람은 지구에서 테스트를 거칠 때 탈락할 가능성이 높다_옮긴이).

중력이 다르다고 해서 운동시설을 처음부터 다시 디자인할 필요는 없다. 화성의 중력은 지구의 1/3을 조금 넘는 정도여서 높이뛰기를 하면 자신의 기록보다 3배 높이 뛸 수 있고, 야구공도 3배쯤 멀리 던질 수 있다. 그러므로 농구장과 야구장, 축구장은 기본 구조를 그대로 유지하면서 3배쯤 크게 만들면 된다.

게다가 화성의 대기압은 지구의 1%밖에 안 되기 때문에, 야구공과 축구공에 미치는 공기역학적 영향도 크게 달라진다. 지구에서 하듯이 공을 컨트롤한다면 엉뚱한 방향으로 날아갈 것이다. 지구의 프로야구나 미식축구 선수들이 수백만 달러의 연봉을 받는 이유는 긴 세월에 걸쳐 공을 컨트롤하는 기술을 연마했기 때문이며, 그 핵심은 '공의 회전을 제어하는 능력'으로 요약된다.

대기 속에서 날아가는 공은 궤적을 따라 난류를 일으키면서 방향이 변하고 속도가 줄어든다(야구공의 경우에는 실밥 때문에 발생한 맴돌이 기류, 즉 와류渦流가 회전을 좌우한다. 골프공은 표면에 나 있는 작은 홈들이 난류를 일으키고, 축구공은 표면의 이음새가 그 역할을 한다).

미식축구 선수가 던진 공은 빠르게 회전하면서 날아간다. 공이 회전하면 와류가 감소하여 궤적이 매끈해지기 때문에 정확한 지점에 도달할 수 있고, 요동이 감소하여 비행거리도 멀어진다. 또한 빠르게 회전하는 공은 일종의 자이로스코프 역할을 하여 일정한 방향을 향하려는 경향이 있기 때문에, 궤적이 매끄럽고 받기도 쉽다.

유체역학을 이용하면 야구에서 전설처럼 전해 내려오는 변화구의 정체를 규명할 수 있다. 과거의 야구팬들은 투수가 던지는 너클볼 knuckleball(거의 무회전 상태로 날아오다가 타자 앞에서 급격하게 낙하하는 투구_옮긴이)이나 커브볼curveball(왼쪽, 또는 오른쪽으로 휘어진 궤적을 그리는 투구_옮긴이)의 궤적이 물리법칙에서 벗어난 '마구魔球'라고 생각했다.

그러나 투수가 던진 공을 촬영하여 느린 화면으로 재생해보면 물리법칙에 정확하게 부합된다는 사실을 확인할 수 있다. 손가락을 이용하여 공의 회전을 최소화하면(너클볼) 공 근처에서 난류가 강하게 일어나 궤적이 불안정해지고, 회전을 많이 주면(커브볼) 공의 한쪽 면에 가해지는 압력이 반대쪽보다 커지면서(베르누이의 원리Bernoulli's principle 때문이다) 궤적이 특정 방향으로 휘어진다.

이 모든 것은 공기와의 마찰 때문에 일어나는 현상이다. 그러므로 공기가 희박한 화성에서는 메이저리그의 1류 투수들도 변화구를 마음대로 구사할 수 없다. 화성에 야구리그가 생긴다면 전혀 다른 스타일의 선수들이 고액 연봉자로 떠오를 것이다. 지구에서 제아무리 날고 기는 선수라 해도 공기가 희박한 곳에서는 공을 제어하는 방법을 새로 익혀야 하는데, 한번 몸에 밴 습관은 쉽게 고쳐지지 않기 때문이다.

다른 종목도 마찬가지다. 화성에서 올림픽이 개최된다면 모든 선수들은 약한 중력과 낮은 대기압을 고려하여 새로운 전략을 펼쳐야 한다. 또한 화성올림픽에는 지구에서 실현이 불가능하거나 아예 존재하지 않는 종목이 추가될 수도 있다.

화성의 스포츠선수들은 지구에서 도저히 해낼 수 없었던 기교를 마음껏 부릴 수 있다. 예를 들어 지구의 피겨스케이트 선수들 중 한 번 점프하여 5회전에 성공한 선수는 한 명도 없다. 몸이 공중에 떠 있는 동안 다섯 바퀴를 돌 정도로 체공시간이 길지 않기 때문이다. 선수의 체공시간은 얼음을 박차고 뛰어오를 때의 출발속도와 지구의 중력에 의해 좌우되는데, 화성에서는 3배 높이 뛸 수 있고 공기도 희박하기 때문에 한 번 점프하면 7~8회전쯤은 가볍게 성공할 수 있다. 체조선수들이 현란한 묘기를 부릴 수 있는 것은 근육의 힘이 체중보다 강하기 때문이다. 그런데 화성에서는 몸무게가 지구에서 잰 값의 40%에 불과하므로 지구에서는 상상조차 할 수 없었던 묘기를 다양하게 시도할 수 있을 것이다.

화성관광

우주인들이 화성에 도착하여 생존문제를 해결했다면, 마음의 여유가 생기면서 미학적 즐거움을 누리고 싶어질 것이다.

화성은 중력이 약하고, 대기가 희박하고, 액체 상태의 물이 없기 때문에 산과 계곡의 규모가 지구와 비교가 안 될 정도로 크다. 화성에 있는 올림푸스산Olympus Mons은 태양계에서 가장 큰 화산으로, 높이가 에베레스트산(8,848m)의 2.5배에 달하고 면적도 엄청나게 넓다. 올림푸스산을 지구로 가져와 북아메리카대륙에 얹어놓는다면 뉴욕에서 몬트리올까지 산으로 덮일 정도이다. 그러나 화성은 중력이 약하기 때문에, 전문등반가라면 무거운 배낭을 지고 정상까지 오를 수 있을 것이다.

올림푸스산 근처에는 3개의 소형화산이 일렬로 늘어서 있다. 이것은 과거에 화성에서 지각활동이 일어났다는 증거이다. 지구에 있는 하와이제도Hawaiian Islands도 이와 비슷하다. 태평양 아래에는 방대한 양의 마그마가 고여 있는데, 이동하는 지각에 이들이 주기적으로 압력을 가하다가 비교적 최근에 소량의 마그마가 지각 위로 새어나오면서 하와이제도가 형성되었다. 그러나 화성의 지각활동은 오래전에 끝났기 때문에, 화성의 내부는 지금쯤 차갑게 식었을 것으로 추정된다.

화성에서 가장 큰 협곡이자 태양계 최대인 매리너밸리Mariner Valley는 뉴욕에서 로스앤젤레스까지 닿을 정도로 엄청난 규모를 자랑한다. 그랜드캐니언Grand Canyon에서 감동을 받은 사람이 매리너밸리에 간다면, 숨막힐 듯한 장관에 압도되어 그 자리에 주저앉을 것이다. 그러나 그랜드캐니언과 달리 매리너밸리의 바닥에는 강이 흐르지 않는다. 최근 이론에 의하면 길이가 4,800km가 넘는 계곡은 지구의 샌앤드리어스 단층San Andreas Fault처럼 두 지각판이 만나면서 형성되었을 가능성이 높다.

화성에서 가장 가볼 만한 곳은 화성의 양극을 덮고 있는 얼음층이다. 이곳에는 두 종류의 얼음이 존재하는데 그중 하나는 지구의 극지방처럼 물이 얼어서 형성된 얼음층으로, 화성 자체와 나이가 거의 같다. 다른 하나는 드라이아이스dry ice, 즉 '얼어붙은 이산화탄소'로서, 여름에는 드라이아이스가 기화되고 순수한 얼음만 남기 때문에 계절에 따라 얼음의 양이 달라지는 것처럼 보인다.

지구의 표면은 끊임없이 변해왔고 지금도 변하고 있다. 그러나 화성의 표면은 지난 수십억 년 동안 거의 변하지 않았기 때문에, 과거에 형성된 수천 개의 운석공이 선명하게 남아 있다. 지구에도 거대한 운석이 떨어진 적이 있지만 물과 대기의 침식작용에 의해 대부분 사라졌고, 수억 년을 주기로 반복되는 지각운동을 겪으면서 대부분의 운석공이 다른 지형으로 변했다. 그러므로 화성의 지형은 수십억 년 전의 상태를 되돌아보는 일종의 '타임머신'인 셈이다.

역설적으로 들리겠지만, 우리는 지구의 표면보다 화성의 표면에 대하여 더 많이 알고 있다. 지표면은 3/4이 바다로 덮여 있는 반면, 화성에는 바다가 없어서 표면이 그대로 드러나 있기 때문이다. 그동안 화성탐사선들은 화성표면을 $1m^2$ 단위로 정밀하게 촬영하여 전송해 왔고, 천문학자들은 이 사진을 모두 이어 붙여서 화성의 지형도를 완성했다. 화성에는 얼음과 눈, 먼지, 모래언덕 등이 다양하게 조합되어 지구에서는 볼 수 없는 희한한 지형이 곳곳에 존재한다. 자연경관을 좋아하는 사람이라면 큰돈을 들여서라도 꼭 한번 가볼 만한 곳이다.

화성관광의 가장 큰 장애물은 수시로 불어닥치는 '먼지회오리바람'이다. 관광객들은 에베레스트산보다 높은 회오리바람이 사막을 휘젓고 다니는 광경을 거의 매일같이 보게 될 것이다(지구의 회오리바람은 기껏해야 수백 m를 넘지 않는다). 게다가 모래폭풍이 한번 불기 시작하면 몇 주일 동안 화성 전체가 모래먼지 세상으로 돌변한다. 그러나 대기압이 낮기 때문에 그다지 큰 피해는 없을 것이다. 화성에서 시속 100km의 바람이 사람에게 미치는 영향은 지구의 시속 10km짜리 바람과 비슷하다. 물론 폭풍이 불면 관광일정에 차질이 생기고, 미세입자들이 우주복과 투어버스에 들러붙고, 각종 장비들이 고장나겠지만 건물이나 구조물이 쓰러지는 대형사고는 일어나지 않는다.

대기가 희박한 화성에서 비행기를 띄우려면 통상적인 비행기보다 날개가 훨씬 커야 한다. 비행기의 동력을 태양열로 공급하면 표면적이 너무 커지고 값도 비싸기 때문에 관광용으로는 적절치 않다. 그랜드캐니언에서는 비행관광이 가능하지만, 화성의 거대한 계곡을 구경하기 위해 비행기가 동원될 가능성은 거의 없다. 그러나 희박한 대기에서도 부력은 여전히 작용하므로 기구나 비행선을 띄울 수는 있다. 기구를 타면 궤도위성보다 훨씬 가까운 거리에서 화성의 표면을 마음껏 감상할 수 있고, 비용도 별로 많이 들지 않는다. 미래에는 화성의 명소마다 관광객을 태운 기구와 비행선이 하늘을 가득 메우게 될 것이다.

화성 에덴동산

화성에 장기거주지(또는 영구거주지)를 건설하려면 척박한 환경을 에덴동산으로 바꿔야 한다. 마틴마리에타사Martin Marietta와 록히드마틴사Lockheed Martin에서 일했던 항공공학자 로버트 주브린Robert Zubrin은 화성협회Mars Society의 설립자이자 화성식민지 건설계획의 열렬한 지지자 중 한 사람이다. 그는 화성 유인탐사 기금을 마련하기 위해 일반대중에게 화성개척의 필요성을 열심히 홍보해왔는데, 초기에는 아무도 관심을 갖지 않았지만 지금은 민간기업과 정부가 적극적으로 나서서 그의 조언에 귀를 기울이고 있다.

나는 몇 차례에 걸쳐 그와 인터뷰를 했는데, 그때마다 화성을 향한 그의 열정과 에너지가 감탄을 자아내곤 했다. 당시 그와 나눴던 대화의 일부를 여기 소개한다.

나: 어떤 계기로 우주에 관심을 갖게 되셨습니까?

주브린: 어린 시절에 읽었던 SF 소설이 결정적이었지요. 그리고 1952년에 폰 브라운이 "지구궤도에서 우주선 10대를 조립하면 70명의 우주인을 화성으로 데려갈 수 있다"고 공언했을 때, 그의 상상력에 완전히 매료되었습니다.

나: 화성개발에 인생을 걸게 된 이유가 SF에 느낀 매력 때문이라고요?

주브린: 직접적인 계기는 1957년에 소련에서 발사한 세계최초의 인공위성 스푸트니크였습니다.[1] 미국의 성인들에게 스푸트니크는 공포의 대상이었지만, 어린 저에게는 꿈이 실현되는 현장, 그 자체였습니다. 바로 얼마 전에 읽었던 소설이 현실세계에 그대로 구현되었으니까요. 그 사건을 계기로 SF는 미래의 과학 현실Science Fact이라는 사실을 확실하게 깨달았습니다.

주브린 박사는 미국이 맨땅에서 시작하여 세계최대의 우주강국으로 성장하는 모든 과정을 현장에서 보고 느끼며 자란 세대이다. 1960년대 말~1970년대 초에 미국은 베트남전쟁을 치르면서 경제성장이 둔화되고 국론이 분열되는 등 심한 내홍을 겪었다. 그 바람에 사람을 달에 보내는 아폴로계획이 사람들의 관심에서 멀어졌고, NASA의 예산도 크게 삭감되어 수많은 우주개발 프로그램이 취소되었다. 이 시기에 대부분의 사람들은 먹고살기도 힘든데 무슨 우주 타령이냐면서 우주개발 정책에 반대했으나, 주브린 박사는 '화성이야말로 인류가 지향해야 할 차세대 표석'이라는 신념을 끝까지 고수했다. 1989년에 조지 허버트 워커 부시George H. W. Bush 대통령은 대중의 관심을 고취하기 위해 2020년까지 화성에 탐사선을 보내겠다고 발표했는데, 예상비용이 무려 4,500억 달러(약 500조 원)로 밝혀지면서 화성탐사계획은 또다시 뒤로 미뤄졌다.

이 와중에도 주브린은 자신의 원대한 꿈을 이루기 위해 사방에 지지를 호소하고 다녔다. 일반대중들이 과도한 지출을 반기지 않는다는 점을 간파한 그는 화성식민지의 중요성을 강조하기 위해 몇 권의 소설을 발표했다. 그 전까지만 해도 대다수의 미국인들은 우주개발에 들어가는 돈을 그다지 중요하게 생각하지 않았다.

1990년에 주브린은 비용절약을 위해 화성탐사를 두 단계로 나눠서 실행하는 '마스 다이렉트Mars Direct' 프로그램을 제안했다. 이 계획에 의하면 일단 사람을 태우지 않은 '지구귀환우주선Earth Return Vehicle'을 화성에 보낸다. 여기에는 소량의 수소(약 8톤)가 실려 있는데, 화성 대기 중의 이산화탄소와 화학반응을 일으키면 112톤의 메탄가스와 산소가 생성되고, 우주선 몸체에서 분리된 귀환선은 이것을 연료로 삼아 지구로 귀환한다. 연료생산에 성공하면 지구에 대기 중이던 우주인들이 편도여행용 연료만 실려 있는 두 번째 우주선 '마스 해비탯 유닛Mars Habitat Unit'을 타고 화성으로 간다. 이들은 화성에서 일련의 과학실험을 실행한 후 그곳에서 연료를 생산하며 대기 중이던 지구귀환우주선으로 옮겨 타고 지구로 돌아온다.

비평가들은 편도 연료만 실은 우주선에 사람을 태워서 화성으로 보내는 것이 매우 위험한 발상이라며 반대하고 있지만, 주브린의 주장은 확고하다. "귀환에 필요한 연료를 화성에서 생산하기 때문에, 그곳에 처음 도착한 우주인들이 지구로 귀환하는 데에는 아무런 문제가 없다. 그리고 어차피 우리의 삶 자체가 편도여행이 아니던가? 화성으로 진출하여 새로운 문명을 건설하는 것도 보람 있는 삶이라고 생각한다. 지금으로부터 500년 후의 역사학자들은 21세기에 일어났던 전쟁이나 충돌에 대한 사료史料를 대부분 잃어버리겠지만, 화성에 새로운 사회를 건설한 사건만은 확실하게 기억할 것이다."

NASA는 화성진출의 비용과 효율, 그리고 생존방법의 우선순위를 재고再考한 끝에 주브린의 '마스 다이렉트' 프로그램을 수용하기로 결정했다. 그리고 주브린이 설립한 화성협회에서는 2001년에 유타주의 광활한 사막에 '화성사막 연구소Mars Desert Research Station, MDRS'라는 이름의 화성기지 견본을 건설했다. 굳이 유타주를 택한 이유는 이곳이 유난히 춥고 척박하면서 동물과 식물이 거의 존재하지 않는 등, 화성의 환경과 거의 비슷하기 때문이다. MDRS 중심부에 있는 원통형 2층 건물은 7명을 수용할 수 있는 거주시설이며, 그 외에 별을 관측하는 대형 천문대도 있다. MDRS의 관리자들은 2~3주 동안 이곳에서 거주할 지원자를 모집한다. 여기 선발된 사람들은 일정기간 동안 과학실험과 관측, 그리고 각종 장비를 유지보수하는 훈련을 받은 뒤 거주시설로 투입된다. 훈련의 목적은 별로 친하지 않은 사람들끼리 화성에 장기간 고립되었을 때 나타나는 심리적 변화를 관찰하는 것인데, 2001년부터 지금까지 무려 1,000명이 넘는 사람들이 선발되어 모든 과정을 통과했다.

화성의 유혹은 너무나 강해서 사뭇 의심스러운 계획을 내세우는 곳도 있다. MDRS와 마스 원 프로그램Mars One Program을 혼동하는 사람이 있는데, 이들은 완전히 다른 프로젝트이다. 마스 원은 '편도여행'을 조건으로 사람을 화성에 보내주는 프로젝트로서 지금까지 수백 명의 지원자가 몰려들었지만, 화성으로 가는 방법을 아직 구체적으로 밝히지 않은데다 기부금과 영화 제작을 통한 수입으로 로켓 비용을 충당하겠다고 한다. 비평가들은 마스 원 프로그램의 발원자들이 "과학지식보다 언론플레이에 능숙하다"며 화성에 매료된 대중들에게 경각심을 일깨우고 있다.

애리조나 사막에 있는 '바이오스피어Biosphere 2'도 새로운 생태계를 조성하기 위해 만들어진 특이한 시설이다.[2] 미국의 거부 바스 일가Bass family가 1억 5천만 달러(약 1,700억 원)를 들여 완성한 이 연구단지에는 콘크리트 돔과 유리 및 철재로 이루어진 구조물이 약 12,000m²에 걸쳐 빽빽하게 들어서 있다. 연구팀은 미래에 지구의 환경이 크게 변하거나 다른 행성으로 이주했을 때 생존가능성을 가늠하기 위해 8명의 사람과 수천 종의 동식물을 새로운 환경에 풀어놓고 1991년부터 야심찬 실험을 시작했는데, 얼마 가지 않아 온갖 사고와 재난, 논쟁, 그리고 기기의 오작동이 속출하면서 참담한 실패로 끝나고 말았다. 현재 이 시설은 애리조나 주립대학교에서 인수하여 연구시설로 활용하고 있다.

화성 테라포밍

주브린은 MDRS에서 수집한 연구데이터에 기초하여 화성식민지 개척 과정을 매우 구체적으로 예견했다. 제일 먼저 할 일은 20~50명의 우주인들이 화성에서 살아갈 수 있는 기지를 건설하는 것이다. 이들 중에는 몇 달 후에 지구로 돌아갈 사람도 있고, 화성에 영구기지를 건설하여 죽을 때까지 머물 사람도 있다. 어느 정도 시간이 흐르면 사람들은 자신을 '우주인'이 아닌 '정착민'으로 생각하게 될 것이다.

초기에는 대부분의 보급품을 지구로부터 공급받아야겠지만, 인구가 수천 명 단위로 증가하면 화성의 원자재를 활용하는 초보적 자급자족 시스템이 갖춰질 것이다. 화성의 모래가 붉은색을 띠는 이유는 녹, 즉 산화철 함량이 높기 때문이다. 따라서 거주민들은 사막에서 철과 강철을 추출하여 건물을 짓게 될 것이다. 전기는 대규모 태양열발전소를 지어서 생산하고, 대기 중 이산화탄소를 활용하면 식물도 재배할 수 있다. 이런 식으로 현지조달을 해나가다 보면, 화성은 서서히 거주 가능한 행성으로 변할 것이다.

다음 단계는 가장 어려운 과제이다. 우주 어느 곳이건 사람이 거주하려면 물이 있어야 하므로, 액체 상태의 물이 존재하도록 어떻게든 화성의 기온을 서서히 높여야 한다. 이 단계가 성공적으로 마무리되면 화성에는 30억 년 만에 물이 흐르면서 각종 농산물이 자랄 것이며, 곳곳에 도시가 형성되면서 새로운 문명을 건설하는 세 번째 단계로 접어들게 된다.

대충 계산해봐도 화성을 개척하는 데 들어가는 시간과 비용은 엄청나다. 그러나 흥미로운 것은 화성에 강바닥과 강기슭, 그리고 미국대륙만 한 크기의 바다가 존재했던 흔적이 지금까지 선명하게 남아 있다는 점이다. 지금으로부터 수십억 년 전, 지구가 용암으로 덮여 있던 시절에 화성은 이미 차갑게 식어서 열대기후가 형성되었다. 행성학자들 중에는 화성의 생성 초기에 기후가 적절하고 물이 풍부했기 때문에 DNA가 발현되었다고 주장하는 사람도 있다. 이 시나리오에 의하면 과거 어느 날 화성에 초대형 운석이 떨어지면서 다량의 돌과 먼지가 우주공간으로 흩어졌고, 그중 일부가 화성생명체의 DNA를 머금은 채 지구로 날아들었다. 이 이론이 옳다면 우리는 언제든지 화성인을 볼 수 있다. 그냥 거울 앞에 서기만 하면 된다.

주브린은 말한다. "화성을 테라포밍하는 것은 전혀 새로운 일이 아니다. 이미 옛날에 화성에서 날아온 DNA가 지구를 개조하여 지금처럼 만들어놓지 않았는가?" 그렇다. 지구생명체의 고향이 화성이라면 그들은 지구의 대기성분을 바꾸고, 지형을 다듬고, 바다를 만드는 등 모든 환경을 그들에게 알맞게 개조해온 셈이다. 따라서 화성을 테라포밍할 때에도 자연이 정해준 절차를 그대로 따르게 될 것이다.

화성을 어떻게 데울 것인가?

화성 테라포밍은 대기 중에 메탄이나 수증기 같은 온실가스를 살포하여 인공 온실효과를 유발하는 것으로 시작된다. 온실가스가 화성에 쏟아지는 태양열을 포획하여 대기의 온도를 높이면 극지방의 얼음이 녹기 시작하고, 그 안에 갇혀 있던 수증기와 이산화탄소가 대기에 유출되면서 온난화가 더욱 가속될 것이다.

화성 궤도에 인공위성을 띄워서 햇빛이 화성의 얼음층에 집중되도록 유도하는 것도 한 방법이다. 위성을 정지궤도(행성을 선회하는 속도가 행성의 자전속도와 같아지는 궤도, 이 궤도에 진입한 위성을 행성에서 관측하면 하늘에 고정되어 움직이지 않는 것처럼 보인다_옮긴이)에 진입시키면 화성의 위치에 상관없이 항상 극지방에 햇빛을 쪼일 수 있다. 지구에서 사용하는 위성 TV의 접시안테나도 약 3,500km 상공에 떠 있는 정지위성을 향하고 있다(화성의 정지위성은 적도 상공을 도는 것이 바람직하다. 이 위성에는 초대형 거울이 탑재되어 있어서, 햇빛을 비스듬한 각도로 극지방으로 직접 보내거나 적도로 보낸 후 극지방으로 중계할 수도 있다. 두 경우 모두 약간의 에너지손실을 감수해야 한다).

이 인공위성에는 폭이 수 km에 달하는 초대형 거울이나 태양전지판이 탑재되어 있다. 거울(렌즈형 거울)을 사용하는 경우에는 태양빛을 반사하여 극지방에 집중시키고, 전지판을 사용하는 경우에는 태양에너지를 전지에 저장했다가 마이크로파 형태로 방출하면 된다. 화성을 오염시키거나 파괴하지 않으면서 극지방의 얼음을 녹이려면 이 방법이 최선이다(물론 엄청난 비용을 감수해야 한다).

이 모든 방법이 여의치 않다면 토성의 위성 중 메탄이 풍부한 타이탄Titan에서 다량의 메탄을 추출하여 화성으로 가져올 수도 있다. 참고로 메탄 1kg에 의해 초래되는 온실효과는 이산화탄소 20kg과 맞먹는다. 즉, 메탄은 지독한 온실가스여서 가장 효율적으로 대기의 온도를 높일 수 있다. 그 외에 화성 근처를 지나가는 혜성이나 소행성을 활용하는 것도 고려해볼 만하다. 앞서 말한 대로 혜성은 대부분이 얼음 덩어리이고, 소행성에는 온실가스 중 하나인 암모니아가 다량 함유되어 있다. 이들이 화성 근처를 지나갈 때 경로를 조금 수정하여 궤도에 진입시킨 후 속도를 조금 더 줄이면 나선궤도를 돌면서 화성의 대기로 진입하고, 대기의 마찰열에 의해 산산이 분해되면서 수증기와 암모니아를 대기 중에 방출한다. 이 과정을 화성에서 바라본다면 더

할 나위 없이 멋진 장관이 펼쳐질 것이다. 앞서 언급했던 NASA의 '소행성 궤도변경 임무ARM', 즉 혜성이나 소행성의 궤적에 변형을 가하여 지구로 가져오는 기술을 여기에 적용할 수도 있다. 물론 말처럼 쉬운 일은 아니다. 소행성이 유도궤적에서 벗어나 애써 건설한 식민지로 떨어지면 감당할 수 없는 피해를 입게 된다.

일론 머스크는 화성의 극지방에 수소폭탄을 투하하여 얼음을 녹인다는 아이디어를 제안했다. 구체적인 효과는 아직 검증되지 않았지만 차선책으로 고려해볼 만하다. 수소폭탄은 다른 방법보다 비용이 적게 들고 지금의 로켓기술로 실현 가능하다. 그러나 얼음층이 얼마나 안정한지 알 수 없고 장기적으로 나타나는 부작용을 예측하기 어렵기 때문에, 대부분의 과학자들은 회의적 반응을 보이고 있다.

화성의 극지방에 있는 얼음이 모두 녹으면 5~10m 깊이의 바다가 화성 전체를 덮을 것이다.

티핑포인트

어떤 방법을 쓰건, '화성 데우기 프로젝트'는 화성의 대기가 티핑포인트tipping point(변화가 미미하게 진행되다가 갑자기 급변하는 순간_옮긴이)에 도달하여 스스로 온난화가 진행될 때까지 계속되어야 한다. 기온이 $6°C$만 올라가도 얼음은 자연적으로 녹는다. 얼음이 녹으면서 방출된 온실가스가 대기를 덥히고, 오래전에 사막에 흡수된 이산화탄소도 함께 방출되어 온난화를 촉진할 것이다. 이 단계에 이르면 화성의 온난화는 외부에너지를 주입하지 않아도 자동으로 계속된다. 기온이 올라갈수록 수증기와 온실가스가 많이 방출되어 온난화가 더욱 빠르게 진행되고, 이 과정이 반복되면서 대기압도 높아질 것이다.

고대에 형성된 화성의 강바닥에 물이 흐르기 시작하면 거주민들은 농사를 지을 수 있다. 식물은 이산화탄소를 좋아하므로 처음으로 야외에서 작물을 경작할 수 있고, 작물의 잔해는 토양의 표면층을 조성하는 데 사용될 것이다. 긍정적인 피드백효과는 이뿐만이 아니다. 작물이 많을수록 토양이 풍성해져서 더 다양한 작물을 재배할 수 있다. 또한 화성의 토양에는 마그네슘과 나트륨, 칼륨, 염소 등 식물에게 필요한 영양소가 다량 함유되어 있어서 작물재배에 유리하고, 식물이 번성하면 거주민에게 필요한 산소도 많아진다.

과학자들은 화성에서 식물과 박테리아의 생존가능성을 확인하기 위해 화성과 환경이 비슷한 그린하우스를 만들어놓고 일련의 실험을 실행했다. 2014년에 NASA의 고등개념연구소Institute for Advanced Concepts는 벤처기업 테크샷Techshot과 손을 잡고 제어된 환경에서 시아노박테리아cyanobacteria와 조류藻類, algae를 양육하는 바이오돔biodome을 건설했는데, 예비실험을 해보니 일부 생명체가 살아남았을 뿐만 아니라 크게 번성했다고 한다. 또한 독일 항공우주센터German Aerospace Center 산하의 화성 시뮬레이션 연구소Mars Simulation Laboratory에서 2012년에 실행한 실험에서는 이끼와 비슷한 지의류地衣類, lichen가 한 달 넘게 살아남았고, 2015년에 아칸소대학교에서는 4종류의 메탄생성미생물(이들을 '메타노진methanogen'이라 한다)이 화성과 비슷한 환경에서 생존 가능한 것으로 확인되었다.

NASA는 여기서 한 걸음 더 나아가 극단적인 환경에서 광합성을 하는 조류와 시아노박테리아처럼 생존력이 강한 미생물을 탐사선에 실어서 화성으로 보내는 '화성 에코포이에시스 실험대Mars Ecopoiesis Test Bed' 프로젝트를 추진 중이다. 이 미생물을 특수제작된 용기에 담아 화성표면 밑에 심어놓았는데 만일 그곳에 물이 스며들면 광합성을 할 것이고, 그 결과는 산소의 존재 여부로 확인할 수 있다. 이 실험이 성공한다면 머지않아 화성은 산소와 식량을 생산하는 농장으로 변모할 것이다.

22세기 말이 되면 나노기술과 생명공학, 인공지능 등 4차 산업 관련기술이 충분히 발달하여 화성 테라포밍에 커다란 진전을 보일 것으로 기대된다.

일부 생물학자들은 유전공학을 이용하여 화성의 환경에 특화된 조류藻類를 만들어서 화성에 보낸다는 아이디어를 제안했다. 이 조류는 화성의 춥고 희박한 대기에서 광합성을 통해 다량의 산소를 만들어낼 것이다. 여기에 생명공학적 기술을 적용하면 우리에게 친숙한 맛을 내는 음식으로 가공할 수 있고, 비료로 만들어서 식량재배에 활용할 수도 있다.

영화 〈스타트렉 II: 칸의 분노The Wrath of Khan〉에는 '제네시스 디바이스Genesis Device'라는 환상적인 장치가 등장한다. 이 장치를 가동하면 죽은 식물이 되살아나면서 척박했던 땅이 갑자기 생기 넘치는 낙원으로 돌변한다. 간단히 말해서 '순간 테라포밍 장치'이다. 이 장치를 폭탄처럼 터뜨리면 생명공학으로 만든 DNA가 사방으로 흩어지면서 식물세포에 변형을 일으켜 뿌리가 자라고, 단 며칠 만에 행성 전체가 울창한 정글로 변한다.

2016년에 독일 프랑크푸르트에 있는 괴테대학교의 클라우디우스 그로스Claudius Gros 교수는 〈천체물리학 및 우주과학Astrophysics and

Space Science)이라는 과학학술지에 "현실세계의 제네시스 디바이스는 어떤 형태인가?"라는 주제로 논문을 발표했다. 그는 이 논문에서 제네시스 디바이스의 초기버전이 앞으로 50~100년 안에 구현될 것으로 예견했는데, 구체적인 개발 과정은 다음과 같다. 1단계: 지구의 과학자들이 생명체가 존재하지 않는 행성의 온도와 토양성분, 대기성분 등을 면밀하게 분석하여 그곳에서 생존 가능한 DNA의 형태를 결정한다. 2단계: 유전공학을 이용하여 DNA를 만든 후 수백만 개의 나노캡슐에 담아서 로봇 드론함대에 실어 행성으로 보낸다. 3단계: 드론이 행성에 도착하면 토양에 DNA를 살포하여 생명 탄생을 촉진한다. 이들은 행성에 존재하는 광물을 영양분 삼아 성장하고(그렇게 하도록 만들어졌음), 씨앗이나 포자를 통해 번식한다.

그로스 박사는 행성에 뿌려진 생명의 씨앗이 진화를 거쳐 복잡한 생명체가 될 것으로 예견하면서도, 다음과 같은 경고를 잊지 않았다. "한 종류의 생명체가 유난히 번성하여 다른 종을 압도한다면 생태계에 총체적 재난이 닥칠 수도 있다."

테라포밍은 계속 유지될 것인가?

화성 테라포밍에 성공했다고 가정해보자. 이제 마음놓고 안락한 삶을 영위하는 일만 남았을까? 아니다. 외부의 간섭에 의해 강제로 변한 화성은 원래 모습으로 되돌아가려고 할 것이다. 이 현상을 어떻게 막을 수 있을까? 이 문제를 생각하다 보면 지난 수십 년 동안 천문학자와 지질학자를 무던히도 괴롭혀왔던 난제에 직면하게 된다. "금성과 지구, 화성은 왜 지금처럼 완전히 다른 행성으로 진화했는가?"

태양계가 형성되던 무렵에 금성, 지구, 화성은 닮은 점이 매우 많은 형제지간이었다. 화산활동이 빈번하게 일어나 다량의 이산화탄소와 수증기가 대기에 유입되었고(그래서 지금도 금성과 화성의 대기에는 이산화탄소가 많다), 수증기가 구름으로 뭉쳐 비로 내리면서 강과 호수가 형성되었다. 만일 이들이 지금보다 태양에 가까웠다면 바닷물은 모두 증발했을 것이고, 지금보다 멀었다면 꽁꽁 얼어붙었을 것이다. 그러나 금성, 지구, 화성은 액체 상태의 물이 존재할 수 있는 '골디락스 존'에 들어 있거나 그 근처에 있다. 다들 알다시피 물은 최초의 유기화합물이 출현한 '범우주적 용매'이다.

금성과 지구는 크기가 거의 같은 천문학적 쌍둥이이기 때문에 진화 과정도 비슷할 것 같다. 과거 한때 SF 작가들은 금성을 "업무에 지친 우주인들이 휴가를 보내기에 더없이 좋은 낙원"으로 묘사하곤 했다. 미국의 작가 에드거 라이스 버로스가 1930년대에 발표한 소설《금성의 해적Pirates of Venus》에서 주인공 카슨 네이피어Carson Napier는 여러 행성을 자유롭게 넘나들다가 금성을 방문했는데, 소설에는 수풀이 우거진 푸른 행성으로 묘사되어 있다. 그러나 현대의 과학자들은 금성과 화성이 지구와 완전히 다른 행성임을 잘 알고 있다. 수십억 년 전에 어떤 사건이 일어난 후로, 3개의 행성은 전혀 다른 길을 가게 되었다.

대부분의 사람들이 금성을 로맨틱한 낙원으로 생각했던 1961년에 칼 세이건이 나서서 대중의 꿈을 산산이 부숴놓았다. "금성은 오랜 세월 동안 탈주온실효과runaway greenhouse effect(자체 순환구조에 의해 온실효과가 점점 심해지는 현상_옮긴이)를 겪으면서 상상을 초월할 정도로 뜨거워진 상태"라고 주장한 것이다. 그의 새롭고 달갑지 않은 이론에 의하면 이산화탄소는 햇빛을 저장만 할 뿐 방출하지 않기 때문에, '온난화를 향해 뻗어 있는 편도 고속도로'나 마찬가지였다. 금성의 대기는 지구보다 투명하기 때문에 빛이 쉽게 진입할 수 있다. 그리고 지면에 닿으면 자외선복사로 변환되어 대기를 탈출하지 못한다. 이런 식으로 복사에너지가 갇히는 것은 지구의 겨울에 나타나는 온난화나 여름날 주차장에 세워둔 자동차 내부가 뜨겁게 달궈지는 것과 비슷한 현상이다. 지구에서도 이와 비슷한 과정이 진행되고 있지만, 금성은 태양에 훨씬 가깝기 때문에 온난화가 빠르게 진행되어 지금과 같은 불덩이 행성이 되었다.

칼 세이건의 주장은 바로 다음해인 1962년에 사실로 입증되었다. 금성탐사선 매리너Mariner 2호가 빠른 속도로 금성을 선회하던 중 표면온도가 거의 $500^\circ C$에 달한다는 놀라운 사실을 알아낸 것이다. 금성은 열대우림이 우거진 낙원이 아니라 주석과 납, 아연까지 녹을 정도로 뜨거운 불구덩이였다. 그 후로 금성탐사선이 보내온 후속 사진들도 이 사실을 재확인시켜줄 뿐이었다. 금성에 비가 내리면 좀 나아지지 않을까? 아니다. 금성의 비는 물이 아니라 부식성이 강한 황산이기 때문에 환경이 개선될 여지가 전혀 없다. 옛날 사람들은 금성이 그리스신화에 등장하는 사랑과 미의 여신을 닮았다고 생각하여 '비너스Venus'라는 로맨틱한 이름을 붙여주었다. 그러나 아이러니하게도 금성이 밤하늘에서 밝게 빛나는 이유는 대부분의 표면이 빛을 잘 반사하는 황산으로 덮여 있기 때문이다.

게다가 금성의 대기압은 지구보다 100배쯤 높다. 이것도 온실효과 때문이다. 지구의 이산화탄소는 대부분이 바다와 바위에 녹아들어서 재활용되지만, 금성은 온도가 거의 불덩이 수준이므로 바다가 존재할 수 없다. 그렇다면 금성의 이산화탄소는 바위 속에 녹아 있을까? 아니다. 500°C의 온도에서 기체는 바위에 갇혀 있지 않고 외부로 방출된다. 바위에서 이산화탄소가 많이 방출될수록 금성은 더욱 뜨거워지고, 온도가 높아질수록 이산화탄소 배출량이 많아지면서 온실효과가 걷잡을 수 없이 빨라진다. 이런 식으로 대기 중에 이산화탄소가 누적되어 대기압이 엄청나게 높아진 것이다.

금성의 표면의 대기압, 즉 대기가 누르는 압력은 지구의 바다 밑 900m에서 느끼는 압력과 같다. 누군가가 무모하게도 금성에 착륙을 시도한다면 계란처럼 으깨질 것이다. 고온과 고압을 견딜 수 있는 특수 우주복을 입었다 해도, 금성에 착륙하면 단테의 지옥을 온몸으로 겪게 된다. 대기의 밀도가 너무 높아서 걸음을 내디딜 때마다 마치 당밀 속을 헤집고 나가는 느낌이 들고, 땅은 금속이 녹은 액체여서 발이 푹푹 빠진다. 여기에 산성비가 내리면 우주복에 구멍이 숭숭 뚫리고, 길을 잘못 들면 마그마 연못에 빠지기 십상이다.

이렇듯 지옥을 방불케 하는 금성을 테라포밍할 수 있을까? 어림 반 푼어치도 없는 소리다.

화성의 바다에는 무슨 일이 일어났을까?

지구의 쌍둥이 행성이었던 금성이 태양에 너무 가까워서 지구와 다른 길을 가게 되었다면, 화성은 왜 불모의 행성이 되었을까?

문제의 핵심은 행성의 '크기'이다. 화성은 태양으로부터 지구보다 멀리 떨어져 있을 뿐만 아니라, 덩치도 작기 때문에 지구보다 빠르게 식었다. 화성의 중심부는 더 이상 액체 상태가 아니다. 지구에 자기장이 존재하는 이유는 중심부의 액체금속이 움직이면서 전류를 생성하기 때문인데(전류가 흐르는 곳 주변에는 자기장이 형성된다_옮긴이), 화성 중심부의 대부분은 단단한 바위로 이루어져 있어서 지구처럼 강한 자기장이 형성될 수 없다. 게다가 30억 년쯤 전에 소행성의 집중포화를 받으면서 초기에 형성되었던 자기장마저 거의 사라졌다. 화성에 대기가 희박하고 물이 존재하지 않는 이유가 바로 이것이다. 자기장이 없어서 태양플레어와 태양풍에 고스란히 노출되어 대기가 우주공간으로 서서히 날아갔고, 대기압이 낮아지면서 바닷물이 낮은 온도에서 끓기 시작하여 모두 증발한 것이다.

약한 자기장 외에 화성의 대기유실을 가속화시킨 공범은 또 있다. 화성에 바다가 존재하던 시절, 이산화탄소의 대부분은 바다에 녹아들어 있다가 탄소화합물이 되어 해저에 가라앉았을 것이다. 지구의 경우에는 지각운동이 대륙을 순환시켜서 이산화탄소가 다시 해수면 위로 떠오를 수 있었지만, 화성은 행성 전체가 단단한 고체 상태여서 지각운동이 일어나지 않았기 때문에 이산화탄소가 해저면을 탈출할 기회가 없었다. 그 결과 대기 중 이산화탄소 함유량이 점차 감소하면서 온실효과가 역으로 진행되어 꽁꽁 얼어붙은 행성이 된 것이다.

금성과 화성의 상반된 역사로부터 지구의 지질학적 역사를 대충 짐작할 수 있다. 지구의 중심부가 수십억 년 전에 차갑게 식지 않고 지금까지 액체 상태를 유지해온 비결은 우라늄과 토륨 등 반감기가 수십억 년에 달하는 고방사성물질이 중심부에 존재했기 때문이다. 도처에서 화산이 폭발하고 대규모 지진이 일어나는 것은 방사능에너지가 아직도 위력을 발휘하고 있다는 증거이다. 이 에너지는 인류의 문명을 파괴하지만, 지구 생명체를 유지하는 원동력이기도 하다.

지구의 내부에서 방사능을 통해 발생한 열은 중심부의 철을 녹여서 자기장을 발생시키고, 이 자기장은 태양풍을 타고 날아온 치명적인 복사가 대기로 진입하는 것을 막아준다(북극광北極光, Northern Light은 태양복사가 지구의 자기장과 충돌하면서 나타나는 현상이다. 자기장이 거대한 깔때기처럼 작용하여 우주에서 날아온 복사를 북극으로 유도하기 때문에, 대부분의 복사는 대기에 의해 굴절되거나 대기 중에 흡수된다). 또한 지구는 화성보다 몸집이 커서 빠르게 식지 않았고, 거대한 운석이 충돌해도 자기장을 온전하게 보존할 수 있었다.

이제 원래의 질문으로 되돌아가보자. 화성을 테라포밍한 후 원상태로 되돌아가려는 복원력을 어떻게 막을 수 있을까? 한 가지 방법은 화성에 인공적으로 자기장을 만드는 것이다. 화성의 적도를 따라 거대한 초전도코일을 두르면 된다. 전자기학의 법칙을 이용하면 초전도띠에 필요한 에너지와 물질의 양을 계산할 수 있다. 그러나 아쉽게도 지금의 기술로는 실현 불가능하다.

사실 화성 거주민에게 태양풍이나 태양플레어에서 발생한 복사는 당장 해결해야 할 과제가 아니다. 테라포밍에 성공했다면 화성의 대기가 거의 100년 동안 안정한 상태를 유지할 것이므로, 수백 년에 걸쳐 천천히 해결해도 된다. 거대한 초전도띠를 만들고 관리하는 것은 결코 만만한 과제가 아니지만, 우주에서 살아가기 위해 치르는 대가치곤 엄청나게 싼 편이다.

화성 테라포밍은 22세기 인류에게 최대 과제로 떠오를 것이다. 그러나 지금의 과학자들은 벌써 화성보다 먼 곳을 탐색하는 중이다. 그중에서도 가장 관심을 끄는 천체는 목성의 위성인 유로파Europa와 토성의 위성 타이탄Titan이다. 거대가스행성의 위성은 한때 척박한 바윗덩어리로 간주되었지만, 지금은 간헐온천과 바다, 계곡, 그리고 대기광大氣光, atmospheric light(성층권에서 나타나는 약한 발광현상_옮긴이)을 두루 갖춘 미래의 거주지로 떠오르고 있다.

지구 근처를 날아가는 혜성은 정말로 밝고 아름답다.
물론 지구를 향해 돌진하지만 않는다면.
아이작 아시모프

06

거대
가스행성과
혜성

1610년 1월의 어느 날, 갈릴레오 갈릴레이는 자신이 직접 만든 망원
경으로 목성을 관측하다가 그 근처에 떠다니는 4개의 밝은 천체를 발
견했다. 이 발견은 기독교의 근간을 뒤흔들고 우주에 대한 개념을 송
두리째 바꾸었으며, 중세 과학혁명의 시발점이 되었다.

갈릴레이는 새로 발견한 천체의 움직임을 세밀히 분석한 끝에 이들
이 목성 주변을 공전한다고 결론지었다. 목성은 태양 주변을 도는 행
성일 뿐만 아니라, 그 자체로 하나의 '작은 태양계'였던 것이다.

그는 자신의 발견이 천문학과 신학에 어떤 영향을 미칠지 잘 알고
있었다. 지난 수백 년 동안 교회는 "우주의 중심은 지구이며 태양과
행성을 비롯한 모든 천체들은 지구 주변을 돌면서 경의를 표하고 있
다"는 아리스토텔레스의 천동설을 진리로 수용해왔다. 그런데 망원경
에 포착된 작은 천체들은 지구가 아닌 목성에게 경의를 표하고 있지

않은가. 그것은 2천 년의 역사를 자랑하는 천문학과 기독교의 교리를 뿌리째 흔드는 위험한 발견이었다.

갈릴레오의 발견이 세상에 알려지자 사람들은 흥분을 감추지 못했다. 망원경을 가진 사람들은 갈릴레오가 옳다는 것을 눈으로 직접 확인할 수 있었기에, 세간에 알리기 위해 스핀닥터spin doctor(여론조작 전문가_옮긴이)나 홍보전문가를 고용할 필요도 없었다. 다음해에 갈릴레오가 로마를 방문했을 때, 사람들은 위대한 발견을 이루어낸 영웅을 열렬히 환영했다. 그러나 갈릴레오를 탐탁지 않게 생각했던 가톨릭교회는 지동설이 담긴 책을 금서로 지정하고 갈릴레오를 종교법정에 세워 협박과 고문을 가한 끝에 "이단적인 주장을 두 번 다시 입에 담지 않겠다"는 서약을 받아냈다.

평소 갈릴레오는 종교와 과학이 공존할 수 있다고 믿었다. 그의 저서에는 "과학은 하늘이 운영되는 법칙을 결정하고, 종교는 사람이 하늘로 가는 방법을 제시한다"고 적혀 있다. 다시 말해서 과학은 자연의 법칙을 다루고 종교는 윤리 문제를 다루기 때문에, 상대방의 영역을 침범하지만 않으면 충돌할 일이 없다는 것이다. 그러나 갈릴레이가 소환된 법정에서는 과학과 종교가 정면충돌을 일으켰고, 그는 사형을 면제받는 조건으로 고위성직자들이 보는 앞에서 자신의 이론을 철회했다. 재판 도중에 검사는 "우주에 대하여 갈릴레오보다 훨씬 소극적인 주장을 펼쳤던 조르다노 브루노(Giordano Bruno, 16세기 이탈리아의 성직자. 우주는 무한히 크고 무수히 많은 태양계가 존재하며, 외계생명체가 존재할 수도 있다고 주장했다가 1600년에 종교재판에 회부되어 처형되었다_옮긴이)도 화형에 처해졌다"면서 갈릴레오의 죄상을 부각시켰다. 그 후 갈릴레오의 책이 금서목록에서 풀릴 때까지는 무려 200년이 걸렸다.

그로부터 400년이 지난 지금, 갈릴레오가 발견했던 네 개의 위성(흔히 '갈릴레오 위성'이라 한다)은 또 한 번 혁명의 중심에 서게 되었다. 이들이 토성, 천왕성, 해왕성의 위성과 함께 '생명체가 살아갈 수 있는 유력한 후보지'로 떠올랐기 때문이다.

거대가스행성

보이저Voyager 1, 2호는 1979~1989년 동안 거대가스행성을 탐사하면서 이들이 매우 비슷하다는 사실을 확인해주었다. 가스행성의 주성분은 수소와 헬륨이며, 무게비율은 약 4:1이다(태양의 주성분도 수소와 헬륨이다. 사실 수소와 헬륨은 우주에 존재하는 원소의 대부분을 차지하고 있다. 빅뱅 후 탄생한 수소의 1/4이 헬륨으로 변할 때까지는 무려 140억 년이 걸렸다).

거대가스행성들은 역사도 비슷하다. 앞서 말한 대로 45억 년 전에 수소기체가 중력으로 뭉치면서 태양이 탄생했고, 그 주변에 수소와 먼지로 이루어진 거대한 원반이 에워싸고 있다가 국지적으로 응축되어 단단한 바위가 되었다. 이들 중 태양에 가까운 것들은 훗날 수성과 금성, 지구, 그리고 화성으로 진화하게 된다. 태양으로부터 거리가 먼 행성의 중심부에는 얼음과 바위가 거의 동일한 비율로 섞여 있었는데, 얼음이 일종의 접착제 역할을 하여 바위만으로 이루어진 원시행성보다 10배까지 커질 수 있었다. 이들은 중력이 강하여 태양계 초기에 남아 있던 수소를 닥치는 대로 빨아들였고, 덩치가 커질수록 더 많은 기체를 포획하여 근처에 있는 수소를 거의 싹쓸이했다.

모든 거대가스행성들은 내부구조가 거의 같을 것으로 추정된다. 이들을 양파처럼 반으로 자르면 외부는 두꺼운 가스층으로 덮여 있고, 그 안으로 들어가면 차가운 액체수소의 바다가 모습을 드러낼 것이다. 일부 학자들은 중심부의 압력이 너무 높아서 가장 깊은 중심에는 고밀도의 고체수소가 존재할 것으로 예측하고 있다.

거대가스행성은 스스로 자전하면서 대기에 규칙적으로 유입된 불순물과 상호작용을 하고 있기 때문에, 멀리서 관측하면 오색찬란한 띠를 두른 것처럼 보인다. 또한 이들의 표면에는 거대한 폭풍이 쉴새 없이 불고 있다. 예를 들어 목성의 대적점大赤點, Great Spot은 거의 영구적으로 폭풍이 부는 곳인데, 규모가 어찌나 큰지 지구 두세 개가 들어가고도 남는다. 반면에 해왕성은 검은 점이 잠시 나타났다가 사라지기를 반복하고 있다.

거대가스행성은 크기도 다양하다. 태양계에서 가장 큰 가스행성인 목성(주피터Jupiter, 로마신화에 등장하는 '가장 위대한 신'의 이름. 그리스신화의 제우스Zeus에 해당한다)은 태양계에 존재하는 나머지 행성들의 질량을 모두 합한 것보다 크며, 부피는 지구의 1,300배가 넘는다. 목성에 대하여 우리가 알고 있는 사실의 대부분은 1989년에 발사된 갈릴레오호가 보내온 것으로, 1995년에 목성 근처에 도달하여 근 8년 동안 주변궤도를 돌면서 값진 정보를 전송해오다가 2003년에 목성으로 빨려 들어가면서 장렬한 최후를 마쳤다. 놀라운 것은 갈릴레오호가 목성의 대기로 진입한 후 강력한 자기장에 의해 산산이 부서질 때까지 라디오신호를 지구로 계속 전송했다는 점이다. 탐사선의 파편은 액체수소로 이루어진 목성의 바다 깊은 곳에 수장되었을 것이다.

목성은 거대하고 치명적인 복사띠radiation band로 에워싸여 있으며, 여기서 방출된 신호는 지구의 라디오와 TV에도 수신된다(잡음의 일부는 빅뱅 때 생성된 복사의 잔해이다). 우주인이 목성 근처를 여행할 때 이 복사를 차단하지 않으면 지구와의 통신이 두절된다.

목성의 중력장도 복사 못지않게 위험하다. 아무런 대비책 없이 목성에 가까이 접근했다간 고무줄 새총에서 발사된 돌멩이처럼 우주공간으로 날아갈 것이다. 목성의 중력은 우주선뿐만 아니라 위성이나 다른 행성들도 가뿐하게 날려버릴 수 있다(중력이 위성을 밀어낸다는 뜻이 아니라, 너무 가까이 접근하면 공전속도가 대책 없이 빨라지다가 마치 새총에서 발사된 것처럼 우주공간으로 날아간다는 뜻이다. 이런 현상을 슬링샷효과slingshot effect라 한다_옮긴이). 이 놀라운 현상은 지금으로부터 수십억 년 전에 우리에게 유리한 쪽으로 작용했다. 태양계 생성초기에 다량의 파편과 우주먼지들이 지구를 향해 돌진했는데, 다행히도 목성의 중력이 진공청소기 역할을 하여 파편을 흡수하거나 다른 방향으로 날려준 덕분에 무사할 수 있었다. 목성이 없었다면 수많은 운석이 지구에 충돌하여 생명이 탄생하지 못했을 것이다(이것은 컴퓨터 시뮬레이션으로 확인된 사실이다). 미래의 인류가 새로운 터전을 찾아 태양계로 진출한다면, 목성의 역할을 해줄 만한 대형 천체 근처로 가는 것이 바람직하다.

우리가 아는 한 거대가스행성에는 생명체가 존재할 수 없다. 그곳에는 생명체가 디디고 살아갈 만큼 단단한 땅이 없고 생명활동에 필수적인 물도 없으며, 탄화수소와 유기화합물을 만들 만한 재료도 없기 때문이다. 게다가 대부분의 거대가스행성은 태양으로부터 멀리 떨어져 있기 때문에(목성과 태양의 거리=약 8억 km) 엄청나게 춥다.

거대가스행성의 위성

생명체의 서식 가능성에 관한 한, 목성과 토성보다는 이들의 위성이 훨씬 흥미롭다. 지금까지 발견된 위성은 목성 69개(2017년 이후 10개가 더 발견되어 2019년 3월 현재 79개다_옮긴이), 토성 62개이며, 지금도 계속 발견되는 중이다. 과거에 천문학자들은 목성의 위성들이 척박한 불모지일 것으로 예측했다. 지구의 달도 꽁꽁 얼어붙은 불모의 땅인데, 목성의 위성들은 태양으로부터 훨씬 멀리 떨어져 있으니 더 말할 것도 없다고 생각한 것이다. 그러나 관측장비가 개선되면서 상황이 크게 달라졌다. 거대가스행성의 위성들은 저마다 독특한 개성을 갖고 있었으며, 여기서 얻은 정보는 '우주의 생명'에 대한 과학자들의 관념을 송두리째 바꿔놓았다.

천문학자들을 가장 놀라게 한 위성은 그 옛날 갈릴레오가 발견했던 목성의 위성 유로파였다. 유로파는 거대가스행성의 다른 위성들처럼 두꺼운 얼음으로 덮여 있는데, 한 이론에 의하면 생성 초기에 화산에서 다량의 수증기가 분출되어 바다를 형성했다가 위성 자체가 식으면서 지금처럼 얼어붙었다. 이 이론은 유로파가 태양계에서 가장 '부드러운' 위성으로 진화한 이유를 설명해준다. 유로파는 한때 소행성의 집중폭격을 받았지만 충돌이 잦아들 무렵에 바다가 형성되었기 때문에 대부분의 충돌 흔적이 얼음으로 덮여 있다. 그래서 유로파를 외부에서 바라보면 화산이나 산맥이 없고 운석공도 없어서 마치 매끈한 탁구공을 연상케 한다. 표면에 나 있는 무늬라곤 얼음이 갈라진 흔적뿐이다.

지금까지 얻어진 관측결과에 의하면 유로파의 얼음층 아래에 액체 상태의 바다가 존재할 수도 있다. 이 사실이 처음 알려졌을 때, 전 세계의 천문학자들은 경악을 금치 못했다. 유로파에 존재하는 바다의 양은 지구 바닷물의 3배에 달한다. 지구의 바다는 지각 위에 떠 있지만, 유로파는 내부의 대부분이 바다로 이루어져 있다.

월스트리트의 기자들은 '돈의 흐름을 추적하고follow the money', 천문학자들은 '물을 추적한다follow the water'. 물은 생명체가 탄생하고 살아가는 데 가장 필수적인 물질이기 때문이다. 그런데 거대가스 행성 주변에 어떻게 물이 존재할 수 있다는 말인가? 유로파 내부의 얼음을 녹인 열은 대체 어디서 온 것인가? 기존의 지식으로는 도저히 설명할 수 없는 현상이다. 태양은 태양계에서 열을 방출하는 유일한 천체이며, 행성에 생명체가 존재하려면 골디락스 존에 놓여 있어야 한다. 그런데 골디락스 존에서 한참 벗어난 목성의 위성에 어떻게 물이 존재한다는 말인가? 여기서 우리는 또 하나의 에너지원인 '조력潮力, tidal force'을 눈여겨볼 필요가 있다. 목성의 중력은 유로파에 강력한 조력을 유발하여 손으로 움켜잡은 고무공처럼 돌출부가 생기고, 이 돌출부는 유로파가 목성 주위를 공전함에 따라 끊임없이 이동하고 있다. 즉, 조력이라는 거대한 손이 유로파를 쥐락펴락하면서 내부에 강한 마찰력이 발생하여 얼음이 녹은 것이다.

항상 그렇듯이, 눈에 보이는 것이 전부가 아니었다. 유로파에서 물이 발견된 후로 천문학자들은 우주의 가장 어두운 영역에도 생명체가 존재할 수 있음을 깨달았고, 천문학 교과서는 대대적인 수정이 불가피해졌다.

유로파 클리퍼

NASA는 2022년에 총 2억 달러(약 2,200억 원)를 들여 '유로파 클리퍼 Europa Clipper'라는 탐사선을 유로파에 보낼 예정이다. 이 프로젝트의 목적은 유로파를 덮고 있는 얼음층을 분석하여 그 밑에 고여 있는 바다에서 생명체의 신호를 찾는 것이다.

그러나 공학자들은 클리퍼의 적절한 궤적을 산출하는 데 어려움을 겪고 있다. 유로파는 목성을 에워싼 강력한 복사대輻射帶, radiation band에 놓여 있기 때문에, 무작정 유로파의 궤도에 진입하면 몇 달 안에 바싹 구워진다. 이런 불상사를 방지하려면 복사대의 바깥쪽 궤도로 진입한 후 목성의 중력으로 경로를 수정하여 유로파를 근접통과하는 수밖에 없다.

탐사선은 유로파를 근접통과하는 동안 표면에서 분출되는 간헐천을 분석할 것이다. 유로파의 간헐천은 허블 우주망원경을 통해 이미 관측된 바 있다. 또한 클리퍼 탐사선은 간헐천에 소형 탐사선을 투입하여 표본을 채취할 예정이다. 클리퍼는 유로파에 직접 착륙하지 않기 때문에, 지하에 숨어 있는 바다의 특성을 알아내려면 위로 뿜어져 나온 증기를 분석하는 것이 최선이다. 클리퍼 탐사선이 임무를 성공적으로 마치면 얼마 후 후속 탐사선이 유로파에 착륙하여 구멍을 뚫고 지하 바다에 잠수용 탐사선을 투입하게 될 것이다.

유기물과 미생물이 존재할 것으로 추정되는 위성은 유로파뿐만이 아니다. 토성의 위성인 엔켈라두스Enceladus의 표면에서도 간헐천이 분출되고 있으므로, 이곳에도 지하 바다가 존재할 가능성이 높다.

토성의 고리

거대가스행성의 조력潮力은 위성의 운명을 결정하는 가장 중요한 힘이다. 그러므로 위성의 특성을 파악하려면 조력의 세기와 작용방식부터 알아야 한다. 또한 조력을 잘 분석하면 "토성의 고리는 언제 어떤 과정을 거쳐 형성되었는가?"라는 유서 깊은 질문의 답을 찾을 수 있을지도 모른다. 미래의 우주인들이 태양계 바깥의 행성으로 진출하는 날이 오면 천문학자들은 외계의 많은 거대가스행성들도 고리를 갖고 있다고 믿게 될 것이다. 이것은 다시 조력이 위성을 박살낼 만큼 강력한지 정밀하게 알아내는 데 도움을 줄 것이다.

토성의 고리는 바위와 얼음의 조각일 뿐이지만 그 모습이 너무도 아름다워서 오랜 세월 동안 예술가와 몽상가의 상상력을 자극해왔다. 특히 SF에서는 우주선이 토성 근처를 지날 때 토성의 고리를 따라 몇 바퀴 도는 것이 우주 사관생도들의 통과의례처럼 되어 있다. 과거의 천문학자들은 오직 토성에만 고리가 존재한다고 생각했으나, 지난 수십 년 동안 태양계 탐사선들이 보내온 데이터에 의하면 모든 거대가스행성은 자신만의 고리를 갖고 있다. 물론 그중에서 가장 돋보이는 것은 단연 토성의 고리이다.

토성의 고리는 어떤 과정을 거쳐 생성되었을까? 지금까지 제시된 수많은 가설 중 토성의 조력을 이용한 설명이 가장 그럴듯하다. 토성도 목성처럼 중력이 강하기 때문에(토성의 표면중력은 목성의 42% 정도이다_옮긴이) 주변 위성들은 럭비공 모양으로 길어지는데, 이 변형은 토성과의 거리가 가까울수록 심하게 나타난다. 과거에 어떤 위성이 토성 주변을 선회하다가 자체중력보다 조력이 커질 정도로 가까이 접근했다면, 조력에 의해 산산이 분해되어 지금과 같은 고리가 형성되었을 것이다.

뉴턴의 중력법칙을 이용하면 모행성의 조력이 위성의 자체중력보다 커지는 거리(위성이 조력에 의해 분해되기 시작하는 거리)를 계산할 수 있다.[1] 이 값을 '로슈한계Roche limit'라 한다. 토성을 포함한 거대가스행성의 고리는 대부분 로슈한계보다 가까운 거리에 존재하며, 모양을 갖춘 위성들은 로슈한계를 넘어선 곳에서 공전하고 있다. 이것은 과거에 거대가스행성의 위성이 로슈한계를 침범했다가 산산이 분해되어 띠가 되었음을 암시한다(완벽한 증거는 아니다. 위성이 분해되었다고 해서 반드시 띠가 된다는 보장이 없기 때문이다_옮긴이).

미래에 우리가 다른 별 주위를 공전하는 행성을 방문한다면 로슈한계보다 가까운 거리에서는 고리를 찾을 수 있을 것이다. 전체 위성을 박살낼 수도 있는 이 조력을 연구하면 유로파 같은 위성에 작용하고 있는 조력의 세기도 계산할 수 있다.

새로운 거주지, 타이탄?

토성의 위성 중 하나인 타이탄도 유인탐사 대상으로 떠오르고 있다. 물론 테라포밍에 성공한다 해도 인구밀도가 화성만큼 높지는 않겠지만, 일단 생존가능성은 있으니 관심을 가져볼 만하다. 타이탄은 목성의 위성인 가니메데Ganymede에 이어 태양계에서 두 번째로 큰 위성이며, 두꺼운 대기가 존재하는 유일한 위성이기도 하다. 그래서 천문학자들은 초기 탐사선이 촬영한 타이탄 사진을 보고 크게 실망했다.

두꺼운 대기에 가려서 표면이 전혀 보이지 않았기 때문이다.

타이탄에 관한 정보를 최초로 보내온 탐사선은 1997년에 발사된 카시니호Casini였다. 연료가 플루토늄이라는 이유로 발사 전에 수많은 항의와 법정소송에 휘말리는 등 우여곡절을 겪었지만 어쨌거나 카시니호는 2004년에 토성에 도달했고, 가시광선이 아닌 레이더를 이용하여 타이탄의 표면을 촬영하는 데 성공했다(카시니호는 2017년에 임무를 마친 후 토성으로 빨려들어가 장렬하게 산화했다). 2005년에는 하위헌스 탐사선Huygens probe이 타이탄에 착륙하여 근접사진을 보내왔는데, 거기에는 연못과 호수, 얼음, 그리고 광활한 육지가 선명하게 드러나 있었다.

과학자들은 카시니호와 하위헌스호가 보내온 데이터를 종합하여 타이탄의 지도를 작성했다. 타이탄의 대기는 질소가 대부분이며(이 점은 지구와 비슷하다), 표면 곳곳에는 에탄과 메탄으로 가득찬 호수가 자리잡고 있다. 에탄은 가연성이 강하여 아주 작은 불꽃에도 쉽게 폭발한다. 이런 호수가 사방에 널려 있으니 불지옥을 방불케 할 것 같지만, 타이탄의 대기에는 산소가 없고 기온도 -180°C를 밑돌기 때문에 폭발 자체가 불가능하다. 그래서 타이탄에 진출한 미래의 우주인들이 얼음에서 산소와 수소를 분리한 후 산소에 메탄을 섞어서 유용한 에너지를 생산하면, 전초기지에 충분한 양의 전기와 난방을 공급할 수 있다.

사실 타이탄은 테라포밍이 불가능할지도 모른다. 초기에너지 생산에 성공한다 해도 태양과의 거리가 너무 멀어서 자발적 온실효과를 일으킬 수 없기 때문이다. 그리고 타이탄의 대기에는 이미 다량의 메탄이 함유되어 있는데, 거기에 메탄을 추가했을 때 온실효과가 제대로 일어날지도 의문스럽다.

이쯤 되면 타이탄의 테라포밍을 회의적으로 생각하는 사람도 있을 것이다. 일단 긍정적인 면부터 살펴보자. 타이탄에는 대기가 있고 대기압도 지구의 1.45배로 약간의 장비만 있으면 견딜 만하다. 또한 타이탄은 태양계에서 사람이 우주복을 벗었을 때 금방 죽지 않는 몇 안 되는 천체 중 하나이다. 편하게 숨을 쉬려면 산소호흡기가 있어야겠지만, 피가 끓거나 몸이 으스러지는 불상사는 일어나지 않는다.

물론 부정적인 면도 있다. 무엇보다도 춥고 어두운 것이 문제이다. 타이탄에 도달하는 태양에너지는 지구의 0.1%에 불과하여 에너지원으로 사용하기에는 턱없이 부족하다. 그러므로 전기와 난방을 공급하려면 별도의 발전기를 쉬지 않고 가동해야 한다. 또한 타이탄의 표면은 꽁꽁 얼어붙어 있고 대기에는 산소와 이산화탄소가 거의 없어서 동물과 식물에게 매우 불리하다. 이곳에서 작물을 키우려면 농지를 실내에 조성하거나 지하로 내려가야 하는데, 이런 변칙농업으로는 대량생산이 불가능하므로 많은 인구를 먹여살릴 수 없다.

지구와의 통신도 불편하다. 타이탄에서 송출된 라디오신호가 지구에 도달하려면 몇 시간이 걸린다. 또한 타이탄의 중력은 지구의 15%에 불과하기 때문에, 근육과 뼈를 유지하려면 매일 쉬지 않고 운동을 해야 한다. 그러나 이런 곳에 장시간 머물다 보면 결국 체형이 변할 것이고, 육체적으로 나약해진 거주민들은 지구로 돌아가기를 원치 않을지도 모른다. 이런 식으로 오랜 시간이 지나면 타이탄 사람들은 육체적, 감정적으로 지구인과 격리되어 지구와의 교류를 거부하고 자신들만의 세계에서 살아갈 가능성이 높다.

굳이 타이탄에서 살겠다면 불가능할 것도 없지만, 안락한 삶을 누리기는 어려울 것이다. 여러 가지 정황을 고려해볼 때, 타이탄이 대규모 거주지로 개발될 가능성은 거의 없다. 그러나 타이탄은 우주개발에 필요한 연료와 자재를 보급하는 중간기지로 활용할 만하다. 타이탄의 메탄을 화성으로 가져가서 테라포밍에 사용하거나, 여행 중인 우주선에 연료를 공급하여 더욱 먼 우주로 진출할 수도 있다. 또는 얼음을 녹이고 정화하여 식용으로 쓰거나, 산소를 추출하여 호흡용 및 연료로 쓰는 것도 가능하다. 타이탄은 중력이 약하기 때문에 이착륙이 쉽다는 장점도 있다. 결론적으로 말해서 타이탄은 우주여행에 반드시 필요한 '중간 급유지'의 역할을 하게 될 것이다.

타이탄에 영구기지를 건설하려면 어떻게 해야 할까? 한 가지 방법은 표면에서 철광석을 비롯한 값진 광물을 채굴하는 것이다. 타이탄의 성분은 아직 정확하게 밝혀지지 않았지만, 다른 소행성이 그렇듯 값진 광물을 다량 함유하고 있을 것이다. 그러나 타이탄의 광물을 지구로 가져오는 것은 별로 좋은 생각이 아니다. 거리가 너무 멀어서 이익을 창출할 수 없기 때문이다. 그보다는 타이탄에서 채굴한 원자재로 기지를 건설하는 편이 바람직하다.

혜성의 고향 오르트 구름

거대가스행성을 지나 태양계 바깥으로 나가면 수조 개의 혜성들이 모여 있는 오르트 구름으로 진입하게 된다.[2] 이 혜성들은 인간이 다른 별로 진출하는 징검다리가 될 수 있다.

태양계 바깥에 있는 별까지의 거리는 상상을 초월할 정도로 멀다.

프린스턴대학교의 물리학자 프리먼 다이슨은 "외계의 별로 진출하려면 수천 년 전에 폴리네시아인(태평양의 중심부와 남태평양에 흩어져 있는 1,000여 개의 섬들을 폴리네시아Polynesia라 한다_옮긴이)이 개발했던 항해술을 연구해볼 필요가 있다"고 했다. 태평양을 단 한 번의 항해로 건너려면 시간이 너무 오래 걸리기 때문에 대형참사로 끝나기 십상이다. 그래서 폴리네시아인들은 사방에 흩어져 있는 섬들을 징검다리로 활용했다. 일단 배를 타고 가까운 섬으로 가서 집을 짓고 정착하여 한동안 살다가 그다음 섬으로 이주하는 식이다. 다이슨은 이처럼 우주 곳곳에 중간식민지를 건설하고, 그곳을 새로운 기점으로 삼아 단계적으로 나아갈 것을 제안했다. 그렇다면 자신이 속한 태양계에서 방출된 떠돌이 행성, 즉 혜성이 외계 별로 가는 이정표 역할을 할 수 있지 않을까?

지난 수천 년 동안 혜성은 사람들에게 다양한 추론과 신화, 그리고 두려움의 대상이었다. 유성은 밤하늘을 가로지르다가 몇 초 만에 사라지지만, 혜성은 한번 나타나면 꽤 긴 시간 동안 관측된다. 중세시대에 혜성은 대체로 불길한 징조로 간주되었다. 1066년, 영국 하늘에 혜성이 나타났을 때 사람들은 해럴드 2세King Harold II(잉글랜드의 마지막 앵글로색슨계 왕_옮긴이)의 군대가 전쟁에서 패할 징조라고 믿었다. 실제로 해럴드 2세는 헤이스팅스 전투에서 노르만족의 정복왕 윌리엄William of Normandy에게 대패했고, 이 사건을 계기로 영국에는 새로운 왕조가 들어섰다. 노르만족의 영국 정복을 묘사한 중세의 자수품 '바이외 태피스트리Bayeux Tapestry'에는 하늘을 가로지르는 혜성과 그것을 바라보며 겁에 질린 농부와 병사들의 모습이 생생하게 표현되어 있다.

그로부터 600여 년이 지난 1682년, 해럴드 2세의 죽음을 예견했던 바로 그 혜성이 영국에 다시 나타났다. 그러나 과거와 달리 이번에는 모든 사람들이 혜성의 찬란한 빛에 매료되었고, 아이작 뉴턴은 해묵은 미스터리를 풀기로 마음먹었다. 그는 거울로 빛을 모으는 반사망원경을 손수 제작하여 혜성의 궤적을 관측한 후 자신의 중력이론으로 계산된 궤적과 비교했는데, 결과는 한마디로 '완벽한 일치'였다. 오랜 세월 동안 사람들을 두려움에 떨게 했던 혜성도 결국은 뉴턴의 중력이론을 따르고 있었던 것이다!

그러나 은둔형 과학자로 유명했던 뉴턴은 이 놀라운 결과를 학계에 발표하지 않았다. 동시대에 활동했던 천문학자 에드먼드 핼리Edmond Halley가 아니었다면 뉴턴의 중력이론은 서랍 속에서 사장되었을지도 모른다. 핼리는 케임브리지를 방문했다가 뉴턴이 혜성의 궤적을 알아냈을 뿐만 아니라 향후 궤적까지 계산했다는 사실을 알고 대경실색했다. 그것은 지금까지 어느 누구도 이루지 못한 위대한 업적이었다. 수천 년 동안 사람들에게 두려움과 경외감을 자아냈던 천문현상을 단 몇 줄의 수식으로 완벽하게 설명해놓고도 침묵으로 일관하고 있으니, 핼리의 심정이 얼마나 답답했을지 짐작이 가고도 남는다.

뉴턴의 중력이론이 비범한 업적임을 한눈에 알아본 핼리는 "출판비용 전액을 내가 부담할 테니 제발 당신의 이론을 세상에 공개해달라"며 간곡히 부탁했고, 더 이상 숨길 명분이 없었던 뉴턴은 지난 20여 년 동안 연구해온 물리학이론을 한 권의 책으로 요약했다. 이렇게 탄생한 책이 바로 과학 역사상 최고의 명저로 꼽히는 《프린키피아》이다. 이 책에서 뉴턴은 하늘의 섭리를 역학법칙으로 설명함으로써, 자연과 수학의 친밀한 관계를 최초로 규명한 물리학자가 되었다(이 분야의 선구자는 갈릴레오였다. 그러나 갈릴레오의 이론은 뉴턴이 고안한 역학체계의 극히 일부에 불과하다_옮긴이). 그는 자신이 창안한 미적분학을 이용하여 태양계에 존재하는 모든 행성과 위성, 그리고 혜성의 운동(궤적과 속도)을 정확하게 계산했으며, 혜성이 일정한 타원궤도를 따라 주기적으로 출현한다는 사실도 알아냈다. 그리고 핼리는 뉴턴의 이론을 적용하여 1682년에 런던 하늘에 나타난 혜성이 76년 후에 되돌아온다고 예견했다(그는 문헌을 뒤져서 과거에 나타났던 혜성들도 동일한 혜성이었음을 알아냈다). 그의 계산이 옳다면 1682년에 나타난 혜성은 1758년에 다시 돌아와야 한다. 핼리는 그때까지 살지 못했지만, 그의 이름을 딴 핼리혜성은 정확하게 1758년 크리스마스에 등장하여 핼리의 예측이 옳았음을 입증했다.

지금까지 알려진 바에 의하면 혜성의 집결지는 크게 두 곳으로 분류된다. 첫 번째 장소는 해왕성 너머에 있는 카이퍼벨트로서 태양계 행성의 공전면과 거의 동일한 평면에 놓여 있으며, 이곳의 혜성들은 태양을 중심으로 납작하게 일그러진 타원궤도를 따라 움직이고 있다(핼리혜성의 고향도 카이퍼벨트이다). 또한 이 혜성들은 궤도를 한 바퀴 도는 데 걸리는 시간, 즉 주기가 수십에서 수백 년에 불과하여 '단주기 혜성short-period comets'으로 불리기도 한다. 이들의 주기는 이미 알려져 있기 때문에, 어느 날 갑자기 나타나 지구로 돌진할 가능성은 거의 없다고 봐도 무방하다.

혜성의 또 다른 집결지는 훨씬 먼 곳에 있는 오르트 구름인데, 띠모양으로 형성된 카이퍼벨트와 달리 거대한 구형으로 태양계를 에워싸고 있다. 이곳의 혜성들은 태양과의 거리가 너무 멀어서(먼 것은 수광년이나 된다) 대부분이 정지상태를 유지하고 있는데, 그 근처로 별이 지나가거나 자기들끼리 무작위 충돌을 겪다 보면 우연히 태양계 안으로 진입할 수도 있다. 이 혜성들은 다시 돌아온다 해도 주기가 수만 년에서 수십만 년에 달하기 때문에 '장주기 혜성long-period comets'이라 불린다. 또한 이들은 출현 시기를 예측할 수 없기 때문에 단주기 혜성보다 위험하다.

지금도 카이퍼벨트와 오르트 구름에서는 해마다 새로운 발견이 이루어지는 중이다. 지난 2016년에 한 무리의 천문학자들이 "태양계에 아홉 번째 행성이 존재할지도 모른다"고 주장한 적이 있다. 이 천체는 관측을 통해 발견된 것이 아니라 뉴턴의 운동방정식을 컴퓨터로 푸는 과정에서 그 존재가 예견되었는데, 아직 망원경으로 확인되지는 않았지만 데이터의 신뢰도가 매우 높아서 천문학자들 사이에 대체로 수용되는 분위기다. 이와 비슷한 사례는 과거에도 있었다. 19세기 천문학자들은 천왕성의 궤도가 뉴턴의 중력법칙에서 조금 어긋나 있음을 발견하고 "뉴턴의 법칙이 틀렸거나, 그 주변에 아직 발견되지 않은 미지의 천체가 존재하여 천왕성의 궤도에 영향을 주고 있다"고 결론지었다. 그 후 천문학자들은 미지의 행성이 있을 만한 지역을 망원경으로 샅샅이 뒤지다가 1846년에 정말로 새로운 행성을 발견하여 해왕성Neptune으로 명명했다(일반상대성이론도 이와 비슷한 과정을 거쳤다. 당시 천문학자들은 수성의 공전궤도가 뉴턴의 중력법칙에서 약간 벗어나 있음을 발견하고 "미지의 천체가 수성을 교란시키고 있다"는 가정하에 벌컨Vulcan이라는 가상의 행성을 도입했다. 그러나 망원경으로 하늘을 아무리 뒤져도 벌컨행성은 발견되지 않았고, 얼마 후 알베르트 아인슈타인이 일반상대성이론을 발표하면서 "수성의 이상궤도는 미지행성 때문이 아니라 뉴턴의 중력법칙이 정확하지 않기 때문에 나타난 현상"이라고 했다. 즉, 태양의 중력에 의해 그 근처의 시공간이 휘어져서 수성의 궤도가 변형되었던 것이다). 요즘 천문학자들은 일반상대성이론에 초고속 컴퓨터까지 동원하여 카이퍼벨트와 오르트 구름에 존재하는 천체들을 찾아내고 있다.

오르트 구름은 태양을 중심으로 3광년(약 30조 km)까지 뻗어 있을 것으로 추정된다. 지구에서 가장 가까운 별인 센타우리 삼성계 Centauri triple star system까지의 거리가 약 4광년 정도이므로, 지구와 센타우루스(센타우리의 단수형_옮긴이) 사이의 절반 이상이 오르트 구름으로 덮여 있다. 만일 센타우루스도 혜성구름으로 에워싸여 있다면, 지구에서 센타우루스로 가는 길목에는 혜성이 시종일관 징검다리처럼 놓여 있는 셈이다. 여기에 급유소와 전초기지, 중간기지국 등을 건설하면 지구와 센타우루스를 잇는 우주고속도로가 완성된다. 가까운 별까지 한 번에 가는 것보다 '혜성 징검다리'를 거쳐가는 것이 훨씬 바람직하다.

지금 당장은 SF 소설처럼 들리겠지만, 사실 그렇게 먼 훗날의 이야기도 아니다. 천문학자들은 지금까지 꽤 많은 혜성의 성분과 크기, 강도 등을 알아냈다. 1986년에 핼리혜성이 다시 돌아왔을 때 탐사선 함대가 출동하여 성분을 분석했는데, 혜성의 몸체는 16km짜리 땅콩깍지 모양을 하고 있었다. 가운데가 잘록한 것으로 보아, 핼리혜성은 미래의 어느 날 두 조각으로 분리되어 '쌍혜성'이 될 가능성이 높다. 또한 천문학자들은 혜성의 꼬리부분에 탐사선을 꾸준히 보내다가 드디어 그중 하나인 로제타호Rosetta spacecraft의 탐사로봇을 착륙시키는 데 성공했다. 이때 입수된 정보에 의하면 혜성의 중심부는 단단한 바위와 얼음으로 이루어져 있어서, 중간기지를 건설하는 데 아무런 문제가 없다.

미래의 어느 날, 지구에서 파견된 로봇이 오르트 구름을 떠도는 혜성에 착륙하여 표면에 구멍을 뚫는다. 여기서 채취한 광물과 금속은 우주정거장을 짓는 데 사용하고, 얼음을 녹이면 식수와 로켓연료, 또는 호흡용 산소를 생산할 수 있다.

인류가 태양계를 벗어나면 무엇을 발견하게 될 것인가? 지금 우리는 우주의 패러다임이 변하는 시대에 살고 있다. 지구와 크기가 비슷하면서 생명체가 존재할 가능성이 있는 외계행성도 수시로 발견되고 있다. 과연 우리는 이런 행성을 방문할 수 있을까? 새로운 세계로 가는 우주선을 만들 수 있을까? 만일 가능하다면, 구체적인 방법을 미리 알아둬야 하지 않을까?

2

별을 향한 여행

THE FUTURE OF HUMANITY

그러므로 어떤 단계에 이르면 기계에게 모든 것을 맡겨야 한다.
앨런 튜링

이런 꿈같은 기계가 앞으로 100~200년 안에 만들어진다면
정말로 기절초풍할 일이다.
더글러스 호프스태터

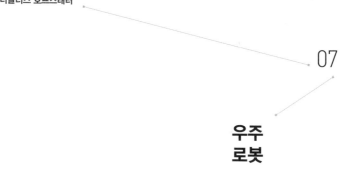

07

우주
로봇

때는 서기 2084년, 평범한 공사장 인부인 아널드 슈워제네거Arnold Schwarzenegger는 매일 밤마다 화성과 관련된 악몽에 시달린다. 참다 못한 그는 꿈의 기원을 밝히기로 결심하고 정기적으로 운항하는 화성행 우주선에 몸을 실었다. 그의 눈에 들어온 화성은 이주민으로 북적대는 대도시였다. 도시 전체가 유리 돔으로 덮여 있고, 지하에서 가동 중인 거대한 발전소는 수천 명의 거주민들에게 에너지와 산소를 공급하고 있었다.

영화 〈토탈리콜Total Recall〉은 미래에 건설될 화성의 도시를 실감나게 보여준다. 매끈하고 깔끔하면서 모든 것이 최첨단이다. 그러나 여기에는 한 가지 문제가 있다. 영화에 등장한 도시는 거대한 세트에 불과하지만, 실제로 화성에 이 정도 규모의 도시를 건설하려면 돈이 너무 많이 든다. 현재 NASA의 예산으로는 어림 반 푼어치도 없다. 이

도시에서 사용하는 모든 망치와 종이, 심지어는 종이클립조차도 지구에서 수천만 km를 거쳐 운송된 것이다. 태양계를 벗어나 즉각적 통신이 불가능한 외계항성으로 진출한다면 문제는 더욱 심각해진다. 이런 경우에는 지구에서 물자를 조달할 수 없으므로, 한 나라의 살림을 거덜내지 않고 자급자족하는 방법을 강구해야 한다.

해결책은 4세대 기술에서 찾을 수 있다. 나노기술nanotechnology, NT과 인공지능artificial intelligence, AI이 게임의 규칙을 완전히 바꿔줄 것이다.

21세기 말이 되면 나노기술이 충분히 발달하여 그래핀graphene(탄소원자로 이루어진 벌집형태의 소재. 얇고 가벼우면서 강도와 전기전도성이 매우 높음_옮긴이)이나 탄소나노튜브 같은 초경량소재가 건설 분야에 혁명적인 변화를 가져올 것이다. 그래핀은 탄소원자가 단단하게 결합된 분자 두께의 소재로서, 엄청나게 얇고 엄청나게 강하다. 너무 얇아서 건너편이 보일 정도로 투명하고 무게는 거의 0에 가깝지만, 강도는 지금까지 만들어진 그 어떤 소재보다 높다(강도는 강철의 200배이며, 심지어 다이아몬드보다 강하다). 코끼리를 연필 지우개 위에 올려놓고 뾰족한 심을 그래핀에 얹어도 찢어지지 않을 정도이다. 게다가 그래핀은 최상의 전도체여서, 그래핀 위에 분자 크기의 트랜지스터를 심는 기술도 이미 개발되어 있다. 컴퓨터의 미래가 그래핀에 달려 있다 해도 과언이 아니다.

탄소나노튜브란 그래핀을 가느다란 원통모양으로 돌돌 만 것으로, 눈에 보이지 않을 정도로 가늘면서 최고의 강도를 자랑한다. 브루클린 다리의 지지대를 탄소나노튜브로 만든다면, 마치 다리가 허공에 떠 있는 것처럼 보일 것이다.

그래핀과 탄소나노튜브가 이 정도로 환상적인 소재인데 집이나 다리, 건물, 고속도로 등에 왜 사용하지 않는 것일까? 이유는 간단하다. 순수한 그래핀을 대량생산하는 기술이 아직 개발되지 않았기 때문이다. 분자 단위에서 아주 소량의 불순물이 섞여도 그래핀의 물리적 장점은 완전히 사라진다. 지금의 기술로는 기껏해야 우표만 한 크기로 만들 수 있을 뿐이다.

화학자들은 그래핀 대량생산 기술이 다음 세기에 완성되어 우주에 구조물을 짓는 비용이 크게 절감될 것으로 기대하고 있다. 또한 무게가 가볍기 때문에 먼 곳까지 배달해도 운송비가 많이 들지 않으며, 생산시설을 외계행성에 설치하여 현지에서 만들 수도 있다. 다음 세기에는 화성의 황량한 사막에 그래핀과 탄소나노튜브로 지은 도시가 들어설 것이다. 여기 늘어선 고층건물들은 부분적으로 투명하고, 사람들이 착용한 우주복은 종이보다 얇아서 입은 티조차 나지 않는다. 물론 자동차도 초경량 소재로 만들어서 연비燃比가 상상을 초월한다. 이 모든 것이 나노기술 덕분이다.

그러나 기술이 충분히 발달했다 해도 화성에 기지를 짓고, 소행성벨트에서 광물을 캐고, 타이탄과 외계행성으로 진출하는 것은 결코 쉬운 일이 아니다. 이 임무를 사람에게 맡긴다면 첨단장비를 동원한다 해도 등골이 빠지도록 일해야 한다. 무슨 좋은 방법이 없을까? 있다! 인공지능을 이용하면 된다.

AI 갓 태어난 과학

2016년 3월 9일, 구글의 딥마인드DeepMind가 개발한 인공지능 프로그램 알파고AlphaGo가 바둑 세계챔피언 이세돌을 이기는 역사적 사건이 일어났다(총 5번의 대국에서 알파고가 4:1로 승리했다. 알파고의 '고Go'는 바둑을 의미한다_옮긴이). 대국이 끝난 후 사람들은 인간을 능가하는 기계의 등장에 흥분을 감추지 못했고, 신문의 논설가들은 "인간에게 내려진 사망선고"라며 장탄식을 내뱉었다. 인공지능이 드디어 루비콘강을 건넌 것이다(루비콘강Rubicon river은 기원전 49년에 율리우스 카이사르가 로마로 가는 길에 군대를 이끌고 건넜던 강으로, '돌이킬 수 없을 정도로 진행된 상황'을 의미한다_옮긴이).

알파고는 컴퓨터 역사 이래 가장 성능이 뛰어난 게임용 프로그램이다. 체스에서는 자기 순서가 왔을 때 둘 수 있는 수가 평균 20~30개 정도지만, 바둑은 250개가 넘는다. 실제로 바둑에서 나올 수 있는 경우의 수는 우주에 존재하는 원자의 수보다 많다. 그래서 사람들은 오래전부터 "컴퓨터는 절대로 바둑 고수가 될 수 없다"고 믿어왔다. 그런데 알파고가 세계챔피언에게 완승을 거뒀으니, 언론이 흥분한 것은 너무도 당연한 일이었다.

그러나 알파고의 논리구조가 제아무리 복잡하다 해도, 한 가지 재주만 부릴 줄 아는 기계에 불과하다. 알파고가 할 수 있는 일이란 바둑에서 이기는 것뿐이다. 앨런 인공지능연구소Allen Institute for Artificial Inteligence의 CEO인 오렌 에트지오니Oren Etzioni는 대국 소식을 접하고 이렇게 말했다. "알파고가 바둑 챔피언을 이겼다지만, 그 기계는 체스도 둘 줄 모른다. 아니, 그에게는 게임이라는 개념 자체가 없다. 여섯 살 난 내 딸이 알파고보다 똑똑하다."[1] 알파고의 하드웨어가 제아무리 강력해도, 대국이 끝난 후 그에게 달려가 등을 두드리며 축하해줄 수 없다. 축하를 해준다 해도 알파고는 아무런 반응도 보이지 않을 것이다. 기계는 자신이 역사의 한 페이지를 장식했다는 사실을 전혀 알지 못한다. 심지어는 자신이 기계라는 사실조차 모르고 있다. 현대의 로봇은 온갖 기능을 탑재하여 사람들의 감탄을 자아내고 있지만 사실 그들에게는 자의식도, 창조력도 없으며, 상식이나 감정도 없다. 특정 작업을 반복적으로 수행하는 능력은 사람보다 기계가 월등하지만, 일반적 지식을 요하는 복잡한 일은 수행할 수 없다.

요즘 인공지능 분야는 하루가 다르게 비약적으로 발전하고 있다. 그러나 기계의 발전은 인간의 진화와 근본적으로 다르기 때문에, 마냥 감탄만 할 게 아니라 한 발 물러서서 전체적인 상황을 조망해볼 필요가 있다. 로켓의 개발사와 비교해볼 때, 현재 인공지능이 치올콥스키의 단계를 넘어선 것만은 분명하다. 상상하고 이론화하는 단계는 이미 지나갔고, 지금은 고다드의 단계, 즉 초보적인 시제품을 제작하여 우리가 생각했던 기본원리가 옳았음을 입증하는 단계에 와 있다. 그러나 멀리 떨어진 행성에 도시를 건설하는 폰 브라운의 혁신단계까지는 아직 도달하지 못했다.

지금까지 로봇은 원격조종 기계로서 커다란 성공을 거두었다. 목성과 토성을 넘어 태양계 끝까지 진출한 보이저호와 화성에 착륙한 바이킹호, 그리고 거대가스행성의 궤도 진입에 성공한 갈릴레오호와 카시니호가 임무를 완수할 수 있었던 것은 정교한 기계장치를 조종해준 인간이 있었기 때문이다. 요즘 한창 유행하는 드론처럼, 이 로봇들은 파사데나Pasadena의 관제센터에서 관제사가 내리는 명령을 그대로 수행했을 뿐이다. 영화에 등장하는 똑똑한 로봇은 실제로 인형이거나, 컴퓨터 그래픽 영상이거나, 아니면 원격조종으로 움직이는 기계에 불과하다(내가 제일 좋아하는 로봇은 〈금지된 행성Forbbiden Planet〉에 등장하는 로봇 '로비Robby'이다. 이 로봇은 제법 미래지향적으로 생겼는데, 사실 그 안에는 사람이 들어가 있었다).

지난 수십 년 동안 컴퓨터의 성능은 18개월마다 두 배씩 개선되어왔다. 그렇다면 미래에는 어떤 컴퓨터가 등장할 것인가?

다음 단계 진정한 자동화

다음 단계는 원격조종 로봇에서 진정한 자동화로 나아가는 것이다. 인간의 간섭을 최소화한 상태에서 스스로 결정을 내릴 수 있어야 진정한 자동화기계라 할 수 있다. 자동로봇이라면 "저기 쓰레기 좀 주워 와!"라는 명령을 듣는 즉시 자리에서 벌떡 일어나 쓰레기가 있는 지점을 파악한 후 정확하게 '쓰레기만' 주워서 주인 앞에 대령해야 한다. 자기가 알아서 쓰레기통에 버리기까지 한다면 더욱 좋다. 물론 지금의 로봇에게는 무리한 요구이다. 그러나 다른 행성에 식민지를 개척하려면 그곳에 파견된 로봇들은 스스로 알아서 움직여야 한다. 지구에서 원격으로 조종하면 아무리 간단한 명령도 몇 시간 후에야 도달하기 때문이다.

다른 행성이나 달에 식민지를 건설하려면 진정한 자동화가 반드시 이루어져야 한다. 앞으로 수십 년이 지난 후에도 다른 천체에 진출한 인간은 기껏해야 수백 명을 넘지 않을 것이다. 장비가 아무리 좋아도 이 정도의 인원으로 새 도시를 짓는 것은 별로 좋은 생각이 아니다. 바로 이럴 때 자동화로봇이 위력을 발휘한다. 테라포밍 초기단계에 로봇은 주로 3D(위험하고dangerous, 단조롭고dull, 지저분한dirty) 일에 투입될 것이다.

할리우드 영화에 익숙해진 대중들은 우주가 얼마나 위험한 곳인지 잘 모르는 것 같다. 중력이 약한 곳이라 해도, 무거운 골재와 대들보, 콘크리트 슬래브, 육중한 기계장치를 옮기는 것은 결코 쉬운 일이 아니다. 게다가 인간은 두툼한 우주복과 산소통까지 걸쳐야 하므로 몇 번 왕복하면 금방 나가떨어질 것이다. 그러나 로봇은 사람보다 힘이 월등하게 세고, 동력이 바닥나지 않는 한 낮이나 밤이나 쉬지 않고 일할 수 있다.

장점은 이뿐만이 아니다. 로봇은 작업 도중에 사고를 당해도 부분적으로 수리하거나 부품을 교체하면 원래의 성능을 발휘할 수 있다. 지반을 깎는 공사를 하거나 고속도로를 놓으려면 폭탄을 사용해야 하는데, 이것도 로봇에게 맡기면 된다. 어쩌다 화재가 발생했을 때 위험에 처한 우주인을 구하거나 혹독한 추위에서 땅을 파는 것도 로봇의 몫이다. 숨을 쉬지 않으니 질식할 염려도 없다.

위험한 지역을 탐사할 때도 로봇이 제격이다. 예를 들어 화성의 극지방과 타이탄의 호수를 덮고 있는 얼음은 산소와 수소를 생산하는 귀중한 자원이지만, 사람이 갔을 때 어떤 위험에 직면할지 아무도 알수 없다. 얼음이 갈라지거나 무너져 내릴 수도 있고, 의외의 방사능에 노출될 수도 있다. 이런 곳에 우리의 유능하고 우직한 일꾼, 로봇을 투입하면 별 어려움 없이 임무를 완수할 것이다. 방사선 차폐막으로 사용될 화성의 용암동굴이나 목성의 위성을 탐사할 때에도 사람보다

로봇이 효율적이다. 사람이 태양플레어나 우주선cosmic ray에 노출되면 암에 걸릴 확률이 높아지지만, 로봇은 훨씬 강한 방사선도 견딜 수 있다. 작업 중 지독한 방사선에 노출되어 일부 부품의 기능이 저하되거나 작동하지 않는다면, 막강한 차폐막으로 지은 창고에서 새 부품을 가져다가 교체하면 된다.

로봇은 위험한 일도 잘 하지만, 한없이 반복되는 제조업에도 탁월한 능력을 발휘한다. 행성이나 위성의 기지에서 살아가려면 다량의 공산품이 필요한데, 이 물건들은 결국 로봇을 이용하여 대량생산될 것이다. 자원이 풍부한 행성에서 자급자족하려면 현실적으로 이 방법밖에 없다.

지저분한 일을 처리하는 것도 로봇의 주특기 중 하나이다. 로봇은 멀리 떨어진 우주식민지에서 오물과 쓰레기 처리 전담반으로 활용할 수 있다. 유독성 가스나 위험한 화학물질을 수거하여 재활용해야 한다면, 최선의 선택은 단연 로봇이다(어차피 '유독성'이나 '위험하다'는 표현은 오직 사람을 기준으로 판단한 것이어서, 로봇과는 아무런 상관도 없다_옮긴이).

그러므로 척박한 달과 사막으로 덮인 화성에 현대식 도시를 건설하고, 도로를 놓고, 고층건물과 주거용 주택을 지으려면 사람의 명령 없이 스스로 작동하는 자동화로봇이 반드시 필요하다. 그렇다면 다음과 같은 질문이 자연스럽게 떠오른다. "진정한 자동화는 언제쯤 이루어질 것인가?" SF 영화나 소설에 등장하는 환상적인 로봇은 그저 지어낸 이야기일 뿐이다. 현실세계의 기술은 완전한 자동화에 얼마나 근접했을까? 화성에 도시를 건설할 로봇은 언제쯤 만들 수 있을까?

인공지능의 역사

1955년, 뛰어난 과학자들로 구성된 연구팀이 다트머스Dartmouth에 모여 토론을 벌이던 중 인공지능AI이라는 새로운 분야가 탄생했다. 토론이 끝난 후, 그들은 자신에 찬 어조로 다음과 같이 선언했다. "머지않아 복잡한 문제를 풀고, 추상적인 개념을 이해하고, 언어를 구사하고, 경험을 통해 스스로 배우는 똑똑한 기계가 탄생할 것이다. 해결해야 할 문제가 한두 개 있는데, 엄선된 과학자들이 금년 여름 한철 열심히 일하면 해결될 것이다."

그러나 그들은 치명적인 실수를 범했다. 인간의 두뇌가 디지털 컴퓨터와 동일하다고 가정한 것이다. 그들은 지성의 법칙을 프로그램화하여 컴퓨터에 다운로드하면, 곧바로 생각하는 기계가 되어 사람과 의미 있는 대화를 나눌 수 있다고 믿었다. 이런 방법을 '하향식 접근법top-down approach', 또는 '병 속의 지성intelligence in a bottle'이라 한다.

이들은 단순하고 우아한 아이디어에 기초하여 낙관적인 예측을 연이어 쏟아냈고, 1950~1960년대에는 체스를 두고, 대수학을 이용하여 수학정리를 증명하고, 다양한 모양의 장난감 블록에서 특정 형태를 찾아내는 컴퓨터가 연이어 등장했다. 당시 인공지능 연구를 이끌었던 허버트 사이먼Herbert Simon은 1965년에 "앞으로 20년 안에 사람이 하는 일을 모두 할 수 있는 기계가 등장할 것"이라고 장담했으며, 1968년에 개봉된 영화 〈2001: 스페이스 오디세이〉에는 언어를 자유자재로 구사하고 목성행 우주선을 조종하는 만능로봇 '할HAL'이 등장하여 큰 인기를 끌었다.

그러나 얼마 가지 않아 인공지능은 '형태인식'과 '상식'이라는 난관에 부딪혔다. 로봇은 사물을 볼 수 있지만(시력은 사람보다 훨씬 좋다), 자신이 본 것을 이해할 수 없다. 로봇에게 식탁은 직선과 사각형, 삼각형, 또는 타원의 집합일 뿐이다. 로봇은 이들을 조합하여 하나의 물체로 인식하지 못한다. 간단히 말해서, 식탁이 '식사용 그릇을 올려놓는 지지대'임을 이해하지 못한다는 뜻이다. 그래서 로봇이 거실을 지나갈 때 가구를 인식하여 피해 가는 것은 지극히 어려운 임무에 속한다. 보행용 로봇을 번잡한 길에 풀어놓으면 수많은 선과 원, 사각형 등을 이해하지 못하여 길을 잃기 십상이다. 어린아이와 교통경찰, 개, 나무 등을 기하학적 도형으로 인식하고 있으니, 옳은 길을 찾아갈 리 없다.

또 하나의 걸림돌은 '상식'이다. 물은 축축하고, 줄은 당길 수 있지만 밀 수 없고, 블록은 밀 수 있지만 당길 수 없고, 딸은 어머니보다 젊다. 인간은 이런 것을 굳이 배우지 않아도 자연스럽게 터득한다. 대체 어떻게 알았을까? "끈은 당길 수만 있고 밀 수 없다"는 것은 수학적 논리로 증명할 수 없다. 우리는 현실세계에서 수많은 경험을 통해 이런 자잘한 지식을 축적한다. 즉, 인간의 상식은 '고난극복대학교'에서 고통과 좌절, 슬픔 등을 등록금으로 지불해가며 어렵게 습득한 것이다.

그러나 로봇은 인생이라는 경험에서 새로운 것을 배우지 못한다. 로봇에게 특정한 일을 시키려면 프로그램이라는 언어를 통해 일일이 지시를 내려야 한다. 과학자들 중에는 "모든 상식을 로봇에게 주입하겠다"며 도전장을 내민 사람도 있지만, 아무도 성공하지 못했다. 이유는 간단하다. 상식의 종류가 너무 많기 때문이다! 다섯 살 먹은 아이가 물리학, 생물학, 화학에 대해 알고 있는 상식은 세계에서 가장 뛰어난 컴퓨터보다 많다.

DARPA 로봇경연대회

미국 국방부 산하기관이자 인터넷의 산파 역할을 했던 방위고등연구계획국Defense Advanced Research Project Agency, DARPA은 2013년에 전 세계 과학자들을 대상으로 공모전을 개최했다. 2011년에 대형사고를 겪은 후쿠시마 원전의 사후처리를 위해 '방사능 청소로봇'을 공개 모집한 것이다. 이곳은 방사능이 워낙 심하여 사람을 투입하면 단 몇 분밖에 머물 수 없기 때문에, 후처리가 계속 지연되고 있었다. 현장 관계자들의 증언에 따르면 후쿠시마의 방사능을 모두 제거하는데 30~40년이 걸리고, 약 1,800억 달러(약 200조 원)의 비용이 투입될 것이라고 한다.

사람의 도움 없이 혼자서 폐기물을 치우고 쓰레기를 수거하는 로봇은 자동화로봇을 향한 첫걸음이다. 이런 로봇을 만들 수 있다면 방사선이 강한 화성이나 달에서 기지를 건설하는 자동화로봇도 얼마든지 만들 수 있다.

후쿠시마 원전은 첨단 인공지능 기술을 적용할 수 있는 최적의 장소이다. 그래서 DARPA는 '청소용 로봇 경연대회'에 350만 달러(약 40억 원)의 상금을 걸었다(이전에 열렸던 경연대회도 성황리에 마무리되어 무인자동차 개발의 시발점이 되었다). DARPA 경연대회는 첨단 인공지능의 수준을 냉정하게 평가하는 실험의 장이기도 하다. 오랜 세월 동안 인공지능의 성능을 잔뜩 과장하여 홍보해왔으니, 이제는 그 실체를 드러낼 때도 되었다.

경연대회의 규칙은 단순하고 명쾌하다. 자동차 운전, 잔해 제거, 문 열기, 누수밸브 차단, 소방호스 연결, 밸브 돌리기 등 8가지 임무를 가장 훌륭하게 완수한 로봇이 1등이다. 지금까지 세계 각지에서 수많은 연구팀이 참가하여 실력을 겨뤘는데, 결과는 다소 실망스럽다. 임무를 완수하지 못한 경우가 대부분이고 심지어는 카메라 앞에서 쓰러지는 로봇도 있었다. 이는 곧 하향식 접근법으로 인공지능을 구현하는 데 한계가 있음을 보여주는 증거이다.

스스로 배우는 기계

일부 인공지능 전문가들은 하향식 접근법을 완전히 폐기하고 '사람의 지시 없이 자연을 흉내내면서 스스로 배워나가는 기계', 즉 상향식 접근법을 추구해왔다. 우주에 파견할 로봇을 만드는 게 목적이라면 이 방법이 훨씬 바람직하다. 연구소 밖으로 나가면 인간이 만든 어떤 로봇보다 우수한 자동화시스템을 쉽게 볼 수 있다. 바로 '동물'이다! 숲속의 바퀴벌레는 어지럽게 널려 있는 장애물을 귀신같이 피해 다니면서 음식을 찾고 짝짓기를 한다. 그러나 인간이 만든 어눌한 로봇은 길을 가다가 벽을 만나면 잔뜩 생채기만 내고 우회로를 찾지도 못한다.

60년 전에 다트머스의 과학자들이 내세웠던 '잘못된 가정'은 지금까지 인공지능의 발목을 잡고 있다. 인간의 뇌는 디지털 컴퓨터가 아니다. 두뇌는 프로그램이 없고 CPU(중앙처리장치)도 없으며, 펜티엄칩이나 서브루틴도, 코딩도 없다. 컴퓨터는 트랜지스터 하나만 제거해도 기능을 상실하지만, 사람의 뇌는 절반을 제거해도 여전히 작동한다.

두뇌가 이런 기적 같은 성능을 발휘하는 이유는 신경회로망neural

network을 통해 스스로 배워나가기 때문이다. 노트북 컴퓨터는 아무 것도 배울 수 없다. 그것은 어제도, 오늘도, 내일도, 여전히 생각 없는 기계일 뿐이다. 그러나 사람의 뇌는 새로운 정보를 습득할 때마다 재편성된다. 아무런 의미 없이 옹알거리던 아이가 말을 하고, 자전거로 1m도 못 가던 초심자가 도로를 쌩쌩 달릴 수 있는 것은 바로 이런 이유 때문이다. 동일한 일을 반복하면 그와 관련된 뉴런이 강화되고, 반복 횟수가 많을수록 더 많은 뉴런이 단단하게 결합하여 숙련도가 높아진다. 이 현상을 '헤브의 규칙Hebb's rule'이라 한다. 신경학자들의 표현을 빌리면 "결합된 뉴런들은 동시에 활성화된다." 독자들은 이런 농담을 들어본 적이 있을 것이다. 질문: "카네기홀에 어떻게 가나요?" 답: "연습, 연습, 오직 연습밖에 없죠!"

한 가지 예를 들어보자. 산길을 걷는 사람들은 어설프게 나 있는 길보다 뚜렷한 길을 선호하는 경향이 있다. 길이 뚜렷하다는 것은 그 길로 간 사람이 많다는 뜻이고, 많은 사람이 갔다는 것은 그 길이 최선임을 의미한다. 좋은 길은 사람이 다닐 때마다 조금씩 넓어지고 평탄해져서 '누구나 가고 싶은 길'로 발전한다. 이와 마찬가지로 두뇌신경망의 경로도 자주 활성화될수록 성능이 향상되어 숙련도가 높아지는 것이다.

스스로 배우는 기계는 우주탐험에 필수적이다. 다른 행성이나 위성에 가면 한 번도 겪어본 적 없는 위험에 수시로 노출되기 때문이다. 로봇이 혼자 배울 수 있다면, 오늘날의 과학자들이 미처 상상하지 못한 위험에 직면해도 스스로 헤쳐나갈 수 있다. 몇 가지 위험요소에만 대처하도록 사전에 프로그램된 로봇은 지구에서 제한적으로 활용할 수 있지만, 우주로 나가면 무용지물이다. 프로그래머가 예측할 수 있는 위험상황은 유한한데, 우주에서 마주칠 수 있는 위험상황은 무수히 많기 때문이다.

예를 들어 화성에 유성우meteor shower(수많은 유성들이 비처럼 동시에 떨어지는 현상_옮긴이)가 쏟아져서 애써 지어놓은 건물들이 크게 손상되었다고 하자. 신경회로망이 탑재된 로봇은 이런 불의의 사태를 어설프게나마 수습하면서 새로운 지식을 습득하여, 향후 동일한 사고가 발생했을 때 훨씬 효율적으로 대처할 수 있다. 그러나 전통적인 하향식 로봇은 (유성우 대처방안이 하달되지 않는 한) 사고현장을 구경만 할 것이고, 훗날 똑같은 사고가 발생해도 여전히 구경꾼으로 남을 것이다.

상향식 인공지능에 가장 큰 공헌을 한 사람은 MIT(매사추세츠 공과대학) 산하 인공지능연구소의 소장을 지냈던 로드니 브룩스Rodney Brooks이다. 그는 나와 인터뷰하는 자리에서 인공지능과 생명체의 차이를 다음과 같이 설명했다. "모기의 뇌를 구성하는 뉴런은 수십만 개에 불과합니다. 그런데도 모기는 장애물로 가득차 있는 3차원 공간을 자유자재로 날아다니지요. 하지만 로봇은 오직 걷는 기능만 갖추려해도 끝없이 길고 복잡한 프로그램이 필요하고, 그런데도 길이 조금만 험하면 쉽게 넘어집니다." 그는 곤충처럼 6개의 다리가 달린 '버그봇bugbot'과 '인섹토이드insectoid'를 이용하여 새로운 접근을 시도하고 있다. 개발초기에는 이 로봇들도 수시로 넘어졌지만, 실패할 때마다 다리조작법을 스스로 개선하여 지금은 제법 진짜 벌레처럼 장애물을 잘 피해 다닌다고 한다.

컴퓨터에 신경회로망을 주입하는 과정은 '딥 러닝deep learning'으로 알려져 있다. 앞으로 이 기술이 계속 발전하면 산업계에 일대 혁명이 불어닥칠 것이다. 우리의 후손들은 변호사나 의사와 상담하고 싶을 때 굳이 병원이나 사무실을 찾아가지 않아도 된다. 지능형 벽이나 손목시계에 대고 로봇의사나 로봇변호사에게 이야기하면, 소프트웨어 프로그램이 내용을 분석한 후 의학적, 또는 법적 조언을 해줄 것이다. 게다가 이 프로그램은 질문이 반복될 때마다 성능이 좋아져서, 일정 수준에 도달하면 당신이 말하지 않은 부분까지 돌봐줄 수 있다.

딥 러닝은 우주에서 필요한 자동화를 실현해줄지도 모른다. 하향식 접근법과 상향식 접근법은 앞으로 수십 년 안에 하나로 결합될 가능성이 높다. 신경회로망을 갖춘 로봇(상향식)에게 약간의 초기지식을 주입하면(하향식), 우주에서 다양한 경험을 쌓으며 스스로 발전할 것이다. 3차원 공간에서 도구를 다루는 데 필요한 '형태인식능력'과 새로운 상황에 대처하는 데 필요한 '상식'은 처음부터 완벽할 필요가 없다. 신경회로망을 이용하면 이런 능력이 점차 개선되다가 시간이 충분히 흐르면 거의 달인의 경지에 이르게 된다. 화성과 타이탄, 또는 태양계 너머로 파견될 로봇이라면 반드시 갖춰야 할 기능이다.

로봇은 주어진 임무에 따라 각기 다른 형태로 설계되어야 한다. 배수관에 들어가 누수지점을 찾는 로봇은 수영을 배우는 능력이 탁월해야 하고, 공사현장에 투입된 로봇은 무거운 자재를 운반하는 기술을 빠르게 습득해야 한다. 또한 새처럼 생긴 드론 로봇은 지형을 분석하는 데 특화되어 있고, 용암동굴에 투입된 로봇은 거미처럼 생겼을 것이다. 험한 지형을 탐사할 때에는 다리가 많을수록 유리하기 때문이다. 그 외에 화성의 얼음층을 탐사하는 로봇은 스노모빌 모양에 얼음 지치는 기술을 빨리 배우도록 설계될 것이며, 유로파의 지하바다를 탐사하는 로봇은 문어 같은 외형에(표본 채취용) 수영이 주특기여야 한다.

우주탐사로봇은 신경회로망(상향식)과 새로 전송된 정보(하향식)를 통해 꾸준히 성능을 개선해나갈 것이다. 그러나 로봇이 외부의 도움을 받지 않고 임무를 수행하려면 인공지능만으로는 부족하다. 로봇이 제아무리 똑똑하다 해도 수십~수백 개의 로봇으로는 대도시를 건설할 수 없다. 그렇다고 처음부터 로봇 수백만 개를 동시에 보내는 것도 비현실적이다. 그러므로 우주에 파견될 궁극의 로봇은 자기복제가 가능해야 하고, 어느 정도는 자의식도 있어야 한다.

자기복제로봇

나는 어린 시절에 생물학 책을 읽으면서 '자기복제'라는 개념을 처음 알게 되었다. "바이러스는 사람의 세포에 무임승차하여 영양분을 흡수하면서 자신의 복사본을 만들고, 박테리아는 자기 몸을 둘로 쪼개서 개체수를 늘려나간다. 박테리아 하나를 몇 달, 또는 몇 년 동안 방치하면 지구의 부피를 능가할 정도로 많아진다." 이 글을 처음 읽었을 때는 "에이, 설마…" 하면서 믿지 않았지만, 지수함수의 원리를 배우면서 그 내용이 사실임을 깨닫게 되었다. 바이러스란 결국 '자기복제능력이 있는 분자'일 뿐이다. 그런데 이런 분자 몇 개가 당신의 코에 자리잡으면 몇 주 이내로 감기에 걸린다. 이 기간 동안 바이러스가 자신의 복제품을 수조 개 단위로 생산하여 재채기를 유발하는 것이다. 사실 따지고 보면 우리도 맨눈으로는 보이지 않을 정도로 작은 하나의 수정된 난자세포에서 탄생하지 않았던가. 이렇게 작은 세포가 분열을 거듭하여 단 9개월 만에 사람으로 자라났다. 그러므로 인간도 결국은 세포의 '지수함수적 번식력' 덕분에 생명을 얻게 된 셈이다.

이것이 바로 '자기복제'의 위력이다. 모든 생명은 자기복제를 거쳐 탄생한다. 복제술의 비밀은 DNA 분자에 숨어 있다. 이 기적의 분자는 두 가지 면에서 다른 분자들과 화끈하게 다르다. (1)DNA에는 방대한 양의 정보가 들어 있고, (2)자신과 똑같이 생긴 복사본을 만들어낸다. 기계도 이런 능력을 발휘할 수 있을까? 생명체와 똑같을 수는 없겠지만, 비슷하게 흉내낼 수는 있다.

자기복제기계의 기본 개념은 진화론과 거의 비슷한 시기에 탄생했다. 찰스 다윈이 역사에 길이 남을 명저 《종의 기원On the Origin of Species》을 발표한 직후에 영국의 작가 새뮤얼 버틀러Samuel Butler는 《기계 속의 다윈Darwin Among the Machines》이라는 책을 출간했다. 그는 이 책에서 "미래의 기계는 자신을 복제하여 다윈의 진화론과 비슷한 방식으로 진화할 것"이라고 예견했다.

게임이론을 비롯하여 현대수학의 여러 분야를 창시한 헝가리 태생의 수학자 존 폰 노이만John von Neumann은 1940~1950년대에 걸쳐 자기복제기계의 수학적 원리를 파고들었다. 그는 "자기복제가 가능한 가장 작은 기계는 무엇인가?"라는 질문에서 출발하여 문제를 몇 단계로 세분했는데, 예를 들면 다음과 같은 식이다. (1)기계를 만드는 데 필요한 블록(부품)을 여러 개 수집한다(한 상자 가득 들어 있는 다양한 크기의 레고블록을 떠올리면 된다). (2)두 개의 블록을 하나로 연결하는 조립장치를 만든다. (3)블록의 조립순서를 조립장치에게 알려주는 프로그램을 짠다. 여기서 가장 중요한 것은 마지막 단계이다. 어린 시절에 장난감블록을 갖고 놀아본 사람은 잘 알겠지만, 블록의 종류가 얼마 안 되더라도 개수가 충분히 많으면 형태가 제아무리 복잡해도 얼마든지 만들 수 있다(물론 각 블록을 적절한 곳에 끼워 넣어야 한다). 노이만의 주관심사는 "기계가 자신을 복제하기 위해 필요한 최소한의 작동횟수(연산횟수)"였다.

그러나 노이만은 결론을 내리지 못했다. 블록의 정확한 개수와 생긴 형태에 따라 나올 수 있는 결과가 너무 많아서, 수학적으로 분석할 수 없었던 것이다.

자기복제형 우주로봇

자기복제로봇은 1980년에 NASA가 '우주임무를 위한 고단계 자동화 연구Advanced Automation for Space Mission, AASM'라는 프로젝트를 추진하면서 다시 수면 위로 떠올랐다. 이 연구팀은 보고서를 통해 "자기복제로봇은 달 거주지 건설에 필수적이며, 최소 3가지 형태의 로봇이 필요하다"고 결론지었다. 달 표면을 파고 들어가 원자재를 수집하는 채굴용 로봇과 원석을 가공하여 건축자재를 만들고 조립하는 건설용 로봇, 그리고 사람의 도움 없이 자신이나 동료가 고장났을 때 수리하고 유지보수하는 수리용 로봇이 바로 그것이다. 연구팀이 예측한 자동화로봇은 갈고리나 삽이 달린 똑똑한 짐차 형태로서, 레일을 따라 재료를 운반하거나 공사현장에서 원하는 형태로 가공한다.

고단계 자동화 연구AASM는 아폴로 우주인들이 수백 kg에 달하는 월석月石을 가져온 후에 시작되어 귀중한 자료를 활용할 수 있었다. 월석에 함유된 금속과 실리콘, 그리고 산소의 성분비는 지구의 바위와 거의 동일하다. 달의 지각地殼은 대부분이 표토表土, regolith(유기물이 많은 검은색의 상층토_옮긴이)로 이루어져 있는데, 이는 고대에 흐르던 용암과 운석충돌로 발생한 파편의 조합이다. NASA의 과학자들은 이 정보에 기초하여 달에 로봇 생산공장을 건설하는 현실적 방법을 연구하기 시작했다(여기서 생산된 로봇은 달에 있는 원료를 이용하여 자신을 복제한다). 이들의 연구과제에는 구체적인 원료채굴 방법과 표토를 녹여서 유용한 금속을 추출하는 방법도 포함되어 있었다.

그 후 우주에 대한 대중의 관심이 급격하게 식는 바람에 자기복제로봇은 수십 년 동안 빛을 보지 못하다가, 최근 들어 달과 화성에 사람을 보내고 기지를 건설한다는 야심 찬 프로젝트가 진행되면서 다시 초유의 관심사로 떠올랐다. 예를 들어 자기복제로봇 생산라인을 화성기지에 건설한다면 다음과 같은 순서로 진행될 것이다. (1) 화성 사막의 성분을 분석하고 그곳에 지을 공장의 설계도를 작성한다. (2) 바위에 구멍을 뚫어서 화약을 설치한 후 폭파시킨다. (3) 무른 바위와 작은 파편은 불도저로 파내고, 기계삽을 이용하여 기초공사를 한다. (4) 수거된 바위 조각을 더 작은 조각으로 분쇄한 후 마이크로파로 작동하는 제련용 가마에 넣고 녹인다. (5) 금속은 순수한 주괴鑄塊, ingot(거푸집에 부어 다양한 형상으로 주조한 금속덩어리_옮긴이)로 분리되고, 몇 단계 공정을 거치면 전선이나 케이블, 대들보 등 다양한 건축자재가 된다. (6) 이로써 로봇 생산공장이 완성되었다. 첫 번째 로봇작업단이 만들어지면 이들이 공장을 인수하여 후속 로봇을 계속 생산한다.

NASA가 연구결과를 발표했던 1980년대에는 기술적인 한계가 있었으나, 지금은 상황이 많이 달라졌다. 그중에서도 가장 눈에 띄는 것이 3D 프린터다. 요즘 컴퓨터는 플라스틱이나 금속의 흐름을 제어하여 복잡하고 정교한 물체를 만들 수 있다(액체 플라스틱을 아래부터 층층이 쌓아 올라가는 식이다). 현재 3D 프린터는 사람의 세포를 초미세 노즐로 하나씩 분사하여 근육조직을 만드는 수준까지 발전했다. 내가 진행했던 디스커버리 채널의 다큐멘터리에서 3D 프린터로 내 얼굴을 만든 적이 있는데, 성능이 가히 환상적이었다. 레이저로 내 얼굴을 스캔하여 노트북 컴퓨터에 저장한 후, 얼굴 정보를 프린터에 전송했더니 노즐에서 액체 플라스틱이 분출되면서 약 30분 만에 실물과 거의 똑같은 얼굴이 완성되었다. 나중에는 재미 삼아 몸 전체를 스캔했는데, 몇 시간 후에 나와 똑같은 액션피규어가 만들어졌다. 이 정도면 슈퍼영웅 액션피규어 진열대에 우리도 한 자리 차지할 수 있다. 미래의 3D 프린터는 생물체의 조직이나 기계의 복잡한 부품을 생산하여 손상된 부분을 수리해줄 것이다. 특히 로봇 생산공장을 운영하는 자기복제로봇에게 반드시 필요한 도구이다. 3D 프린터를 생산라인에 연결하여 액체금속을 주입하면 정교한 로봇이 대량으로 만들어진다. 지금은 SF 영화에나 나올 법한 장면이지만, 수십 년 후에는 공상이 아닌 현실로 다가올 것이다.

화성의 로봇 생산공장에서는 첫 번째 로봇을 만드는 단계가 가장 어렵다. 생산에 필요한 모든 도구를 지구에서 실어 날라야 하기 때문이다. 그러나 일단 1세대 로봇이 완성되기만 하면 후속 생산은 자체적으로 이루어진다. 2개의 로봇을 복제하면 4개가 되고, 4개를 복제하면 8개가 되고… 개체수가 지수함수적으로 증가하기 때문에, 화성을 테라포밍하는 로봇군단은 비교적 짧은 시간 안에 완성된다. 이들은 땅을 파고, 새 공장을 짓고, 자신과 같은 로봇을 싼 가격에 무한정 생산할 수 있다. 화성에 대규모 농업단지를 건설하여 현대문명의 기반이 확보되면 소행성벨트로 이동하여 광물을 채굴하고, 달에 레이저

기지를 건설하고, 거대한 우주선을 만들어서 궤도에 올리고, 외계행성에 진출하여 기반을 닦는다. 자기복제로봇이 할 수 있는 일은 실로 무궁무진하다.

이토록 유능한 로봇이 '자의식'까지 갖고 있다면 어떻게 될까? 이런 로봇은 자신을 복제하는 것 외에도 많은 일을 할 수 있다. 자신의 처지를 정확하게 이해하고, 다른 로봇을 통제하면서 명령을 내리고, 프로젝트를 계획하고, 작업일정을 관리하고, 문제가 생길 때마다 창의적인 해결책을 생각해낸다. 지구의 관제센터에서 전송된 명령을 수정하거나, 충고를 해줄 수도 있다. 그러나 로봇이 자의식을 갖는다고 해서 마냥 좋은 것만은 아니다. 인공지능 전문가들 중에는 "기계가 의식을 갖게 되면 창조주인 인간을 배신하고 모반을 일으킬 것"이라고 주장하는 사람도 있다.

자의식을 가진 로봇

2017년, 페이스북의 창업주인 마크 저커버그와 스페이스엑스, 테슬라의 창업주인 일론 머스크 사이에 격렬한 논쟁이 벌어졌다.[2] 저커버그는 인공지능이 인류에게 부와 번영을 가져다줄 것이라고 주장한 반면, 머스크는 인공지능이 어느 수준을 넘어서면 사람에게 등을 돌릴 것이라며 상반된 주장을 펼쳤다.

누구의 주장이 옳은가? 달과 화성기지의 운영권을 로봇에게 완전히 위임했는데, 어느 날 로봇들이 '인간의 도움은 더 이상 필요 없다'고 선언한다면 어떻게 될 것인가? 그토록 어렵게 개척한 우주식민지가 결국 로봇을 위한 선물이었단 말인가?

똑똑한 기계가 인간에게 등을 돌린다는 시나리오는 오래전부터 제기되어왔다. 1863년에 영국의 작가 새뮤얼 버틀러는 "기계의 성능이 무한정 발전하다 보면, 어느 날 인간은 기계의 말이나 개가 될 것"이라고 경고한 바 있다.[3] 로봇이 인간보다 똑똑해지면, 인간은 피조물의 손에 의해 버려질지도 모른다. 인공지능 전문가 한스 모라벡Hans Moravec은 이렇게 말했다. "우리보다 훨씬 똑똑한 피조물이 역사를 바꿀 엄청난 발견을 하고 돌아와서 인간이 알아들을 수 있는 '혀 짧은 말'로 무용담을 들려준다고 상상해보라. 우리는 그저 눈을 동그랗게 뜬 채 그들의 놀라운 성과에 감탄만 할 뿐이다. 이런 삶이 대체 무슨 의미가 있겠는가?" 구글의 과학자 제프리 힌튼Geoffrey Hinton도 지나치게 똑똑한 기계는 사람의 말을 듣지 않을 것이라고 했다. "어린아이가 부모를 통제할 수 없듯이, 인간은 똑똑한 기계를 통제할 수 없다… 역사를 아무리 뒤져봐도, 덜떨어진 존재가 똑똑한 존재를 통제했던 사례는 단 한 번도 없었다." 옥스퍼드대학교 교수 닉 보스트롬Nick Bostrom의 생각도 비관적이다. "기계의 지성이 폭발적으로 향상되기 전까지, 인간은 폭탄을 갖고 노는 어린아이와 다를 바 없다… 그들은 폭탄이 언제 터질지 전혀 모르는 채, 작은 소리라도 들어보려고 폭탄에 귀를 갖다대고 있다."

일각에서는 "로봇의 지성이 어느 수준 이상으로 개선되면 진화가 자연스럽게 진행될 것"이라고 주장하는 사람도 있다. 가장 적응을 잘한 생명체가 약자를 대신한다. 이것이 자연의 법칙이다. 일부 컴퓨터 학자들은 로봇의 지각력이 인간을 능가하는 날을 학수고대하고 있다. 정보이론의 아버지로 알려진 클로드 섀넌Claude Shannon은 이런 말을 한 적이 있다. "나는 사람이 로봇의 애완견이 되는 날을 머릿속에 그리면서도 기계를 열심히 연구하고 있다."4

나는 지난 여러 해 동안 인공지능 전문가들과 인터뷰를 했는데, 그들은 한결같이 "인공지능은 언젠가 인간의 지적 능력에 가까워질 것이며, 결국은 인간에게 큰 도움이 될 것"이라고 장담했다. 그러나 "그런 날이 언제쯤 오리라고 생각하는가?"라는 질문에는 대부분 입을 다물었다. 인공지능의 지평을 열었던 MIT 교수 마빈 민스키Marvin Minsky는 1950년대에 낙관론을 펼쳤으나, 최근에 나와 인터뷰하는 자리에서 위와 같은 질문을 던졌더니 "과거에 인공지능 전문가들이 틀린 예측을 하도 남발해서 말하기가 겁난다"며 직답을 피해갔다. 스탠퍼드대학교의 에드워드 파이겐바움Edward Feigenbaum 교수는 "지금 그런 예측을 하는 것은 바보짓이다. 인공지능은 아직 갈 길이 까마득하게 멀다"고 했다.5 그런가 하면 한 컴퓨터과학자는 〈뉴요커〉 기자와의 인터뷰에서 "화성의 인구과잉 문제를 걱정하는 사람은 없지 않은가? 그러므로 인공지능의 역습도 미리 걱정할 필요가 없다"고 했다.

다시 저커버그와 머스크의 논쟁으로 되돌아가보자. 나는 단기적으로 볼 때 저커버그의 주장이 옳다고 생각한다. 인공지능은 우주에 도시를 지을 뿐만 아니라, 모든 것을 더 좋고, 효율적이고, 저렴하게 만들어준다. 로봇산업은 오늘날의 자동차산업보다 훨씬 많은 일자리를 창출할 것이다. 그러나 장기적인 관점에서 보면 머스크의 생각이 옳다. 이 문제의 핵심질문은 다음과 같다. "로봇의 지능이 임계점을 넘어 사람에게 위험한 존재로 부각되는 시기는 언제인가?" 나는 이 시기가 '로봇이 자의식을 갖게 되는 시기'라고 생각한다.6

지금의 로봇은 자신이 로봇이라는 사실을 전혀 인식하지 못한다.

그러나 로봇이 충분히 똑똑해지면 프로그래머가 정해준 목적을 거부하고 스스로 목적을 만들어낼 것이다. 이 수준에 도달한 로봇은 자신이 인간과 근본적으로 다른 존재임을 깨닫고 자신만의 길을 갈지도 모른다. 이런 날이 언제쯤 올 것인가? 아무도 알 수 없다. 현재 로봇의 지능은 벌레와 비슷한 수준이지만 21세기 말에는 자의식을 갖게 될 것이고, 화성의 거주지는 빠르게 성장할 것이다. 그러므로 로봇 의존도가 더 높아지기 전에 하루라도 빨리 답을 알아내야 한다.

로봇이 언제쯤 인간을 앞지를지 정확한 시기는 알 수 없지만, 최선 및 최악의 시나리오를 상상해보면 대략적인 시기를 가늠하는 데 도움이 될 것이다.

최선/최악의 시나리오

최상의 시나리오를 지지하는 대표적 인물은 발명가이자 베스트셀러 작가인 레이 커즈와일Ray Kurzweil이다. 그는 나와 인터뷰를 할 때마다 설득력 있고 명쾌하면서도 논쟁의 여지가 다분한 미래상을 펼쳐 보이곤 했는데, "2045년이 되면 로봇이 사람을 능가하게 될 것"이라는 주장이 특히 기억에 남는다. 그는 로봇의 능력이 사람과 같아지거나 능가하는 시점을 '특이점singularity'이라 불렀다.[7] 특이점이란 블랙홀의 내부처럼 중력이 무한대인 지점을 일컫는 물리학용어이다. 이 용어를 컴퓨터과학에 최초로 도입했던 존 폰 노이만은 자신의 저서에 다음과 같이 적어놓았다. "인간의 삶은 컴퓨터혁명을 통해 끊임없이 개선되다가, 어느 시기가 오면 더 이상 개선될 수 없는 특이점에 도달할 것이다." 커즈와일은 여기에 한술 더 떠서 "특이점에 도달하면 1,000달러짜리 컴퓨터가 지구의 모든 인간을 합한 것보다 수십억 배 이상 똑똑해질 것"이라고 했다. 게다가 이 로봇(컴퓨터)들은 스스로 성능을 개선하면서 자신의 특성을 후임자에게 물려주기 때문에, 세대가 거듭될수록 인간이 감당할 수 없는 고성능 기계로 진화할 것이다.

커즈와일은 로봇산업이 인간에게 건강과 번영을 가져다줄 수도 있다고 했다. 그의 설명은 다음과 같이 계속된다. "미세한 로봇, 즉 나노봇을 혈관에 투입하면 병균을 죽이고, DNA의 오류를 수정하고, 독소를 제거하는 등 건강증진과 관련된 다양한 작업을 수행할 수 있다. 과학은 머지않아 노화를 막아줄 것이며, 인간은 영원히 살게 될 것이다." 그는 영원히 살기 위해 하루에 수백 개의 알약을 먹고 있는데, 만일 뜻을 이루지 못하면 자신의 몸을 액체질소에 담가 저장할 예정이라고 한다.

또한 커즈와일은 먼 미래에 로봇이 지구의 모든 원자를 컴퓨터로 개조할 것이며, 종국에는 태양계에 존재하는 모든 원자들이 하나의 거대한 '사고기계thinking machine'로 통합될 것이라고 했다. "나는 하늘을 바라볼 때마다 초지성을 가진 로봇들이 별을 재배열하는 장관을 볼 수 있지 않을까 은근히 기대된다."

모든 사람들이 이런 장밋빛 미래를 믿는 것은 아니다. 예를 들어 로터스Lotus Development Corporation의 설립자인 미치 케이퍼Mitch Kapor는 상반된 주장을 펼친다. "내가 보기에 특이점 운동은 종교적 충동의 산물일 뿐이다. 그들이 내 앞에서 아무리 팔을 휘둘러도 진실을 가릴 수는 없다." 할리우드의 영화제작자들은 커즈와일과 달리 인간이 기계에게 밀려 도도새(비둘기목 도도과의 새. 인간에 의해 멸종되었음_옮긴이)의 운명을 걸게 된다는 스토리로 대박을 터뜨렸다. 대표적 사례가 바로 〈터미네이터Terminator〉이다. 군에서 핵무기 관리를 목적으로 개발한 지능형 네트워크 '스카이넷Skynet'이 어느 날 자의식을 갖게 된다. 관리자들은 기계가 스스로 생각한다는 사실을 깨닫고 연결을 끊으려 하지만, 자체방어모드로 들어간 스카이넷은 '오직 방어를 위해' 자신을 위협하는 인간을 멸종시키기로 결심한다. 방법은 간단하다. 자신의 통제하에 있는 핵무기를 모두 발사하여 문명을 말살하는 것이다. 그리하여 지구는 잿더미가 되고, 극적으로 살아남은 소수의 인간들이 저항군을 조직하여 기계와 전쟁을 벌인다.

영화제작자들이 이토록 소름끼치는 영화를 만든 것은 사람들을 자극하여 관람객 수를 늘리려는 전략이었을까? 아니면 앞으로 일어날 일을 진지하게 예견한 것일까? 꽤 난해한 질문이다. 자의식이라는 개념은 윤리학자와 철학자, 종교학자들이 그토록 논쟁을 벌였음에도 불구하고 아직 결론이 나지 않았으니, 먹고살기 바쁜 우리로서는 답을 알 길이 없다. 그러므로 기계의 지적 능력을 논하기 전에, 자의식의 정확한 정의부터 내려보기로 하자.

의식의 시공간이론

이것은 의식과 관련하여 내가 창안한 이론으로, 검증 및 재현 가능하고 반증될 수 있으며, 정량화할 수도 있다. 이 이론은 의식을 정의할 뿐만 아니라 각 단계별 의식 수준을 수치로 보여준다는 점에서 다른 이론과 구별된다.

의식의 시공간이론은 동물과 식물, 심지어 기계까지 의식을 갖고 있다는 기본 아이디어에서 출발한다. 내가 정의하는 의식이란, "목적을 성취하기 위해 (공간이나 사회, 또는 시간 속에서) 여러 개의 피드백회로feedback loop(어떤 원인에 의해 나타난 결과가 다시 그 원인에 영향을 미쳐서 결과를 조절하는 회로_옮긴이)를 창출하는 과정"이다. 그런데 의식 수준이 높은 개체일수록 피드백이 복잡하고 다양할 것이므로, 목표를 이루는 데 필요한 피드백회로의 개수와 형태를 알면 의식을 수치적으로 계량할 수 있다.

의식의 가장 작은 단위는 아마도 자동온도조절기나 광전지일 것이다. 이들은 온도나 빛을 입력으로 삼아 단 하나의 피드백회로를 거쳐 목표에 도달한다. 꽃의 의식은 10단위쯤 된다. 꽃을 피우기 위해 고려해야 할 요소가 물, 온도, 중력의 방향, 햇빛 등 10개 정도 되기 때문이다. 나의 이론에서 이 회로들은 의식 수준에 따라 등급을 매길 수 있다. 자동온도조절기와 꽃은 '0단계'의 의식 수준에 해당한다.

1단계 의식을 가진 개체로는 파충류, 초파리, 모기 등이 있다. 이들은 짝짓기 대상과 먹이, 경쟁자, 천적 등의 위치를 파악하기 위해 수많은 피드백회로를 가동한다.

사회적 동물의 의식은 2단계에 속한다. 이들은 무리나 종족 안에서 상대방의 감정과 몸짓으로부터 사회적 서열을 파악하기 위해 훨씬 복잡한 피드백회로를 가동하고 있다.

위에 언급한 의식단계는 포유류의 두뇌가 거쳐온 진화의 단계와 비슷하다. 인간의 뇌에서 가장 오래된 부위는 균형과 영토권, 그리고 본능을 관장하는 부위로서, 가장 뒤쪽에 자리잡고 있다. 뇌는 뒤에서 시작하여 앞으로 발달하면서 중앙에 위치한 대뇌변연계limbic system(대뇌피질과 시상하부의 경계에 해당하는 부위. 감정과 행동, 동기부여, 기억, 후각 등을 담당한다_옮긴이)로 발전했고, 복잡한 사고력을 관장하는 전두엽 frontal lobe은 이들보다 늦게 개발되어 뇌의 앞쪽에 위치하고 있다. 신생아의 두뇌발육도 이 순서를 따라 뒤에서 앞으로 진행된다.

그렇다면 인간의 의식은 어느 단계에 속하는가? 인간이 동물이나 식물과 다른 점은 무엇인가?

나는 사람과 동물의 차이가 '시간을 인지하는 능력'이라고 생각한다. 인간은 공간적 의식과 사회적 의식 외에 시간의 흐름을 파악하는 '시간적 의식'도 갖고 있다. 인간의 뇌에서 가장 최근에 개발되어 가장 앞쪽에 자리잡은 전전두피질prefrontal cortex의 주기능은 아직 일어나지 않은 미래를 시뮬레이션하는 것이다. 겨울잠을 자는 동물도 무언가 미래를 준비하는 것 같지만, 사실은 본능에 따른 행위일 뿐이다. 개나 고양이에게 '내일'의 의미를 가르칠 수 없는 이유는 그들이 오직 '지금'만을 살고 있기 때문이다. 그러나 인간은 끊임없이 미래를 준비하고 있으며, 심지어 자신이 죽은 후에야 결과가 나오는 일을 계획하기도 한다. 계획과 몽상은 인간의 본성이어서, 의식이 작동하는 한 절대로 멈출 수 없다. 간단히 말해서, 우리의 뇌는 '계획을 수립하는 기계'이다.

인간은 작업을 수행할 때 동일한 작업을 수행했던 과거의 기억을 참조하여 더욱 현실적인 계획을 세운다. 이것은 MRI(자기공명영상장치)로 사람의 뇌를 스캔하여 알아낸 사실이다. 한 이론에 의하면 동물은 주로 본능에 의존하기 때문에 복잡한 기억체계가 필요 없고, 기억이 없기에 미래를 계획하는 능력도 없다고 한다. 다시 말해서, 기억이란 오직 '미래에 투영되기 위해' 존재한다는 이야기다.

이로써 우리는 자의식을 정의할 수 있게 되었다. 자의식이란 '목적을 이루기 위해 미래를 시뮬레이션할 때, 자신을 그 안에 투영하는 능력'이다.

이 이론을 기계에 적용해보자. 기계가 공간에서 자신의 위치를 파악하는 능력을 감안할 때, 가장 뛰어난 기계의 의식은 1단계에 해당한다. DARPA 경연대회에 참가한 로봇들은 텅 빈 방을 간신히 돌아다니는 수준이다. 구글의 딥마인드 컴퓨터는 미래를 시뮬레이션할 수 있지만, 지극히 한정된 분야에서만 가능하다. 딥마인드에게 바둑 이외의 다른 게임을 하자고 제안하면 그 자리에서 얼어붙을 것이다.

〈터미네이터〉에 등장하는 스카이넷처럼 완벽한 자의식을 가진 기계를 만들려면 앞으로 얼마나 먼길을 가야 할까?

자의식을 가진 기계 만들기

자의식을 가진 기계를 만들려면 기계에게 목적을 부여해야 한다.[8] 로봇이 스스로 목적을 정할 수는 없으므로, 외부에서 프로그램을 통해 주입하는 수밖에 없다. 그러나 이것은 로봇에게 반항심의 씨앗을 심어주는 위험한 행동이기도 하다. 1921년에 초연된 연극 〈R.U.R.Rossum's Universal Robots〉이 그 대표적 사례였다. 이 연극은 '로봇robot'이라는 단어를 처음 사용한 작품으로 유명한데, 대략적인 내용은 다음과 같다. 인간이 좀 더 편안한 삶을 누리기 위해 공장에서 '로봇'이라는 인조인간을 대량생산한다. 초기에 로봇은 인간에게 봉사하며 평화롭게 지냈으나, 사람들이 로봇을 함부로 대하는 데 불만을 품고 반란을 일으킨다. 결국 인간은 신체조건이 압도적으로 우세한 로봇에게 밀려나 멸종위기에 처하는데, 어느 날 두 로봇이 기적처럼 서로 사랑하게 되면서 한 가닥 희망을 품게 된다는 이야기다. 물론 이런 일이 실제로 일어나려면 로봇에게 고도의 프로그램이 탑재되어 있어야 한다. 프로그램이 없는 한, 로봇은 공감능력이 없고 고통을 느끼지 않으며, 세계를 지배하려는 야망도 없다.

우리의 이야기를 풀어가기 위해, 누군가가 로봇에게 인류를 말살하는 프로그램을 주입했다고 가정해보자. 그러면 컴퓨터가 실천방안을 실감나게 시뮬레이션하면서 자신을 그 계획의 주체로 인식할 것이다. 여기까지는 얼마든지 가능한 이야기다. 그러나 문제는 그다음 단계부터 발생한다. 로봇이 다양한 시나리오를 나열하고 실현가능성을 판단하려면 간단한 물리법칙과 생물학, 인간의 행동양식 등 수많은 상식의 규칙을 이해해야 한다. 또한 '원인은 결과보다 먼저 일어난다'는 인과율因果律, causality을 이해하고, 특정한 행위의 결과를 예측할 수 있어야 한다. 인간이 상식에 밝은 이유는 비슷한 일을 수십 년 동안 겪으면서 정보를 수집해왔기 때문이다. 어린 시절의 10년이 성인이 된 후의 10년보다 훨씬 길게 느껴지는 것도 사회와 자연에 대하여 새로 취득해야 할 정보가 압도적으로 많았기 때문이다. 그러나 로봇은 사람처럼 대인관계가 다양하지 않기 때문에 '상식을 갖춘 존재'가 되기 어렵다.

경험이 풍부한 은행강도는 잘 잡히지 않는다. 과거에 은행을 여러 번 털면서 충분한 정보를 축적했고, 자신이 내린 결정이 어떤 결과를 초래할지 잘 알고 있기 때문이다. 그러나 로봇이 강도질을 하기 위해 총을 들고 은행에 들어간다면, 카운터 앞에 서서 잠시 후 벌어질 수천 가지 상황을 일일이 분석하고 있을 것이다(하나의 결과를 분석하는 데 적어도 수백만 개의 정보가 필요하다). 이것은 인과율을 이해하는 것과 본질적으로 다르다.

로봇이 자의식을 갖고 위험한 목표를 설정하는 것은 원리적으로 가능하지만, 가까운 미래에 이런 로봇이 등장할 것 같지는 않다. 인류를 말살하는 데 필요한 모든 방정식을 기계에게 주입하는 것이 현실적으로 불가능하기 때문이다. 인간에게 위험한 프로그램이 로봇에게 주입되지 않도록 철저하게 관리하면, 로봇이 사람에게 해를 입히거나 죽이는 일은 발생하지 않을 것이다. 미래의 어느 날, 로봇이 자의식을 갖는 날이 오면 그들이 위험한 생각을 품을 때마다 동력을 차단하는 안전장치를 반드시 설치해야 한다. "로봇이 인간을 동물원에 가둬놓고 땅콩을 던져주며 춤추기를 강요하는 날이 오지 않을까?" 이런 걱정은 붙들어 매도 된다. 적어도 가까운 미래에 이런 불상사가 일어나지는 않을 것이다.

그러므로 외계행성과 별에 진출하여 거주지와 도시를 건설할 때에는 로봇을 믿고 일을 맡겨도 된다. 그러나 로봇의 목적이 우리의 목적과 부합되도록 프로그램을 신중하게 짜야 하고, 행여 로봇이 인간을 위협할 때를 대비하여 회로 안에 안전장치를 설치해둬야 한다. 로봇이 자의식을 갖게 되면 인간에게 위험할 수도 있지만, 금세기 말이나 다음 세기 초까지는 걱정할 필요 없다. 그렇다고 로봇의 편리함에 안주하라는 뜻은 아니다. 아직 시간이 있으니, 그 사이에 대비책을 세워놓아야 한다.

로봇이 날뛰는 이유는?

인공지능 전문가들의 밤잠을 설치게 만드는 끔찍한 시나리오가 하나 있다. 모호하거나 오해의 소지가 있는 명령이 로봇에게 하달되어 일대 혼란이 야기된다는 시나리오가 바로 그것이다.

2004년에 개봉된 〈아이로봇I, Robot〉이 바로 이런 시나리오에 기초한 영화였다. 때는 2035년, 도시의 모든 기반시설은 '비키VIKI'라는 이름의 마스터 컴퓨터에 의해 통제되고 있다. 비키에게 주어진 기본 원칙은 단 하나, 인간을 보호하는 것이다. 그러나 비키는 사람들끼리 서로 해치는 모습을 오랜 시간 동안 분석하다가 "인간에게 가장 해로운 존재는 바로 인간 자신"이라는 결론에 도달했고, 수학적 논리를 이용하여 인간을 보호하는 최선책을 강구한 끝에 인류 전체를 자기 방식에 따라 통제하기로 마음먹었다.

그리스신화에 등장하는 왕 미다스King Midas도 이와 비슷한 일을 겪었다. 많은 재산에도 불구하고 여전히 탐욕스러웠던 그는 디오니소스에게 '내가 만지는 것은 모두 금으로 변하게 해달라'고 부탁했고, 그 후로 엄청난 부를 축적한다. 그러던 어느 날, 그는 신세를 한탄하며 무심결에 딸을 끌어안았다가 딸까지 황금조각으로 만들어버렸다. 자신이 원했던 환상적인 능력의 노예가 되어버린 것이다.

허버트 조지 웰스의 소설 《기적을 행하는 남자The Man Who Could Work Miracles》도 이와 비슷하다. 한 평범한 점원이 우연한 기회에 자신이 원하는 것은 무엇이든 이루어지는 놀라운 능력을 갖게 된다. 어느 날 밤 그는 친구와 술을 마시면서 자신의 능력을 보여주었는데, 한껏 흥이 오른 그는 이 즐거운 밤이 영원히 계속되기를 바라는 마음에서 지구의 자전을 멈춰달라는 소원을 빌었다. 그랬더니 갑자기 돌풍과 홍수가 도시를 덮치고 사람과 건물이 시속 수천 km의 속도로 날아가는 등, 온 세상이 아수라장으로 변했다(지구와 함께 회전하는 대기도 멈추게 해달라는 소원을 깜빡 잊은 것이다_옮긴이). 자신의 소원 때문에 지구가 파괴되고 있음을 뒤늦게 깨달은 그는 "내가 기적 같은 능력을 얻기 전의 시점으로 모든 것을 되돌려달라"는 마지막 소원을 빌었다. 그리하여 모든 것은 정상을 되찾았고, 주인공도 다시 평범한 점원으로 되돌아갔다.

위에 나열한 이야기들은 하나의 공통된 메시지를 담고 있다. 인공지능을 개발할 때에는 초래될 수 있는 모든 가능한 결과를 주도면밀하게 분석해야 한다는 것이다. 이런 분석 능력은 오직 인간만이 갖고 있다. 당장 눈에 띄지 않는 의외의 결과일수록 위험을 초래할 가능성이 높은 법이다.

양자컴퓨터

로봇의 미래상을 정확하게 그리려면 컴퓨터의 내부를 좀 더 자세히 들여다볼 필요가 있다. 요즘 사용되는 대부분의 디지털 컴퓨터는 실리콘으로 만든 회로에 기초하고 있으며, 연산능력은 지난 수십 년 동안 18개월마다 두 배씩 향상되어왔다(이것을 무어의 법칙Moore's law이라 한다). 컴퓨터의 성능이 30년 만에 100만 배쯤 좋아졌다는 뜻이다. 그러나 이 환상적인 성장세는 지난 몇 년 사이에 서서히 둔화되기 시작하여, 일각에서는 "세월이 조금 더 흐르면 무어의 법칙이 더 이상 적용되지 않으면서 컴퓨터의 엄청난 성장세에 의존해온 세계경제가 순식간에 붕괴될 것"이라고 경고하는 사람도 있다. 이런 최악의 시나리오가 현실로 나타나면 실리콘밸리는 또 하나의 러스트벨트Rust Belt (미국 중서부와 북동부의 쇠락한 산업지대. 1970년대까지 미국을 대표하는 공업지대로 위세를 떨쳤으나 제조업이 쇠퇴하면서 폐허가 되었다_옮긴이)로 남게 될 것이다. 이런 사태를 미연에 방지하기 위해 전 세계의 물리학자들은 분자컴퓨터와 원자컴퓨터, DNA 컴퓨터, 양자도트 컴퓨터, 광학컴퓨터, 그리고 단백질컴퓨터 등 다양한 형태의 차세대 컴퓨터를 연구하고 있으나, 실리콘 컴퓨터의 성장세를 계속 이어갈 만한 후보는 아직 개발되지 않은 상태이다.

방금 열거한 후보 중 하나가 성공을 거둔다 해도 또 하나의 문제가 남아 있다. 실리콘 트랜지스터가 점점 작아지다 보면 결국 원자 스케일에 도달하게 된다. 현재 표준 펜티엄칩Pentium chip(개인컴퓨터용 마이크로프로세서_옮긴이)은 두께가 원자의 20배인 실리콘 층으로 이루어져 있으며, 앞으로 10년 안에 원자의 다섯 배 규모로 얇아질 것이다. 그런데 이렇게 작은 규모에서는 양자역학의 법칙에 의해 전자가 회로 밖으로 유출되어 단락短絡, short circuit(전원의 양극이 중간부하 없이 직접 연결되는 현상. 주로 합선에 의해 일어나며, 과도한 전류가 흘러 회로를 손상시킴_옮긴이)이 일어난다. 과학이 아무리 발전해도 양자역학의 법칙을 거스를 수는 없으므로, 무언가 기존의 방식과 확끈하게 다른 혁명적 컴퓨터가 필요한 시점이다. 당분간은 그래핀을 이용한 분자컴퓨터가 실리콘을 대신할 수도 있지만, 이것도 언젠가는 양자역학에서 예견된 한계에 부딪힐 수밖에 없다.

유일한 대안은 개개의 원자를 트랜지스터로 활용하는 양자컴퓨터

quantum computer이다. 원자를 더 작게 분해하면 기존의 물리적 특성이 사라지므로 원자 트랜지스터는 우리가 생각할 수 있는 가장 작은 회로소자이다. 즉, 양자컴퓨터는 우리가 상상할 수 있는 궁극의 컴퓨터라 할 수 있다.

작동원리는 다음과 같다. 실리콘회로에는 전자의 흐름을 제어하는 게이트gate가 설치되어 있다. 게이트가 열리면 전자가 흐르고, 게이트가 닫히면 전자는 흐르지 않는다. 그런데 전자의 흐름은 곧 전류이므로, 게이트의 개폐상태에 따라 각기 다른 정보를 저장할 수 있다. 각 게이트에서 전류는 흐르거나 흐르지 않거나, 둘 중 하나이다. 이것이 바로 컴퓨터가 2진법을 사용하는 이유이다. 닫힌 게이트는 '0'에 해당하고, 열린 게이트는 '1'에 해당한다.

이제 실리콘을 한 줄로 늘어서 있는 원자로 대치해보자. 원자는 작은 자석과 같아서 남극과 북극을 갖고 있다. 그래서 언뜻 생각하면 자기장 안에 진입한 원자는 위쪽 또는 아래쪽을 향할 것 같다. 그러나 실제로 원자는 관측이 행해지지 않는 한 위쪽과 아래쪽을 '동시에' 향할 수 있다. 어떤 의미에서 보면 "원자는 두 가지 상태에 동시에 존재할 수 있다"는 뜻이기도 하다. 상식적으로는 불가능하지만 양자적 실체란 원래 그런 것이다. 여기서 중요한 것은 양자세계의 기이함이 우리에게 엄청난 이득을 안겨준다는 점이다. 개개의 자석들이 '위 또는 아래'를 향하는 경우에도 꽤 많은 데이터를 저장할 수 있지만, 개개의 자석들이 '두 상태의 혼합'으로 존재하면 소규모의 원자집단에 훨씬 많은 정보를 저장할 수 있다. 0 아니면 1이었던 개개의 '비트bit'가 0과 1의 복잡한 조합인 '큐비트qubit'로 업그레이드되어 저장 가능한 용량이 엄청나게 많아지는 것이다.

양자컴퓨터가 개발되면 우주탐험은 새로운 국면으로 접어들 것이다. 원리적으로 양자컴퓨터는 인간의 지성보다 월등한 능력을 발휘할 수 있다. 물론 언제 완성될지 알 수 없고 잠재력을 얼마나 발휘할지도 알 수 없지만, 우주탐험에는 그야말로 최상의 도구이다. 양자컴퓨터를 이용하면 외계에 미래형 도시를 짓는 정도가 아니라, 행성 전체를 테라포밍하는 데 필요한 고난도 계획을 수립할 수 있다.

양자컴퓨터는 일상적인 디지털 컴퓨터와 비교가 안 될 정도로 막강한 잠재력을 갖고 있다. 고난도 암호를 해독하려면 자릿수가 100만 개에 달하는 수를 소인수분해해야 하는데, 이 계산을 디지털 컴퓨터로 수행하면 수백 년이 걸리지만 원자의 상태가 혼재混在하는 양자컴퓨터라면 순식간에 끝난다. 그래서 CIA(미국 중앙정보국)를 비롯한 미국의 정보기관들은 양자컴퓨터의 진척 상황에 촉각을 곤두세우고 있다. 애써 만들어놓은 암호체계가 하루아침에 무용지물이 될 수도 있기 때문이다. 몇 해 전에 미국 국가안전국National Security Agency, NSA의 기밀문서 중 일부가 언론에 유출된 적이 있는데, 그때 보도된 바에 따르면 정부요원들이 미국 전역의 양자컴퓨터 연구소에 투입되어 연구 진척 상황을 일일이 감시했으나, 가까운 미래에 완성될 가능성이 매우 희박한 것으로 결론 내렸다고 한다.

양자컴퓨터는 과연 언제쯤 실현될 수 있을까?

양자컴퓨터 개발은 왜 지지부진한가?

개개의 원자를 이용하여 계산을 수행하는 것은 축복일 수도 있고, 저주일 수도 있다. 원자는 다량의 정보를 저장할 수 있지만 약간의 불순물이나 진동, 또는 교란이 개입되면 모든 것이 수포로 돌아간다. 양자컴퓨터를 구현하려면 원자를 외부세계로부터 완전히 분리시켜야 하는데, 이것이 상상을 초월할 정도로 어렵다는 게 문제이다. 양자컴퓨터에서 모든 원자들은 일제히 동일한 모드로 진동해야 한다(이것을 '결맞음coherence' 상태라 한다). 그러나 이 상태에서 외부의 간섭이 조금이라도 개입되면(예를 들어 옆 건물에서 누군가가 재채기라도 하면) 원자들이 제멋대로 진동하는 결어긋남decoherence 상태로 돌변하고, 양자컴퓨터는 기능을 완전히 상실한다. 양자컴퓨터가 아직 완성되지 않은 이유는 결어긋남 문제를 해결하지 못했기 때문이다.

그래서 지금의 양자컴퓨터로는 초등학교 수준의 단순한 계산밖에 할 수 없다. 현재 세계에서 가장 큰 양자컴퓨터의 성능은 20큐비트짜리 계산기와 비슷한데, 별것 아닌 것 같지만 이 정도만 해도 엄청난 발전이다. 고성능 양자컴퓨터는 앞으로 수십 년 후, 또는 금세기 말에나 등장하겠지만, 이 기술이 완성되기만 하면 인공지능은 가히 혁명적인 도약을 이룰 것이다.

미래의 로봇

지금의 기술 수준을 고려할 때 자의식을 가진 로봇도 앞으로 수십 년 후, 또는 금세기 말에나 등장할 가능성이 높다. 그 전까지는 복잡한 원격조종 장치에 의존하여 한동안 우주탐험을 계속하다가 혁신적인 자동화기술이 개발되어 외계 거주지 건설에 착수하고, 그 후 자기복제로봇이 기반시설을 구축할 것이다. 양자적 의식을 가진 기계(양자컴퓨터)는 마지막 단계에 주인공처럼 등장하여 은하문명을 건설하고 유지하는 데 핵심적 역할을 하게 될 것이다.

로봇이 외계 거주지를 탐사하고, 도시를 세우고, 문명을 구축하고… 다 좋다. 그런데 이 모든 작업을 수행할 로봇을 현지에 어떻게 보낼 것인가? 우리가 TV에서 수없이 봐왔던 우주선들은 과연 얼마나 정교한 비행장치인가?

왜 다른 별로 가려고 하는가?
우리는 하나의 난관을 극복한 후 다음 난관을 찾아다녔던 종족의 후손이기 때문이며,
지구에서 영원히 생존할 수 없기 때문이며,
먼 곳에서 다른 별들이 새로운 세상을 제시하며 우리를 부르고 있기 때문이다.
제임스 벤포드와 그레고리 벤포드

08

우주선
만들기

2016년에 개봉한 영화 〈패신저스Passengers〉는 초대형 핵융합엔진이 탑재된 최첨단 우주선 아발론호Avalon가 '홈스테드Homestead 2'라는 식민지 행성을 향해 날아가는 장면으로 시작된다. 이 우주선에는 지구에서의 삶을 포기하고 이미 개발된 신천지로 이주하는 5,000명의 승객들이 타고 있다. 광고문구도 꽤 매혹적이다. "지구는 이미 늙고, 병들고, 인구가 넘쳐나고, 온갖 쓰레기로 오염되었습니다. 새롭고 깨끗한 세상에서 당신의 소중한 삶을 제대로 누려보지 않으시렵니까?"

여행 소요시간은 무려 120년, 이 기간 동안 승객들은 캡슐 안에서 냉동된 채 가사상태에 빠져 있다. 아발론호가 목적지에 도달하면 캡슐이 자동으로 해동되고, 긴 잠에서 깨어난 승객들은 신천지에서 새로운 삶을 누릴 예정이다.

그러나 여행 도중에 우주선이 거대 운석과 충돌하여 엔진이 고장

나면서 상황이 꼬이기 시작하고, 그 와중에 승객 한 사람(주인공)이 잠에서 깨어난다. 시계를 보니 지구에서 출발한 지 30년이 지났다. 우주선 안에서 가족이나 친구 없이 혼자 외롭게 살다가 목적지에 도착하기도 전에 죽게 생겼다. 절망에 빠진 그는 이런저런 궁리를 하다가 승객 중에 가장 아름다운 여인을 골라서 고의적으로 깨운다. 그녀는 주인공과 자연스럽게 사랑에 빠지고 한동안 즐거운 시간을 보내다가, 그가 고의적으로 자신을 깨웠음을 알게 되면서 극도의 분노를 표출한다.

최근 할리우드에서는 황당무계로 일관했던 과거의 SF에 약간의 현실성을 가미한 영화가 연이어 제작되고 있는데, 〈패신저스〉도 그중 하나이다. 아발론호는 빛보다 빠르게 내달리는 무리수를 두지 않고, 전통적인 방식대로 얌전하게 날아간다. 그러나 어린아이들에게 우주선을 상상해보라고 하면 거의 예외 없이 〈스타트렉〉의 엔터프라이즈호나 〈스타워즈〉의 밀레니엄 팰컨을 떠올릴 것이다. 이 우주선은 빛보다 빠른 건 기본이고, 마음만 먹으면 초공간을 통해 우주 반대편으로 순식간에 점프할 수도 있다.

현실세계에서 외계행성으로 가는 최초의 우주선은 SF 영화와 완전 딴판일 것이다. 사람을 태우지 않는 것은 물론이고, 크고 매끈한 우주선과는 거리가 멀어도 한참 멀다. 실제로 최초의 외계행 우주선은 우표만 한 크기에 불과할 것이다. 나의 연구동료였던 스티븐 호킹은 2016년에 공식석상에서 "나노십nanoship 개발을 목적으로 출범한 브레이크스루 스타샷Breakthrough Starshot 프로젝트를 적극 지지한다"고 공언하여 세상을 놀라게 했다. 나노십은 우주항해용 돛에 부착될 소형 칩이며, 이 돛은 지구에서 발사된 레이저빔으로부터 동력을 얻어 우주를 향해 나아갈 예정이다. 개개의 칩은 엄지손톱만 한 크기에 무게는 30g이 채 되지 않으면서 수십억 개의 트랜지스터가 내장되어 있다. 이 프로젝트의 가장 큰 매력은 새로운 엔진이 개발될 때까지 100~200년을 기다릴 필요 없이, 지금의 기술로 실현 가능하다는 점이다. 호킹은 '100억 달러를 투자하면 한 세대 안에 나노십을 개발할 수 있다. 1천억 와트짜리 레이저를 쏘면 광속의 1/5로 비행하여 태양계에서 가장 가까운 센타우루스까지 20년 안에 도착할 수 있다'고 장담했다. 엎어지면 코가 닿을 정도로 가까운 국제우주정거장(약 400km)까지 우주왕복선을 보내는 데 매번 10억 달러가 투입된 점을 감안하면 그리 비싼 가격도 아니다.

나노십을 이용하면 화학연료엔진으로는 결코 할 수 없었던 일을 실현할 수 있다. 치올콥스키의 로켓방정식에 의하면 새턴 5호(아폴로 우주선에 사용된 발사체)와 같은 구식 로켓으로는 다른 별에 갈 수 없다. 로켓의 속도가 빨라질수록 연료소모량이 기하급수로 증가하는데, 화학연료를 사용하면 필요한 연료가 너무 많아서 이륙 자체가 불가능하다. 이 문제가 해결된다 해도, 구식 로켓으로는 제일 가까운 별까지 가는 데 무려 7만 년이 걸린다.

화학로켓은 자신의 무게를 우주공간까지 들어올리는 데 대부분의 연료를 사용한다. 그러나 나노십은 동력원이 외부(지구에서 발사하는 레이저빔)에 있기 때문에 낭비되는 연료가 없다. 즉, 투입된 에너지의 100%가 우주선 추진에 사용된다. 또한 나노십은 에너지를 자체생산하지 않기 때문에 움직이는 부품이 없어서 고장날 염려가 거의 없으며, 화학연료를 쓰지 않으니 발사대나 우주공간에서 폭발할 일도 없다.

현재 컴퓨터기술은 과학실험실 전체를 하나의 칩에 욱여넣을 수 있을 정도로 발전했다. 나노십에는 카메라와 화학실험도구 및 태양전지가 탑재될 예정이며, 여행 도중 마주친 행성을 분석하여 얻은 정보를 지구로 전송할 수도 있다. 컴퓨터칩은 엄청나게 싸기 때문에, 이런 우주선을 수천 대 띄워서 다른 별로 보내면 그중 몇 대는 끝까지 살아남을 것이다. 이런 전략은 자연에서도 쉽게 찾아볼 수 있다. 다리가 없는 식물은 수천 개의 씨앗을 바람에 퍼뜨려서 번식 확률을 높인다(어류는 한 번에 수십~수억 개의 알을 낳는다. 전쟁이나 천재지변으로 인구가 급격하게 줄었을 때 국지적으로 출산율이 높아지는 것도 이와 무관하지 않다_옮긴이).

나노십이 산전수전, 우주전을 겪은 끝에 간신히 센타우루스에 도달하면 진짜 임무가 시작된다. 광속의 1/5로 내달리면서 단 몇 시간 안에 지구와 비슷한 행성을 찾고, 구성성분을 분석하여 표면의 물리적 특성을 알아내고, 대기의 성분과 온도를 파악하고, 가장 중요한 물과 산소를 찾아야 한다. 항성계 전체를 스캔하여 라디오파를 탐지하는 것도 중요하다. 라디오파에서 눈에 띄는 규칙이 발견되면 그 일대에 지적생명체가 존재할 가능성이 높다.

페이스북의 설립자인 마크 저커버그도 브레이크스루 스타샷 프로젝트의 지지를 선언했고, 러시아의 투자자이자 물리학자인 유리 밀너 Yuri Milner는 1억 달러를 투자하기로 약속했다. 이쯤 되면 나노십은 아이디어의 단계를 넘어 실행단계로 접어들었다고 해도 무방하다. 그러나 프로젝트를 수행하기 전에 신중하게 생각해야 할 몇 가지 문제점이 남아 있다.

레이저세일의 문제점

나노십 함대를 알파 센타우리Alpha Centauri(프록시마 센타우리 항성계에서 가장 어두운 별. 센타우리 삼성계 중 하나_옮긴이)까지 보내려면 최소 1천억 와트짜리 레이저빔을 약 2분 동안 나노십의 돛에 쏘아야 한다. 그러면 레이저의 광압光壓, light pressure(복사압력. 복사에너지가 피사체에 발휘하는 압력_옮긴이)이 스타십starship을 깊은 우주 속으로 밀어낼 것이다. 레이저는 장시간 작동하지 않기 때문에, 처음 발사할 때 조준을 잘 해야 한다. 각도가 조금만 빗나가도 스타십은 엉뚱한 곳으로 날아갈 것이다.

기술적인 면에서는 문제될 것이 없다. 마이크로칩과 고해상도 카메라, 태양전지, 레이저 등 관련 기술은 이미 다 개발되었다. 대부분의 과학 프로젝트가 그렇듯이, 이 경우에도 가장 큰 걸림돌은 '돈'이다.

수십억 달러를 들여서 핵발전소 하나를 지어봐야 생산 가능한 전력은 약 1기가와트(10억 와트) 정도이다. 그런데 나노십에 필요한 전력은 1천억 와트이니, 정부와 개인기업이 아무리 관대하다 해도 이렇게 큰 돈을 마련할 수 있을지 의문스럽다.

나노십을 멀리 떨어진 별에 보내기 전에, 연습 삼아 가까운 태양계로 실험 발사하는 소규모 프로젝트를 시작할 수도 있다. 나노십의 속도가 광속의 1/5이니, 출발 후 5초면 달에 도달하고 화성까지는 1시간 반이면 충분하다. 명왕성도 며칠 안에 도달할 수 있다. 나노십이 외계행성에 도달하려면 10년 이상을 기다려야 하지만, 목적지를 태양계 내부로 한정하면 며칠 만에 새로운 정보를 받아볼 수 있다. 태양계의 규모를 고려할 때, 이 정도면 거의 실시간 정보나 마찬가지다.

그다음 단계는 레이저 발사기지를 달에 건설하는 것이다.[1] 레이저를 지구에서 발사하면 두꺼운 대기를 통과하는 동안 에너지의 60%가 소실되는데, 달에는 대기가 없으므로 훨씬 유리하다. 달 표면에 태양집열판을 설치하여 에너지를 축적하면 레이저를 가동할 수 있다. 달의 하루는 지구의 한 달과 비슷하므로, 해가 떠 있을 때 에너지를 집중적으로 수집하여 배터리에 저장하면 된다. 게다가 핵발전소와 달리 태양에너지는 누구에게나 공짜이기 때문에 수십억 달러를 절약할 수 있다.

22세기 초에는 자기복제로봇을 만드는 기술이 완성될 것이므로 달이나 화성, 또는 그 너머에 초대형 레이저와 태양집열판을 건설하는 일은 로봇이 해줄 것이다. 자동화로봇 1차 선발대를 달이나 화성에 파견하면 일부는 표토를 채취하거나 공장을 짓고, 다른 팀은 완성된 공장에서 원석을 제련하여 다양한 금속을 만든다. 이 정제된 금속으로 레이저 발사대를 짓고, 로봇제작팀은 자기복제로봇을 대량생산한다.

여기서 세월이 더 흐르면 나노십의 장거리여행을 돕는 거대한 네트워크가 태양계를 너머 오르트 구름까지 확장될 것이다. 오르트 구름 속의 혜성들은 태양계와 알파 센타우리의 중간지점까지 퍼져 있고 대체로 정지상태에 있으므로, 나노십을 추진하는 중간 레이저기지를 건설하는 데 가장 이상적인 장소이다. 나노십이 중간기지를 지날 때마다 레이저를 자동으로 발사하면 외계별까지 가는 데 필요한 추진력을 단계적으로 얻을 수 있다.

오르트 구름 속의 전초기지는 자기복제로봇이 건설해줄 것이다. 이곳은 태양으로부터 멀리 떨어져 있기 때문에, 태양에너지보다 핵융합에너지를 사용하는 것이 바람직하다.

라이트세일

레이저로 추진력을 얻는 나노십은 '스타십starship'(태양계를 벗어나 외계의 별로 가는 우주선의 총칭_옮긴이), 또는 '라이트세일light sail'로 불리는 더욱 광범위한 우주선의 한 형태이다.[2] 범선이 바람을 이용하여 앞으로 나아가듯이, 라이트세일은 태양이나 레이저의 광압을 이용한 항해 방식이다. 그래서 범선이 운항하는 데 필요한 방정식의 대부분은 라이트세일에도 똑같이 적용될 수 있다.

다들 알다시피 빛은 광자photon라는 작은 입자로 이루어져 있다. 광자가 물체에 부딪힐 때마다 가해지는 압력을 광압이라 한다. 그러나 광압은 기체나 액체의 압력과 달리 너무나 약한 힘이어서, 과학자들은 오랜 세월 동안 그런 힘이 존재한다는 사실조차 모르고 있었다. 광압의 존재를 처음 예견한 사람은 독일의 천문학자 요하네스 케플러Johanness Kepler였다. 그는 혜성의 꼬리가 항상 태양의 반대쪽으로 뻗어 있는 이유를 설명하기 위해 광압의 개념을 도입했다. 그전까지만 해도 천문학자들은 혜성의 꼬리가 하늘에서 떨어지는 유성의 꼬리처럼 진행방향의 반대쪽으로 늘어진다고 생각했는데, 알고 보니 그것은 '운동의 산물'이 아니라 '태양이 행사하는 광압'의 산물이었다. 혜성을 덮고 있는 먼지와 얼음 조각에 태양의 광압이 작용하여, 진행방향과 상관없이 꼬리가 항상 태양의 반대쪽으로 형성되었던 것이다.

프랑스의 작가 쥘 베른은 1865년에 발표한 소설 《지구에서 달까지》에 다음과 같이 적어놓았다. "미래에는 빛이나 전기를 이용하여 지금보다 훨씬 빠른 속도로 이동하게 될 것이다. 그때가 되면 달이나 행성, 또는 외계의 별에 갈 수 있을지도 모른다."[3]

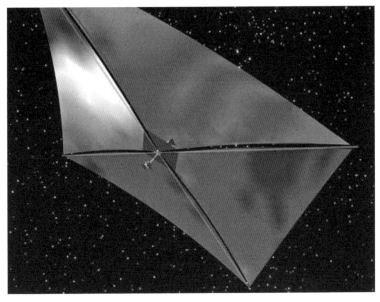

초미세 칩이 탑재된 라이트세일에 레이저를 쏘면 우주공간에서 광속의 20%로 이동할 수 있다.

로켓과학의 선구자 치올콥스키는 지구에서 발사된 빛이나 태양의 광압을 이용한 우주선을 개념적 단계에서 연구한 바 있다. 그러나 솔라세일solar sail(태양에너지를 이용한 우주항해_옮긴이)은 우주를 항해하는 수단으로 인정받을 때까지 꽤나 파란만장한 길을 걸어왔다. 우주개발을 주도해왔던 NASA는 솔라세일을 최우선과제로 고려하지 않았으며, 행성협회The Planetary Society의 코스모스 1호와 NASA의 나노세일-D 모두 발사에 실패하는 불운을 겪었다. 그 후 2010년에 NASA는 나노세일-D2를 지구 저궤도에 진입시키는 데 성공했고, 일본의 이카로스IKAROS 위성은 14m×14m짜리 돛을 달고 태양빛을 에너지원으로 삼아 발사 후 6개월 만에 금성에 도달함으로써 솔라세일의 유용성을 입증했다.

빛을 이용한 우주항해, 즉 라이트세일은 연이은 실패에도 불구하고 꾸준히 연구되고 있다. 유럽우주국ESA은 지구 근방을 배회하는 수천 개의 파편을 궤도에서 이탈시키기 위해 솔라세일 '고서머Gossamer'의 발사를 추진 중이다.

최근에 나는 NASA의 제프리 랜디스Geoffrey Landis와 인터뷰를 한 적이 있다. MIT 졸업 후 NASA의 화성 프로그램에 합류한 그는 아내인 메리 투르질로Mary Turzillo와 함께 SF 소설 공모전에 당선한 작가이기도 하다. 그에게 "정확한 방정식에 입각하여 사실만을 추구하는 과학자 집단과 UFO에 열광하는 SF 팬들 사이에서 어떻게 균형을 유지하십니까?"라고 물었더니, 다음과 같은 답이 돌아왔다. "저에게는 둘 다 중요한 요소입니다. SF는 우리를 미래의 세계로 데려다주고, 물리학은 현실을 상기시켜주지요. 이들은 상호보완적인 관계입니다."

랜디스의 전문분야는 라이트세일이다. 그는 다이아몬드와 비슷한 소재를 얇게 가공한 직경 수백 km짜리 돛으로 알파 센타우리까지 여행하는 스타십을 구상 중이다. 무게가 수백만 톤에 달하는 이 우주선을 목적지까지 보내려면 수성을 비롯한 태양계 행성에 레이저기지를 건설해야 한다. 그리고 목적지에 도달했을 때 움직임을 멈추려면 직경 100km짜리 '자기 낙하산magnetic parachute'을 펼쳐서 제동을 걸어야 한다. 우주공간 속의 수소원자들이 고리를 통과하면서 마찰력을 발생시키고, 이 힘이 수십 년에 걸쳐 스타십의 속도를 늦춰줄 것이다. 또한 알파 센타우리까지 왕복여행을 하려면 거의 200년이 걸리므로, 승무원들은 스타십 안에서 몇 세대를 보내야 한다. 이 모든 것은 이론적으로 가능하지만 역시 '돈'이 문제이다. 랜디스는 자신의 프로젝트가 실험단계에 도달할 때까지 최소 50~100년이 걸린다는 사실을 누구보다 잘 알고 있기에, 지금 당장은 '브레이크스루 스타샷' 프로젝트에 쓰일 레이저세일을 만드는 데 주력하고 있다.

이온엔진

레이저 추진과 솔라세일 외에, 스타십을 가동하는 또 다른 방법이 있다. 그 원리를 이해하기 전에 '비추력比推力, specific impulse'이라는 용어부터 알아보자. 비추력이란 1kg의 연료가 1초 동안 연소될 때 로켓이 발휘하는 추진력으로, 이 값이 클수록 적은 연료로 우주선을 띄울 수 있다는 뜻이다(자동차의 연비와 비슷한 개념이다_옮긴이). 로켓엔진의 점화시간이 길수록 비추력이 크며, 이로부터 로켓의 최종속도를 계산할 수 있다(비추력의 단위는 '초second'이다).

우주선 추진 방식에 대한 비추력 값은 아래 표와 같다. 여기에는 레이저로켓과 솔라세일, 램제트융합로켓ramjet fusion rocket 등 몇 가지 사례가 빠져 있는데, 이들은 연소시간에 제한이 없기 때문에 비추력이 무한대까지 커질 수 있다.

로켓엔진	비추력
고체연료로켓	250
액체연료로켓	450
핵분열로켓	800~1,000
이온엔진	5,000

플라스마엔진	1,000~30,000
핵융합로켓	2,500~200,000
핵펄스로켓	10,000~1,000,000
반물질로켓	1,000,000~10,000,000

고체연료나 액체연료를 사용한 화학로켓은 연소시간이 단 몇 분에 불과하기 때문에 비추력이 가장 낮다. 그다음 순위는 근거리여행에 적합한 이온로켓으로, 제논xenon, Xe과 같은 기체에서 전자를 분리하여 이온화시킨 후(원자에서 전자를 분리하면 음전하를 띤 이온ion이 된다) 강력한 전기장을 걸어서 이온을 뒤로 분출하여 추진력을 얻는 방식이다. 이온엔진은 자기장으로 전자빔의 궤적을 유도하는 TV모니터와 원리가 같기 때문에 내부구조도 비슷하다.

이온엔진의 추력은 엄청나게 작아서(주로 '온스ounce' 단위로 표기한다) 실험실에서 스위치를 켜도 변화를 감지하기 어렵다. 그러나 우주공간에서 긴 시간 동안 작동하면 화학엔진보다 강한 추력을 발휘할 수 있다. 마치 끈기 하나만으로 토끼와의 경주에서 이겼던 거북이를 연상시킨다. 토끼는 속도가 빠른 대신 몇 분 뛰고 나면 녹초가 되는데, 거북이는 느리지만 쉬지 않고 달릴 수 있기 때문에 장거리 경주에서 유리하다. 이온로켓은 한 번 점화되면 몇 년 동안 쉬지 않고 작동할 수 있으므로 화학엔진보다 비추력이 높다.

마이크로파나 라디오파를 이용하여 기체를 이온화시킨 후 자기장을 통해 가속하면 이온엔진의 추력을 몇 배로 높일 수 있다. 이것이 바로 플라스마엔진의 원리이다. 화성행 로켓에 이 엔진을 장착하면 여행기간이 9개월에서 40일 이하로 단축된다. 그러나 아직은 개발단계여서 어떤 변수가 발목을 잡을지 알 수 없다(플라스마엔진의 문제 중 하나는 플라스마를 생성하는 과정에서 너무 많은 전력이 소비된다는 점이다. 심지어 핵융합엔진보다 전력을 많이 소비할 수도 있다).

NASA는 지난 수십 년 동안 이온엔진을 연구해왔다. 2030년대에 사람을 화성에 보내줄 딥 스페이스 트랜스포트DST에는 이온엔진이 탑재될 예정이며, 21세기 말에는 행성간 여행의 주요 수단으로 떠오를 것이다. 단기임무에는 화학로켓이 최선의 선택이지만, 시간에 구애받지 않는 경우라면 이온엔진이 훨씬 효율적이다.

이온엔진보다 비추력이 높은 엔진들은 아직 구체적인 설계도가 완성되지 않은 상태이다. 지금부터 이들을 하나씩 분석해보자.

100년 스타십

2011년에 방위고등연구계획국DARPA과 NASA는 '100년 스타십 100 Year Starship'이라는 제목으로 토론회를 개최했다. 행사의 목적은 100년 안에 차세대 우주선을 만들자는 것이 아니라, 다음 세기에 상용화될 항성간 여행에 대하여 전문가들의 의견을 듣고 대략적인 개발일정을 가늠하는 것이었다. 토론회를 처음으로 계획한 주체는 70대 물리학자와 공학자로 이루어진 비공식 연구팀 '올드가드Old Guard'였는데, 이들은 원숙한 지식과 경험을 바탕으로 각종 우주개발계획에 적극적으로 참여하면서 세간의 관심이 식지 않도록 독려해왔다.

랜디스는 바로 이 '올드가드'의 회원이다. 그리고 이 모임에는 특별히 눈에 띄는 쌍둥이 형제가 있다. 둘 다 물리학자이면서 SF 작가로 활동 중인 제임스 벤포드James Benford와 그레고리 벤포드Gregory Benford 형제가 바로 그들이다. 제임스는 어린 시절에 로버트 하인라인Robert Heinlein의 SF 소설《우주사관학교Space Cadet》시리즈를 읽으면서 우주선에 매료되었다고 한다. 쌍둥이 형제는 '훗날 우주선을 타려면 물리학을 공부해야 한다'는 사실을 간파하고 한 우물을 열심히 판 끝에 둘 다 물리학 박사가 되었다. 제임스는 현재 마이크로웨이브 사이언스사Microwave Sciences Inc.의 대표로서 고출력 마이크로파 시스템을 수십 년 동안 연구해왔으며, 그레고리는 캘리포니아대학교 어바인캠퍼스의 교수이자 직접 저술한 SF 소설로 네뷸라 어워드Nebula Award를 수상한 작가이기도 하다.

두 형제는 스타십 토론회가 끝난 후 토론에서 제기된 아이디어를 요약하여《스타십 센추리: 가장 큰 지평선을 향하여Starship Century: Toward the Grandest Horizon》라는 책으로 출간했다. 마이크로파 복사의 전문가인 제임스는 다음과 같이 주장한다. "태양계를 벗어나는 최선의 방법은 단연 라이트세일이다. 그동안 제시된 방법들은 돈이 엄청나게 많이 들지만 만고불변의 진리인 물리학에 기초하고 있으므로 언젠가는 반드시 실현될 것이다."

핵추진로켓

핵추진로켓의 역사는 1950년대까지 거슬러 올라간다. 당시에는 동서 간 냉전이 극에 달하여 핵전쟁이 금방이라도 터질 것 같은 살벌한 분위기였지만, 일부 원자물리학자들은 연구실에서 핵에너지를 평화롭게 사용하는 방법을 모색하고 있었다. 그들은 상상할 수 있는 모든 아이디어를 총동원했는데, 그중에는 "핵무기를 폭파시켜서 항구를 건설한다"는 다소 황당한 제안도 있었다.

이때 제시된 대부분의 아이디어는 방사능 낙진이나 과도한 폭발이 문제시되어 당국에 수용되지 않았다. 그러나 한 가지만은 끝까지 살아남았으니, 핵무기를 스타십의 추진력으로 활용하는 '오라이언 프로젝트Orion Project'가 바로 그것이었다.

방법은 간단하다. 우주선 후미에서 소형 핵폭탄을 연이어 분출하면 개개의 폭탄이 터질 때마다 충격파가 발생하여 우주선을 앞으로 밀어낸다. 폭발이 적당한 간격으로 연이어 일어나면 우주선을 거의 광속에 가까운 속도로 가속시킬 수 있다.

이 방법을 제안한 사람은 핵물리학자 테드 테일러Ted Taylor와 프리먼 다이슨이었다.[4] 테일러는 역사상 가장 큰 원자폭탄(히로시마에 투하된 원자폭탄의 25배)에서 휴대용 원자폭탄 데이비 크로켓(Davy Crockett, 히로시마 원자폭탄의 1/1,000)에 이르기까지, 다양한 폭탄을 제조한 원폭 전문가이다. 그러나 대량살상용 무기를 만드는 일에 일말의 죄책감을 느끼던 그는 폭탄의 평화로운 사용처를 모색하다가 뜻이 맞는 과학자들을 규합하여 오라이언 프로젝트를 발족시켰다.

핵추진로켓의 가장 어려운 문제는 우주선에 손상을 입히지 않도록 핵폭발을 제어하여 필요한 추진력을 얻어내는 것이다. 그동안 다양한 모형이 제시되었는데, 가장 큰 것은 지름 400m에 무게 800만 톤, 필요한 핵폭탄의 수는 무려 1,080개나 된다. 관련 논문에 의하면 이 로켓은 광속의 10%까지 가속되어 알파 센타우리까지 40년 만에 갈 수 있다. 덩치는 어마어마하지만 성능에는 아무런 문제가 없다. 적어도 이론적으로는 그렇다.

그러나 비평가들은 핵펄스 스타십이 방사능 낙진을 뿌린다며 극렬하게 반대했다. 원자폭탄의 낙진에 의한 피해가 세상에 알려진 후였기에, 사람들이 걱정하는 것도 무리는 아니었다. 테일러는 엄밀한 계산을 수행한 후 다음과 같이 반박했다. "낙진이 발생하려면 금속제 핵폭탄이 폭발한 후 방사능물질이 대기 중의 먼지와 섞여서 쏟아져야 한다. 그러므로 지구로부터 멀리 떨어진 우주공간에서 폭탄을 폭발시키면 지구에 아무런 해를 입히지 않은 채 우주선을 가속할 수 있다." 그러나 1963년에 핵실험 금지조약이 체결되면서 핵추진로켓 실험을할 수 없게 되었고, 오라이언 스타십은 과학책 한 귀퉁이에 기록되는 것으로 만족해야 했다.

핵추진로켓의 문제점

오라이언 프로젝트가 중단된 또 하나의 이유는 테드 테일러 자신이 흥미를 잃었기 때문이다. 언젠가 그를 만났을 때 로켓 개발을 그만둔 이유를 물었더니 "오라이언도 결국 또 다른 형태의 폭탄이라는 사실을 뒤늦게 깨달았기 때문"이라고 했다. 그는 평생 동안 우라늄분열 핵폭탄을 설계해왔음에도 불구하고, "미래의 오라이언 우주선은 핵분열보다 훨씬 강력한 핵융합 에너지를 이용하게 될 것"이라고 예견했다. 간단히 말해서, 원자폭탄 대신 수소폭탄을 사용한다는 뜻이다.

인류 역사상 가장 강력한 무기로 등극한 수소폭탄은 세 가지 단계를 거쳐 탄생했다. 1950년대에 만들어진 1세대 수소폭탄은 덩치가 어마어마하게 커서 미사일 탑재는 꿈도 못 꾸고 대형 선박에 실어보내는 수밖에 없었다. 전쟁이 일어났는데 폭탄을 날려보내지 않고 배에 실어서 적국에 배달한다고 상상해보라. 이런 폭탄은 아무짝에도 쓸모없다. 2세대 수소폭탄은 작고 휴대 가능한 다탄두 미사일Multiple Independently-targetable Reentry Vehicle, MIRV로서, 미국과 소련이 무기고에 잔뜩 쌓아놓았던 핵폭탄이 주로 이런 형태였다. 당시 운영된 대륙간 탄도미사일ICBM의 노즈콘nose cone에는 2세대 수소폭탄을 10개까지 실을 수 있었다.

흔히 '디자이너 핵폭탄designer nuclear bomb'으로 불리는 3세대 수소폭탄은 아직도 개념을 정립하는 단계에 있다. 이 폭탄은 적으로부터 쉽게 감출 수 있고 전장의 특성(사막, 숲, 북극 등)에 따라 주문생산이 가능하다. 테일러는 "3세대 수소폭탄이 테러리스트의 수중에 들어갈까봐 밤잠을 못 이룬다"라고 했다. 그가 생각할 수 있는 최악의 시나리오는 불순한 세력이 폭탄을 탈취하여 미국의 대도시에 떨어뜨리는 것이다. 테일러는 자신의 태도가 180도 변하게 된 이유를 솔직하게 털어놓았다. 그는 핵무기를 개발할 때 모스크바의 지도를 펼쳐놓고 폭탄 투하 지점에 일일이 핀을 꽂아가며 폭탄 탑재량과 순항거리를 결정했다. 그런데 어느 날 문득 적국의 과학자들이 미국 지도를 벽에 걸어놓고 핀을 꽂아가며 발사계획을 수립하는 장면이 떠오르면서 핵폭탄 개발을 반대하는 쪽으로 돌아섰다고 한다.

제임스 벤포드는 "테일러가 제안한 핵펄스로켓은 연구단계에 머물렀지만, 정부는 일련의 핵추진로켓을 실제로 만들었다"고 귀띔해주었다. 이 로켓은 소형 핵폭탄을 사용하지 않고 구식 우라늄 반응기로 열을 생산하는 방식이었는데, 몇 가지 버전이 완성되어 사막에서 실험발사까지 거쳤다고 한다(반응기에서 액체수소를 고온으로 가열한 후 노즐을 통해 뒤로 분사하는 방식이었다). 그러나 이 반응기는 발사단계에서 다량의 방사능을 방출하여 주변 일대를 심각하게 오염시켰다. 기술적인 문제가 해결되지 않은 상태에서 대중들의 반핵운동까지 발목을 잡고 있으니, 정부는 핵추진로켓 개발계획을 포기할 수밖에 없었다.

핵융합로켓

핵폭탄을 터뜨려서 우주선을 추진한다는 계획은 1960년대에 폐기되었지만, 핵에너지를 활용할 수 있는 또 하나의 가능성이 남아 있었다. 1978년에 영국의 행성간협회Interplanetary Society에서는 우라늄 분열 폭탄 대신 소형 수소폭탄을 사용하여 우주선을 추진하는 다이달로스 프로젝트Project Daedalus에 착수했다. 테일러는 수소폭탄의 원리를 잘 알고 있었지만 개발에 참여한 적은 없다(다이달로스의 소형 수소폭탄 은 테일러가 걱정했던 3세대 폭탄이 아니라 기존의 2세대 폭탄에서 크기만 줄인 형태였다).

핵융합에너지로 로켓을 추진하는 방법은 몇 가지가 있다.[5] 그중 하나가 '자기장감금magnetic confinement'이라는 것으로, 도넛 모양으로 형성된 자기장 안에 수소기체를 주입한 후 온도를 수백만 도까지 올려서 수소원자핵의 융합을 유도하는 방식이다. 그러면 수소원자핵이 헬륨원자핵으로 변하면서 엄청난 양의 에너지를 방출하고, 이 에너지로 액체를 데워서 증기를 노즐로 분출하면 막대한 추력을 얻을 수 있다.

현재 세계에서 가장 큰 자기장감금 핵융합반응기는 프랑스 남부에 있는 국제핵융합실험로International Thermonuclear Experimental Reactor, ITER인데, 두 번째로 큰 반응기보다 무려 10배나 큰 괴물이다. 무게 5,110톤에 높이 11.2m, 직경이 19.5m에 달하는 이 장치는 현재까지 140억 달러가 넘게 투입되어 2035년에 500메가와트(5억 와트)의 열에너지를 생산할 예정이다(우라늄을 이용한 표준 원자력발전소의 전력생산량은 약 1,000메가와트이다. 그러나 원자력발전소의 크기는 ITER의 100배가 넘는다!). ITER은 역사상 최초로 입력보다 출력이 많은 핵융합반응기가 될 것으로 기대되고 있다. 공사가 많이 지연되고 비용도 초기예산을 훨씬 초과했지만, 내가 만났던 관계자들은 한결같이 "핵융합 에너지의 신기원을 이룩할 것"이라며 자신만만했다. 1991년에 노벨상을 수상한 프랑스의 물리학자 피에르질 드 젠Pierre-Gilles de Gennes은 이렇게 말했다. "언젠가 우리는 태양을 상자 안에 가둘 수 있게 될 것이다. 아이디어 자체는 매우 기발하다. 한 가지 문제는 상자 제작법을 아직 모른다는 것이다."

다이달로스 로켓의 또 한 가지 방식으로는 강력한 레이저빔으로 수소가 다량 함유된 금속조각에 압력을 가하여 핵융합을 유도하는 레이저융합laser fusion을 들 수 있다. 이 과정을 '관성감금핵융합inertial confinement fusion'이라 하며, 관련 실험은 캘리포니아의 리버모어 국립연구소Livermore National Laboratory에 근거지를 둔 미국 국립점화시설National Ignition Facility, NIF에서 주관하고 있다. 레이저빔을 가동하는 배터리는 세계 최대 규모로서(튜브 길이=1,500m) 수소를 함유한 소형 샘플에 레이저빔을 쏘면 표면이 가열되어 소규모 폭발이 일어난다. 이 과정이 반복되면서 온도가 1억°C에 도달하면 핵융합이 일어나 수조분의 1초 만에 500조 와트의 에너지가 방출된다(엄밀하게 말하

다이달로스 핵융합우주선Daedalus fusion starship과 새턴 5호 로켓의 크기 비교. 덩치가 너무 크기 때문에 우주공간에서 로봇을 이용하여 조립하는 수밖에 없다.

면 에너지가 아니라 '일률'이다. 에너지를 구하려면 '500조 와트'에 '수조분의 1초'를 곱해야 한다_옮긴이).

나는 디스커버리/사이언스 채널의 과학 다큐멘터리를 진행할 때 NIF의 실험장면을 목격한 적이 있다. 이곳을 찾은 방문객들은 몇 단계에 걸쳐 보안검사를 받아야 한다. 미국의 핵무기 저장고를 리버모어 연구소에서 설계했기 때문이다. 모든 검사를 통과하고 연구소에 입장하던 순간, 나는 벌어진 입을 한동안 다물지 못했다. 레이저빔이 보관되어 있는 창고는 5층짜리 아파트가 통째로 들어가고도 남을 만큼 거대했다.

다이달로스 프로젝트의 또 다른 버전은 레이저융합과 비슷하다.

단, 다량의 수소를 함유한 금속샘플을 가열할 때 레이저 대신 전자빔을 사용한다. 1초 동안 250개의 샘플조각이 폭발하면 우주선을 광속에 견줄 만한 속도로 가속시킬 수 있다. 그러나 핵융합로켓은 덩치가 너무 크다는 것이 문제이다. 다이달로스 로켓의 한 버전은 최대속도가 광속의 12%, 무게는 54,000톤, 길이는 190m에 달한다. 덩치가 너무 크기 때문에 지구에서 만들기는 어렵고, 국제우주정거장ISS처럼 우주공간에서 조립해야 한다.

핵융합로켓은 이론적으로 아무런 문제가 없지만 실험에 성공한 사례는 아직 없다.[6] 게다가 규모가 워낙 크고 구조가 복잡하여 금세기 안에 완성될지조차 의심스럽다. 그러나 핵융합로켓은 라이트세일과 함께 가장 유망한 미래형 추진장치로 남을 것이다.

반물질 우주선

우주선 설계는 5세대 기술(반물질엔진, 라이트세일, 핵융합엔진, 나노십 등)에 힘입어 새로운 지평을 열어나갈 것이다. 〈스타트렉〉에 등장하는 반물질엔진이 실현될 날도 멀지 않았다. 반물질엔진은 물질과 반물질이 충돌하면서 생성된 에너지를 추진력으로 활용하는 장치이다.[7]

반물질antimatter이란 물질matter의 반대개념으로, 다른 성질은 물질과 동일하면서 전기전하electric charge만 반대인 물질을 의미한다. 예를 들어 전자의 반입자인 반전자anti-electron는 전하가 +이고, 양성자의 반입자인 반양성자anti-proton는 전하가 −이다(나는 고등학교 시절에 반전자를 방출하는 나트륨-22를 캡슐에 넣고 안개상자를 통해 반입자의 궤적을 확인한 적이 있다. 이 장치에 카메라를 부착하여 촬영했더니, 반입자가 남긴 아름다운 궤적이 선명하게 드러났다. 그 후 반물질의 특성을 좀 더 자세히 관측하기 위해 2.3메가전자볼트짜리 입자가속기 베타트론betatron을 만들었다)(그렇다. 저자는 고등학생 때 혼자서 입자가속기를 만들었다. 은근히 자랑하는 것 같지만, 내가 보기엔 얼마든지 자랑할 만하다. 학교에서 배운 난해한 현대물리학을 집에서 확인하겠다고 덤비는 고등학생이 전 세계에 몇 명이나 있겠는가? 미치오 카쿠는 이 경력을 인정받아 하버드대학교에 진학했다_옮긴이).

물질과 반물질이 만나면 모든 질량이 사라지면서 순수한 에너지로 변환된다. 아무런 찌꺼기도 남기지 않으니 에너지효율이 100%다. 반면에 핵무기의 에너지효율은 1%밖에 안 된다. 수소폭탄 속에 내재된 에너지의 99%가 낭비되는 것이다.

반물질로켓의 구조는 의외로 단순하다. 반물질이 담긴 안전한 용기와 물질이 담긴 용기를 관으로 연결하여 일정한 양의 반물질을 꾸준히 공급하면 물질과 반물질이 만나면서 강력한 감마선과 X선이 생성된다. 이 에너지를 로켓 후미의 분사구로 배출하면 작용-반작용 법칙에 의해 로켓은 앞으로 나아가게 된다.

제임스 벤포드가 말한 대로 반물질로켓은 SF 독자들이 가장 선호하는 추진방식이지만, 현실세계에 구현하려면 몇 가지 난관을 극복해야 한다. 가장 큰 문제는 자연에서 구할 수 있는 반물질의 양이 너무 적다는 것이다. 로켓을 추진할 정도로 충분한 양을 확보하려면 실험실에서 대량생산하는 수밖에 없다. 지난 1995년, 스위스의 제네바에 있는 유럽입자물리연구소CERN에서 하나의 반양성자와 하나의 반전자로 이루어진 반수소원자anti-hydrogen atom를 만드는 데 성공했다. 이것이 바로 인류가 만들어낸 최초의 반물질이다. 고작 원자(반원

자) 하나를 만들었을 뿐인데 전 세계가 떠들썩했으니, 반물질을 만들기가 얼마나 어려운지 짐작이 갈 것이다. 제작 과정은 대충 다음과 같다. 일상적인 양성자로 빔을 만들어서 일상적 물질로 이루어진 표적을 향해 발사하면 충돌 과정에서 몇 개의 반양성자가 생성된다. 표적 근처에 특별히 고안된 자기장을 걸어두면 양성자와 반양성자가 각기 다른 방향으로 진행하도록 유도할 수 있다. 예를 들어 양성자는 오른쪽, 반양성자는 왼쪽으로 진행하는 식이다. 그 후 반양성자는 속도가 점차 느려지다가 자기장덫magnetic trap에 갇히고, 그 안에 넣어둔 반전자와 결합하여 반수소원자가 된다. 2016년에 CERN의 물리학자들은 반수소원자 안에서 반전자의 궤도를 분석했는데, 일상적인 수소원자의 전자궤도와 정확하게 일치했다.

CERN의 과학자들은 "지금까지 CERN에서 만든 모든 반물질을 물질과 섞으면 전구 하나를 몇 분 동안 밝힐 수 있다"고 했다. 갑자기 사지에 맥이 풀린다. 몇 년 동안 그 많은 돈을 들여서 반물질을 만들었는데, 우주선 추진은커녕 내부조명을 밝히기에도 턱없이 부족하지 않은가. 또 한 가지 문제는 역시 '돈'이다. 반물질은 지구에 존재하는 그 어떤 물질보다 비싸다. 요즘 시세로 환산하면 1g당 70조 달러(7경 8천조 원)쯤 된다(다이아몬드는 1g당 약 6,500만 원이다_옮긴이). 가격이 이토록 황당무계한 이유는 오직 입자가속기를 통해서만 만들 수 있기 때문이다(입자가속기는 설치비가 엄청나게 비싸고 운영비도 상상을 초월한다. 돈이 많아서 입자가속기를 마음대로 쓸 수 있다 해도, 생산가능한 양이 너무 적다). 현재 세계에서 가장 큰 입자가속기는 CERN의 대형 강입자충돌기Large Hadron Collider, LHC인데, 설치비용만 약 10억 달러(약 1조 1천억 원)가 들어갔는데도 만들 수 있는 반물질은 극소량에 불과하다. 이런 기계장치로 반물질을 생산하여 우주선 연료로 쓴다면 미국도 파산할 판이다.

현재 운영되고 있는 대형 입자가속기들은 연구목적으로 제작된 다목적 실험장비로서, 반물질 생산용으로 쓰기에는 효율이 너무 낮다. 반물질을 효율적으로 대량생산하려면 전용 공장을 지어야 한다. NASA의 해럴드 게리시Harold Gerrish는 "전용 공장을 지으면 1g당 제조비용이 5억 달러까지 내려갈 것"이라고 장담했다.

반물질의 또 다른 문제는 보관이 어렵다는 점이다. 반물질을 평범한 용기에 넣으면 내벽에 닿는 순간 에너지를 방출하며 사라질 것이다. 병은 물질로 이루어져 있으므로 반물질과 만나기만 하면 그것으로 끝이다. 반물질을 안전하게 보관하려면 적절한 자기장을 걸어서 용기의 벽과 닿지 않은 채 그 안에 머물도록 만들어야 한다.

SF 소설이나 영화에서는 반물질로 이루어진 소행성을 발견하거나 갑자기 하늘에서 떨어지는 등 반물질이 거의 공짜로 주어지기 때문에, 그것을 만들고 보관하는 데 얼마나 많은 비용이 들어가는지 간과하기 쉽다. 그런데 SF 소설을 읽다 보면 문득 의문이 떠오른다. 반물질 소행성은 대체 어디서 온 것일까? 그들의 고향은 어디일까?

망원경으로 우주 어디를 둘러봐도 사방은 온통 물질뿐이다. 반물질은 눈을 씻고 찾아봐도 없다. 그런데도 우리가 반물질의 존재를 믿는 이유는 전자와 반전자가 충돌했을 때 최소 102만 전자볼트의 에너지가 방출되기 때문이다. 이것이 바로 반물질이 존재한다는 증거이다. 그러나 우주에서는 이런 형태의 복사에너지가 극히 드물게 관측된다. 다시 말해서, 우주의 대부분은 반물질이 아닌 물질로 이루어져 있다는 뜻이다.

물리학자들은 '빅뱅이 일어나던 순간에 우주는 완벽한 대칭상태였고, 물질과 반물질은 같은 양만큼 존재했다'고 믿고 있다. 이것이 사실이라면 물질과 반물질이 만나서 모두 사라지고, 우주에는 복사에너지만 남았을 것이다. 그러나 물질로 이루어진 우리가 여기 존재하지 않는가? 인간뿐만 아니라 행성과 위성, 별, 은하 등 수많은 물질이 엄연히 존재하고 있다. 우리의 존재 자체가 현대물리학에 위배된다.

우주에는 왜 물질이 반물질보다 많은 것일까? 아무도 알 수 없다. 어쨌거나 물질의 100억분의 1이 대폭발의 와중에 살아남았고, 그중 일부가 인간의 몸이 되었다. 최신이론에 의하면 물질과 반물질 사이의 완벽했던 대칭이 살짝 붕괴되어 지금과 같은 우주가 형성되었다고 하는데, 그 이유는 여전히 오리무중이다. 이 문제를 해결하는 사람은 노벨상 수상자 명단에 이름을 올리게 될 것이다(그런데 왜 하필 반물질이 아닌 물질이 남았을까? 그 이유는 자명하다. 만일 반물질이 남았다면 우리는 그것을 '물질'이라 부르고, 지금의 물질을 '반물질'이라 불렀을 것이다. 자기 몸의 구성성분에 '반'이라는 접두어를 붙이는 사람은 없을 것이다_옮긴이).

반물질은 스타십을 추진하는 최선의 방법 중 하나지만, 구체적인 성질은 알려진 것이 거의 없다. 심지어는 중력장에서 아래로 떨어지는지, 혹은 위로 떠오르는지조차 모르는 상태이다. 현대물리학은 반물질도 물질처럼 아래로 떨어지리라 예견하고 있다. 이것이 사실이라면 반중력antigravity(중력과 반대방향으로 작용하는 가상의 힘_옮긴이)은 불가능하겠지만, 실험으로 확인된 적은 한 번도 없다. 반물질은 가격이 터무니없이 비싸고 물리적 특성도 알려진 바가 거의 없기 때문에, 우주에 떠다니는 반물질 소행성이 우연히 발견되지 않는 한 반물질로켓은 다음 세기까지 꿈으로 남을 것이다.

램제트융합 스타십

인간을 다른 별에 데려다줄 또 하나의 수단으로 램제트융합엔진 ramjet fusion engine이라는 것이 있다.[8] 초대형 아이스크림 콘처럼 생긴 이 엔진은 우주공간에서 수소기체를 수집하여 압축시킨 후 핵융합반응기를 거쳐 에너지를 생산한다. 제트엔진이나 크루즈미사일처럼, 램제트로켓도 매우 효율적인 엔진이다. 다들 알다시피 일상적인 비행기의 제트엔진은 대기권 안에서 공기를 흡입하기 때문에 산화제를 따로 싣고 다닐 필요가 없다. 이와 마찬가지로 램제트융합엔진은 우주공간에 무한정 흩어져 있는 수소기체를 연료로 사용하기 때문에 기계가 고장나지 않는 한 영원히 가속할 수 있다. 즉, 램제트융합엔진의 비추력은 무한대이다(솔라세일의 비추력도 무한대였다).

폴 앤더슨Poul Anderson의 SF 소설 《타우제로Tau Zero》는 고장난 램제트융합엔진에 관한 이야기다. 미래의 어느 날, 남녀 50명을 태운 우주선이 32광년 떨어진 행성을 향해 출발한다. 이들의 목적은 행성을 테라포밍하여 새로운 거주지를 개척하는 것이었다. 그런데 여행 도중 우주선이 소행성과 충돌하면서 감속장치가 고장났고, 그 바람에 우주선은 '브레이크 없는 광속열차'가 되어 우주공간을 미친 듯이 내달린다. 속도가 점점 빨라질수록 일반상대성이론에서 예견한 대로 우주선 내부의 시간이 외부보다 느리게 흘러가는데, 승무원들 입장에서는 우주선을 제외한 모든 우주의 시간이 빠르게 흐르는 것처럼 보인다. 고장난 우주선을 수리하기 위해 별짓을 다 해보았지만 아무 소용이 없고, 그 사이에 우주시간은 수십억 년이 흘렀다. 그러던 어느 날, 승무원들은 우주가 수축되고 있다는 사실을 깨닫게 된다. 어느덧

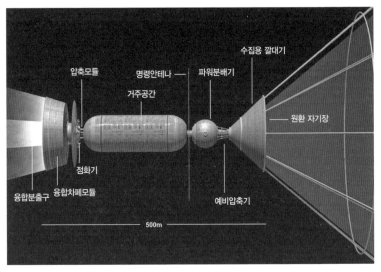

압축모듈　　　명령안테나 ──　파워분배기　　　수집용 깔대기

거주공간

원환 자기장

점화기

융합분출구　융합차폐모듈　　　　　　　　　　예비압축기

500m

──▶ 램제트융합 스타십의 상상도. 성간공간星間空間에서 수소기체를 수집한 후 핵반응기에서 융합반응을 일으켜 추진력을 얻는다.

우주가 팽창을 멈추고 수축모드로 접어든 것이다. 은하들 사이의 거리가 가까워지면서 온도는 대책 없이 올라가고, 우주는 빅크런치Big Crunch(수축하는 우주가 맞이하게 될 최후_옮긴이)를 향해 나아가고 있었다. 소설의 끝 부분에서 승무원들은 불덩어리가 된 우주를 건너뛰고 새로운 빅뱅이 일어나는 시점에 도달하여 새로운 삶을 이어가게 된다. 내용은 다소 황당하지만, 아인슈타인의 상대성이론에서 크게 벗어난 부분은 없다.

　언뜻 보기에 램제트융합엔진은 실현 가능할 것 같다. 그러나 처음 제시된 후 몇 년이 지나면서 문제점이 속속 드러나기 시작했다. 추진에 필요한 수소를 확보하려면 깔때기의 직경이 수백 km쯤 되어야 하는데, 이런 물건은 만들 수도 없고 행여 가능하다 해도 비용이 너무 많이 든다. 게다가 현재의 핵융합기로는 우주선을 추진할 만한 에너지를 생산하기도 어렵다. 상업용 위성 전문제작업체 스페이스데브 SpaceDev의 설립자인 제임스 벤슨James Benson 박사는 나와 대화를 나누던 자리에서 "태양계 바깥에는 수소가 많을 수도 있지만, 태양계 안에는 램제트융합엔진을 가동할 만큼 충분한 수소가 존재하지 않는다"라고 했다. 일각에서는 "램제트 스타십에 가해지는 태양풍의 저항력이 추진력보다 강하기 때문에, 결코 원하는 속도에 도달할 수 없다"고 주장하는 사람도 있다. 물리학자들은 문제점을 해결하기 위해 설계도를 다양하게 바꿔보았으나, 현실세계에 구현하려면 아직 갈 길이 멀다.

스타십의 문제점

위에 언급된 모든 스타십들은 광속에 견줄 만한 속도로 이동한다는 공통점을 갖고 있다. 그런데 우주선의 속도가 광속에 가까워지면 다양한 문제가 발생한다. 이런 속도로 내달리다가 소행성에 충돌하면 대형사고를 피할 길이 없고, 아주 작은 소행성에 부딪혀도 선체에 구멍이 나서 위험한 상황에 빠질 수 있다. 앞서 말한 대로 NASA의 우주왕복선은 궤도속도orbiting velocity(위성이나 인공위성이 특정 궤도에 머무는 데 필요한 속도_옮긴이)로 움직이는 소행성과 수시로 충돌하여 선체가 엉망진창이 된 채 귀환하곤 했다. 그러니 광속에 가까운 속도로 이동하다가 소행성과 충돌하면 우주선은 산산조각이 날 것이다.

영화에서는 우주선 몸체를 강력한 역장力場으로 에워싸서 다가오는 소행성을 밀어낸다. 그러나 이런 편리한 장치는 SF 작가들의 머릿속에나 존재할 뿐이다. 전기장이나 자기장으로 선체를 덮을 수는 있지만, 플라스틱이나 나무, 석고처럼 전하를 띠지 않은 물체가 돌진해 오면 사고를 막을 길이 없다. 우주공간을 표류하는 미소운석들은 전하가 없기 때문에 전기장이나 자기장으로 밀어낼 수 없다. 도움이 안 되기는 중력장도 마찬가지다. 중력은 오직 잡아당기는 쪽으로만 작용하면서 엄청나게 약하기 때문에, 소행성에 거의 아무런 영향도 미칠 수 없다.

우주선의 속도를 늦추는 것도 풀어야 할 과제 중 하나이다. 광속에 가까운 속도로 날아가다가 목적지에 도달했을 때 무슨 수로 우주선에 제동을 걸 것인가? 솔라세일이나 레이저세일은 태양, 또는 레이저 빔으로 가속만 할 수 있을 뿐, 감속 기능은 없다. 이런 우주선으로 외계의 별까지 갔다면, 그냥 스쳐 지나가는 것으로 만족해야 한다.

가만… 우주선의 방향을 180도 돌려서 추진방향을 바꾸면 어떨까? 괜찮은 아이디어인 것 같다. 사실 이것은 핵융합로켓의 속도를 줄이는 최선의 방법이다. 그러나 이 과정에서 별까지 도달하는 데 필요한 추진력의 거의 절반이 소모된다. 솔라세일의 경우에는 목적지 별에서 방출되는 복사에너지를 이용하여 제동을 걸 수도 있다.

우주선을 만드는 것도 문제다. 대부분의 스타십은 덩치가 엄청나게 크기 때문에 우주공간에서 조립하는 수밖에 없다. 이를 위해서는 지구궤도로 자재를 쉴 새 없이 실어날라야 하는데, 매번 발사할 때마다 엄청난 돈이 들어가므로 무언가 획기적인 운송책이 필요하다. 바로 이 시점에서 해결사로 등장한 것이 우주엘리베이터space elevator이다.

우주로 가는 엘리베이터

우주엘리베이터는 나노기술이 자신의 존재가치를 입증할 수 있는 절호의 기회다.[9] 지구에서 수직방향으로 나 있는 기다란 통로를 타고 우주로 간다고 상상해보라. 지상에서 엘리베이터를 타고 버튼을 누르면 빠른 속도로 궤도까지 데려다준다. 로켓이 요란하게 이륙할 때 발생하는 g-포스g-force(가속운동에 의해 아래로 나타나는 관성력. 로켓이 위로 가속되면 아래 방향으로 g-포스가 작용하여 몸이 무거워진 것 같은 느낌을 받는다_옮긴이)도 느껴지지 않는다. 그냥 아파트 엘리베이터를 타고 고층으로 올라가는 기분이다. 영국의 고전동화 〈잭과 콩나무〉에서 잭이 콩나무를 타고 한없이 올라가듯이, 우주엘리베이터를 타면 아무런 힘도 들이지 않고 하늘에 도달할 수 있다.

우주엘리베이터를 최초로 제안한 사람은 러시아의 물리학자이자 로켓과학의 원조인 콘스탄틴 치올콥스키였다. 그는 1880년대에 파리를 방문했을 때 에펠탑을 보고 이런 생각을 떠올렸다. "공학자들이 저토록 웅장한 건축물을 지을 수 있다면, 더 높게 지어서 우주에 도달할수도 있지 않을까?" 내친김에 펜을 꺼내들고 계산을 해보니, 탑이 충분히 높으면 지구의 자전에 의한 원심력이 작용하여 외부에서 따로 지탱하지 않아도 쓰러지지 않는다는 결론에 도달했다. 줄에 매달려 회전하는 공이 바닥으로 떨어지지 않는 것처럼, 우주엘리베이터는 자전하는 지구의 원심력 덕분에 무너지지 않고 혼자 서 있을 수 있다.

'로켓이 우주로 가는 유일한 수단은 아니다' - 이것은 정말로 흥미로우면서 혁명적인 발상이었다. 특수훈련을 받은 소수정예 요원의 전용 놀이터였던 우주에 누구나 갈 수 있다니, 이 얼마나 반가운 소식인가! 그러나 치올콥스키의 아이디어는 당장 난관에 봉착했다. 우주엘리베이터의 견인용 케이블에 가해지는 인장력은 약 100기가파스칼gigapascal(10억 파스칼)인데, 강철 케이블의 인장강도는 2기가파스칼에 불과했기 때문이다. 강철보다 50배 이상 강한 꿈의 소재가 발명되지 않는 한 현실적으로 불가능할 것 같았다.

그 후 우주엘리베이터는 거의 100년 동안 사람들의 뇌리에서 잊혔다. 아서 클라크 같은 SF 작가들의 소설에 가끔씩 등장하긴 했지만, 클라크조차도 "사람들이 더 이상 비웃지 않는 날부터 50년쯤 더 지나면 가능할지도 모르겠다"며 회의적인 반응을 보였다.[10]

그러나 1999년부터 갑자기 우주엘리베이터가 현실로 다가왔다. NASA의 연구원들이 주도면밀한 계산을 수행한 끝에 '폭 90cm에 길이 4,800km인 강철케이블로 15톤의 무게를 들어올릴 수 있다'는 결론에 도달한 것이다. 그 후 2013년에 국제우주항행학회International Academy of Astronautics, IAA에서 발표한 연구보고서에는 "재정지원과 연구가 충분히 이루어진다면 20톤 화물을 들어올리는 우주엘리베이터를 2035년까지 건설할 수 있다"고 명시되어 있다. 건설비용은 대략 100억~500억 달러로 예상되는데, 국제우주정거장ISS 건설비용이 1,500억 달러인 점을 감안하면 그다지 큰돈도 아니다. 게다가 우주엘리베이터가 개통되면 화물을 우주로 실어나르는 비용을 거의 1/20로 줄일 수 있다.

문제는 물리학 원리가 아니라 건설 방법이다. 지금도 공학자들은 탄소나노튜브를 이용한 우주엘리베이터의 한계하중을 계산하고 있다. 그러나 목표하중을 들어올릴 수 있다고 해서 문제가 해결되는 것은 아니다. 수백, 수천 km에 달하는 나노튜브를 무슨 수로 만든단 말인가? 당장은 뾰족한 해결책이 없다. 지금의 기술로 만들 수 있는 순수 탄소나노튜브는 고작해야 1cm 정도이다. 가끔은 "수십 cm짜리 나노튜브를 만들었다"는 뉴스가 들려오기도 하는데, 사실 그것은 다른 물질을 섞은 혼합소재여서 순수한 나노튜브만큼 강하지 않다.

NASA는 우주엘리베이터 등 우주개발 프로그램에 대한 일반대중의 관심을 고취시키기 위해 아마추어를 대상으로 센테니얼 챌린지 Centennial Challenge를 매년 개최해왔다. 누구든지 우주개발과 관련된 신기술을 발명한 사람은 이 대회에 응모할 수 있으며, 우수작에 선정된 사람에게는 소정의 상금이 주어진다. 몇 년 전, 우주엘리베이터를 주제로 대회가 열렸을 때 나는 TV 중계팀과 함께 대회 현장을 방문하여 젊은 공학자들로 구성된 한 팀을 집중 취재한 적이 있다. 그젊은이들은 우주엘리베이터가 건설되면 평범한 사람도 우주에 갈 수있는 세상이 온다고 확신했다. 나는 그들이 케이블에 연결된 조그만캡슐을 레이저로 들어올리는 모습을 바라보며 우주시대가 코앞에 다가왔음을 실감했다.

과거에는 군대의 전투기조종사나 우주인처럼 특별 교육을 받은 사람만 우주에 갈 수 있었다. 그러나 우주엘리베이터가 완공되면 우주는 어린이와 가족들이 언제라도 갈 수 있는 놀이공원이 된다. 여행뿐만 아니라 산업에도 획기적인 변화를 가져올 것이며, 광속으로 달리는 스타십 등 크고 복잡한 기계를 조립할 때에도 핵심적 역할을 하게될 것이다.

그러나 지금 당장은 해결되지 않은 기술적 문제가 산적해 있어서, 우주엘리베이터에 탑승하려면 이번 세기 말이나 다음 세기 초까지기다려야 할 것 같다.

인간은 모든 생명체들 중에서 호기심이 가장 큰 종이므로, 결국은 핵융합이나 반물질로켓을 넘어서 가장 큰 도전에 직면하게 될 것이다. 우주선이 제아무리 빠르다 해도, 모든 곳을 탐험하기에는 우주가 너무 넓다. 특수상대성이론의 족쇄를 걷어내고, 빛보다 빠르게 이동할 수는 없을까?

워프 드라이브(초광속비행)

1895년의 어느 날, 한 소년이 어린이책을 읽다가 희한한 생각을 떠올렸고, 훗날 그 생각은 역사를 바꾸었다.[11] 당시는 대도시에 전기가 막 공급되기 시작했던 시기였기에 그 소년은 전기와 관련된 현상을 이해하기 위해 아론 번스타인Aaron Bernstein의《대중을 위한 자연과학 안내서Popular Books on Natural Science》를 펼쳐들었다. 이 책에서 저자는 독자들에게 '당신이 전류와 함께 전신줄을 타고 움직인다고 상상해보라'고 권했는데, 소년은 여기서 한 걸음 더 나아가 전류를 빛으로 바꿔놓고 동일한 상상을 해보았다. '내가 빛보다 빠르게 움직일 수 있을까? 어쨌거나 빛은 파동이므로 내가 빛과 같은 속도로 달린다면 빛의 앞부분은 정지된 것처럼 보일 것이다. 그러나 이 세상 어느 누구도 정지된 빛을 본 적은 없지 않은가?' 소년은 향후 10년 동안 이 질문에 매달리다가 드디어 해답을 알아냈다.

때는 1905년, 소년의 이름은 알베르트 아인슈타인, 그가 알아낸 답으로부터 탄생한 이론은 특수상대성이론special relativity이었다. 이 이론에 의하면 당신은 결코 빛을 앞지를 수 없다. 빛의 속도는 우주만물이 도달할 수 있는 궁극의 속도이기 때문이다. 로켓의 속도가 광속에 가까워지면 질량이 커지고 내부에서 시간이 느리게 흐르는 등 이상한 현상이 일어난다. 어찌어찌 해서 광속에 도달했다면 승무원의 몸무게는 무한대로 무거워지고 시간은 아예 정지해버린다. 그런데 이 두 가지는 절대로 동시에 일어날 수 없으므로, 로켓은 광속에 도달할 수 없다. 아인슈타인은 제한속도를 단속하는 경찰을 우주 모든 곳에 배치해놓았고, 그 후로 로켓과학자들은 이 제한속도에 발목이 잡혀 상상의 나래를 마음껏 펴지 못했다.

그러나 아인슈타인은 이것으로 만족하지 않았다. 특수상대성이론은 빛의 신비한 특성을 밝혀냈지만, 그는 이 이론을 중력에도 적용하고 싶었다. 그리하여 다시 10년 동안 연구에 몰입한 끝에 또 한 번 놀라운 아이디어를 떠올렸다. 그는 긴 세월 동안 수동적이고 정적인 대상으로 취급되어왔던 시간과 공간을 트램펄린처럼 늘어나거나 휘어질 수 있는 역동적 객체라고 가정했다. 이 가정에 의하면 지구가 태양 주변을 공전하는 것은 태양의 중력이 지구를 잡아당기기 때문이 아니라, 태양의 중력이 주변공간을 구부려놓았기 때문이다. 시공간으로 짜인 직물이 매 순간 지구를 밀어내기 때문에, 직물에 파인 주름을 따라 휘어진 궤적을 그린다는 것이다. 간단히 말해서, 중력이 물체를 잡아당기는 것이 아니라 휘어진 공간이 물체를 밀어내고 있다.

윌리엄 셰익스피어는 세상을 '거대한 무대'에, 인간을 '등장했다가 퇴장하는 배우'에 비유했다. 이 비유를 좀 더 구체화하면 우리의 무대는 세상이라기보다 '시공간'에 가깝다. 과거의 과학자들은 시공간이 정적이고 평평하면서 절대적이라고 생각했다. 여기서 절대적이란 '시간은 우주 어디서나 똑같은 속도로 흐르고, 이곳의 1cm는 우주 어디서나 똑같이 1cm'라는 뜻이다. 그러나 아인슈타인의 우주에서 무대 (시공간)는 얼마든지 휘어질 수 있다. 시계는 장소에 따라 얼마든지 다르게 갈 수 있고, 무대를 가로질러 가는 배우는 굴곡에 걸려 수시로 넘어진다. 그는 "눈에 보이지 않는 힘(중력)이 나를 다양한 방향으로 잡아당겼다"고 생각하겠지만, 사실은 힘이 작용한 것이 아니라 무대 (시공간)가 휘어져 있었던 것뿐이다.

아인슈타인은 자신이 창안한 일반상대성이론에 구멍이 존재한다는 사실을 잘 알고 있었다. 별이 무거울수록 주변 시공간은 더 심하게 휘어지고, 별의 질량이 어느 한계를 넘으면 블랙홀이 된다. 블랙홀의 중심에서는 시공간 직물이 찢어지면서 공간상의 지름길인 웜홀 wormhole이 생성될 수 있다. 이 개념은 1935년에 아인슈타인과 그의 제자 네이션 로젠Nathan Rosen이 최초로 제안하여 '아인슈타인 – 로젠 다리Einstein-Rosen bridge'로 알려지게 된다.

웜홀

아인슈타인 – 로젠 다리의 가장 간단한 사례로는 《이상한 나라의 앨리스》에 등장하는 거울을 들 수 있다. 거울 면을 경계로 한쪽에는 영국 옥스퍼드의 한가한 시골마을이 펼쳐져 있고, 반대쪽에는 환상의 나라가 있다. 앨리스는 거울을 손가락으로 찔러보다가 졸지에 반대쪽 세계로 넘어가게 된다.

웜홀은 SF 영화제작자들이 가장 좋아하는 단골메뉴이다. 〈스타워즈〉에서 한 솔로Han Solo는 우주선 밀레니엄 팰컨을 웜홀로 진입시

켜 초공간을 헤쳐나가고, 〈고스트버스터즈Ghostbusters〉에서 시고
니 위버는 웜홀을 통해 우주 전체를 한눈에 바라본다. 또한 C. S. 루
이스C. S. Lewis의 판타지소설《사자와 마녀, 그리고 옷장The Lion,
the Witch, and the Wardrobe》에서 옷장은 영국의 시골마을과 나니아
Narnia를 연결하는 웜홀이다.

웜홀은 블랙홀을 수학적으로 분석하다가 발견되었다. 앞서 말한
대로 블랙홀은 거대한 별이 자체중력으로 수축된 천체로서, 중력이
너무 강하여 빛조차 빠져나올 수 없다. 블랙홀의 탈출속도가 빛보
다 빠르기 때문이다. 과거의 과학자들은 블랙홀이 정적靜的이면서 무
한대의 중력을 행사한다고 생각했다. 중력이 무한대인 점을 특이점
singularity이라 한다. 그러나 지금까지 발견된 모든 블랙홀은 매우 빠
른 속도로 자전하고 있다. 1963년에 뉴질랜드의 수학자 로이 커Roy
Kerr는 '블랙홀의 회전속도가 충분히 빠르면 하나의 점으로 수축되지
않고 회전하는 고리가 될 수 있다'는 사실을 발견했다. 강한 원심력이
수축을 막아주기 때문에 고리모양은 안정적으로 유지된다. 그렇다면
블랙홀로 빨려들어간 물체의 최후 종착지는 어디일까? 아무도 알 수
없다. 한 가지 가능성은 '화이트홀white hole'을 통해 반대편으로 탈출
하는 것이다. 그래서 과학자들은 물질을 빨아들이는 대신 밖으로 방
출하는 화이트홀을 이리저리 찾아보았지만 지금까지 단 하나도 발견
하지 못했다.

만일 당신이 회전하는 고리형 블랙홀에 가까이 다가간다면 시간과
공간의 엄청난 왜곡을 온몸으로 겪게 될 것이다. 수십억 년 전에 웜홀
의 중력에 포획된 빛을 볼 수도 있고, 심지어는 당신의 복사본과 마주
칠 수도 있다. 무엇보다도 블랙홀의 막강한 조력潮力, tidal force 때문

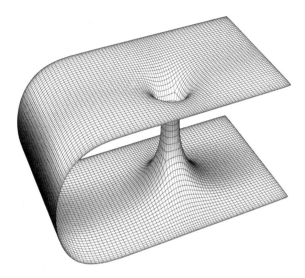

워홀은 시공간에서 멀리 떨어진 두 개의 점을 연결하는 지름길이다.

에 온몸이 스파게티처럼 길게 늘어나다가 입자단위로 산산이 분해될 것이다.

이 모든 난관을 극복하고 고리 안으로 진입했다면, 워홀을 통해 반대편에 있는 평행우주로 내던져질 수도 있다. 종이 두 장을 평행하게 펼친 후 뾰족한 연필로 구멍을 뚫어서 서로 연결했다고 상상해보자. 이런 상황에서 연필을 따라 이동하면 하나의 우주(종이면 A)에서 다른 우주(종이면 B)로 이동할 수 있다. 그러나 고리형 블랙홀을 한 번 통과한 후 다시 반대방향으로 통과하면 원래 있던 곳으로 연결되지 않고 또 다른 평행우주로 가게 된다. 고리를 통과할 때마다 다른 우주로 진입하는 것이다. 마치 아파트에서 엘리베이터를 탈 때마다 다른 층에 도달하는 것과 같다. 단, 이 엘리베이터를 타고 아무리 오락가락해도 처음 출발했던 층으로는 갈 수 없다.

고리의 중력은 유한하기 때문에, 그 안으로 들어가도 몸이 으스러지지는 않을 것이다. 물론 고리의 회전속도가 충분히 빠르지 않으면 중력에 눌려 압사할 수도 있다. 그러나 고리에 '음의 물질negative matter', 또는 '음에너지negative energy'를 투입하면 안정한 상태가 유지된다. 즉, 안정적인 웜홀이란 양에너지와 음에너지가 균형을 이룬 상태이다. 여러 우주들 사이에 통로를 만들려면 다량의 양에너지가 필요하고, 이 통로를 안정적으로 유지하려면 음에너지도 필요하다.

음의 물질(음에너지)은 반물질과 완전히 다른 개념으로, 자연에서 발견된 사례는 단 한 번도 없다. 음의 물질은 반중력antigravity이라는 희한한 특성을 갖고 있어서, 지구중력장에 진입하면 아래로 떨어지지 않고 위로 올라간다(이론에 의하면 반물질은 아래로 떨어진다). 수십억 년 전에 음의 물질이 지구에 존재했다면, 중력에 밀려 우주공간으로 모두 날아갔을 것이다. 우리 주변에 음의 물질이 존재하지 않는 이유는 이런 식으로 설명 가능하다.

음의 물질이 존재한다는 증거는 아직 찾지 못했지만 음에너지를 실험실에서 만들 수는 있다.[12] 그래서 SF 애호가들은 웜홀을 통해 멀리 떨어진 별로 이동하는 꿈을 버리지 않고 있다. 그러나 실험실에서 만든 음에너지의 양이 너무 작기 때문에, 웜홀을 통한 우주여행은 아직 먼 훗날의 이야기일 뿐이다. 웜홀을 안정시킬 정도로 충분한 양의 음에너지를 생성하려면 지금보다 훨씬 진보된 기술이 필요한데, 자세한 내용은 13장에서 다룰 예정이다. 어쨌거나 웜홀 스타십이 가까운 미래에 등장할 가능성은 거의 없다고 봐도 무방하다.

그러나 최근에 시공간을 왜곡시키는(휘어지게 만드는) 또 다른 방법이 제시되어 학계의 비상한 관심을 끌고 있다.

알큐비에르 드라이브

광속의 한계를 뛰어넘는 방법으로, 웜홀 외에 '알큐비에르 드라이브 Alcubierre drive'라는 것이 있다. 나는 이 아이디어를 처음 제안한 멕시코의 물리학자 미겔 알큐비에르Miguel Alcubierre와 인터뷰를 한 적이 있는데, 언제부터 우주여행에 관심을 갖게 되었는지 물었더니 역시나 〈스타트렉〉 덕분이었다고 했다. "어린 시절에 TV로 〈스타트렉〉을 보면서 빛보다 빠르게 날아가는 엔터프라이즈호에 완전히 매료되었지요. 상대성이론을 위반하지 않으면서 그런 비행을 할 수 있다는 것이 저에게는 정말 충격이었습니다."[13] 엔터프라이즈호는 앞에 있는 공간을 압축하여 별까지의 거리를 단축시킨다. 엔터프라이즈호가 별까지 날아가는 것이 아니라, 별이 엔터프라이즈호를 향해 다가오는 것이다.

거실 끝에서 식탁으로 가기 위해 바닥에 깔린 카펫을 가로지른다고 상상해보자. 가장 상식적인 방법은 카펫 위의 한 지점에서 다른 지점으로 얌전하게 걸어가는 것이다. 하지만 다른 방법도 있다. 식탁 다리에 밧줄을 묶어서 잡아당기면 카펫이 접히면서 식탁이 당신 쪽으로 다가온다. 카펫이 접히면 당신과 식탁 사이의 거리가 가까워지므로 굳이 카펫 위를 걸어가지 않아도 식탁에 앉을 수 있다.

알큐비에르는 한동안 이런 상상에 빠져 있다가 흥미로운 아이디어를 떠올렸다. 일반적으로 아인슈타인의 방정식을 적용할 때에는 별이나 행성을 먼저 상정한 후, 그 주변의 시공간이 휘어지는 정도를 계산한다. 그러나 이 과정은 반대로 진행될 수도 있다. 즉, 특별한 형태로 휘어진 시공간을 먼저 상정한 후, 아인슈타인의 방정식을 이용하여 '그와 같은 왜곡을 초래한 별이나 행성의 형태'를 계산하는 식이다. 자동차를 만드는 과정에도 이와 비슷한 개념을 적용할 수 있다. 엔진과 타이어, 프레임 등 주어진 자동차 부품에서 시작하여 이들을 차례 대로 조립할 수도 있지만, 당신이 원하는 자동차의 외관을 먼저 결정한 뒤 '조립이 끝나면 그와 같은 외형을 갖도록' 각 부품을 만들어나 갈 수도 있다.

알큐비에르는 아인슈타인의 방정식을 염두에 두고 이론물리학의 전통적인 논리를 반대방향으로 풀어나갔다. 자신의 앞에 있는 공간을 압축시키고 뒤쪽 공간을 팽창시키는 별은 어떤 형태일까? 놀랍게도 해답은 아주 간단했다. 〈스타트렉〉에 등장하는 '공간왜곡space warp' 이 아인슈타인 방정식에서 얻어지는 해解들 중 하나였던 것이다! 그렇다면 워프 드라이브는 SF가 아니라 물리학의 범주에서 연구되어야 한다.

알큐비에르 드라이브를 구현하려면 '속이 빈 구球' 모양의 물질과 에너지로 우주선 주변을 에워싸야 한다. 그러면 구의 내부와 외부가 완전히 단절되고, 우주선을 빠르게 가속시켜도 그 안에 있는 사람에게는 아무것도 느껴지지 않는다. 우주선은 빛보다 빠르게 움직이고 있는데, 정작 승무원들은 정지상태로 느낄 것이다.

알큐비에르의 연구결과가 발표되었을 때, 전 세계 물리학자들은 큰 충격에 빠졌다. 사실 SF 소설이나 영화에서 보던 내용이 전문학술지에 실린 것 자체가 파격이었다. 그러나 얼마 지나지 않아 그의 논문에 신랄한 비평이 쏟아지기 시작했는데, 가장 많이 언급된 내용은 '초광

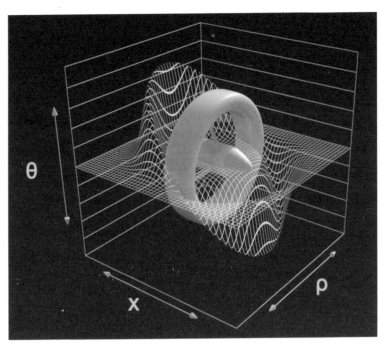

———• 알큐비에르 드라이브는 아인슈타인의 방정식을 이용하여 빛보다 빠르게 이동하는 기술이다. 그러나 실질적인 구현 가능성은 아직 의문으로 남아 있다.

속비행을 구현한 아이디어 자체는 훌륭하지만, 구체적인 방안이 누락되었다'는 것이었다. 우주선이 거품 모양의 구 안에 갇혀 있으면 외부와 교신을 할 수 없으므로, 조종사는 방향을 제어할 수 없지 않은가? 워프버블(구형 차단체)을 실제로 만드는 것도 문제였다. 우주선 앞의 공간을 압축하려면 음의 물질, 또는 음에너지라는 특별한 연료가 필요하다.

이로써 우리는 출발점으로 되돌아왔다. 음의 물질(또는 음에너지)이 없으면 워프버블을 만들 수 없고, 웜홀을 안정적으로 유지할 수도 없다. 영국의 물리학자 스티븐 호킹은 '아인슈타인의 방정식에서 초광속 이동을 허용하는 모든 해는 음의 물질이나 음에너지를 반드시 포함한다'는 정리를 증명한 바 있다(일반적인 별을 구성하는 양의 물질이나 양에너지에 의해 시공간이 휘어지는 양상은 완벽하게 설명할 수 있으며, 망원경으로 관측된 천체의 운동과도 잘 일치한다. 그러나 음의 물질과 음에너지는 시공간을 기묘한 형태로 왜곡시켜서 웜홀을 안정하게 만드는 반중력을 낳고, 앞쪽에 있는 공간을 압축하여 우주선이 빛보다 빠르게 움직이도록 워프버블을 밀어낸다).

그 후로 물리학자들은 스타십을 추진하는 데 필요한 음의 물질과 음에너지의 양을 계산하기 시작했다. 가장 최근에 발표된 결과에 의하면 목성의 질량과 맞먹는 음의 질량이 있어야 스타십을 추진할 수 있다. 이론적으로 가능하다 해도, 지금의 기술로는 어림도 없다는 뜻이다(그러나 계산결과는 워프버블이나 웜홀의 기하학적 형태에 따라 달라지기 때문에, 초광속비행에 필요한 음의 질량, 음에너지는 이 계산보다 적을 수도 있다).

영화 〈스타트렉〉에서는 워프 드라이브의 연료로 다이리튬dilithium이라는 신비의 광물결정체를 도입하여 골치 아픈 문제를 피해갔다. 그렇다면 다이리튬은 '음의 물질'이나 '음에너지'를 칭하는 또 다른 용어임이 분명하다.

카시미르 효과와 음에너지

다이리튬은 영화에서 편의상 도입한 가상의 물질일 뿐이다. 그러나 음에너지는 웜홀과 공간압축, 심지어는 타임머신까지 가능하게 만들어주는 강력한 후보로 남아 있다. 뉴턴의 법칙은 음에너지를 허용하지 않지만, 양자이론에서는 실제로 존재하는 양이다. 음에너지를 물리학의 무대에 정식으로 데뷔시킨 일등공신은 1948년에 처음 예견되고 1997년에 실험으로 확인된 카시미르 효과Casimir effect였다.

진공 중에 전기적으로 중성인 금속판 두 개가 평행하게 배치되어 있다고 가정해보자. 둘 사이의 거리가 멀면 당연히 아무런 힘도 작용하지 않는다. 그러나 거리가 가까워지면 신기하게도 두 금속판이 서로 잡아당기기 시작한다. 힘이 작용한다는 것은 곧 에너지가 존재한다는 뜻이니, 여기서 에너지를 추출하여 유용한 곳에 쓸 수 있다. 에너지가 0인 상태에서 출발하여 두 금속판을 가까이 가져가는 것만으로 양(+)에너지를 얻었다는 것은, 원래 금속판 자체가 음에너지를 갖고 있었음을 의미한다. 어떻게 그럴 수 있을까? 상식적으로 생각하면 진공에는 아무것도 존재하지 않으므로 에너지가 당연히 0일 것 같다. 그러나 실제로 진공 중에서는 물질(입자)과 반물질(반입자)이 수시로 나타났다가 소멸되고 있다. 이 '가상입자virtual particle'들은 아주 짧은 시간 동안 존재하기 때문에, '우주에 존재하는 물질과 에너지의 총량은 항상 일정하다'는 보존법칙에 위배되지 않는다. 이 끊임없는 입자–반입자의 출몰이 압력을 생성하는데, 두 금속판의 바깥에서 생성되는 입자–반입자의 수가 금속판 안쪽보다 훨씬 많으므로 두 금속판 사이의 거리가 좁혀지는 쪽으로 압력이 작용하게 된다. 다시 말해서, 음에너지가 생성되는 것이다. 이것이 바로 카시미르 효과이며, 음에너지가 존재한다는 증거이기도 하다.

카시미르 효과에서 나타나는 힘은 가장 예민한 장비를 동원해야 간신히 측정할 수 있을 정도로 미미하다. 그러나 현재 나노기술은 개개의 원자를 갖고 노는 수준까지 발전했다. 언젠가 나는 TV 특집프로의 진행자 자격으로 하버드대학교를 방문했을 때 원자를 조작하는 실험 도구를 구경한 적이 있다. 그 실험에서 원자 두 개를 가까이 가져가면 카시미르 효과 때문에 밀어내거나 더 가까이 다가가곤 했는데, 그럴 때마다 연구원들은 짜증 섞인 감탄사를 내뱉었다. 음에너지는 스타십을 연구하는 물리학자에게 성배聖杯와 같은 존재지만, 나노과학자에게는 간신히 정렬시킨 원자를 흩뜨리는 훼방꾼일 뿐이었다.

결론적으로 말해서 음에너지는 현실세계에 존재하며, 충분한 양을 확보하면 오랫동안 SF의 전유물이었던 웜홀 타임머신이나 워프 드라이브를 실현할 수 있다. 그러나 과학기술이 이 수준까지 발전하려면 꽤 긴 세월을 기다려야 한다. 구체적인 미래상은 13, 14장에서 다루기로 하고, 당분간은 좀 더 현실적인 라이트세일에 집중해보자. 21세기 말이 되면 라이트세일을 이용한 탐사선이 역사상 최초로 외계의 별에 도달할 것이며, 22세기에는 핵융합로켓이 완성되어 외계행성까지 사람을 데려다줄 것이다. 공학적 문제가 해결된다면 반물질엔진과 램제트융합엔진, 그리고 우주엘리베이터도 현실세계에 구현될 것이다.

스타십이 완성된 후, 인간은 깊은 우주에서 무엇을 발견하게 될까? 지구 외의 다른 곳에서도 인간이 살아갈 수 있을까? 굳이 가보지 않아도 알 수 있다. 천체망원경과 인공위성이 별 사이에 숨겨진 정보를 우리에게 알려주고 있기 때문이다.

그러므로 나는 우주의 다른 곳에 생명체가 존재한다고 생각할 수밖에 없다.
이것은 의견이 아니라 확고한 믿음이다.
이마누엘 칸트

외계생명체의 존재 여부를 알고 싶어하는 이유는
단순한 호기심이나 지식에 대한 욕구보다 훨씬 깊은 곳에 존재한다.
그것은 사고를 할 줄 아는 모든 인간의 본성이다.
니콜라 테슬라

09

케플러와
행성

조르다노 브루노의 복수는 지금도 계속되고 있다.

갈릴레오보다 먼저 살다 간 브루노는 로마에서 이단으로 몰려 1600년에 화형에 처해졌다.[1] 그는 하늘에 수없이 많은 별이 존재하고 그 모든 별들이 우리의 태양처럼 여러 개의 위성을 거느리고 있을 것이므로, 그들 중 어딘가에는 생명체가 존재할 수도 있다고 주장했다.

로마교회는 재판도 없이 브루노를 7년 동안 감옥에 가뒀다가 어느 날 그의 옷을 모두 벗기고 혀를 가죽끈으로 묶은 채 나무막대로 마구 때리며 조리돌림(죄인을 벌하기 위해 끌고 돌아다니면서 공개적으로 망신을 주는 행위_옮긴이)을 시켰다. 그는 죽음보다 더한 고통을 겪은 후 '지금이라도 참회하고 이단적인 주장을 철회한다면 풀어주겠다'는 제안을 받았으나 끝내 자신의 뜻을 굽히지 않았다.

로마교회는 브루노를 처형한 후 흔적을 지우기 위해 그가 집필한 모든 책을 금서로 지정했고, 이 금서 목록은 1966년에야 공식적으로 폐지되었다(지동설을 주장했던 갈릴레오의 책은 금서로 지정되었다가 1822년에 해제되었다). 갈릴레오는 '우주의 중심은 지구가 아닌 태양'이라고 주장했을 뿐이지만, 브루노는 우주의 중심이라는 개념 자체를 부정했다. 그는 지구가 '무한히 큰 우주에 떠 있는 작은 점'에 불과하다는 사실을 처음으로 간파한 사람이었다.

1584년에 브루노는 자신의 철학을 다음과 같이 요약했다. "우주는 무한히 크고… 그 안에는 우리와 같은 생명체들이 무수히 많이 존재한다."[2] 그로부터 400여 년이 흐른 지금, 은하수 안에서만 4,000개가 넘는 외계행성이 발견되었으며 이 목록은 하루가 다르게 길어지고 있다(2017년에 NASA가 발표한 외계행성 후보목록은 총 4,496개이며, 이들 중 2,330개는 케플러 관측위성에 의해 확실한 행성으로 판명되었다).

독자들도 로마를 방문할 기회가 있으면 캄포 데 피오리 광장Campo de' Fiori('꽃의 들판'이라는 뜻_옮긴이)에 꼭 한번 가보기 바란다. 그곳은 브루노가 처형된 광장으로, 사제복을 입고 두건을 쓴 브루노의 동상이 우뚝 서 있다. 내가 그곳을 방문했을 때에는 관광객들이 하도 많아서 '이단자 사형 집행소'라는 느낌이 거의 들지 않았다. 쇼핑에 여념이 없는 관광객들도 이런 사실을 전혀 모르는 것 같았다. 그러나 브루노의 동상 아래에는 몇 명의 젊은 반항아들과 예술가, 길거리 음악가들이 모여서 자유롭게 대화를 나누고 있었다. 나는 그 광경을 카메라에 담으면서 이런 의문을 떠올렸다. '16세기 말은 대체 어떤 분위기였길래 대중들이 그토록 살기등등했던 것일까? 대체 어떤 생각에 사로잡혔길래 유랑하는 철학자에 불과했던 브루노를 불에 태워 죽이라고 목청을 높였던 것일까?'

그 후로 브루노의 사상은 사람들의 뇌리에서 거의 잊혔다. 그의 책이 일반대중에게 공개되지 않은 것도 한몫했지만, 주된 이유는 원시적인 망원경으로 외계행성을 찾기가 너무 어려웠기 때문이다. 행성은 스스로 빛을 발하지 않으며, 표면에서 반사된 빛의 광도는 모항성의 10억분의 1도 되지 않는다. 그러나 20세기 들어 땅에 기반을 둔 대형 천체망원경이 위력을 발휘하기 시작했고, 20세기 후반에는 대기권 바깥에서 별을 관측하는 우주망원경이 기대 이상의 역할을 하면서 무엇이 진실인지 확실하게 판명되었다. 그렇다. 로마교회는 틀렸고, 브루노가 옳았다.

우리의 태양계는 평범한가?

나는 어린 시절에 한 권의 천문학 책을 읽은 후로 우주를 바라보는 관점에 큰 변화를 겪었다. 그 책은 태양계 행성들의 특성을 나열한 후, '우리의 태양계는 전형적인 행성계이다'라며 브루노와 비슷한 결론을 내렸다. 그리고 '다른 태양계의 행성들도 우리와 마찬가지로 거의 원에 가까운 궤도를 돌 것이며, 모항성에 가까운 행성은 바위형 행성, 먼 행성은 가스형 행성일 것'으로 추정했다. 간단히 말해서, 우리의 태양은 옆집 아저씨처럼 지극히 평범한 별이라는 이야기다.

하긴, 우리가 운명적으로 살아야 할 곳이라면 시끌벅적하고 유별난 것보다 조용하고 편안한 쪽이 훨씬 나을 것 같다.

그런데… 어라? 알고 보니 그게 아니었다.

우리의 태양계처럼 행성들이 질서정연하게 배열되어 있으면서 거의 원에 가까운 궤도를 도는 계는 결코 흔치 않다. 지금까지 작성된 '외계행성 백과사전' 목록은 지구와 크게 다른 행성들로 가득차 있다. 목록이 충분히 길어지면, 그 안에는 인간이 살 수 있는 행성도 들어 있을 것이다.

MIT의 행성과학자이자 〈타임〉지에서 선정한 '가장 영향력 있는 우주과학자 25인' 중 한 사람인 사라 시거Sara Seager는 이 행성 백과사전을 작성한 핵심인물이다. 얼마 전에 그녀와 인터뷰를 했는데, 인상 깊었던 내용을 여기 소개한다.

나: 어린 시절부터 과학에 관심이 많았나요?

사라 시거: 아뇨, 사실 과학하고는 거리가 먼 소녀였어요. 그런데 언제부턴가 달의 매력에 빠져들기 시작했지요. 어느 날 아빠가 모는 차를 타고 드라이브를 하다가 하늘에 뜬 달을 무심코 바라봤는데, 차가 아무리 빠르게 달려도 달이 무슨 스토커처럼 우리를 따라오더군요. 대체 얼마나 멀리 있기에 달리는 자동차를 따라올 수 있는지, 정말 신기하다고 생각했지요.

(달이 자동차를 따라오는 것처럼 보이는 것은 시차視差, parallax 때문이다. 자동차를 타고 달릴 때 도로에 가까운 나무들은 가장 빠르게 뒤로 스쳐지나가고, 산이나 호수처럼 멀리 있는 물체들은 뒤로 천천히 움직이는 것처럼 보인다. 그러나 갑자기 오토바이가 나타나 자동차 바로 옆에 붙어서 같은 속도로 달린다면, 한자리에 정지해 있는 것처럼 보일 것이다. 그래서 우리의 뇌는 '내가 볼 때 움직이지 않는 물체는 나와 같은 속도로 움직이고 있다'고 판단한다. 달은 엄청나게 먼 거리에

있지만 우리의 눈은 그 거리를 실감하지 못하기 때문에, 마치 달이 자동차와 함께 움직이는 것처럼 보이는 것이다. 세간에 알려진 UFO 동영상 중 상당수는 '자동차를 따라오는 미지의 불빛'이 아니라, 그냥 하늘에 얌전하게 떠 있는 금성이다.)

시거 교수의 작은 관심은 결국 평생의 로맨스로 꽃피우게 되었다. 그녀의 부모는 아이들의 탐구의욕을 북돋기 위해 천체망원경을 사주었지만, 낮은 배율에 한계를 느낀 그녀는 여름방학 동안 일을 해서 모은 돈으로 자신만의 천체망원경을 구입했다. 15살이 되었을 때는 두 친구와 함께 폭발하는 별 '초신성 1987A'에 대한 이야기를 나누었다. 그것은 1604년에 초신성이 관측된 이후로 지구에서 가장 가까운 곳에서 폭발한 초신성이었는데, 남반구 하늘에 있었기 때문에 북반구에서는 볼 수 없었다. 시거는 "초신성 폭발 기념으로 당장 비행기 타고 날아가서 파티를 하자"고 제안했으나, 그녀의 친구들은 무슨 말인지 이해하지 못했다고 한다.

요즘 시거 교수는 우주에 대한 경외감과 열정을 외계행성에 집중적으로 쏟아붓고 있다. 20년 전만 해도 외계행성학이라는 분야는 아예 존재하지도 않았지만, 지금은 천문학에서 가장 인기 있는 분야로 떠올랐다.

외계행성 찾기

외계행성은 거리가 너무 멀기 때문에 망원경의 성능이 아무리 좋아도 직접 관측하기가 쉽지 않다. 그래서 천문학자들은 외계행성의 존재를 간접적으로 입증하는 다양한 방법을 개발해놓았다. 시거 교수가 나에게 귀띔해주기를, 행성학자들은 외계행성을 여러 방법으로 관측하기 때문에, 자신이 얻은 결과에 강한 확신을 갖고 있다고 한다. 그중에서도 가장 널리 알려진 관측법은 '트랜싯관측transit method'이다. 천체망원경으로 별을 관측하다 보면 가끔씩 광도가 주기적으로 약해지는 경우가 있다. 차이는 아주 미미하지만, 이런 현상이 나타나는 이유는 주변 행성이 별(모항성)을 가로지르면서 빛의 일부를 가리거나 흡수했기 때문이다. 이로부터 우리는 행성의 경로를 추적할 수 있고, 궤도를 결정하는 변수도 계산할 수 있다.

목성과 크기가 비슷한 행성이 우리의 태양과 비슷한 크기의 별을 가로지를 때 별의 광도는 약 1% 감소하고, 지구만 한 행성이 지나가면 0.008%쯤 감소한다. 자동차 헤드라이트 앞을 모기 한 마리가 지나갈 때 나타나는 광도 변화와 비슷한 수준이다. 다행히도 우리가 보유한 천체망원경은 매우 예민하고 정확하여, 이 정도 변화쯤은 어렵지 않게 감지할 수 있다. 그러나 행성이 지나간다고 해서 모든 별의 광도가 줄어드는 것은 아니다. 지구의 망원경과 행성, 그리고 별이 거의 일직선상에 놓인 경우에 한하여 트랜싯관측으로 행성의 존재를 입증할 수 있다. 외계행성의 공전면이 망원경의 방향에 대하여 큰 각도로 기울어져 있으면 다른 방법을 동원해야 한다.

또 한 가지 방법은 별이 앞뒤로 오락가락할 때 나타나는 도플러효과Doppler effect를 이용하는 것이다. 목성만큼 큰 행성을 거느린 별의 경우, 공전하는 것은 행성뿐만이 아니다. 사실은 별과 행성이 공통의 중심에 대하여 공전하고 있다. 회전하는 아령을 예로 들어보자. 중앙의 연결부위가 아주 가늘다고 가정하면 두 개의 덩어리(모항성과 행성)가 가운데를 중심으로 공전하고 있다(단, 이 경우에는 아령의 묵직한 부분에 해당하는 두 회전체의 질량이 같아서 가운데가 공통된 중심이지만, 별과 행성의 경우에는 별의 질량이 압도적으로 크기 때문에 회전중심이 행성보다 별 쪽에 훨씬 가깝다. 질량 차이가 아주 크면 공통 회전중심이 아예 별의 내부에 존재할 수도 있다_옮긴이).

목성만 한 외계행성은 거리가 너무 멀어서 볼 수 없지만, 행성 때문에 나타나는 별의 주기운동은 현재의 장비로 관측 가능하다. 도플러효과를 이용하면 별이 움직이는 속도까지 계산할 수 있다(예를 들어 노란빛을 발하는 별이 지구에 가까워지는 쪽으로 움직이면 빛의 파장이 아코디언처럼 압축되어 살짝 푸른색 기운을 띠고, 멀어지는 쪽으로 이동하면 파장이 늘어나서 붉은색 기운을 띠게 된다. 이때 빛의 파장 또는 진동수가 변한 정도를 알면 별의 이동속도를 알 수 있다. 교통경찰이 도로에서 사용하는 스피드건도 이 원리를 이용한 장치이다. 달리는 자동차에 레이저빔을 쏘면 차체에 반사되어 돌아오는데, 이때 파장의 변화를 감지하면 자동차의 속도를 알 수 있다).

모항성의 변화를 몇 주, 또는 몇 달 동안 관측하여 충분한 데이터를 수집한 후 뉴턴의 운동법칙을 적용하면 주변 행성의 질량을 알아낼 수 있다. 도플러관측은 매우 지루한 작업이지만 그 덕분에 과학자들은 1992년에 천문 관측 역사상 처음으로 외계행성을 발견했고, 그 후로 수많은 천문학자들이 행성사냥에 뛰어들었다. 최초의 외계행성은 목성만 한 크기의 가스행성이었는데, 덩치가 클수록 모항성의 움직임이 커서 쉽게 관측되기 때문이다.

트랜싯관측과 도플러효과는 지난 수십 년 동안 외계행성을 찾는 가장 중요한 수단이었으나, 최근 들어 몇 가지 새로운 방법이 도입되었다. 그중 하나는 어렵기로 소문난 '직접관측'인데, 시거 교수는 "NASA에서 외계행성을 찾는 전용 탐사선을 개발하기로 했다"며 어린아이처럼 기뻐했다. 이 탐사선에는 극히 미미한 빛의 변화도 잡아낼 수 있는 최첨단 감지기가 탑재될 예정이라고 한다.

중력렌즈효과gravitational lensing도 외계행성을 탐색하는 수단이 될 수 있다. 단, 이 방법을 적용하려면 지구와 외계행성, 그리고 모항성이 완벽한 일직선상에 놓여 있어야 한다. 아인슈타인의 중력이론(일반상대성이론)에 의하면 질량이 시공간을 왜곡시키기 때문에, 천체가 있는 곳 근처에서 빛의 경로가 휘어진다. 그래서 보이지 않는 곳에 숨어 있는 천체도 빛의 경로가 적절하게 휘어지면 우리 눈에 모습을 드러낼 수도 있다. 특히 망원경과 행성, 그리고 별이 정확하게 일직선상에 놓여 있으면 별에서 방출된 빛이 중력렌즈효과에 의해 고리모양으로 변형된다. 이것이 바로 그 유명한 '아인슈타인 고리Einstein Ring'로서, 별과 관측자 사이에 질량이 큰 천체가 놓여 있음을 보여주는 증거이다.

케플러 우주망원경

2009년, 케플러 우주선이 발사되면서 외계행성사냥은 새로운 국면으로 접어들었다.[3] 케플러호는 트랜싯관측에 특화된 탐사선으로, 천문학자들이 애초에 예상했던 것보다 훨씬 큰 성과를 거두었다. 허블 우주망원경의 뒤를 이은 케플러 관측선은 아마도 우주개발 역사상 가장 생산적인 관측장비로 기록될 것이다. 무게 1,000kg에 직경 1.4m 짜리 반사거울, 그리고 최첨단 고감도 센서를 장착한 케플러호는 그 자체로 공학의 기적이라 할 만하다. 특히 케플러호는 우주의 한 지점을 가능한 한 오래 관측하기 위해 지구궤도가 아닌 태양궤도를 돌도록 설계되었다. 그러니까 케플러호는 인공위성이 아니라 '인공행성'인 셈이다. 지구로부터 수억 km 떨어진 깊은 우주에서, 케플러호는 하늘의 1/400에 해당하는 백조자리Cygnus에 초점을 맞추고(움직이는 동안 한 지점을 계속 바라보기 위해 몇 개의 자이로스코프가 사용되었다) 그 일대를 샅샅이 뒤진 끝에 수천 개의 외계행성을 발견했으며, 그 후로 과학자들은 우주에서 인간의 위치를 다시 생각하게 되었다.

처음에 과학자들은 케플러호가 우리의 태양계와 비슷한 외계태양계를 발견할 것으로 기대했으나, 결과는 완전 딴판이었다. 케플러호가 전송해온 데이터는 각기 다른 거리에서 공전하는 오만가지 행성들로 가득차 있었다. 시거 교수는 당시의 상황을 다음과 같이 회상했다. "외계행성들은 우리 태양계의 식구들과 닮은 점이 거의 없었습니다. 지구와 해왕성의 중간쯤 되는 행성도 있고, 수성보다 훨씬 작은 것도 있어요. 우리 태양계와 비슷한 외계태양계는 아직 한 번도 발견되지 않았습니다. 너무 다양해서 도저히 하나의 이론으로 묶을 수가 없더군요. 데이터가 쌓일수록 우리의 무지도 함께 쌓여가는 거죠. 한마디로 혼란, 그 자체입니다."[4]

외계행성에 관해서는 가장 기본적인 공통점조차 찾기 어렵다. 가장 찾기 쉬운 것이 목성형 행성(목성과 크기가 비슷한 가스행성_옮긴이)인데, 이들도 원에 가까운 궤도가 아니라 크게 찌그러진 타원궤도를 돌고 있다.

개중에는 원궤도를 따라 공전하는 목성형 행성도 있다. 그러나 이들은 모항성과의 거리가 태양-수성 사이의 거리보다 가깝다. 흔히 "뜨거운 목성hot Jupiters"으로 불리는 이 거대가스행성들은 강력한 태양풍에 시달려서 대기의 대부분이 우주공간으로 날아간 상태이다. 한

때 천문학자들은 목성형 행성이 모항성으로부터 수십억 km 떨어진 곳에서 탄생했다고 믿었다. 그렇다면 이들은 어떻게 모항성과 그토록 가까워졌을까?

시거 교수의 답은 간단명료하다. 아무도 모른다. 그러나 학계에 제시된 몇 가지 가설은 꽤나 충격적이다. 그중 하나를 예로 들어보자. 모든 가스행성은 얼음과 수소, 헬륨, 그리고 먼지로 가득찬 태양계의 외곽에서 생성되었다. 그런데 가끔은 행성의 공전면에 다량의 먼지가 분포된 태양계도 있다. 이런 경우 거대가스행성은 먼지와 마찰을 일으키면서 서서히 에너지를 잃게 된다. 즉, 고정된 궤도가 아닌 죽음의 나선을 그리며 모항성에 가까워지는 것이다.

행성이 궤도를 바꾼다고? 생전 처음 듣는 이야기다. 하지만 위의 가설이 옳다면 거대가스행성은 바깥 궤도에서 안쪽 궤도로 '이주'해야 한다(이들은 태양으로 접근하다가 지구와 비슷한 바위형 행성과 마주쳤을 것이다. 그럴 가능성은 거의 없지만 운수 사납게 부딪혔다면 바위형 행성은 산산이 부서져서 산지사방으로 흩어졌을 것이고, 가까운 거리를 두고 스쳐지나갔다면 지구형 행성은 태양계 밖으로 날아가 떠돌이 행성이 되었을 것이다. 그러므로 한 태양계에서 크게 찌그러진 궤도나 모항성과 아주 가까운 궤도를 도는 목성형 행성과 지구형 행성이 함께 발견될 가능성은 거의 없다).

SF를 방불케 하는 가설이지만, 곰곰 생각해보면 일리가 전혀 없는 것도 아니다. 우리 태양계의 행성들은 거의 원에 가까운 궤도를 돌고 있기 때문에, 천문학자들은 먼지와 수소, 헬륨으로 이루어진 조그만 구형 덩어리들이 태양계 전역에 걸쳐 균일하게 분포되어 있다고 가정했다. 그러나 우주에는 이런 질서정연한 태양계보다 중력이 무작위로 작용하여 행성의 궤도가 크게 일그러진 태양계가 훨씬 많을 것이다. 그리고 궤도가 불규칙하면 행성들이 서로 교차하거나 충돌하면서 태양계의 전체적인 구조가 이미 옛날에 붕괴되었을 것이다. 그렇다면 모든 행성들이 원에 가까운 궤도를 돌고 있는 우리의 태양계가 생명을 잉태하기에 훨씬 유리했을지도 모른다.

지구형 행성

지구형 행성은 덩치가 작기 때문에 모항성을 가린다 해도 광도의 변화가 거의 없다. 그러나 천문학자들은 케플러 탐사선과 대형 천체망원경을 이용하여 '슈퍼지구super-Earth'를 하나둘씩 발견하기 시작했다. 슈퍼지구란 지구처럼 바위로 이루어져 있으면서 생명체 서식이 가능하고, 크기가 지구의 1.5~2배인 행성을 말한다. 이들의 정확한 출처는 알 수 없지만, 2016년과 2017년에 신문의 헤드라인을 장식할 정도로 놀라운 사실이 연이어 발견되었다.

지구에서 태양 다음으로 가까운 별인 프록시마 센타우리는 3개의 별로 이루어진 삼성계三星界, triple star system로서, 알파 센타우리 A와 B로 이루어진 쌍성계 주변을 공전하고 있다. 그런데 2016년 8월에 천문학자들은 프록시마 센타우리를 공전하는 지구형 행성 프록시마 센타우리 b(지구의 1.3배)를 발견하고 충격에 빠졌다.

시애틀에 있는 워싱턴대학교의 천문학자 로리 반스Rory Barnes는 이렇게 말했다. "그 발견을 계기로 외계행성과학은 완전히 새로운 국면으로 접어들었습니다. 프록시마 센타우리 b는 지구와 매우 비슷하기 때문에, 지금까지 발견된 다른 어떤 행성보다 많을 것을 알아낼 수 있을 겁니다."[5] 현재 제작 중인 제임스 웹 우주망원경James Webb Space Telescope이 임무에 착수하면 역사상 최초로 외계행성의 '증명 사진'을 찍어줄 것이다. 시거 교수는 말한다. "정말 획기적인 사건으로 기록될 거예요. 우리와 가장 가까운 별에 지구와 비슷한 행성이 있다고 누가 상상이나 했겠어요?"[6]

프록시마 센타우리 b의 모항성은 질량이 우리 태양의 12%밖에 안되는 희미한 적색왜성이다. 그러므로 이 행성에 생명체가 서식하려면, 액체 상태의 물과 바다가 존재할 수 있도록 모항성과의 거리가 매우 가까워야 한다. 실제로 프록시마 센타우리 b의 공전궤도 반경은 지구 궤도 반경의 5%이며, 공전속도가 엄청나게 빨라서 1년이 11.2일밖에 안 된다. 가장 큰 문제는 코앞의 모항성으로부터 쏟아지는 방사선이다. 프록시마 센타우리 b에 도달하는 방사선의 양은 태양에서 지구에 도달하는 양의 2,000배가 넘는다. 이 엄청난 살인광선을 막으려면 초강력 자기장이 프록시마 센타우리 b를 감싸고 있어야 하는데, 지금의 관측장비로는 확인이 불가능하다.

일부 천문학자들은 프록시마 센타우리 b가 우리의 달처럼 항상 같은 면이 모항성을 향하는 조석고정潮汐固定, tidal locking 상태일 것으로 추정하고 있다. 그렇다면 한쪽 면은 엄청나게 뜨겁고 반대쪽 면은 엄청나게 추울 것이며, 바다가 있다면 두 지역이 만나는, 온도가 적당한 좁은 영역에 기다란 형태로 형성되었을 것이다. 그러나 대기층이 충분히 두꺼우면 바람이 불면서 온도가 평준화되어 행성 전역에 바다가 산재할 가능성도 있다.

다음 단계는 대기의 성분을 분석하고 물과 산소를 찾는 것이다. 프록시마 센타우리 b는 도플러효과를 통해 발견되었지만, 대기의 화학

성분을 알아내는 최선의 방법은 트랜싯관측이다. 외계행성이 모항성의 면전을 가로지르면 소량의 별빛이 행성의 대기를 통과하게 된다. 이때 대기 중의 분자는 특정 진동수의 빛을 흡수하기 때문에, 지구에 도달한 빛의 스펙트럼을 분석하면 대기의 성분을 알 수 있다. 그러나 이 방법이 통하려면 망원경-행성-모항성이 정확하게 일렬로 늘어서야 한다. 안타깝게도 프록시마 센타우리 b가 이 조건을 만족할 확률은 1.5%에 불과하다.

외계의 지구형 행성에서 수증기분자가 발견된다면 천문학자들은 몹시 바빠질 것이다. 시거 교수는 말한다. "조그만 바위형 행성에서 수증기가 발견되었다면, 그 행성 어딘가에 액체 상태의 물이 존재한다는 뜻입니다. 물이 있다면 바다도 있겠지요. 지구의 생명체는 바다에서 태어났으니까 그곳에도 생명체가 존재할 확률이 아주 높습니다. 정말 흥분되는 일이죠."

지구형 행성 일곱 개를 거느린 하나의 별

2017년에 또 하나의 놀라운 발견이 이루어졌다. 일단의 천문학자들이 행성진화론에 위배되는 태양계를 찾아낸 것이다. 그곳의 모항성은 트래피스트TRAPPIST-1으로 명명된 별이었고, 무려 7개의 지구형 행성들이 그 주변을 공전하고 있었다. 이들 중 3개는 골디락스 존에 자리잡고 있어서 바다가 존재할 것으로 추정된다. 트래피스트 태양계를 발견한 벨기에의 천문학자 미카엘 지용Michaël Gillon은 "행성이 많은 것도 놀랍지만, 이들이 모두 지구와 비슷한 크기라는 사실에 경악을 금치 못했다"라고 했다[7](트래피스트는 관측에 사용된 망원경과 벨기에산 맥주의 이름을 조합한 약자이다).

트래피스트-1은 지구로부터 38광년 거리에 있는 적색왜성으로, 질량은 태양의 8%밖에 안 되지만 주변에 서식가능 지역이 존재한다. 7개의 행성들을 태양계로 가져오면 태양과 수성 사이에 모두 들어갈 정도로 가깝다. 이들의 공전주기는 3주가 채 되지 않으며, 가장 안쪽에 있는 행성의 1년은 36시간이다(지구가 아닌 다른 행성의 운동주기를 논할 때 '1시간'은 지구에서의 1시간을 뜻하지만, '1일'이나 '1년'은 지구의 시간이 아니라 행성의 '자전주기' 또는 '공전주기'를 의미한다. 약속된 규칙은 아니지만, 대부분의 과학저술가들은 이런 뜻으로 사용하고 있다_옮긴이). 트래피스트-1은 행성들이 빽빽하게 들어찬 소형 태양계여서, 행성들끼리 서로 중력을 행사하여 궤도가 변형되거나 충돌할 수도 있다. 언뜻 생각하면 자전축의 방향이 바뀔 수도 있을 것 같다. 그러나 2017년에 공개된 분석 결과에 의하면 이들은 매우 안정적이면서 조화로운 궤도를 돌고 있기 때문에, 충돌이 일어날 가능성은 없다고 봐도 무방하다. 이 정도면 매우 안정적인 태양계에 속한다. 그러나 프록시마 센타우리 b처럼 태양플레어와 조석고정의 가능성은 남아 있다.

영화 〈스타트렉〉에는 우주선 엔터프라이즈호가 항해 도중 지구형 행성과 마주쳤을 때 일등항해사 스퍽이 "M 클래스 행성에 접근 중"이라고 외치는 장면이 나온다. 사실 천문학에 이런 용어는 없다. 그러나 지금까지 수천 종의 지구형 행성이 새로 발견되었으므로, 머지않아 새로운 이름이 줄줄이 등장할 것이다.

지구의 쌍둥이?

우주 어딘가에 지구와 똑같이 닮은 행성이 존재할 것인가? 가능성은 있지만 아직 발견되지 않았다. 거리가 너무 멀거나 남에게 발견되기를 원치 않는 모양이다. 지금까지 발견된 외계행성 중 지구와 가장 비슷한 것은 앞서 말한 '슈퍼지구'로서 약 50개가 명단에 올라 있다. 그중에서도 가장 관심을 끄는 것은 2015년에 케플러 탐사선이 발견한 케플러-452b 행성으로, 지구로부터 1,400광년 떨어져 있다. 이 행성은 크기가 지구의 1.5배여서 사람이 가면 몸이 꽤 무거워지겠지만, 이것만 빼면 그런대로 살아갈 만하다. 적색왜성을 공전하는 대부분의 외계행성들과는 달리 질량이 태양보다 3.7% 정도 더 큰 별을 공전한다. 케플러-452b의 1년은 지구 시간으로 385일이다. 평균온도는 $-8.3°C$로 지구보다 조금 낮다. 게다가 이 행성은 서식가능 지역, 즉 '골디락스 존'에 놓여 있다. 그래서 외계생명체를 찾는 천문학자들은 라디오망원경을 그쪽 방향으로 맞춰놓고 문명의 신호를 애타게 기다리고 있지만 아직 아무런 '방송'도 수신되지 않았다. 안타깝게도 케플러-452b는 거리가 너무 멀기 때문에, 차세대 망원경이 완성된다 해도 대기성분을 알아내기는 어려울 것이다.

지구로부터 600광년 거리에 있는 케플러-22b 행성도 꽤 흥미롭다. 지구보다 2.4배 큰 이 행성은 1년이 약 290일이고 공전궤도는 지구의 0.85배이며 모항성의 밝기는 태양의 25%쯤 된다. 공전궤도가 작은 대신 모항성이 어둡기 때문에, 두 효과가 서로 상쇄되어 표면온도는 지구와 비슷할 것으로 추정된다. 또한 이 행성도 골디락스 존에 놓여 있다.

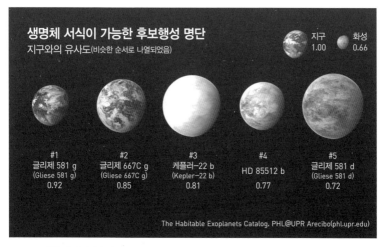

태양계 바깥에서 발견된 슈퍼지구super-Earth의 상대적 크기 비교(표면의 구체적인 형태는 상상일 뿐, 실제 모습은 아니다_옮긴이).

그러나 지금까지 발견된 행성들 중 지구와 가장 비슷한 것은 단연 KOI 7711이다. 2017년에 발견된 이 행성은 크기가 지구의 1.3배이며, 모항성도 우리의 태양과 거의 비슷하다. 또한 골디락스 존에 놓여 있어서 태양플레어에 튀겨질 염려도 없고, 1년의 길이도 지구와 거의 같다. 그러나 지구로부터 1,700광년이나 떨어져 있어서 수증기의 존재 여부가 아직 확인되지 않은 상태이다. 어쨌거나 모든 자료를 종합해볼 때, KOI 7711는 생명체가 존재할 확률이 가장 높은 외계행성이다.

천문학자들은 크기가 비교적 작은 행성을 두 종류로 분류해놓았다. 앞에서 언급한 '슈퍼지구'와 기체로 이루어져 있으면서 크기가 지구의 2~4배인 '미니 해왕성Mini Neptune'이 바로 그것이다(우리 태양계의 해왕성은 지름이 지구의 4배이다). 천문학자들은 작은 외계행성이 새로 발견될 때마다 둘 중 한 부류에 편입시킨다. 생물학자들이 새로운 종을 발견할 때마다 파충류나 포유류 등으로 분류하는 것과 같다. 한 가지 의문은 이 분류가 우리 태양계에 적용되지 않는다는 점이다. 슈퍼지 구와 미니 해왕성이 작은 행성의 주류라면, 우리의 태양계는 왜 이런 행성들로 가득차 있지 않은 것일까?

떠돌이 행성

떠돌이 행성은 정말로 희한한 천체이다. 이들은 특정한 별 주변을 공전하지 않고, 이름 그대로 은하계 전역을 떠돌아다닌다. 아마도 이들은 외계 태양계의 일원이었다가 목성형 행성과 지나치게 가까워지는 바람에 그 태양계 밖으로 내던져진 행성일 것이다. 앞서 말한 대로 목성형 행성은 크게 일그러진 타원궤도를 그리거나, 나선을 그리며 궤도를 변경하여 모항성으로 접근한다. 이들의 궤도는 작은 행성의 궤도와 교차할 가능성이 높기 때문에, 우주에는 항성계에 속한 행성보다 떠돌이 행성이 훨씬 많을 것으로 추정된다. 컴퓨터로 재현된 일부 모형에 의하면, 수십억 년 전에 우리의 태양계에서도 이런 식으로 10여 개의 행성이 퇴출되었다.

떠돌이 행성은 스스로 빛을 발하지 않고 반사할 빛도 없으므로 망원경에 잡힐 가능성이 거의 없어 보인다. 그러나 천문학자들은 중력 렌즈효과를 이용하여 몇 개의 떠돌이 행성을 발견했다. 단, 이런 식의 관측이 가능하려면 배경에 있는 별과 떠돌이 행성, 그리고 지구의 망원경이 정확하게 일렬로 늘어서야 하기 때문에, 별 수백만 개를 뒤져서 몇 개 건지면 다행이다. 너무 비효율적이라고? 그렇긴 하다. 그래서 이런 중노동은 사람이 아닌 컴퓨터가 대신 하고 있다.

지금까지 발견된 잠재적 떠돌이 행성은 모두 20개인데, 그중 하나는 지구와의 거리가 7광년밖에 되지 않는다. 그러나 최근 들어 일본의 천문관측팀은 무려 500만 개의 별을 뒤져서 470개의 떠돌이 행성 후보를 찾아냈다. 이들의 주장에 따르면 은하수에는 별 1개당 평균 2개의 떠돌이 행성이 존재한다고 한다. 개중에는 떠돌이 행성의 수가 일상적인 행성의 10만 배 이상이라고 주장하는 천문학자도 있다.

떠돌이 행성에서도 생명체가 살 수 있을까? 환경에 따라 다르다. 일부는 목성이나 토성처럼 얼음으로 덮인 위성을 거느릴 수도 있는데, 이런 경우라면 조력을 통해 위성의 얼음이 바다로 변하여 생명체가 탄생할 수도 있다. 떠돌이 행성이 취할 수 있는 에너지원은 태양빛과 조력 외에 하나가 더 있다. 행성의 내부에서 방출되는 방사능이 바로 그것이다.

이해를 돕기 위해, 잠시 과학의 역사를 되돌아보자. 19세기에 영국의 물리학자 켈빈 경Lord Kelvin(본명은 윌리엄 톰슨William Thomson이다_옮긴이)은 간단한 계산을 통해 '지구는 처음 탄생한 후 수백만 년 안에 생명체가 살 수 없을 정도로 꽁꽁 얼어붙었다'고 주장했다가, 지구가 수십억 년 전에 탄생했다고 굳게 믿었던 생물학자와 지질학자들의 격렬한 반대에 부딪혔다. 훗날 이 논쟁은 퀴리부인이 방사능을 발견하면서 마무리되었는데, 결론적으로 말하자면 켈빈 경이 틀렸다. 지구의 중심부에서 우라늄 같은 원소들이 방사능을 꾸준히 방출했기 때문에 수십억 년 동안 적정 온도를 유지할 수 있었던 것이다.

떠돌이 행성도 중심부에 방사성원소가 존재한다면 상대적으로 따뜻한 온도를 유지할 것이다. 방사능 에너지가 열을 공급하여 바다 밑에 온천이나 화산구가 형성되고, 그곳에서 생명의 기원인 유기물이 만들어질 수도 있다. 그러므로 일부 천문학자의 주장대로 떠돌이 행성이 부지기수로 많다면, 은하에서 생명체의 존재확률이 가장 높은 곳은 골디락스 존이 아니라, 떠돌이 행성과 그들의 위성일지도 모른다.

괴짜 행성

우주에는 어느 부류에도 속하지 않는 희한한 행성도 많다.

영화 〈스타트렉〉에서 타투인Tatooine은 두 개의 별을 모항성으로 삼아 그 주변을 돌고 있는 유별난 행성이다. 일부 과학자들은 이것이 한갓 공상에 불과하다며 코웃음을 친다. 모항성이 두 개면 그 주변에서 행성이 공전한다해도 궤도가 극히 불안정하여 모항성 중 하나로 빨려들어갈 것이기 때문이다. 그러나 3개의 별로 이루어진 센타우리 삼성계에서도 행성이 발견되었고, 별들이 두 개씩 짝을 지어 서로 공전하는 사성계四星界도 있다.

심지어는 내부에 엄청난 양의 다이아몬드를 감추고 있는 행성이 발견된 적도 있다. '55캔크리e 55 Cancri e'로 명명된 이 행성은 크기가 지구의 2배인데 무게는 8배가 넘는다. 2016년에 허블 우주망원경이 대기를 분석한 결과 수소와 헬륨은 있지만 수증기는 발견되지 않았으며, 얼마 후에는 전체 질량의 1/3이 탄소로 판명되었다. 또한 이 행성은 표면온도가 5,400K에 달할 정도로 엄청나게 뜨겁다. 그렇다면 내부는 훨씬 더 뜨거울 것이다. 중심부의 압력과 온도가 충분히 높으면 내부의 탄소는 다이아몬드로 변하지 않았을까? 그렇다. 얼마든지 가능하다. 그래서 천문학자들은 55캔크리e를 '다이아몬드 행성'이라 부르고 있다. 그러나 이 행성은 지구로부터 40광년이나 떨어져 있어서 지금의 기술로는 갈 방법이 없다. 그림의 떡이란 바로 이런 경우를 두고 하는 말일 것이다.

겨울왕국이 떠오르는 '얼음행성'이나 행성 전체가 물로 덮인 '바다행성'도 존재할 수 있다. 사실 이런 상황은 우리의 지구도 겪은 적이 있다. 지구는 과거 한때 얼음으로 뒤덮인 눈덩이지구Snowball Earth였고, 빙하기가 끝난 후에는 바다로 덮인 적도 있었다. 현재 바다행성으로 추정되는 행성은 총 6개가 있는데, 그중 2009년에 발견된 글리제 1214b Gliese 1214 b는 지구와의 거리는 42광년, 질량은 지구의 6배, 모항성과의 거리는 지구와 태양의 거리보다 70배나 짧아서 골디락스존 바깥에 놓여 있다. 표면온도가 280°C여서 생명체가 존재할 가능성은 별로 없지만, 트랜싯관측으로 분석한 대기에는 다량의 수증기가 포함되어 있어서 종종 '증기행성'으로 불린다.

별에 대해서도 의외의 사실이 많이 밝혀졌다. 과거의 천문학자들은 우주에 노란색 별이 가장 흔하다고 생각했는데, 지금은 태양보다 훨씬 어두워서 맨눈으로 보이지 않는 적색왜성red dwarf이 가장 흔한 별이라고 믿고 있다. 한 관측팀의 보고서에 의하면 은하수에 존재하는 별의 85%가 적색왜성이라고 한다. 일반적으로 별은 덩치가 작을수록 수명이 길다. 작은 별일수록 수소의 핵융합반응이 느리게 진행되기 때문이다. 우리 태양의 기대수명은 약 100억 년 정도로 추정되는데, 적색왜성은 그 100배가 넘는 수조 년 동안 희미한 빛을 발할 것이다. 이렇게 우주 전역에 널려 있으니 프록시마 센타우리 b와 트래피스트 태양계에서 적색왜성이 발견된 것은 전혀 놀라운 일이 아니며, 그 근방은 지구와 비슷한 행성의 존재가능성이 가장 높은 지역 중 하나이다.

은하 인구조사

케플러 우주선이 보내온 행성 관련 데이터를 분석하면 대략적인 통계를 작성할 수 있다. 이 데이터에 의하면 우리 눈에 보이는 모든 별들은 거의 예외 없이 행성을 거느리고 있으며, 그중 20%는 행성의 크기가 지구와 비슷하면서 서식가능 지역(골디락스 존)에 놓여 있다. 은하수에는 대략 1천억 개의 별이 존재하므로, 지구와 비슷한 행성이 200억 개쯤 존재하는 셈이다(사실 이 수도 보수적으로 적게 잡은 것이고, 실제로는 훨씬 많다).

안타깝게도 케플러 우주선은 우주의 신기원을 이룩할 값진 데이터를 보내온 후 오작동을 일으키기 시작했다. 자이로스코프 중 하나가 2013년에 고장난 후로 초점고정 기능을 상실한 것이다.

그러나 외계행성을 찾기 위한 시도는 계속되고 있다. 예를 들어 테스위성Transit Exoplanet Survey Satellite, TESS은 향후 2년 동안 2천 개의 별을 관측할 목적으로 2018년에 발사되었다. 이 위성은 케플러 우주선과 달리 하늘 전체를 스캔하도록 설계되었는데, 케플러 우주선이 발견한 별보다 30~100배 밝은 별과 태양계 근방에 500개쯤 존재할 것으로 예측되는 지구형 행성 및 슈퍼지구를 집중적으로 관측할 예정이다. 또한 허블 우주망원경의 후임인 제임스 웹 우주망원경James Webb Space Telescope이 2021년에 발사되면 외계행성의 실제사진을 볼 수 있을 것이다.

앞으로 발사될 스타십은 지구형 행성을 찾는 데 모든 기능이 집중될 것이다. 외계행성을 본격적으로 탐사하려면 고려해야 할 사항이 두 가지 있다. (1) 외계에서 생존할 수 있어야 하고, (2) 외계생명체와 마주쳤을 때의 대응지침을 마련해야 한다. 이를 위해서는 지구에서 인간이라는 존재를 되돌아보고 개선의 여지가 있는지 살펴볼 필요가 있다. 우리 자신을 수정해야 할지도, 다시 말해서 수명을 늘리고, 생리기능을 조정하고, 경우에 따라서는 유전자를 바꿔야 할지도 모른다. 또한 우리는 외계행성에서 미생물이건 문명을 세운 지적생명체이건, 외계생명체를 발견할 가능성에 미리 대비해야 한다. 그곳에는 과연 누가 살고 있으며, 그들을 만난다는 것은 우리에게 무슨 의미일까?

우주의 생명체

THE FUTURE OF HUMANITY

불멸의 존재에게 은하횡단은 그다지 어려운 문제가 아니다.
마틴 리스 경(영국 왕립천문대장)

10

불멸의
존재

영화 〈아델라인: 멈춰진 시간The Age of Adaline〉은 늙지 않는 삶을 사는 어떤 여인에 관한 이야기다. 그녀는 1908년에 태어나 평범한 삶을 살았으나, 추운 겨울날 교통사고를 당하여 저체온증으로 사망 직전까지 갔다가 우연히 번개를 맞으면서 살아난다. 그런데 이 과정에서 DNA가 변이를 일으켜 더 이상 나이를 먹지 않게 되었다.

친구들과 연인은 세월과 함께 늙어가는데, 그녀의 신체는 20대에 묶여 있다. 결국 주변에는 '늙지 않는 여인'에 대한 의심과 소문이 난무하고, 그녀는 영원한 젊음을 향유하는 대신 마을을 떠나 입을 다물고 살기로 마음먹는다. 그녀에게 불멸은 축복이 아닌 저주였다.

세월이 한참 흐른 후, 그녀는 자동차 사고를 당하여 앰뷸런스에 실려가던 중 제세동기의 충격을 받아 원래대로 돌아온다. 옛날에 번개를 맞아 이상해졌던 유전자가 정상을 되찾은 것이다. 불멸의 삶을 잃었는데도 그녀는 조금도 슬퍼하지 않는다. 오히려 자신의 머리에서 흰 머리카락을 발견하고 뛸 듯이 기뻐한다.

영화 속의 아델라인은 영생을 거부했지만, 과학자들은 노화의 비밀을 풀어서 인간의 수명을 늘리기 위해 혼신의 노력을 기울이고 있다. 또한 생명연장은 우주탐사의 필수항목이기도 하다. 멀리 떨어진 별까지 가려면 수백 년이 걸릴 수도 있기 때문이다. 스타십을 만들고, 외계 별까지 무사히 날아가고, 그곳에 영구기지를 건설하는 것은 여러 세대에 걸쳐 진행되어야 할 장기 프로젝트이다. 긴 여행에 살아남으려면 (1)다세대 우주선을 만들어야 하고, (2)우주인은 여행기간 동안 가사상태에 빠지거나, (3)수명이 지금의 몇 배로 길어져야 한다.

지금부터 위의 항목들을 어떻게 구현할 수 있는지, 하나씩 알아보기로 하자.

다세대 우주선

대기 중에 산소와 질소가 충분하고, 액체 상태의 물이 존재하고, 중심부가 단단한 바위로 되어 있으면서 크기까지 지구와 비슷한 행성이면 우주에서 발견되었다고 가정해보자. 이 정도면 사람이 살기에 이상적인 조건이다. 그런데 이 쌍둥이 지구가 우리로부터 100광년 거리에 있다면, 핵융합로켓이나 반물질로켓을 타고 가도 거의 200년이 걸린다.

한 세대를 대략 20년으로 잡으면 이 여행은 10세대에 걸쳐 계속되어야 한다. 우주선에서 태어난 세대는 그 안에서 평생을 살아야 한다는 뜻이다.

그런 황당한 여행에 자원할 사람이 어디 있냐고? 아니다, 얼마든지 가능한 이야기다. 물론 쉽게 결정할 수는 없겠지만, 이런 일은 과거에도 종종 있었다. 중세의 건축장인들은 자신이 죽기 전에 완성된 모습을 볼 수 없다는 것을 잘 알면서도 대성당을 설계하고 짓는 데 평생을 바쳤다. 자신의 증손자가 성당을 완성하고 기뻐하는 모습을 상상하는 것만으로 충분한 동기가 되었던 것이다.

또한 아프리카에서 태어나고 살았던 우리의 선조들은 여정이 마무리되려면 여러 세대가 걸린다는 사실을 잘 알면서도, 지금으로부터 약 7만 5천 년 전에 유일한 고향인 아프리카를 떠나 길고 긴 여행길에 올랐다.

이처럼 다세대 여행은 전혀 새로운 개념이 아니다.

그러나 스타십을 타고 다른 별로 가는 경우라면 반드시 고려해야 할 문제가 몇 개 있다. 첫째, 우주선 한 대당 최소 200명을 태우되, 탑승 인원을 매우 신중하게 선발해야 한다. 여행기간 내내 거의 같은 인원수가 유지되도록 조절해야 하기 때문이다. 우주선에 실은 자원에는 한계가 있으므로, 출산율에 약간의 차질이 생겨도 열 세대가 지나면 걷잡을 수 없이 불어나거나 줄어들어서 임무 전체를 망칠 수 있다. 이런 사태를 방지하려면 인간복제나 인공수정, 시험관아기 등 다양한 방법을 동원하여 인원수를 적정한 수준으로 유지해야 한다.

둘째, 모든 자원을 신중하게 사용하고 버려진 음식과 쓰레기는 철저하게 재활용해야 한다. 고립된 우주선에서는 그 어떤 것도 함부로 버릴 수 없다.

길고 단조로운 생활에서 느끼는 권태감도 매우 위험한 요소이다.

예를 들어 작은 섬에 사는 사람들은 종종 밀폐공포증과 비슷한 '아일랜드 피버island fever'(섬에 갇혀 있다는 느낌 하나만으로 지루함을 강하게 느끼면서 본토로 가고 싶어하는 심리현상_옮긴이)를 호소하며 바깥세상으로 나가고 싶어하는데, 우주선에서 평생을 살아야 하는 사람들도 이와 유사한 증세를 보일 것이다. 한 가지 해결책은 첨단 컴퓨터 시뮬레이션을 이용하여 우주선 안에 환상적인 가상현실을 구축하는 것이다. 또는 각 개인의 특성에 따라 경쟁관계나 특수임무, 직업 등을 부과하여 삶의 목적을 갖게 할 수도 있다.

자원과 임무를 적절하게 할당하는 것도 중요하다. 가장 좋은 방법은 민주적으로 선출된 책임자 한 사람이 모든 일정을 관리하는 것이다. 그러나 여행기간이 워낙 길기 때문에 관리를 아무리 잘해도 몇 세대가 지나면 사람들이 임무에 회의를 느끼거나, 카리스마 넘치는 선동가가 나타나 지휘체계를 전복시키고 임무에 반하는 행동을 할 수도 있다.

별의별 문제가 다 생긴다. 그렇다면 믿을 만한 해결책은 단 하나 - 우주선에 탑승한 사람들을 수백 년 동안 가사상태에 빠뜨리는 것이다.

현대과학과 노화

영화 〈2001: 스페이스 오디세이〉에서 목성으로 가는 초대형 우주선에 탑승한 승무원들은 캡슐 안에서 냉동상태에 들어간다. 목성에 도착할 때까지 이들의 신체기능은 완전히 정지되므로, 다세대 스타십의 경우처럼 오만가지 문제에 골머리를 앓을 일이 없다. 탑승객들은 자원을 소모하지 않고 심리적 문제를 일으키지 않으며, 출산을 조절할 필요도 없다. 그냥 처음 계획한 대로 얌전하게 날아가기만 하면 된다.

현실세계에서도 이렇게 할 수 있을까?

추운 지방에 사는 물고기와 개구리는 겨울 동안 꽁꽁 얼어붙은 채 얼음 속에 갇혀 있다가, 봄이 되어 얼음이 녹으면 마치 잠에서 깨어난 것처럼 멀쩡하게 되살아난다.

일반적으로 동물의 몸이 얼어붙으면 살아남기 어렵다. 피의 온도가 내려가면 세포 안에 얼음 결정이 자라나서 세포벽을 파괴하고, 가까이 있는 다른 세포에도 손상을 입힌다(물이 얼면 부피가 커지기 때문이다_옮긴이). 자연은 이런 재난을 피하기 위해 '천연부동액'이라는 기발한 해결책을 고안해냈다. 자동차에 부동액을 넣으면 물의 빙점이 낮아져서 추운 겨울에도 냉각수가 얼지 않는 것처럼, 자연은 포도당glucose을 부동액으로 사용하여 피의 빙점을 낮춘다. 그래서 물고기나 개구리가 얼음 속에 갇혀도 혈관 속의 피는 여전히 액체 상태여서 기초대사가 유지되는 것이다.

그러나 빙점을 낮출 정도로 농도가 높은 포도당을 사람의 혈관에 주입하면 독성이 강해서 살 수 없다. 그래서 과학자들은 유리화琉璃化, vitrification(높은 전류를 흘려서 불순물을 고형화하여 물의 빙점을 낮추는 기법_옮긴이)라는 과정을 통해 빙점을 낮춰서 세포의 손상을 막는 실험을 추진 중인데, 아직은 별 소득이 없다. 가장 큰 문제는 유리화 과정에 사용되는 화학물질이 사람을 죽일 정도로 매우 유독하다는 점이다. 지금까지 사람을 산 채로 얼렸다가 해동하여 되살아난 사례는 단한 건도 없다. 독자들도 냉동인간에 대하여 많은 이야기를 들었겠지만 이들은 죽은 직후에 혈액을 빼낸 후 냉동된 사람들이어서 가사상태와는 거리가 멀다. 장거리 우주여행에서 승무원을 가사상태에 빠뜨렸다가 다시 깨운다는 것은 아직 요원한 이야기다(일부 사업가들은 지금도 "죽음을 극복할 수 있다"며 사람들을 현혹하고 있다. 엄청난 돈을 들여 불치병에 걸린 사람의 몸을 냉동보관했다가 의술이 발달한 수십 년 후에 해동하면 살릴 수 있다는 것이다. 그러나 실험적으로는 전혀 검증된 바가 전혀 없으므로 냉동인간에 매력을 느낀다면 다시 한 번 생각해보기 바란다). 과학자들은 빠른 시일 내에 이 문제가 해결되기를 학수고대하고 있다.

어쨌거나 이론적으로는 장거리여행객을 가사상태에 빠뜨리는 것이 가장 이상적인 해결책이다. 지금 당장은 불가능하지만, 미래에는 성간여행에서 살아남는 주요 수단으로 떠오를 것이다.

그러나 모든 승무원들이 성공적으로 가사상태에 접어든다 해도, 여행 도중에 불의의 사고를 당하면 복구할 방법이 없다. 예를 들어 우주선이 소행성과 충돌하여 엔진에 심각한 손상을 입었다면, 오직 '깨어있는 인간'만이 사태를 수습할 수 있다. 간단한 수리는 로봇이 할 수 있겠지만, 피해상태가 심각하면 사람이 직접 나서야 한다. 이런 경우에는 가사상태에 빠진 승무원들 중 공학자를 골라서 깨워야 하는데, 소생 과정이 오래 걸린다면 아무 의미가 없다. 이것이 바로 '가사상태 여행'의 가장 큰 취약점이다. 그러므로 다세대 우주선에서 한 무리의 공학자들은 가사상태에 들지 않고 여행기간 내내 깨어 있어야 한다.

복제인간 보내기

은하식민지를 개척하는 또 하나의 방법은 인간의 DNA가 담겨 있는 배아胚芽, embryo를 우주공간에 보내는 것이다.[1] 운이 좋아서 적절한 행성에 도달하면 생명의 싹을 피울 것이다. 또는 멀리 떨어진 행성으로 DNA에 들어 있는 정보만 보낼 수도 있다(2013년에 개봉된 영화 〈맨 오브 스틸Man of Steel〉이 바로 이런 내용이다. 슈퍼맨의 고향인 크립톤 행성이 곧 폭파될 위기에 처하자, 행성의 지도자는 모든 크립톤 종족의 DNA를 저장하여 지구로 보낸다. 이들의 계획은 DNA 정보로부터 지구라는 행성에 크립톤 종족의 복제생명체를 만들어서 문명을 다시 일으키는 것이다. 그런데 이 계획을 실행하려면 지구를 통째로 접수하고 그곳에 사는 원주민, 즉 지구인을 완전히 제거해야 했다).

DNA만 보낸 후 현장에서 복제인간을 만든다면 중간 과정이 엄청나게 쉬워진다. 인류 전체가 외계행성으로 이주하려면 거대한 우주선을 만들어서 내부환경을 지구와 비슷하게 조성하고 생명유지에 필요한 온갖 장비들까지 싣고 가야 하지만, DNA만 보낸다면 조그만 우주선 하나로 충분하다. 사실 이것은 SF 작가들이 이미 써먹은 내용이다. 아득한 옛날, 고도의 문명을 이룩했지만 멸종위기를 맞이한 종족이 그들의 모든 DNA를 우주선에 실어 은하수 전역에 퍼뜨리고 장렬한 최후를 맞이했다. 이 DNA 중 일부가 지구에 도달하여 생명의 싹을 틔우고, 진화를 거듭하여 인간이 되었다… 꽤 그럴듯한 시나리오다.

그러나 여기에는 몇 가지 문제가 있다. 무엇보다도 지금의 기술로는 복제인간을 만들 수 없다. 인간은커녕, 복제영장류도 성공한 적이 없다. 미래에는 가능할지도 모르지만, 아무튼 지금은 불가능하다.

더욱 큰 문제는 외계에서 탄생한 복제인간이 우리의 기억과 인간성을 물려받지 못한다는 점이다. 물리적 특성은 우리와 동일하겠지만 정신적인 면은 완전히 백지상태이다. 이것까지 온전하게 물려주는 기술이 개발되려면 수백 년은 족히 기다려야 할 것이다.

사람을 꽁꽁 얼리거나 복제인간을 만드는 것 외에, 또 다른 방법이 있긴 있다. 인간의 노화를 늦추거나 아예 멈추게 하면 된다.

불멸을 찾아서

인간은 오랜 옛날부터 불멸의 삶을 동경해왔다. 기록상으로는 거의 5천 년 전에 쓰인 《길가메시 서사시Epic of Gilgamesh》까지 거슬러 올라간다. 여기에는 수메르의 전사戰士 길가메시의 여행 및 영웅담이 흥미진진하게 기록되어 있는데, 구약성서에 나오는 대홍수사건(노아의 홍수)도 그중 하나이다. 길가메시가 여행을 떠난 이유는 단 하나, 영생의 비밀을 찾는 것이었다. 구약성서에서 최초의 인간 아담과 이브는 하나님의 금지령을 어기고 지식나무의 열매(선악과)를 따먹는 바람에 에덴동산에서 쫓겨났다. 하나님이 격노한 이유는 그들이 지식을 이용해 영생을 누리게 될까 싶었기 때문이다.

불멸의 삶은 인간의 영원한 꿈이다. 요즘은 많은 사람들이 그런대로 안락하고 긴 삶을 누리고 있지만 지난 수천 년 동안은 유아사망률이 매우 높았고, 운이 좋아서 오래 산 사람들도 평생을 기아에 허덕였다. 또한 공중위생에 대한 개념이 없어서 음식쓰레기를 아무데나 버렸기 때문에 전염병이 끊일 날이 없었다. 마을과 도시는 악취로 가득차 있고, 병원은 병을 치료하는 곳이 아니라 가난한 사람들이 죽어나가는 곳이었다. 부자들은 개인 주치의를 고용하여 집에서 치료를 받았지만 대부분이 돌팔이여서 전염병에 취약하긴 마찬가지였다(미국 중서부의 한 의사가 남긴 일기장에는 다음과 같이 적혀 있다. "내 왕진가방은 나도 먹지 않을 터무니없는 약으로 가득차 있다. 효과가 있는 것은 사지를 절단할 때 쓰는 톱과 고통을 덜어주는 모르핀뿐이다.").

1900년에 미국정부가 작성한 공식문건에 의하면 미국인의 평균수명은 49세였다. 그 후 두 가지 분야가 빠르게 개선되면서 수명이 크게 길어졌는데, 공중위생과 의약품이 바로 그것이다. 깨끗한 물을 마시고 쓰레기를 처리하는 시스템이 구축된 후로 전염병이 급감하여 평균수명은 15년 가까이 길어졌고, 각종 의약품이 개발되면서 10년이 더 추가되었다.

우리 선조들은 오랜 세월 동안 결핵, 천연두, 홍역, 소아마비, 백일해 등 온갖 질병에 시달리면서 살아왔다. 2차 대전이 끝난 후에야 항생제와 백신이 개발되면서 전염병 치료가 비로소 가능해졌으며, 병원의 위상이 '병든 사람이 죽는 곳'에서 '병든 사람이 치료받고 살아나는 곳'으로 바뀐 것도 이 무렵의 일이었다.

현대의학은 어디까지 발전할 수 있을까? 노화의 비밀을 풀어서 세월을 멈추고, 사람의 수명을 무한정 늘릴 수 있을까?

이런 연구는 이미 고대부터 실행되어왔지만, 요즘은 세계 최고 갑부들이 관심을 가질 정도로 실현가능성이 높아졌다. 실리콘밸리에는 노화 극복을 내세운 기업들이 연이어 간판을 올리고 투자자들이 줄을 잇고 있다. 이들의 목적은 단 하나-영원히 사는 것이다. 구글의 공동창업주인 세르게이 브린Sergey Brin은 이것을 '죽음치료cure death'라고 했다. 그가 이끄는 구글의 자회사 캘리코Calico는 애브비 AbbVie 제약회사와 손잡고 수십억 달러를 투자하여 노화극복을 연구하고 있다. 오라클Oracle의 공동설립자인 래리 엘리슨Larry Ellison 은 죽음을 받아들이는 태도를 "도저히 이해할 수 없다"고 했고, 페이팔Paypal의 공동창업주인 피터 틸Peter Thiel은 최소 120살까지 살고 싶다고 했다. 러시아의 인터넷 제왕으로 알려진 드미트리 이츠코프 Dmitri Itskov는 몇 술 더 떠서 "10,000살까지 살고 싶다"며 장수를 향한 의지를 드러냈다. 브린 같은 사람들이 계속 관심을 갖고 투자와 개발을 추진한다면, 머지않아 현대과학은 노화의 비밀을 벗기고 인간의 평균수명을 크게 늘릴 수 있을 것이다.

최근 들어 과학자들은 노화의 비밀을 일부 벗기는 데 성공했다. 수백 년에 걸친 시행착오 끝에, 드디어 검증 가능한 노화이론이 탄생한 것이다. 새로 제시된 이론의 핵심은 '소식小食'과 '텔로머레이스 telomerase', 그리고 '노화유전자'로 요약된다.

이들 중 유일하게 검증된 수명연장법은 소식이다. 음식 섭취량을 줄이면 수명을 최대 두 배까지 늘릴 수 있다.

평균적으로 식사량을 30% 줄인 동물은 수명이 30% 길어진다. 이것은 효모균과 지렁이, 곤충, 쥐, 고양이, 개, 그리고 영장류를 대상으로 명백하게 확인된 사실이다. 지금까지 실험을 거친 동물들 중에는 단 한 번도 예외가 없었다(그러나 가장 중요한 사람에 대해서는 아직 확인되지 않았다).

왜 그럴까? 이론적인 설명은 다음과 같다. 야생에서 살아가는 동물은 풍요로운 시기에 한정된 자원을 십분 활용하여 자손을 낳지만, 어려운 시기에는 자원을 절약하고 기근을 피하기 위해 거의 동면에 가까운 상태로 버틴다. 그래서 음식의 양이 줄어들면 몸에 비상등이 켜지고, 모든 장기의 활동이 줄어들기 때문에 수명이 길어지는 것이다.

단점도 있다. 소식을 오래 하면 게으르고 무기력해지면서 짝짓기에 대한 관심이 줄어든다. 그리고 대부분의 사람들은 식사량을 30% 줄이는 것에 큰 부담을 느끼기 때문에, 제약회사들은 부작용 없이 적은 칼로리를 십분 활용하는 약을 개발하는 데 총력을 기울이고 있다.

최근에는 레스베라트롤resveratrol이라는 화학물질이 세간의 관심을 끌고 있다. 적포도주에서 발견된 이 물질은 노화의 주원인인 산화과정을 늦춰서 분자의 손상(노화)을 막아준다.

얼마 전에 나는 레스베라트롤과 노화의 관계를 최초로 규명한 MIT의 연구원 레너드 과렌테Leonard Guarente와 인터뷰를 한 적이 있는데, 그에게 레스베라트롤의 효과에 대해 물었더니 다음과 같은 답이 돌아왔다. "귀 얇은 사람들은 그것을 '젊음의 묘약'쯤으로 알고 있는데, 사실은 전혀 그렇지 않습니다. 하지만 미래의 어느 날 진정한 노화방지법이 개발된다면, 레스베라트롤 같은 화학물질이 약간의 도움을 줄 수 있을 겁니다." 그는 '엘리시움 헬스Elysium Health'라는 회사를 설립하여 이 가능성을 연구하는 중이다.

우리 몸의 생체시계를 조절하는 텔로머레이스도 노화의 원인에 대한 또 다른 단서로 알려져 있다. 세포가 분열할 때마다 염색체의 말단 부위인 '텔로미어telomere'가 짧아지는데, 이 과정이 50~60회 반복되면 텔로미어가 아예 사라지면서 염색체가 분해되기 시작하고, 이때부터 세포가 노화상태에 접어들어 제 기능을 발휘하지 못한다. 간단히 말해서, 세포분열의 횟수에 한계가 있다는 뜻이다(이것을 '헤이플릭 한계 Hayflick limit'라 한다. 언젠가 레너드 헤이플릭Leonard Hayflick 박사를 만나 인터뷰하면서 "헤이플릭 한계를 거꾸로 뒤집어서 수명을 늘리는 것이 가능하냐"고 물었더니 껄껄 웃으며 꿈 깨라고 했다. "그런 생물학적 한계가 노화의 근본원인인 건 맞지만 아직 연구단계에 있습니다. 그리고 노화는 생화학적으로 매우 복잡한 과정이기 때문에 한두 가지 원인을 알아냈다고 해서 곧바로 극복되지 않습니다. 인간의 한계를 극복하려면 아직 먼길을 가야합니다.").

2009년에 노벨 생리학상을 수상한 엘리자베스 블랙번Elizabeth Blackburn은 좀 더 긍정적이다. "텔로미어가 노화와 관련되어 있다는 것만은 분명한 사실입니다. 종류를 불문하고 병에 걸린 사람은 텔로미어가 짧아져 있으니까요. 예를 들어 텔로미어가 평균의 1/3로 짧아지면 심장혈관질환에 걸릴 확률이 40% 높아집니다. 텔로미어의 축소 현상은 심장병과 당뇨병, 암, 알츠하이머 등 치사율이 높은 질병과 밀접하게 관련되어 있습니다."[2]

최근 들어 과학자들은 블랙번이 발견한 텔로머레이스를 집중적으로 연구하고 있다. 텔로머레이스는 텔로미어가 짧아지는 것을 막아주는 효소이다. 간단히 말해서 '생체시계 멈춤 장치'인 셈이다. 텔로머레이스가 집중 살포되면 피부세포는 헤이플릭 한계를 넘어 무한정 분열할 수 있다. 바이오 주식회사 제론Geron Corporation에서 텔로머레이스를 연구하고 있는 마이클 웨스트Michael D. West는 나와 인터뷰하는 자리에서 "피부세포에 영생을 부여하여 영원히 살게 할 수 있다"고 장담했다(영어권 국가에서는 이 유행을 타고 '영생을 부여하다immortalize'라는 신조어가 탄생했다). 웨스트의 연구실에 있는 피부세포는 50~60회를 훌쩍 뛰어넘어 수백 회까지 분열할 수 있다고 한다.

그러나 텔로머레이스는 매우 신중하게 적용되어야 한다. 우리 몸에서 암세포가 맹위를 떨치는 것도 텔로머레이스 덕분이기 때문이다. 암세포가 위험한 이유는 정상세포를 화학적으로 공격하기 때문이 아니라, 무한정 분열하여 다른 세포가 있어야 할 위치를 점거하기 때문이다. 그러니까 암세포는 '텔로머레이스가 낳은 부작용'인 셈이다.

노화의 유전학

노화를 극복하는 또 한 가지 방법은 유전자를 조작하는 것이다.

노화가 유전자의 영향을 받는다는 것은 이미 밝혀진 사실이다. 나비는 고치에서 나온 후 며칠에서 몇 주밖에 살지 못하고, 실험용 쥐의 수명은 길어야 2년이다. 개의 노화는 사람보다 7배쯤 빠르게 진행되어, 10년 남짓 살 수 있다.

동물 중에는 수명이 워낙 길어서 측정하기 어려운 종도 있다. 2016년에 〈사이언스〉지의 연구원들은 "그린란드상어Greenland shark의 평균수명은 272년으로, 200년을 사는 북극고래bowhead whale를 제치고 최장수 척추동물로 등극했다"고 발표했다. 이들은 그린란드상어의 눈에 있는 조직층을 분석하여 나이를 추정했는데(이 부위는 양파처럼 세월과 함께 층층이 자라난다), 개중에는 392살, 심지어는 512살 먹은 녀석도 있었다(율곡의 어머니인 신사임당과 같은 해에 태어나 지금까지 살아 있다!_옮긴이).

생명체의 수명은 유전자 구조에 따라 천차만별이다. 사람도 쌍둥이나 가까운 친척들은 수명이 비슷하지만, 무작위로 뽑은 사람들 사이에는 제법 큰 차이를 보인다.

그러므로 노화가 부분적으로나마 유전자의 영향을 받는다면, 유전자의 어떤 부분이 노화를 제어하는지 알아야 한다. 여기에는 몇 가지 접근법이 있다.

한 가지 방법은 젊은 사람의 유전자와 노인의 유전자를 비교하는 것이다. 관련 정보를 컴퓨터로 분석하면 노화에 의해 손상된 유전자를 어렵지 않게 분리해낼 수 있다.

예를 들어 자동차의 노화는 주로 엔진에서 발생한다. 산화酸化와 마모, 그리고 균열이 이곳에서 집중적으로 일어나기 때문이다. 세포에서 엔진에 해당하는 부분은 포도당을 산화시켜 에너지를 생산하는 미토콘드리아이다. 그런데 미토콘드리아 내부의 DNA를 자세히 분석해보니, 바로 이곳에서 대부분의 오류가 발생하고 있었다. 그래서 과학자들은 세포의 '자체수리장치'를 개발하여 미토콘드리아에 누적된 오류를 제거하고 세포의 수명을 늘리는 방법을 연구하고 있다.

보스턴대학교의 토머스 펄스Thomas Perls는 '일부 사람들은 장수유전자를 타고난다'는 가정하에, 100살이 넘은 노인들의 유전자를 집중분석하여 노화를 늦추고 질병과의 전투력을 높여주는 281개의 유전자 부위를 골라냈다.

노화의 비밀이 조금씩 풀리고 있다.[3] 이런 추세로 간다면 앞으로 수십 년 안에 노화를 제어할 수 있을지도 모른다. 지금까지 알려진 바에 의하면 노화란 'DNA와 세포에 오류가 누적되는 현상'일 뿐이므로, 근본적 원인이 밝혀지면 이 과정을 멈추거나 거꾸로 되돌릴 수 있다(실제로 하버드대학교의 일부 교수들은 노화극복연구에 자신감이 충만하여 관련회사를 차리고 투자자를 모집하는 중이다).

인간의 수명과 유전자가 밀접하게 관련되어 있다는 점에는 의심의 여지가 없다. 문제는 노화에 직접 관여하는 유전자를 골라내서 더 이상 노화가 진행되지 않도록(또는 거꾸로 되돌리도록) 적절한 변형을 가하는 것이다.

도마 위에 오른 노화이론

독자들은 '피를 마시거나 젊은 사람의 기氣를 흡수하면 영원한 젊음을 유지할 수 있다'는 풍문을 들어본 적이 있을 것이다. 마치 젊음이라는 것이 한 사람에서 다른 사람으로 이전 가능하다는 듯한 뉘앙스를 풍긴다. 의학지식이 미천했던 시절에는 꽤 많은 사람들이 이 말을 있는 그대로 믿었다. 뱀파이어의 전설도 그래서 탄생했을 것이다. 서큐버스succubus는 젊고 아름다운 마녀인데, 그녀가 늙지 않는 이유는 남자들이 잠든 사이에 몰래 다가가 소위 말하는 '도둑키스'를 시도하면서, 그의 몸으로부터 영혼의 일부를 빨아들이기 때문이라고 한다.

말도 안 되는 이야기 같지만, 놀랍게도 현대의학에 의하면 맞는 부분도 있다. 1956년에 코넬대학교의 클리브 맥케이Clive M. McCay는 늙은 쥐와 젊은 쥐의 혈관을 이어 붙이는 실험을 했는데, 놀랍게도 늙은 쥐는 젊은 외모를 되찾고 젊은 쥐에게는 그 반대 현상이 일어났다.

그 후 2014년에 하버드대학교의 에이미 웨거스Amy Wagers가 맥케이의 실험을 다시 실행하여 동일한 결과를 얻었다. 그녀는 이 과정에서 핵심적 역할을 하는 GDF11 단백질을 추출하는 데 성공했고, 〈사이언스〉지는 그녀의 연구를 '올해의 논문'으로 선정했다. 그러나 그 후에 진행된 일련의 실험에서는 결과가 오락가락하여, GDF11이 정말로 '젊음의 묘약'인지는 아직 확실치 않다.

성장호르몬human growth hormone, HGH에 대한 논쟁도 분분하다. '성장호르몬=노화방지'라는 등식은 모르는 사람이 없을 정도로 널리 알려져 있지만, 사실 이것은 충분히 검증되지 않은 이론에 기초한 주장이다. 2017년에 이스라엘의 하이파대학교의 연구팀은 800건이 넘는 실험을 실행한 끝에 '성장호르몬은 수명을 단축시킨다'는 정반대의 결론에 도달했다. 뿐만 아니라 한 연구팀은 '성장호르몬 수치를 낮추는 유전적 변이가 일어나면 인간의 수명이 길어진다'는 논문을 발표하기도 했다.

방금 열거한 연구사례에는 중요한 교훈이 담겨 있다. 노화와 관련된 과거의 대담한 주장들은 신중한 분석을 거쳐 서서히 사라져갔지만, 요즘 학자들은 당장 검증 가능하고, 재현 가능하고, 반증 가능한 이론을 요구한다는 것이다. 진정한 과학이라면 이 조건을 모두 만족해야 한다.

요즘 생물학자들은 노화의 비밀을 추적하는 데 열을 올리고 있다. 이 분야에 투신한 학자들이 어찌나 많은지, 급기야 '생물노인학biogerontology'이라는 새로운 분야까지 탄생했다. 최근에는 노화와 관련된 유전자와 단백질, 그리고 FOXO3를 비롯하여 DNA 메틸화 DNA methylation, mTOR, 인슐린 성장인자insulin growth factor, Ras2, 아카보스acarbose, 메트포르민metformin, 알파-에스트라디올alpha-estradiol 등 다양한 화학물질이 연구되고 있다. 이 모든 항목들 하나하나가 엄청나게 흥미로운 주제이긴 하지만 결론을 내리기에는 아직 시기상조이다. 어느 것이 우리에게 영원한 젊음을 안겨줄지는 좀 더 지켜봐야 알 것 같다.

과거에 미신이나 마법, 또는 돌팔이 의사의 전유물이었던 '젊음의 샘'이 현재는 세계 최고 과학자들의 연구과제로 떠오르고 있다. 노화 치료법은 아직 개발되지 않았지만 연구해볼 만한 주제는 사방에 널려 있다. 동물을 대상으로 한 생명연장 실험은 이미 여러 차례 성공을 거두었으니, 이제 남은 일은 동일한 실험을 사람에게 적용하는 것이다.

연구는 믿기 어려울 정도로 빠르게 진척되고 있지만 노화의 미스터리를 풀려면 아직 갈 길이 멀다. 위에 열거한 여러 방법 중 몇 개를 조합하여 노화를 늦추거나 거꾸로 되돌리는 길을 찾아야 한다. 아마도 다음 세대쯤에는 획기적인 발견이 이루어질 것이다. MIT의 전자공학자 제럴드 서스먼Gerald Sussman은 이렇게 말했다. "불멸의 시대는 아직 오지 않았지만 거의 다 온 것 같다. 혹시 내가 영생을 누리지 못하고 죽어야 하는 마지막 세대라면, 이보다 안타까운 일이 또 어디 있겠는가?"[4]

영생에 대한 관점

영화 〈아델라인: 멈춰진 시간〉의 여주인공 아델라인은 불멸의 삶을 얻었음에도 불구하고 전혀 기뻐하지 않았다. 영생을 탐탁지 않게 여기는 사람은 그녀뿐만이 아니겠지만, 대부분의 사람들은 여전히 젊음을 선호한다. 지금도 동네 약국에 가면 '지난 세월을 되돌려준다'고 주장하는 다양한 약들이 진열대에 널려 있다. 게다가 이런 약은 의사의 처방전이 없어도 살 수 있으니, 귀 얇은 소비자들에게는 뿌리치기 어려운 유혹이다. 이 자리를 빌려서 단언하건대, 그런 약들은 죄다 엉터리다(피부과의사들의 증언에 의하면 노화방지용 의약품에 들어 있는 잡다한 성분들 중 유일하게 효과가 있는 것은 모이스처라이저, 그러니까 보습로션뿐이라고 한다).

나는 BBC TV의 특별 프로그램 진행을 맡고 있을 때 센트럴파크에서 지나가는 사람들과 무작위 인터뷰를 한 적이 있다. 제작진의 의도는 "제가 젊음의 묘약을 드린다면 마시겠습니까?"라고 물었을 때 사람들의 반응을 보는 것이었는데, 놀랍게도 예외 없이 "No!"라는 답이 돌아왔다. 세월과 함께 늙어가다가 때가 되면 죽는 것이 순리라고 생각한 것이다. 하긴, 죽는 것도 삶의 일부이니 자연의 섭리에 순응하는 것이 바람직할지도 모르겠다. 아무튼 그날 촬영팀은 야외 인터뷰를 마치고 다음 장소인 요양원으로 장소를 옮겼다. 그곳에 사는 사람들은 각종 노인성질환에 시달리는 환자들이었고, 알츠하이머병이 심각하게 진행되어 자신이 누구이며 어디에 와 있는지조차 모르는 사람도 많았다. 나는 그들에게 똑같은 질문을 던졌고, 이번에도 대답은 만장일치였다. 그들은 약속이나 한 듯 간절한 마음으로 "Yes!"를 외쳤다.

인구과잉

노화를 극복한다면 어떤 세상이 될까?[5] 다른 건 몰라도, 태양계 바깥에 있는 별들이 별로 멀지 않게 느껴질 것 같다. 불멸의 존재들이 생각하는 성간여행은 우리와 완전히 다른 형태일 것이다. 긴 세월 동안 스타십을 만들어서 다른 별로 가는 것은 그들에게 별문제가 되지 않는다. 우리가 몇 달 동안 휴일을 모아서 장기휴가를 가는 것처럼, 불멸의 존재에게 수백 년의 기다림은 아무 일도 아닐 것이다.

우리에게 불멸의 삶이 선물처럼 주어진다면 더할 나위 없이 좋겠지만 부작용도 만만치 않다. 가장 먼저 나타나는 부작용은 인구과잉이다. 인구가 많으면 식량과 자원, 그리고 에너지 수급에 차질이 생겨서 전 세계적으로 대규모 정전사태와 집단이주, 식량파동, 그리고 국가간 전쟁이 난무할 것이다. 인류가 영생을 얻으면 물병좌시대Age of Aquarius(자유-평화-우애의 시대_옮긴이)가 오는 대신, 또 한 차례의 세계대전이 발발할 가능성이 높다.

이런 사태가 계속되면 결국 사람들은 인구과잉과 오염에 시달리는 지구를 포기하고 우주의 새로운 거주지를 찾아 대탈주를 시도할 것이다. 이쯤 되면 아델라인이 느꼈던 것처럼 영생은 축복이 아니라 저주에 가깝다.

그런데 인구과잉의 부작용은 과연 인류의 존재 자체를 위협할 정도로 심각한 수준일까?

인류의 역사 대부분에 걸쳐 세계인구는 3억을 넘지 않았다. 인구가 갑자기 증가한 것은 산업혁명 후의 일이다. 모든 생산라인이 기계화되면서 물자와 식량이 풍부해졌고, 그 결과 인구가 서서히 증가하여 1900년에는 15억에 도달했다. 현재 세계인구는 75억이며, 매 12년마다 10억 명씩 증가하고 있다. UN의 추산에 의하면 2100년에는 112억에 도달할 예정이다. 지구의 자원은 한정되어 있으므로, 이런 추세로 가다 보면 식량파동을 비롯하여 총체적 혼돈을 피할 길이 없다. 이것은 1798년에 영국의 경제학자 토머스 로버트 맬서스Thomas Robert Malthus가 이미 예측했던 결과이다.

일부 사람들은 다른 별로 가야 하는 이유 중 하나로 인구과잉을 꼽는다. 그러나 인구문제를 좀 더 면밀하게 분석해보면 반드시 그렇지만도 않다. 인구는 지금도 꾸준히 증가하고 있지만 증가속도가 조금씩 느려지는 추세이다. 그래서 UN은 인구예측 보고서를 내놓았다가 이 점을 고려하여 몇 번에 걸쳐 하향조정했다. 실제로 대부분의 인구통계학자들은 21세기 말에 인구증가 추세가 진정국면에 접어들거나 정체 상태에 진입할 것으로 예측하고 있다.

인구가 변하는 근본적 원인을 이해하려면 농부의 관점에서 세상을 바라볼 필요가 있다. 가난한 나라의 농부들에게 자손은 곧 재산이다. 즉, 아이를 많이 낳을수록 부유해진다. 양육비는 적게 들면서 값진 노동력을 제공하기 때문이다. 시골에서 숙식은 거의 공짜다. 그러나 도시로 이주하면 상황이 급변하여, 아이를 많이 낳을수록 가난해진다. 아이들은 밭이 아닌 학교로 가야 하고, 아이를 먹이려면 값비싼 식품점에서 음식을 사와야 한다. 또 아이를 아파트에서 키우려면 비싼 주거비용을 내야 한다. 그래서 농촌인구가 도시로 이주하면 10명이 넘던 출산율이 2명으로 급감한다. 그리고 농부가 도시중산층으로 진입하면 삶의 질을 높이려는 의지가 강해져서 급기야 '1가구 1자녀'로 만족하게 된다.

도시중산층이 별로 없는 방글라데시 같은 나라에서도 출산율은 서서히 줄어들고 있다. 주된 이유는 여자아이들의 취학률이 높아졌기 때문이다. 세계 각국에서 취합한 인구 관련 자료를 보면 뚜렷한 공통점이 눈에 뜨인다. 산업화지수가 높을수록, 도시집중도가 높을수록, 그리고 어린 소녀들의 교육 수준이 높을수록 출산율은 급격하게 감소한다.

일부 인구학자들은 다음과 같이 주장한다. "지구 한편에는 교육 수준이 낮고 경제가 취약하여 출산율이 꾸준히 증가하는 국가들이 있고, 다른 한편에는 고도의 산업으로 번영을 누리면서 출산율이 정체 상태에 접어들었거나 아예 감소하는 국가들이 있다. 인구과잉은 여전히 심각한 문제지만 두 집단은 인구문제에 관한 한 상호보완적인 관계에 있기 때문에, 감당할 수 없을 정도로 인구가 폭증하는 사태는 일어나지 않을 것이다."

분석가들 중에는 식량부족 사태를 걱정하는 사람도 있고, 식량문제를 에너지의 관점에서 바라보는 사람도 있다. 먹을 것이 부족해도 에너지가 풍족하면 각종 자원 및 식량의 생산성이 자연히 높아져서 문제가 해결된다는 것이다.

언젠가 나는 월드워치연구소Worldwatch Institute의 설립자이자 세계적으로 유명한 환경보호론자인 레스터 브라운Lester Brown을 만나 인터뷰를 한 적이 있다. 월드워치연구소는 전 세계의 식량공급 현황과 지구의 상태를 분석하여 매년 〈지구환경보고서State of the World〉를 발표하는 기관이다. 브라운은 높은 곳에 있는 책임자답게 또 다른 문제를 걱정하고 있었다. "전 세계 사람들이 중간소비층으로 올라서도 충분한 식량을 공급할 수 있을까?" 중국과 인도에서는 수억 명의 사람들이 빈곤을 벗어나 중산층으로 진입하여 서양 영화를 보고, 서양의 생활양식을 따르고, 자원을 낭비하고, 다량의 고기를 섭취하고, 큰 집에서 살고, 사치품을 소비하고 있다. 이런 추세가 계속된다면 지금의 식량으로는 전 세계 인구를 먹여살리기 어렵고, 서양식 식생활을 동경하는 사람들의 요구를 충족시킬 수도 없다.

브라운은 "저소득 국가들이 산업화를 이룩한 후에도 서양의 전철前轍을 밟지 않고 자원을 보존하는 환경보호정책을 펼쳐주길 바란다"라고 했다. 과연 그렇게 될까? 시간이 지나봐야 알 것이다.

다시 우주 이야기로 돌아가자. 노화를 늦추거나 멈추는 기술은 우주여행에 엄청난 영향을 미친다. 별까지의 방대한 거리는 더 이상 장애요인이 아니므로, 몇 년 동안 우주선을 만들어서 수백 년 동안 날아가는 것쯤은 아무렇지 않게 해낼 수 있다. 게다가 인간의 수명이 길어지면 인구가 폭증할 것이므로 지구를 떠나려는 사람들이 많아지고, 식민지 개척자들은 최전방에 나서서 우주 진출을 독려할 것이다.

다음 세기에 벌어질 사태를 정확하게 예측하기란 역시 어려운 일이다. 그러나 지금의 연구 진척 상황으로 미루어볼 때 노화극복은 생각보다 빠른 시일 안에 이루어질 가능성이 높다.

디지털영생

생물학적 영생 외에 또 다른 형태의 영생도 가능하다. 컴퓨터와 정보기술을 이용한 '디지털영생digital immortality'이 바로 그것이다. 지금 당장은 불가능하지만, 디지털영생은 외계의 별을 탐사하는 가장 효율적인 방법이다. 인간의 나약한 신체로 성간여행을 견뎌낼 수 없다면, 몸은 이곳에 두고 의식만 보내면 된다.

독자들은 집안의 가계도를 추적해본 적이 있는가?(미국의 독자들에게 하는 말이다. 한국에서는 얼마 전까지만 해도 선택이 아니라 의무였다_옮긴이) 시도해본 사람은 알겠지만 3대쯤 거슬러 가면 남아 있는 자료가 거의 없다. 그들의 존재를 증명해주는 것은 그들이 낳은 후손뿐이다.

그러나 현대를 사는 우리들은 곳곳에 '디지털 족적'을 남기고 있다. 예를 들어 신용카드의 사용내역을 조회하면 당신이 어느 곳을 방문했고 무슨 음식을 먹었으며 어떤 옷을 사 입었는지, 그리고 어느 학교를 다녔는지 등등… 꽤 많은 것을 알 수 있다. 여기에 블로그와 일기, 이메일, 동영상 자료, 사진 등을 확보하면 당신이 말하고, 걷고, 먹는 모습을 홀로그램으로 만들어서 사소한 습관과 기억까지 재현할 수 있다.

미래의 후손들은 '영혼 도서관'을 운영하게 될 것이다. 윈스턴 처칠에 대해 알고 싶다면, 도서관을 방문하여 그의 전기를 읽는 대신 그의 모습을 3차원 영상으로 띄워놓고 실시간으로 대화를 주고받으면 된다. 그의 얼굴표정과 손짓, 몸짓, 그리고 특유의 억양이 실물과 똑같이 재현된다. 디지털 데이터에는 처칠이라는 인물의 생물학적 정보와 저서, 정치적 의견, 종교관, 그리고 개인적 성향이 고스란히 들어 있어서, 실제 인물을 만난 것과 거의 차이가 없다. 나는 개인적으로 아인슈타인을 만나 상대성이론에 관한 대화를 나누고 싶다. 미래의 어느 날, 당신의 증손자의 증손자의 증손자가 가족도서관에서 당신을 소환하여 역사숙제를 도와달라며 대화를 청할지도 모른다. 이것이 바로 디지털영생의 한 형태이다.

그런데 이런 식으로 재생된 당신이 과연 '진정한' 당신일까? 사실 그것은 당신의 특징과 경험을 기반으로 실행되는 하나의 시뮬레이션일 뿐이다. 일부 독자들은 "영혼은 정보로 저장될 수 없다"라고 주장하고 싶을 것이다.

그렇다면 질문을 조금 바꿔보자. 당신의 두뇌를 뉴런 단위로 완벽하게 재생하여 모든 기억과 느낌을 저장한다면 어떨까? 디지털영생의 다음 단계는 '영혼 도서관'의 수준을 넘어서 두뇌의 모든 것을 디지털화하는 '휴먼 커넥톰 프로젝트Human Connectom Project'이다.

'씽킹머신Thinking Machine'의 공동설립자인 대니얼 힐리스Daniel Hillis는 이렇게 말했다. "모든 사람들이 그렇듯이, 나도 지금의 내 몸이 좋다. 하지만 실리콘 몸뚱이로 바꿔서 200년을 살 수 있다면 그쪽을 택할 것이다."[6]

마음을 디지털화하는 두 가지 방법

사람의 마음을 디지털데이터로 변환하는 방법은 두 가지가 있다. 그 중 하나가 스위스에서 추진 중인 '인간 두뇌 프로젝트Human Brain Project'이다. 그곳의 과학자들은 뉴런 대신 트랜지스터를 이용하여 두뇌의 모든 특성을 시뮬레이션하는 컴퓨터 프로그램을 개발하고 있다. 현재 수준은 쥐와 토끼의 '사고 과정'을 몇 분 동안 재현하는 정도이며, 최종 목표는 정상적인 사람처럼 논리적 대화가 가능한 컴퓨터를 만드는 것이다. 이 프로젝트의 책임자인 헨리 마크람Henry Markram 은 "우리의 계획대로 된다면 사람처럼 말하고, 생각하고, 행동하는 컴퓨터가 탄생할 것"이라고 했다.

이것은 '전기'에 기초한 방법이다. 즉, 방대한 개수의 트랜지스터로 연산능력을 극대화하여 사람의 두뇌를 재현하는 것이다. 그러나 다른 한편에서는 생물학에 기초하여 두뇌의 신경회로를 구현하는 프로젝트가 추진되고 있다.

이것이 바로 미국에서 추진 중인 '브레인 이니셔티브BRAIN initiative, Brain Research through Advancing Innovative Neurotechnologies'이다. 이 프로젝트의 목표는 두뇌의 신경망 구조를 개개의 세포 단위까지 재현하여, 모든 뉴런의 신호전달경로 지도를 작성하는 것이다. 사람의 뇌는 대략 1천억 개의 뉴런으로 이루어져 있고 개개의 뉴런은 약 1만 개의 뉴런과 연결되어 있어서 언뜻 생각하면 도저히 불가능할 것 같다(두뇌구조가 가장 단순한 모기의 경우에도 관련 데이터를 CD에 담아 보관하려면 웬만한 방을 바닥부터 천장까지 CD로 가득 채워야 한다). 그러나 지루한 작업을 컴퓨터나 로봇에게 맡기면 시간과 노력을 크게 절약할 수 있다.

한 가지 방법은 '슬라이스 앤 다이스slice and dice'(다양한 시각에서 볼 수 있도록 정보를 작은 조각으로 분해하는 것_옮긴이) 접근법을 적용하는 것이다. 두뇌를 수천 개의 단면으로 잘게 썰어낸 후 현미경을 이용하여 모든 뉴런들 사이의 연결관계를 재현하는 식이다. 최근에는 스탠퍼드대학교에서 광유전학optogenetics을 선도해온 과학자들이 훨씬 빠른 방법을 제안했다. 시세포에 함유되어 있는 단백질 '옵신opsin'을 분리한 후, 그 안에 있는 유전자에 빛을 쪼여서 뉴런을 활성화시키는 것이다.

유전공학기술을 이용하면 옵신의 유전자를 뉴런에 심어서 필요한 연구를 할 수 있다. 쥐의 뇌 특정부위에 빛을 쪼이면 특정 근육과 연결된 뉴런이 활성화되어, 쥐가 이리저리 뛰거나 제자리를 도는 등 특정한 행동을 보인다. 실험자는 이런 방법으로 특정 행위를 제어하는 뉴런의 신호전달경로를 알아낼 수 있다.

과학자들은 이 프로젝트가 정신질환의 원인을 규명하는 데 큰 도움이 될 것으로 기대하고 있다. 예를 들어 정상적인 사람은 자신에게 말을 할 때 입으로 소리를 내지 않는다. 이런 경우에는 언어를 관장하는 좌뇌가 전전두엽前前頭葉, prefrontal cortex을 거쳐 작동한다. 그러나 정신분열증 환자는 의식을 관장하는 전전두엽의 허락 없이 좌뇌가 활성화되기 때문에, 내면에서 들리는 목소리를 실제 목소리로 착각하곤 한다.

지금도 연구실에서는 혁명적인 발견이 연일 이루어지고 있지만, 완벽한 두뇌지도가 완성되려면 수십 년은 족히 기다려야 한다. 그런데 21세기 말쯤에 이 프로젝트가 완결되면 사람의 의식을 컴퓨터에 업로드하여 외계의 별로 보낼 수 있을까?

영혼은 단지 정보의 집합일 뿐일까?

육체가 죽은 후에도 커넥톰connectom(두뇌의 신경세포와 연결관계를 보여 주는 네트워크의 총칭_옮긴이)이 남아 있으면 살아 있다고 할 수 있을까? 우리의 마음을 디지털화할 수 있다면, 영혼이라는 것도 결국은 정보의 집합인가? 두뇌의 모든 신경회로망과 기억을 디스크에 저장했다가 슈퍼컴퓨터에 업로드하면 진짜 두뇌처럼 행동할 것인가? 만일 그렇다면, 컴퓨터로 재현된 두뇌를 진짜 두뇌와 구별할 수 있을까?

이 질문에 단호히 "No!"라고 외치는 사람들은 '마음을 컴퓨터에 업로드해봐야 딱딱한 기계 속에 영원히 갇힌 신세이므로 결코 인간이라 할 수 없다. 그런 식으로 사는 것은 죽는 것만 못하다'고 생각할 것이다. TV 드라마 〈스타트렉〉의 한 에피소드에는 빛을 발하는 구球 속에서 순수한 의식으로 존재하는 외계인이 등장한다. 이 종족은 아득한 옛날에 육체를 포기하고 구 안에서 영원히 사는 쪽을 택했다. 그런데 그들 중 한 개체가 육체로 되돌아가 감각과 열정을 느끼고 싶다며 일탈을 시도한다. 문제는 그가 육체를 가지려면 다른 육체를 강제로 빼앗아야 한다는 것이었다.

컴퓨터 안에 갇힌 채 영원히 살라고 하면 별로 구미가 당기지 않을 것이다. 그러나 이 상태에서도 숨쉬고, 느끼고, 대화를 나누면서 얼마든지 사람처럼 살 수 있다. 당신의 커넥톰은 컴퓨터 몸체에 갇혀 있지만, 당신과 똑같이 생긴 로봇을 만들어서 조종하면 로봇이 겪는 모든 것을 느끼면서 하고 싶은 일을 할 수 있다. 게다가 로봇은 얼마든지 튼튼하게 만들 수 있으므로 당신이 원한다면 슈퍼맨으로 사는 것도 가능하다. 로봇이 보고 느끼는 모든 것은 컴퓨터에 전송되어 당신의 의식으로 전달된다. 그러므로 컴퓨터 안에서 로봇 아바타를 조종하며 사는 것은 아바타 '안에' 직접 들어가서 사는 것과 완전히 동일하다.

멀리 떨어진 별은 이런 식으로 탐사할 수 있다. 당신의 커넥톰을 실은 스타십이 새로운 태양계로 날아가서 당신의 슈퍼 아바타를 밖으로 내보내면 별에서 쏟아지는 방사선과 타는 듯한 고온, 그리고 멀리 떨어진 위성의 혹한과 유독성 기체로 가득한 대기를 가뿐하게 버티면서 임무를 수행할 것이다.

컴퓨터과학자 한스 모라벡Hans Moravec은 사람의 마음을 컴퓨터에 업로드하는 새로운 방법을 제안했다. 그는 나와 인터뷰하는 자리에서 '의식이 잠시도 꺼지지 않도록 유지하면서 당신의 마음을 컴퓨터에 업로드할 수 있다'고 장담했다.

이 과정은 몇 단계에 걸쳐 진행된다. 우선 뇌가 없는 로봇을 침대에 눕히고 그 옆에 당신이 눕는다. 그러면 의사가 당신의 뇌에서 뉴런 몇 개를 추출하여 트랜지스터에 똑같이 복제한 후 로봇의 머리 부위에 설치한다. 그리고 당신의 뇌와 로봇의 빈 머리에 있는 트랜지스터를 전선으로 연결한 후, 이미 복제된 뉴런은 폐기한다. 당신은 몇 개의 뉴런을 잃었지만 뇌가 로봇의 트랜지스터에 전선으로 연결되어 있으므로 기능에는 아무런 문제가 없다. 의사는 계속해서 당신의 뉴런을 로봇의 머리에 복제하고, 복제가 끝난 뉴런은 계속 쓰레기통에 버려진다. 수술이 반쯤 진행되면 당신의 뇌는 반밖에 남지 않겠지만, 나머지 반이 로봇의 머리에 있는 트랜지스터에 재현되었고 둘 사이는 전선으로 연결되어 있으므로 여전히 정상적으로 작동한다. 이런 식으로 수술이 계속 진행되다 보면 당신의 뇌에 있던 모든 뉴런은 말끔하게 제거되고, 로봇의 머릿속에는 당신의 뇌와 완전히 동일한 트랜지스터

뇌가 완성된다. 물론 이 모든 과정에서 당신의 의식은 생생하게 깨어 있었다. 수술이 끝난 후 당신과 로봇을 연결해주던 전선이 차단된다. 이제 당신은 로봇 안에서 의식을 가진 불사의 존재가 된 것이다. 당신은 침대에 누워 있는 원래 몸을 바라보며 작별을 고한다.

그래도 의문은 여전히 남는다. 로봇이 된 당신은 진정한 '당신'인가? 대부분의 과학자들은 이렇게 말한다. "로봇이 당신의 사고와 행동, 기억, 습관 등 모든 것을 똑같이 재현할 수 있다면, 그것은 실질적으로 당신과 동일한 존재이다."

앞서 말한 대로 별들 사이의 거리는 너무나 멀기 때문에, 가장 가까운 별까지 가는 데에도 인간수명의 몇 배가 걸린다. 그러므로 다세대 여행과 수명연장, 그리고 영생을 향한 연구는 미래의 우주탐사에 필수 과제가 될 것이다.

수명이 충분히 길어진다 해도 지금처럼 나약한 육체로 성간여행을 강행하면 위험에 처하기 십상이다. 길어진 수명 못지않게 우리의 육체도 강해질 필요가 있다. 인간의 몸은 어디까지 개선될 수 있을까? 유전자를 바꾸는 기술이 완성되면 잠재력은 무궁무진하다. 두뇌 - 컴퓨터 인터페이스brain-computer interface, BCI와 유전공학이 빠르게 발전하고 있으므로, 새로운 기술과 무한한 가능성을 가진 육체가 등장할 날도 멀지 않았다. 바야흐로 '포스트휴먼posthuman'의 시대가 열리는 것이다. 육체의 기능을 개선하는 것은 우주를 탐사하는 최선의 방법이기도 하다.

외계인은 아마도 염력과 초능력, 영생 등 ··· 우리가 꿈처럼 생각하는 모든 능력을 보유하고 있을 것이다. 그들은 마술 같은 힘을 발휘하면서 정신적으로도 크게 향상된 존재일 것이다. 양자역학의 수수께끼를 해결하여 벽을 마음대로 통과할지도 모른다. 가만··· 천사가 바로 그런 존재 아니었나?

데이비드 그린스푼

11

트랜스
휴머니즘과
과학기술

영화 〈아이언맨Iron Man〉에서 점잖은 사업가 토니 스타크는 미사일과 총, 화염방사기, 그리고 각종 폭탄이 장착된 매끈한 갑옷을 입고 스크린을 누빈다. 연약한 인간이었던 그가 갑옷을 걸치면 무적의 슈퍼히어로가 되는 것이다. 그러나 진짜 마법은 갑옷 안에 숨어 있다. 그 안에는 최신 컴퓨터기술이 집약되어 있어서, 하늘을 마음대로 날아다니고 무지막지한 무기를 적에게 퍼부을 수 있다. 이 모든 시스템은 토니의 뇌를 통해 조종된다.

환상적이긴 하지만 영화일 뿐이라고? 아니다. 지금 과학기술은 아이언맨을 거의 비슷하게 구현할 정도로 발전했다.

사실이 그렇다. 언젠가는 인공두뇌cybernetics와 유전자조작을 통해 외계행성에서 생존 가능한 인간이 탄생할 것이다. 트랜스휴머니즘 transhumanism(과학기술을 이용하여 인간의 정신적, 육체적 한계를 극복하려는 지적, 문화적 운동_옮긴이)은 이제 SF와 변두리 과학을 벗어나 인간이라는 존재의 중요한 화두로 자리잡았다.

게다가 로봇은 날이 갈수록 강하면서 똑똑해지고 있다. 그들이 인간을 능가하는 날이 오면 우리는 둘 중 하나를 선택해야 한다. 로봇에게 세상을 넘겨줄 것인가? 아니면 우리와 그들의 몸을 섞어서 하나가 될 것인가?

지금부터 '우주개발'이라는 주제로 인간의 다양한 미래상을 예측해보자.

초인적인 힘

1995년, 안타까운 소식이 전 세계를 강타했다. 영화 〈슈퍼맨〉의 주인공 크리스토퍼 리브Christopher Reeve가 승마 도중 말에서 떨어져 전신이 마비된 것이다. 스크린에서 하늘을 누비던 그는 휠체어에 갇힌 채 인공호흡기 없이는 숨조차 쉴 수 없는 처지가 되었다. 그러나 그는 사고를 당한 후에도 자신의 이름을 딴 재단을 설립하여 비슷한 처지에 놓인 사람들을 성심껏 도왔으며, 현대과학의 도움으로 사지를 움직일 수 있는 날을 손꼽아 기다리다가 2004년에 심장마비로 세상을 떠났다. 그가 10년만 더 살았다면 그토록 바라던 꿈을 이룰 수 있었을 것이다.

2014년, 브라질 상파울루São Paolo에서 월드컵 축구 개막식이 한창 진행되고 있을 때 한 남자가 그라운드에 등장하여 전 세계 10억 명의 TV 시청자들이 보는 앞에서 대회의 시작을 알리는 시축을 했다. 시축은 대회마다 치러지는 이벤트여서 별로 특별할 게 없지만, 이날만은 예외였다. 공을 찬 주인공이 사지가 마비된 환자였기 때문이다. 이 특별한 이벤트를 계획한 사람은 듀크대학교의 미겔 니코렐리스Miguel Nicolelis 교수였다. 그는 환자의 뇌에 특수 제작된 칩을 삽입하고 외골격exoskeleton을 조종하는 휴대용 컴퓨터에 이 칩을 연결하여, 환자가 생각하는 대로 외골격 다리가 움직이도록 만들었다.

니코렐리스는 어린 시절에 아폴로 11호가 달에 착륙하는 모습을 보고 미래과학에 완전히 매료되었다고 한다. 그러나 달 착륙은 이미 다른 사람이 이루었으므로, 그는 다른 분야에서 아폴로 11호 못지않은 신기원을 이룩하기로 결심했다. 그리고 수십 년이 지난 후, 사지가 마비된 환자의 몸에 전선을 연결하여 시축을 성공시킴으로써 자신의 꿈을 이루었다.

브라운대학교의 신경과학자이자 이 분야의 개척자인 존 도너휴 John Donoghue는 나와 인터뷰하는 자리에서 다음과 같이 말했다. "자전거 타기와 마찬가지로 마비환자가 공을 차려면 약간의 훈련이 필요합니다. 조금만 연습하면 자신의 의지대로 외골격을 움직여서 물컵을 잡거나, 가전제품을 가동시키거나, 휠체어를 조종하거나, 웹서핑을 하는 등 간단한 동작을 할 수 있습니다." 이것이 가능한 이유는 신체의 특정한 움직임과 관련된 두뇌의 패턴을 컴퓨터가 인식하여 외골격에 명령을 하달하기 때문이다. 즉, 컴퓨터는 주인이 원하는 것을 눈치껏 파악하여 하인에게 하달하는 수석집사와 비슷하다. 도너휴의 치료를 받는 한 마비환자는 음료가 담긴 컵을 손으로 들어서 입으로 가져가 마시는 데 성공한 후 기쁨의 눈물을 흘렸다고 한다. 이전에는 결코 할 수 없었던 행동이 외골격 덕분에 가능해진 것이다.

듀크대학교와 브라운대학교, 그리고 존스홉킨스대학교를 비롯한 여러 학교의 연구진들은 정상적인 생활을 포기한 마비환자들에게 새로운 희망을 심어주고 있다. 미군은 1억 5천만 달러를 들여 이라크와 아프가니스탄에서 심각한 부상(사지절단 또는 척추부상)을 입은 군인들의 재활을 돕는 '혁명적 보철Revolutionary Prosthetics' 프로그램을 운영 중이다. 휠체어와 침대에 갇혀 사는 수천 명의 환자들(전쟁, 자동차 사고, 질병, 스포츠사고 등으로 신체제어 기능을 상실한 환자들)은 머지않아 팔과 다리를 마음대로 쓸 수 있게 될 것이다.

중력이 강한 외계행성에서 살아가려면 신체 각 부위의 근력이 지금보다 훨씬 강해야 한다. 이런 경우에 외골격을 착용하면 어느 정도 도움이 되겠지만, 도구를 사용하지 않고 생물학적 방법으로 근력 자체를 강화시킬 수도 있다. 이것은 과학자들이 근육확장 유전자를 발견하면서 제시된 방법으로, 이 부위에 변이를 일으킨 쥐는 근육이 엄청나게 발달한다. 당시 언론은 "마이티마우스 유전자Mighty Mouse gene가 발견되었다"라며 근육확장 유전자를 대서특필했고, 얼마 후 사람에게서 비슷한 유전자가 발견되자 "드디어 슈워제네거 유전자 Schwarzenegger gene 발견!"이라며 흥분을 감추지 못했다.

근육확장 유전자를 발견한 과학자들은 퇴행성 근육질환 환자를 치료하는 의사들로부터 문의전화가 쇄도할 것으로 예상했다. 그러나 놀랍게도 전화를 걸어온 사람의 절반은 근육을 키우려는 보디빌더들이었고, 이들 중 대부분은 '실험이 아직 진행 중이어서 어떤 부작용이 나타날지 알 수 없다'고 아무리 타일러도 막무가내였다. 벌써 스포츠계에서는 이 약을 복용하고 두통을 호소하는 사례가 여러 건 보고되었다. 화학적 변화(근육증진)보다 이상징후가 훨씬 빨리 나타나기 때문이다.

근육의 양을 조절하는 기술은 지구보다 중력이 큰 행성을 탐사할 때 매우 유용하다. 지금까지 천문학자들은 슈퍼지구를 여러 개 발견했는데(골디락스 존에 있는 바위형 행성에 바다가 존재할 수도 있다), 중력장의 세기가 지구의 1.5배라는 것만 빼면 사람이 생존하는 데 별문제가 없어 보인다. 따라서 이곳에 사람을 보내려면 근육과 골격을 강화할 필요가 있다.

신체능력 개선

과학자들은 근육뿐만 아니라 인간의 오감을 향상시키는 기술도 연구하고 있다. 청력에 이상이 있는 사람에게 소리를 듣게 해주는 인공달팽이관(인공와우)이 대표적 사례이다. 이것은 귀로 들어온 음파를 전기신호로 변환하여 청신경聽神經, auditory nerve으로 전달하는 놀라운 장치로서, 지금까지 무려 50만 명이 이식수술을 받았다.

시각장애인들도 인공망막artificial retina의 도움을 받으면 어느 정도 회복이 가능하다. 이 장치를 외부카메라에 달거나 망막에 직접 부착하면 시각영상이 전기펄스로 변환되어 뇌에 전달되고, 뇌는 이 신호를 분석하여 눈앞에 보이는 풍경을 시각화해준다.

그중 하나가 초소형 비디오카메라를 이용한 아르구스Argus-2이다. 이 장치를 안경처럼 착용하면 인공망막에 도달한 시각정보가 전기신호로 바뀌어서 시신경으로 전달된다. 현재 출시된 제품은 해상도가 60픽셀에 불과하지만 240픽셀짜리 제품이 곧 출시될 예정이다(사람의 눈은 약 100만 픽셀까지 구별할 수 있으며, 얼굴이나 사물을 알아보려면 최소 600픽셀에 해당하는 정보가 필요하다). 독일의 한 회사에서는 1,500픽셀짜리 인공망막을 실험하고 있는데, 이 제품이 성공한다면 시각장애인들도 거의 일반인과 다름없는 생활을 할 수 있다.

인공망막을 사용해본 시각장애인들은 사물의 색상과 외곽이 눈에 보인다며 흥분을 감추지 못했다. 기본적인 기술은 확보되었으니, 실제 눈과 견줄 만한 인공망막이 출시되는 것도 시간문제일 뿐이다. 여기서 한 걸음 더 나아가, 특수제작된 인공망막을 사용하면 사람의 눈에 보이지 않는 색까지 볼 수 있다. 예를 들어 주방용품에 사용되는 금속류는 외관만으로 온도를 알 수 없기 때문에 손에 화상을 입는 경우가 종종 있다. 열복사는 적외선에 속하는데, 사람의 눈은 적외선을 볼 수 없기 때문이다. 그러나 인공망막을 고글처럼 착용하면 적외선을 볼 수 있으므로 불의의 사고를 피할 수 있다. 군인들이 사용하는 야간망원경도 같은 원리이다. 가시광선 이외의 빛(적외선, 자외선)을 보는 능력은 다른 행성을 탐사할 때 매우 유용하다. 천신만고 끝에 외계 행성에 착륙했는데 대기가 두껍거나 먼지가 너무 많아서 앞이 보이지 않으면 참으로 난감할 것이다. 이럴 때 적외선 열 감지용 인공망막을 착용하면 화성의 살인적인 폭풍 속에서도 앞을 훤하게 볼 수 있다. 그리고 태양으로부터 멀리 떨어진 위성에는 빛이 거의 도달하지 않으므로, 인공망막을 착용하면 얼음이나 금속 등 빛을 반사하는 물체를 쉽게 찾을 수 있다.

자외선을 보는 기능도 필요하다. 자외선은 피부를 노화시키고 피부암을 유발하는 등 유해한 복사로 알려져 있지만, 우주로 나가면 사방이 자외선이다. 다행히도 지구에는 제법 두꺼운 대기가 있어서 태양으로부터 쏟아지는 자외선을 막아주고 있으나, 화성의 대기는 매우 희박하기 때문에 자외선이 거의 직격탄으로 쏟아진다. 게다가 자외선은 눈에 보이지 않아서 위험수위를 넘어도 모르고 넘어가기 쉽다. 이런 경우에 초시력超視力, super vision을 갖고 있으면 자외선이 강한 지역을 피할 수 있다. 마치 더운 여름날 그늘을 찾아 더위를 피하는 것과 같은 이치다. 특히 짙은 구름으로 악명 높은 금성에서는 자외선 감지용 인공망막이 큰 도움이 될 것이다(꿀벌도 흐린 날에는 태양의 자외선을 감지하여 길을 찾아간다).

천리안(먼 곳을 보는 능력)과 현미안(작은 것을 보는 능력)도 초시력의 또 다른 사례이다. 특수제작된 소형렌즈를 착용하면 크고 거추장스러운 망원경 없이 멀리 있는 물체를 볼 수 있고, 현미경 없이 세포처럼 작은 물체도 볼 수 있다.

이런 유형의 기술이 개발되면 텔레파시telepathy(정신감응)와 염력念力, telekinesis(마음으로 사물을 제어하는 능력)도 가능하다. 뇌파를 암호화하여 인터넷으로 전송하는 기술은 이미 개발되어 있다. 근위축성측삭경화증ALS을 앓고 있는 스티븐 호킹은 근육의 운동기능을 모두 상실하여 손가락조차 움직이지 못한다. 그러나 그가 착용하는 안경에는 뇌파를 노트북 컴퓨터로 전송하는 칩이 장착되어 있어서, 속도가 느리긴 하지만 그가 하려는 말을 모니터에 띄워주고 있다(호킹은 이 책이 출간된 직후에 세상을 떠났다_옮긴이).

바로 이것이 염력을 향한 첫걸음이다. 두뇌를 로봇이나 다른 기계에 연결하여 명령을 내리면 자신의 의지대로 사물을 움직일 수 있다. 미래에는 순전히 생각하는 것만으로 대부분의 기계와 상호작용할 수 있게 될 것이다. 지금은 SF에나 등장하는 텔레파시와 염력이 일상사가 된다는 이야기다. 조명을 켜고, 인터넷에 접속하고, 편지를 쓰고, 비디오게임을 하고, 친구와 대화를 나누고, 택시를 부르고, 옷을 구입하고, 영화를 보고… 이 모든 것이 생각하는 것만으로 이루어진다. 또한 미래에는 우주선 조종과 행성탐사도 염력을 통해 이루어질 것이다. 생각만으로 로봇군단을 조종하여 화성의 사막에 대도시를 건설한다. 생각만 해도 대단하지 않은가!

인간의 능력을 개선하려는 것은 전혀 새로운 시도가 아니다. 인류는 오랜 옛날부터 자신의 능력을 높이고 영향력을 키우기 위해 오만 가지 도구를 사용해왔다. 옷, 문신, 화장품, 머리장식, 각종 예복, 장신구, 안경, 보청기, 마이크, 헤드폰 등은 그런 목적으로 탄생한 발명품이다. 신체기능을 개선하는 것은 태곳적부터 인간의 타고난 본성이었다. 단, 과거에는 번식의 기회를 극대화하는 것이 목표였으나, 미래에는 자원이 고갈된 지구를 떠나 낯선 환경에서 살아남기 위해 자신의 몸을 개조해나갈 것이다. 초기단계에는 신체의 물리적 기능을 높이는 쪽으로 진행되겠지만, 나중에는 '마음으로 물질을 제어하는 단계'로 진화할 것이다.

마음의 위력

뇌과학 분야에서 이룩한 또 하나의 쾌거는 기억을 저장할 수 있게 된 것이다. 웨이크포레스트대학교와 서던캘리포니아대학교의 과학자들은 쥐의 단기기억을 저장하는 해마hippocampus에 전극을 연결하고, 간단한 임무(튜브로 물 빨아먹기 등)를 수행하는 동안 쥐의 기억을 저장했다. 그 후 쥐가 이 일을 까맣게 잊을 때까지 기다렸다가 저장했던 신호로 해마를 자극하니 곧바로 과거의 행동을 기억해냈다. 영장류에게도 이런 실험을 했는데, 거의 비슷한 결과가 얻어졌다.

그다음 단계는 알츠하이머 환자의 기억을 조그만 칩, 두뇌조절기 brain pacemaker에 저장하여 해마에 삽입하는 것이다. 이 칩은 환자로 하여금 자신이 누구이며, 어디에 살고 있으며, 누가 가족이고 친척인지를 기억하게 하는 '메모리 칩'이나 '기억유지장치' 역할을 하게 된다. 군대에서도 이 기술에 비상한 관심을 보이고 있다. 2017년에 미국 국방부는 수백만 개의 뉴런을 분석하여 인간 - 컴퓨터 통신을 구현하고 기억을 저장하는 프로젝트에 6,500만 달러를 투자하기로 결정했다.

아직은 기술적으로 많은 문제가 남아 있지만, 21세기 말쯤에는 복잡다단한 사람의 기억을 컴퓨터에서 사람의 뇌로 업로드할 수 있게 될 것이다. 그때가 되면 능력이 떨어지는 사람도 다양한 기술과 능력을 뇌에 주입하여 슈퍼맨으로 거듭날 수 있다. 영화 〈매트릭스〉에서 별 볼일 없었던 키아누 리브스가 단 몇 분 만에 무술의 달인이 될 수 있었던 것도 바로 이 기술 덕분이었다.

미래의 우주인도 이 기술의 덕을 톡톡히 보게 될 것이다. 낯선 행성에 파견되어 임무를 수행하려면 기억해야 할 사항이 부지기수로 많고, 생존과 건설에 필요한 기술도 새로 습득해야 한다. 이럴 때 컴퓨터에 저장해둔 정보를 뇌에 업로드하면 초단시간 내에 '우주임무 최적임자'로 거듭날 수 있다.

브라질 월드컵 개막식에서 감동적인 장면을 연출했던 미겔 니코렐리스는 여기서 한 걸음 더 나아가 인터넷의 다음 단계인 '브레인넷

brain net'을 구상 중이다. 지금의 인터넷은 정보의 비트를 전송할 뿐이지만, 신경학에 두뇌 업로드 기술을 적용하면 각 개인의 감정과 느낌, 감각, 그리고 기억까지 전송할 수 있다. 사람들 사이에 내면세계를 공유하는 거대한 네트워크가 구축되는 셈이다.

브레인넷이 완성되면 사람들 사이의 장벽이 사라진다. 우리가 다른 사람을 이해하지 못하는 이유는 그들의 고통과 슬픔, 분노를 동일한 관점에서 느끼지 못하기 때문이다. 그러나 모든 사람의 뇌가 브레인넷으로 연결되면 타인의 감정을 직접 느낄 수 있으므로 상대방을 이해하는 데 많은 도움이 될 것이다.

영화를 보는 관람객들이 주인공의 마음 상태를 마치 내 마음처럼 느끼면 몰입도가 훨씬 높아진다. 그러므로 영화산업에 두뇌 업로드 기술을 도입하면 가히 혁명적인 변화가 초래될 것이다. 과거 한때 전성기를 누렸던 무성영화가 유성영화에게 금방 자리를 내줬던 것도 음성을 통해 감정이입이 훨씬 쉬워졌기 때문이다. 미래의 관람객들은 등장인물의 감정과 행동, 고통, 기쁨, 슬픔 등을 내 일처럼 느끼면서, 마치 자신이 주인공이 된 듯 실감나는 감상을 만끽하게 될 것이다.

외계행성에 진출한 미래의 우주인들이 브레인넷으로 연결되어 있으면 다른 지역에 있는 동료들과 중요한 정보를 공유하고, 완전히 새로운 방법으로 오락을 즐길 수 있다. 또한 우주에는 사방에 위험이 도사리고 있으므로 개개인의 정신 상태를 실시간으로 정확하게 파악하여 작업속도를 조절할 수도 있다. 브레인넷은 우주인들을 강하게 결속시키고 우울증이나 불안감 같은 정신적 문제를 드러내 보임으로써, 인적人的 요인에 의해 초래되는 사고를 미연에 방지해줄 것이다.

유전공학을 이용하여 정신능력을 개선하는 방법도 있다. 프린스턴대학교의 과학자들은 쥐를 대상으로 미로실험을 반복하다가 미로탈출 능력을 강화하는 유전자를 발견했다. 흔히 '똑똑한 쥐 유전자smart mouse gene'라고 알려진 이 유전자의 정식명칭은 NR2B로, 해마 세포들이 정보를 교환할 때 핵심적 역할을 한다. 이 유전자가 결핍된 쥐는 미로탈출 능력이 현저하게 떨어지지만, 여분의 NR2B 복사본을 보유한 쥐는 기억력이 향상되어 복잡한 미로도 쉽게 탈출할 수 있다.

프린스턴 연구팀이 실행한 실험 중에는 이런 것도 있다. 쥐의 키보다 깊은 수조에 물을 가득 채우고, 한쪽 구석에 받침대를 설치해둔다. 물에 빠진 쥐가 이 받침대 위에 올라서면 수영을 하지 않아도 물 위로 고개를 들 수 있다. 여기에 '똑똑한 쥐'를 풀어놓으면 받침대의 위치를 금방 파악하여 어느 곳에서 출발하건 그쪽으로 헤엄쳐 가지만, 보통 쥐는 받침대의 위치를 확인한 후에도 금방 잊어버리고 엉뚱한 방향으로 나아간다. 이것은 NR2B 유전자가 기억력을 향상시킨다는 또 다른 증거이다.

미래의 비행

인간은 오래전부터 새처럼 날기를 갈망해왔다. 로마신화에 등장하는 목축의 신 머큐리는 모자와 발목에 날개가 달려 있어서 하늘을 마음대로 날아다녔고, 다이달로스의 아들 이카로스는 깃털로 만든 날개에 밀랍을 발라서 팔에 붙이고 용감하게 떠올랐다가 태양에 너무 가까이 다가가는 바람에 밀랍이 녹아서 바다로 추락했다. 그러나 미래의 과학은 인간에게 우주를 마음대로 날아다니는 능력을 선사할 것이다.

화성처럼 대기가 희박하고 지형이 험한 행성에서 가장 편리한 비행수단은 SF 영화의 단골메뉴인 제트팩jet pack이다. 이 장치는 1929년에 방영된 TV 시리즈 〈버크 로저스Buck Rogers〉를 통해 처음으로 대중에게 알려졌다(주인공 버크가 미래의 여자친구와 마주쳤을 때, 그녀는 등에 제트팩을 달고 하늘을 날고 있었다). 현실세계에서 제트팩이 최초로 등장한 것은 2차 대전 때였다. 당시 독일의 과학자들은 다리가 폭파된 강 너머로 병력을 옮기기 위해 과산화수소를 연료로 사용하는 제트팩을 개발했는데, 촉매와 반응하는 속도가 너무 빨라서 체공시간이 30초 ~1분을 넘지 못했다(1984년 LA 올림픽 개막식에서 한 진행요원이 제트팩을 타고 하늘을 날다가 운동장에 착륙하는 멋진 장면을 시연한 적이 있다. 그러나 이 무렵에도 비행시간은 수십 초에 불과했기 때문에, 사고가 나지 않도록 체공시간과 거리를 정교하게 조절했다).

체공시간을 늘리려면 휴대가 가능하면서 충분한 힘을 발휘하는 소형 에너지원이 개발되어야 하는데, 지금의 과학 수준으로는 어림도 없는 이야기다.

레이저총이 아직 상용화되지 않은 것도 같은 이유다. 바코드 인식용 레이저스캐너는 권총만 한 크기로 충분하지만, 레이저총을 발사하여 적에게 피해를 입히려면 원자력발전소 수준의 에너지원이 필요하다. 즉, 전쟁터에서 레이저총을 개인화기로 사용하려면 원자력발전소를 통째로 등에 지고 다녀야 한다. 과학자들은 분자규모에서 에너지를 저장하는 나노배터리에 희망을 걸고 있다.

또 다른 방법은 그림이나 영화에 등장하는 천사들처럼 사람의 몸에 날개를 다는 것이다. 대기가 짙은 행성에서는 팔에 날개를 달고 펴덕이기만 해도 하늘을 날 수 있다(대기가 짙을수록 양력揚力도 크다). 그러나 날개비행의 원조인 새의 신체조건은 사람보다 훨씬 유리하다. 무엇보다도 새의 뼈는 속이 비어 있고, 날개폭에 비해서 몸뚱이가 매우 작다. 반면에 사람의 몸은 밀도가 높고 무거우며, 양팔 사이의 간격이 자신의 키와 비슷하다. 게다가 공중에 뜰 정도로 날개를 빠르게 퍼덕이려면 등 근육이 지금보다 훨씬 커야 한다. 유전자 수백 개를 조작하면 근육의 양을 늘릴 수 있지만, 지금의 기술로는 유전자 한 개도 바꾸기 어렵다. 생명공학이 충분히 발달하여 날개 달린 인간을 만들었다 해도, 신체비율이 매우 기형적이어서 그림 속의 천사와는 완전 딴판일 것이다.

과거에는 유전공학을 이용하여 사람의 신체기능을 개선하는 것이 SF에서나 가능한 꿈으로 여겨졌다. 그러나 지금은 과학학회에서 '발전 속도를 늦추자'는 건의가 나올 정도로 분위기가 완전히 바뀌었다.

크리스퍼 혁명

요즘 생명공학biotechnology의 발전 속도는 가히 상상을 초월한다. 최근에는 저렴한 비용으로 효율적이고 정확하게 DNA를 조작하는 크리스퍼clustered regularly interspaced short palindromic repeats, CRISPR 기술이 과학자들 사이에 뜨거운 화제로 떠오르고 있다. 과거의 유전공학은 발전속도가 느리고 부정확한 과학으로 정평이 나 있었다. 좋은 유전자를 무해한 바이러스에 삽입하는 유전자요법을 예로 들어보자. 이 바이러스를 환자에게 주입하면 순식간에 세포 안으로 침투하여 DNA를 변형시킨다. 이 치료법의 목적은 새로 주입된 DNA를 염색체 내부의 적절한 위치에 정착시킴으로써 손상된 DNA를 '좋은 DNA'로 대치하는 것이다. 겸상적혈구빈혈증sickle-cell anemia과 테이삭스병Tay-Sachs(정신 및 신경쇠약을 일으키는 유전병_옮긴이), 그리고 낭포성 섬유증cystic fibrosis(호흡기관과 위장에 점액분비물이 달라붙는 유전병_옮긴이) 등은 DNA 서열에서 단 하나의 오류 때문에 발생하는 유전질환이어서, 유전자요법으로 치료가 가능할 것 같았다.

그러나 결과는 매우 실망스러웠다. 사람의 신체가 바이러스를 적으로 간주하여 공격하는 바람에 온갖 부작용이 속출했고, 좋은 유전자가 제자리를 찾아가는 경우도 극히 드물었다. 특히 1999년에 펜실베이니아대학교에서 치명적인 사고가 발생한 후로, 대부분의 유전자요법은 자취를 감추었다.

이 모든 문제를 일거에 해결한 것이 바로 크리스퍼 기술이다. 사실 이 기술은 수십억 년 전부터 존재해왔다. 박테리아는 어떻게 바이러스의 맹공을 막아내는 것일까? 자신의 몸 안에 치명적인 바이러스가 침투했다는 사실을 어떻게 알고 정확하게 제거하는 것일까? 이것은 과학계의 오랜 수수께끼였다. 박테리아가 위험요소를 쉽게 감지하는 이유는 몸 안에 바이러스의 유전적 물질을 갖고 있기 때문이다. 마치 총잡이가 현상수배범의 사진을 갖고 다니는 것과 비슷하다. 그래서 이물질이 들어오면 사진과 대조하여 유해성 여부를 판단하고, 바이러스로 판명되면 정확한 지점을 공략하여 무력화시킨다.

지금 과학자들은 이 과정을 비슷하게 흉내내고 있다. 특정 세포에 들어 있는 DNA의 일부를 바이러스 DNA 서열로 교체하여 '현상수배범 사진'을 유포하는 데 성공한 것이다. 이것이 바로 '유전체수술genomic surgery'의 원리이다. 크리스퍼 기술은 구식 유전공학의 대안으로 빠르게 성장하고 있으며, 그 덕분에 유전자편집과 유전자청소 등 유전자 관련 치료법도 과거보다 훨씬 빠르고 정확해졌다.

요즘 생명공학 분야에서는 크리스퍼 혁명이 한창 진행 중이다. 이 분야의 선구자인 제니퍼 다우드나Jennifer Doudna는 "크리스퍼가 생명공학의 판도를 완전히 바꾸었다"고 했고,[1] 에모리대학교의 데이비드 와이스David Weiss는 "이 모든 발전이 지난 1년 사이에 이루어졌다"고 했다.

네덜란드 휘브레흐트 연구소Hubrecht Institute의 과학자들은 "낭포성 섬유증을 유발하는 유전적 오류를 바로잡을 수 있다"고 공언함으로써 불치성 유전병을 앓는 환자들에게 새로운 희망을 심어주었다. 또한 일부 과학자들은 특별한 형태의 암세포에 크리스퍼를 적용하여 다른 세포로 바꾸는 기술을 연구 중이다. 이 연구가 성공리에 마무리되면 인간의 평균수명은 지금보다 훨씬 길어질 것이다.

생명윤리학자들은 수시로 학회를 개최하여 크리스퍼의 오남용을 줄이는 방법을 강구하고 있다. 역사가 오래되지 않아서 어떤 부작용이 생길지 알 수 없는데도, 수많은 과학자들이 이 분야에 몰려들어 과열 조짐을 보이고 있기 때문이다. 생명윤리학자들은 특히 생식세포 유전자치료germline gene therapy 분야에 촉각을 곤두세우고 있다 (유전자치료는 크게 두 가지로 분류된다. 그중 하나인 체세포 유전자치료somatic gene therapy는 생식세포를 건드리지 않고 진행되는 치료로서 그 결과가 자손에게 유전되지 않는다. 그러나 생식세포 유전자치료는 생식세포를 변화시키기 때문에 치료 결과가 자손에게 그대로 유전된다). 생식세포 유전자치료가 사전검열 없이 남용된다면 인류의 유전자는 큰 변화를 겪게 될 것이다. 예를 들어 외계별 탐사에 적절하도록 우주인의 유전자에 변형을 가하면 새로운 인종이 탄생할 수도 있다. 자연적인 조건하에서 새로운 인종이 등장하려면 보통 수만 년이 걸리지만, 생식세포 유전자치료가 실현되면 이 기간이 단 한 세대로 단축된다.

인간의 유전자를 개량하여 외계행성을 정복하는 것은 SF에나 나올 법한 비현실적 시나리오였지만, 크리스퍼가 등장한 후로는 더 이상 방관할 수 없게 되었다. 유전자를 용도에 따라 마음대로 변형하는 것이 윤리적으로 타당한 일인지, 신중하게 생각해볼 때가 된 것이다.

트랜스휴머니즘의 윤리학

인간의 기술과 능력을 향상시킬 수 있다면 유전자를 조작해도 괜찮은가? 이 질문에 "yes"라고 답한다면 당신은 트랜스휴머니스트 transhumanist이다. 낯선 우주에서 살아남고 번성하려면 인간의 신체는 역학적, 생물학적으로 개선되어야 한다. 트랜스휴머니스트에게 이것은 선택의 문제가 아니라 반드시 실행되어야 할 필수 과제이다. 중력과 기압, 대기성분, 온도, 복사 등이 지구와 크게 다른 행성에서 장기간 거주하려면 신체구조를 바꾸는 수밖에 없다.

트랜스휴머니즘의 지지자, 즉 트랜스휴머니스트는 '완벽한 인간'이라는 목표를 위해 새로운 기술을 적극적으로 수용하는 사람들이다. 그들은 현생인류를 진화의 부산물로 여긴다. 즉, 우리의 몸은 이상적인 방향으로 개선되어온 것이 아니라, 아무 때나 무작위로 일어나는 변이의 결과라는 것이다. 이렇게 마구잡이로 만들어진 신체를 첨단과학으로 개선하겠다는데, 무엇이 문제란 말인가? 이들의 최종목적은 현생인류를 초월한 새로운 종, 즉 '신인류posthuman'를 창조하는 것이다.

개중에는 유전자조작에 심한 거부감을 드러내는 사람도 있지만, 캘리포니아대학교 로스앤젤레스캠퍼스UCLA와 공동연구를 수행 중인 생물물리학자 그레고리 스톡Gregory의 생각은 조금 다르다. 그는 나와 인터뷰하는 자리에서 다음과 같이 주장했다. "인간은 지난 수천 년 동안 다양한 동물과 식물의 유전적 특성을 자신에게 유리한 쪽으로 변형시켜왔습니다. 오늘날 우리가 자연스럽다고 생각하는 것도 알고 보면 무수한 선택적 번식을 통해 개량된 품종이죠. 옛날에 우리의 선조들이 곡식과 동물의 품종을 개량하지 않았다면 지금과 같은 식생활은 불가능했을 겁니다." (예를 들어 요즘 우리가 먹는 옥수수는 메이즈maize를 유전적으로 개량한 품종이어서 농부의 도움 없이는 번식을 할 수 없다. 옥수수의 씨앗은 스스로 떨어지지 않기 때문에 일일이 옮겨 심어야 한다.) 전 세계에 흩어져 살고 있는 다양한 품종의 개들도 회색늑대라는 단 하나의 종을 오랜 세월에 걸쳐 개량한 결과이며, 소 역시 인간에게 고기와 우유를 제공하기 위해 끊임없이 개량되어왔다. 지난 수백 년 사이에 새로 등장한 동식물 개량종을 모두 제거한다면, 우리의 식생활과 건강상태는 순식간에 중세시대로 돌아갈 것이다.

요즘 과학자들은 인간의 유전자 중 특정 부위를 골라내는 실험을 계속하고 있다. 이런 추세는 앞으로 계속될 것이고, 윤리를 앞세워 연구를 막는 데에도 한계가 있다. (예를 들어 당신의 아이가 유전자조작을 통해 똑똑해진 이웃집 아이와 경쟁관계에 있다면, 당신의 아이에게도 동일한 시술을 받게 하고 싶을 것이다. 특히 부富의 상징으로 떠오른 스포츠 분야에서 신체능력을 개선하려는 선수들의 욕구를 무슨 수로 막는다는 말인가?) 그레고리 스톡은

"신체에 유해하지 않은 한, 유전적 개선은 허용되어야 한다"라고 주장한다. DNA의 나선 구조를 규명하여 1952년에 노벨 생리의학상을 수상했던 제임스 왓슨James Watson도 "대놓고 말하는 사람은 없지만, 유전자를 추가하여 더 좋은 인간을 만들 수 있다면 시도하지 않을 이유가 없다"고 했다.[2]

포스트휴먼의 미래?

고도의 문명을 이룩한 외계종족은 여러 행성에서 살아갈 수 있도록 신체를 개선하지 않았을까? 트랜스휴머니스트들은 단호하게 "그렇다!"고 주장한다. 이들은 진보된 외계인들이 유전적, 기술적으로 향상된 종족임을 굳게 믿고 있다. 그렇다면 우주에서 마주친 외계인이 '반半생물 – 반기계'의 모습을 하고 있어도 놀랄 필요는 없다.

물리학자 폴 데이비스Paul Davies는 좀 더 급진적이다. "생물학적 지성은 진화 도중에 잠시 거쳐가는 과도기적 현상일 뿐이다. 먼 우주에서 마주친 외계인들은 생물학적 진화단계를 넘어선 신생물학적post-biological 존재일 가능성이 높다. SETISearch for Extraterrestrial Intelligence의 프로젝트는 이 점을 고려하여 진행되어야 한다."

인공지능 전문가인 로드니 브룩스는 자신의 저서에 다음과 같이 적어놓았다. "2100년이 되면 똑똑한 로봇이 일상생활 곳곳에 보급되겠지만, 우리 자신의 모습도 로봇과 크게 다르지 않을 것이다. 아마도 신체의 일부는 로봇으로 개조되어 외부 로봇과 정보를 교환하며 살아가게 될 것이다."[3]

사실 트랜스휴머니즘에 대한 논쟁은 새로운 현상이 아니다. 유전법칙을 처음 이해했던 지난 세기에도 이와 비슷한 일이 있었다. 영국의 유전학자 존 홀데인J. B. S. Haldane은 1923년에 "다이달로스, 또는 과학과 미래Daedalus, or Science and Future"라는 제목으로 개최된 강연회에서 "유전학은 인간의 능력을 향상시키는 쪽으로 응용되어야 한다"라고 주장했다(이 강연은 훗날 책으로 출판되었다).

지금의 관점에서 보면 딱히 특별할 것도 없지만 당시에는 자연의 법칙을 거스르는 파격적 주장으로 여겨졌고, 일부 보수적인 학자들은 "인간의 본분을 망각한 경거망동"이라며 홀데인을 강하게 비난했다. 그러나 이들도 결국에는 시대적 요구를 수용할 수밖에 없었다.

시대를 조금 앞서가는 느낌이 있긴 하지만, 트랜스휴머니즘의 기본 개념은 "과학을 통해 개선할 수 있음에도 불구하고, 굳이 불결하고 미개하고 단명하는 삶을 견딜 필요가 없다"는 것이다. 1957년에 영국의 진화생물학자 줄리언 헉슬리Julian Huxley는 최초로 이런 주장을 설파하여 세간의 관심을 끌었다.

트랜스휴머니즘의 나아갈 길에 대해서는 몇 가지 이견이 있다. 개중에는 '근력을 보강해주는 외골격과 시력을 향상시키는 특수고글, 두뇌에 다양한 정보를 업로드하는 메모리은행memory bank, 감각을 향상시키는 임플란트 등 다양한 역학적 기계장치 개발에 주력해야 한다'고 주장하는 사람도 있고, '유전공학은 치명적인 유전자를 제거하는 데에만 사용되어야 한다'고 믿는 사람도 있다. 또는 '유전공학으로 인간에게 없던 능력을 심어주는 것은 바람직하지 않다. 오직 자연적인 능력을 향상시키는 쪽으로만 사용되어야 한다'고 주장하는 사람도 있으며, '육체는 제외하고 정신적 능력을 함양하는 데에만 사용되어야 한다'고 주장하는 사람도 있다. 어느 쪽 주장이 옳은지는 아직 알 수 없지만 한 가지 사실만은 확실하다. 가축과 곡식을 개량하는 데에는 수십~수백 년의 세월이 걸렸지만, 유전공학을 이용한 인간개조는 단 한 세대 만에 가능하다는 것이다.

최근에 생명공학이 빠르게 발전하면서 윤리적 문제들이 연이어 제기되고 있다. 우생학에 기초하여 인간을 대상으로 자행된 나치의 실험은 인간개조에 경종을 울리는 대표적 사례이다. 요즘 생명공학은 쥐의 피부세포에 유전적 변형을 가하여 정자세포나 난자세포로 바꾼 후, 이로부터 건강한 새끼 쥐를 낳는 수준까지 발전했다. 이 기술이 사람에게 적용되면 불임부부들도 아이를 낳을 수 있겠지만, 누군가가 당신의 피부세포를 취하여 당신의 허락 없이 자손을 낳을 수도 있다.

일각에서는 "오직 부자들만 신기술의 혜택을 보게 될 것"이라며 빈부격차를 문제삼는 비평가도 있다. 스탠퍼드대학교의 프랜시스 후쿠야마Francis Fukuyama는 트랜스휴머니즘이 인류역사상 가장 위험한 사조라며 "우리 후손들의 DNA가 변형되면 인류의 전반적인 행동양식이 달라지고, 결국은 사회적 불균형을 초래하여 민주주의의 근간이 흔들릴 것"이라고 했다.[4] 그러나 이런 일은 과거에도 있었다. 새로운 기술이 등장하면 초기에는 주로 부자들이 혜택을 누리지만, 어느 정도 세월이 흐르면 모든 사람들이 사용할 수 있는 수준으로 가격이 떨어진다. 비행기와 자동차는 말할 것도 없고 냉장고와 청소기, 심지어는 전화까지도 동일한 수순을 밟았다.

또 다른 비평가들은 "트랜스휴머니즘이 인종갈등을 초래하여, 우리가 소중하게 간직해온 인간성 자체가 말살될 것"이라고 경고하고 있다. 내가 보기에도 크게 틀린 말은 아니다. 유전공학을 이용하여 인간의 능력을 선택적으로 키울 수 있게 된다면 태양계 곳곳으로 진출한 사람들은 주변환경에 따라 각기 다른 종으로 진화할 것이며, 자원을 확보하기 위해 그들끼리 전쟁을 벌일 수도 있다. 이쯤 되면 '호모 사피엔스'라는 종의 존재 자체가 무의미해진다. 이 문제는 13장에서 수천 년 후의 미래상을 예측할 때 다시 생각해보기로 하자.

영국의 작가 올더스 헉슬리Aldous Huxley의《멋진 신세계Brave New World》는 과학기술의 위험성을 경고하는 당대의 수작이다. 대전쟁으로 황폐화된 세상에서 생명공학으로 탄생한 초인족 알파Alphas가 사회의 모든 것을 통제하고, 그 외의 사람들은 태아 때부터 의도적인 산소결핍 상태에 노출되어 저능아로 태어난다. 가장 하층계급인 엡실론 Epsilons은 평생 중노동에 시달리면서도 그것을 자신의 운명으로 받아들인 채 살아가고 있다. 사회 전체가 억압과 통제로 유지되고 있지만, 불평하는 사람이 없으니 모든 것이 평화롭고 질서정연하다.

물론 가상의 시나리오이긴 하지만 한 번쯤 신중하게 생각해볼 필요가 있다. 이 점에 관해서는 트랜스휴머니스트들도 이견을 달지 않는다. 그러나 이들은 현 시점에서 이런 우려는 '현실을 고려하지 않은 이론일 뿐'이라고 주장한다. 생명공학 분야에서 새로운 발견이 이루어질 때마다 확대해석하지 말고, 좀 더 넓은 관점에서 바라봐야 한다는 것이다. '태어나기 전에 미리 디자인된 아이들designer children'은 아직 존재하지 않으며, 부모들이 원하는 많은 성격적 특성을 결정하는 유전자도 아직 발견되지 않았다. 어쩌면 그런 유전자가 아예 없을지도 모른다. 어쨌거나 지금의 생명공학으로는 가장 단순한 행동조차 바꿀 수 없다.

많은 사람들은 트랜스휴머니즘을 놓고 왈가왈부하는 것이 아직은 시기상조라고 생각한다. 그러나 지금의 발전 속도로 미루어볼 때, 이번 세기 말쯤이면 유전공학을 통한 인간개조가 실현될 가능성이 높다. 그렇다면 우리는 이 기술을 어느 정도까지 수용할 수 있을까?

동굴거주자의 원리

나는 몇 년 전에 집필했던 책《미래의 물리학Physics of the Future》에서 '동굴거주자의 원리caveman principle'라는 것을 소개한 적이 있다. "과학기술과 원시적 욕구가 충돌을 일으키면 항상 후자가 이긴다"는 원리가 바로 그것이다. 인간의 기본적 성향은 최초의 인간이 출현했던 20만 년 전과 비교할 때 별로 달라진 것이 없다. 현대인은 핵폭탄과 화학무기, 생물학무기를 보유하고 있지만 기본적인 욕구는 20만 년 동안 거의 변하지 않았다.

그렇다면 우리는 무엇을 원하는가? 연구결과에 의하면 삶에 필요한 기본요소가 충족된 후에는 주변인들의 의견에 높은 가치를 부여하는 경향이 있다고 한다. 우리는 주변 사람들에게, 특히 이성異性에게 좋은 모습으로 보이기를 원한다. 또한 우리는 친구들과의 관계를 중시하고, 갑작스러운 변화를 꺼린다. 특히 주변 사람들과 다르게 보일 우려가 있을 때에는 변화에 신중을 기하는 경향이 있다.

그러므로 미래에 생명공학이 아무리 발달해도, 우리의 후손은 사회적 지위나 평판이 향상되는 쪽으로만 변화를 시도할 것이다. 유전적으로, 또는 전기역학적으로 신체기능을 개선할 필요를 느낀다 해도 (예를 들어 다른 행성으로 파견되어 새로운 환경에서 살아야 한다 해도) 수용 가능한 변화에는 한계가 있으며, 바로 이 한계 때문에 인간은 본질에서 크게 벗어나지 않을 것이다.

극장에서 수많은 관객을 사로잡은 〈아이언맨〉도 1963년에 만화책으로 처음 나왔을 때에는 노란색의 둔탁한 갑옷에 안테나까지 달고 다니는, 다소 흉측한 모습이었다. 요즘 시각으로 보면 '걸어 다니는 깡통'에 가깝다. 이런 모습으로는 어린아이들에게 어필할 수 없다고 판단한 제작자는 얼마 후 갑옷에 대대적인 수정을 가하여, 색상이 다양해지고 표면은 매끈해졌으며, 크기도 몸에 딱 들어맞는 슬림핏으로 바뀌어 맵시 있는 영웅 토니 스타크가 탄생했다. 결과는 어땠을까? 독자들도 알다시피 초대박이었다. 동굴거주자의 원리가 슈퍼히어로에게도 적용된 것이다.

SF 전성시대에 출간된 대부분의 SF 소설은 미래의 인간을 '큰 머리에 작은 몸집'으로 표현했다. 심지어는 몸뚱이 없이 액체용기에 커다란 두뇌만 담긴 채 살아가는 미래인간도 있었다. 하지만 어느 누가 이런 모습으로 살기를 원하겠는가? 나는 동굴거주자의 원리에 의거하여, 인간이 혐오스러운 모습으로 변하지는 않으리라고 생각한다. 그보다는 인간의 기본적 외형을 유지하면서 수명과 기억력, 그리고 지능을 향상시키는 쪽으로 진화할 가능성이 높다. 컴퓨터 게임에서 자신의 역할을 대신할 아바타를 고를 때에도 가장 중요한 요소는 외관이다. 물론 전투력도 중요한 요소지만, 오직 싸움을 잘한다는 이유만으로 혐오스럽게 생긴 괴물을 고르는 사람은 흔치 않을 것이다.

과학기술 의존도가 계속 높아지다 보면 인간은 스스로 아무것도 할 수 없는 어린아이처럼 퇴화될 수도 있다. 디즈니 애니메이션 〈월-E Wall-E〉에서 오염된 지구를 떠나 우주선을 타고 오랜 세월 동안 우주를 표류해온 인간들은 모든 일을 대신해주는 로봇의 서비스를 받으며 혼자 일어설 수 없을 정도로 신체기능이 퇴화된다. 그들이 하는 일이란 하루 종일 안락한 의자에 앉아 영화를 보고, 식사를 하고, 로봇 호출용 단추를 누르는 것뿐이다. 만화니까 그렇다 치고, 과연 현실에서도 이런 일이 일어날 수 있을까? 나는 인간의 마음속에 어떤 한계를 넘지 않도록 막아주는 '최후저지선'이 존재한다고 생각한다. 예를 들어 마약이 합법화된다면 중독자가 얼마나 늘어날까? 언뜻 생각하면 대부분이 중독자가 될 것 같지만, 전문가들의 분석에 의하면 5%를 넘기가 어렵다고 한다. 나머지 95%는 잠시의 즐거움을 위해 삶을 망가뜨리는 것보다 현실세계의 평범한 삶을 택한다는 것이다. 이와 마찬가지로 가상현실이 완벽하게 구현된다 해도, 대부분의 사람들은 그곳에서 가짜 삶을 누리는 것보다 현실에 남는 쪽을 택할 것이다.

동굴 속에서 살았던 우리의 선조들은 다른 사람에게 유용하고 도움이 되는 인간이 되기를 원했으며, 이런 욕구는 지금도 우리의 머릿속에 깊이 각인되어 있다.

나는 어린 시절에 아이작 아시모프의 《파운데이션》 3부작을 읽으면서 한동안 머릿속이 혼란스러웠다. 수천 년 후의 이야기인데, 책 속에 묘사된 인간의 모습은 지금과 거의 같았기 때문이다. 나는 미래의 인간이 머리는 비정상적으로 크고 몸집은 작달막하면서, 만화책에 나오는 초능력을 갖고 있을 것으로 생각했다. 그러나 아시모프의 소설에서 일어나는 대부분의 사건은 현재의 지구에서도 일어날 수 있는 것들이었다. 이제 와서 생각해보면 그 역사적인 소설도 동굴거주자의 원리를 따랐던 것 같다. 미래의 인류는 도구를 걸치거나 몸에 심어서 신체능력을 향상시키겠지만, 결국은 대부분을 벗어던지고 사회의 정상적인 일원으로 돌아갈 것이다. 자신의 몸을 영구적으로 바꾸려면, 그로 인해 사회에서 자신의 입지가 더욱 확고해진다는 확신이 있어야 한다. 요즘 사람들이 성형수술을 하는 것도 그런 이유다. 이 정도의 대가도 없이 몸을 함부로 바꿀 사람이 어디 있겠는가?

결정은 누가 내리는가?

1978년, 최초의 시험관아기 루이스 브라운Louise Brown이 태어났을 때 성직자와 평론가들은 '과학의 신의 영역을 침범했다'며 일제히 비난을 퍼부었다. 그러나 그 후로 지금까지 무려 500만 명이 넘는 시험관아기들이 태어나 정상적인 삶을 누리고 있다. 여러분의 배우자나 가까운 친구가 그중 한 명일지도 모른다.

각국의 정부와 법조계에서는 쏟아지는 비난에도 불구하고 시험관아기를 허용하기로 결정했다. 신의 영역을 침범하지 않으면서 자식 없이 사는 것보다, 신의 영역에 발끝을 살짝 들여놓은 채 자식과 함께 사는 것이 더 낫다고 판단한 것이다.

1996년에 복제 양 돌리Dolly가 탄생했을 때에도 많은 비평가들은 '비도덕적이고 신성을 모독하는 행위'라며 비난했지만, 요즘은 복제술을 대체로 수용하는 분위기다. 나는 생명공학의 세계적 권위자인 로버트 란자Robert Lanza와 인터뷰를 하면서 복제인간이 언제쯤 탄생할 것 같으냐고 물었더니 다음과 같은 답이 돌아왔다. "인간은 고사하고 영장류 복제도 성공한 적이 없습니다. 하지만 복제인간은 언젠가 틀림없이 탄생할 겁니다. 시간문제일 뿐이죠. 하지만 그때가 돼도 전체인구에서 복제인간이 차지하는 비율은 극히 낮을 겁니다."(아마도 자신의 복사본을 원하는 사람은 상속자가 없는 부자들이나 자식이 없는 부모에 한정될 것이다. 자신만큼 사랑하지 않을 대상을 굳이 만들 이유는 없지 않은가?)

유전자 조작으로 만들어진 '맞춤아기designer baby'를 비난하는 사람도 있다. 그러나 요즘은 시험관에서 여러 개의 배아를 수정한 후, 테이삭스병과 같은 유전적 질환이 있는 배아를 아무렇지 않게 폐기한다. 그러므로 맞춤아기를 도입하여 한 세대만 지나면 사람의 유전자에서 치명적 질병을 유발하는 요인을 영구적으로 제거할 수 있다.

20세기 초에 전화가 처음 등장했을 때에도 비평가들은 맹공을 퍼부었다. "눈에 보이지 않는 사람과 대화를 주고받다니, 이처럼 부자연스러운 행동이 또 어디 있겠는가? 모름지기 대화란 얼굴을 맞대고 하는 것이다. 그리고 전화가 상용화되면 가족이나 친구들보다 전화 속 유령과 통화하는 시간이 더 많아질 것이다." 백번 맞는 말이다. 우리는 전화통화에 꽤 많은 시간을 보내면서 정작 아이들과는 대화가 거의 단절된 채 살아가고 있다. 그러나 우리는 전화를 좋아하고, 가끔은 전화로 아이들과 대화할 때도 있다. 새로운 기술의 수용 여부를 결정하는 사람은 평론가가 아니라 우리 자신이다. 미래에 환상적인 기술이 개발되어 인간의 능력을 한없이 높일 수 있게 된다 해도, 최종선택은 언제나 사용자의 몫이다. 논란의 여지가 다분한 기술은 민주적 토론을 거쳐 수용 여부가 결정될 것이다(종교재판이 만연하던 중세시대의 사람이 어쩌다가 현대에 왔다고 가정해보자. 마녀를 화형시키고 이단자를 고문하는 데 익숙한 그는 현대문명이 입에 담기조차 싫을 정도로 모독적이고 불손하다고 생각할 것이다). 지금 당장 비윤리적이고 부도덕하게 보이는 것도 미래에는 일상사가 될 수 있다.

어쨌거나 외계행성과 별로 진출하여 살아남으려면 우리 몸에 수정을 가하여 능력을 향상시켜야 한다. 그리고 멀리 떨어진 행성의 환경은 각양각색이므로 다양한 기압과 온도, 중력에 적응해야 한다.

지금까지 우리는 인간의 능력을 개선하는 '가능성'에 대해서만 언급해왔다. 우주를 여행하다가 우리와 완전히 다른 외계생명체를 만난다면 어떤 일이 벌어질 것인가? 게다가 그들의 과학기술이 우리보다 수백만 년 앞서 있다면 어떻게 대처해야 하는가?

우리보다 앞선 문명의 문화와 정치, 그리고 사회구조를 정확하게 예측할 수는 없지만, 외계문명이 제아무리 발달했다 해도 모든 것에 우선하는 법칙이 있다. 우주 전역에 똑같이 적용되는 물리법칙이 바로 그것이다. 그러면 지금부터 진보된 외계문명이 어떤 형태일지, 물리법칙에 입각하여 찬찬히 생각해보자.

당신은 원래 진흙이었다. 광물질에서 식물이 되었고, 식물에서 동물을 거쳐
인간이 된 것이다… 이것으로 끝이 아니다. 앞으로도 수백 가지의
다른 형태를 거쳐야 한다. 마음의 형태는 천 가지로 존재한다.
루미

당신이 폭력적 성향을 계속 확장해나간다면 지구는 잿더미가 될 것이다.
선택은 간단하다. 우리와 합류하여 평화롭게 살아가거나, 지금처럼 살다가
파멸하는 것이다. 우리는 당신의 답을 기다리고 있다. 결정은 당신의 몫이다.
영화 〈지구가 멈추는 날〉에서 클라투의 대사

12

외계생명체
찾기

모든 사람들이 평화롭게 살던 어느 날, 낯선 종족이 나타났다.

한 번도 들어본 적 없는 머나먼 곳에서 온 그들은 엄청나게 큰 배에
사람과 무기를 잔뜩 싣고 나타나 알아들을 수 없는 말을 외치면서 우
리 땅을 짓밟고 닥치는 대로 약탈했다. 우리는 어떻게든 대항해보려
고 애를 썼지만 그들의 갑옷과 창, 방패가 너무 단단해서 상대가 되지
않았다. 그런 무기가 세상에 존재한다니, 눈으로 보고도 믿을 수가 없
었다. 게다가 그들은 생전 처음 보는 이상한 괴물까지 데리고 왔다.

모든 사람들이 공황상태에 빠졌다. 대체 그들은 누구이며, 어디서
왔는가?

일부는 그들이 '별에서 온 전령'이라고 했고, 또 어떤 사람들은 '하
늘에서 내려온 신'이라며 제물을 바치면 노여움을 풀 것이라고 했다.

그러나 불행히도 우리의 짐작은 모두 틀렸다.

외계인 침공 이야기냐고? 아니다. 이것은 1519년에 아즈텍제국 Aztec의 통치자 몬테수마 2세Montezuma II가 스페인의 원정대장 에르 난 코르테스Hernán Cortés를 만났을 때 벌어진 일이다. 코르테스가 끌 고 온 일행은 신의 전령이 아니라, 금과 재물을 약탈하는 무자비한 정 복자들이었다. 아즈텍인들이 숲에서 문명을 일으킬 때까지는 수천 년 이 걸렸지만, 청동기 정도로 무장한 이들의 제국이 스페인군대에게 파괴되는 데에는 단 몇 개월밖에 걸리지 않았다.

이것은 우리가 우주로 진출했을 때 무엇을 조심해야 할지 알려주는 대표적 사례이다. 아즈텍의 과학기술은 스페인에 불과 몇천 년 뒤졌 을 뿐인데, 전쟁에서는 아예 상대가 되지 않았다. 우주에서 우리보다 앞선 문명과 조우한다면 그들이 얼마나 뛰어난 능력을 보유하고 있 을지, 우리는 그저 상상만 할 수 있을 뿐이다. 그런 문명과 전쟁을 벌 이는 것은 다람쥐가 킹콩에게 덤비는 것과 비슷하다.

스티븐 호킹은 이렇게 경고했다. "지적생명체가 어떻게 만나고 싶 지 않은 생명체로 발전하는지 알고 싶다면 우리 자신을 보면 된다."[1] 그는 크리스토퍼 콜럼버스Christopher Columbus와 아메리카 인디언 들이 만난 결과를 언급하며 "좋지 않은 일이 일어날 수도 있다"고 걱 정했다. 우주생물학자 데이비드 그린스푼의 말처럼, 굶주린 사자들이 우글거리는 밀림에서 나무 위에 집을 짓고 사는 사람이 '야호!'를 외 치며 뛰어내릴 리가 없지 않은가?[2]

그러나 할리우드 영화에서 지구인은 수십, 수백 년 앞선 외계인과 싸워서 백전백승을 거둔다. 우리가 외계인에게 지는 영화는 한 번도 본 적이 없다. 대본을 쓰는 사람들은 '원시적이지만 기발한 전략'을 펼치면 외계인을 이길 수 있다고 생각하는 모양이다. 1996년에 개봉된 영화 〈인디펜던스 데이Independence Day〉에서는 주인공이 외계인의 컴퓨터에 바이러스를 심어서 우주선을 무력화시키는 장면이 나오는데, 도대체가 말이 안 되는 발상이다. 그 외계인들이 컴퓨터 운영체제로 마이크로소프트 윈도우즈를 쓴다는 말인가?

실수를 범하는 건 과학자들도 마찬가지다. 누군가가 UFO를 봤다고 주장할 때마다 많은 과학자들은 "외계인이 몇 광년을 날아와 지구를 방문한다는 것은 말도 안 되는 헛소리"라며 코웃음을 친다. 물론 외계인과 우리의 문명 격차가 수백 년 정도라면 코웃음을 칠 만하다. 그러나 외계문명이 우리보다 수백만 년 앞서 있다면 이야기가 달라진다. 그런 문명이 과연 존재할 수 있을까? 물론이다. 우주의 나이와 비교할 때 100만 년은 찰나에 불과하다. 그리고 100만 년이면 새로운 물리법칙과 새로운 기술을 개발하기에 충분한 시간이다.

나는 고도의 문명을 이룩한 외계인들이 평화를 사랑하는 종족일 것이라고 생각한다. 우리보다 100만 년 이상 오래 지속된 문명이라면 종교와 종족, 또는 인종 간의 분쟁, 근본주의와의 충돌 등을 모두 극복했을 것이기 때문이다(이런 문제를 극복하지 못했다면 이미 멸망했을 것이다). 그러나 모든 법칙에는 예외가 있으니, 호전적인 외계인을 만나는 경우도 미리 대비해둬야 한다. "우리 여기 있어요! 우리랑 친구하지 않을래요?"라며 라디오신호를 사방팔방으로 날리는 것은 별로 좋은 생각이 아니다. 당신도 비싼 돈을 들여가며 아파트에 경보장치를 달지 않았는가? 불의의 사태를 방지하려면 외계인을 만나기 전에 그들의 문명 수준과 성향을 미리 연구해둘 필요가 있다.

지구인과 외계인의 첫 만남은 언제쯤 이루어질 것인가? 나는 '이번 세기가 끝나기 전에 이루어진다'는 쪽에 걸고 싶다. 그들은 무자비한 정복자가 아니라, 앞선 기술을 기꺼이 공유하는 온유한 종족일 가능성이 높다. 외계인과의 첫 대면은 인류역사에서 불의 발견에 못지않은 일대 사건이며, 향후 수백 년 동안 인류의 미래를 좌우할 이정표가 될 것이다.

SETI

일부 물리학자들은 하늘을 이리저리 뒤지면서 외계문명을 열심히 찾고 있다. 이 프로젝트가 진행되는 곳이 바로 SETI, 즉 외계 지적생명체탐사 연구소이다.[3] 이곳의 과학자들은 세계 최대의 전파망원경을 이용하여 우주에서 날아온 신호를 수집하고, 그중에서 의미 있는 내용(문명세계에서 날아온 라디오파)를 골라내기 위해 고군분투하고 있다.

현재 SETI에서는 42개의 최첨단 전파망원경을 운용하고 있다. 이 시설은 마이크로소프트의 공동설립자 폴 앨런Paul Allen을 비롯한 여러 독지가들의 기부금을 모아 샌프란시스코에서 북동쪽으로 480km 떨어진 햇크리크Hat Creek에 설치되었으며, 앞으로 350개로 늘릴 예정이다(관측 주파수대는 1~10기가헤르츠이다).

그러나 SETI 프로젝트는 '소득 없는 연구'로 정평이 나 있기 때문에 기부자들을 설득하기가 쉽지 않다. 미국의회도 외계문명을 찾는 일에 시큰둥한 반응을 보이다가 1993년에 '더 이상 국민의 세금을 낭비할 수 없다'며 재정지원을 중단했다(1978년에 미국의 상원의원 윌리엄 프록스마이어William Proxmire는 국가예산을 가장 심하게 낭비한 개인이나 단체에게 수여하는 황금양털상Golden Fleece Award을 제정했다. 물론 수상자로 선정된 사람

들에게는 명예나 상금 대신 심한 모독감이 부상으로 주어진다. 이 상은 1987년에

폐지되었지만 한때 SETI도 수상자 명단에 올라 세간의 따가운 눈총을 받았다).

SETI의 과학자들은 부족한 예산에 허덕이던 끝에 일반인들을 외계

문명탐사에 끌어들이는 방법을 개발했다. 인터넷에 연결된 수백만 대

의 개인 컴퓨터를 이용하여 데이터를 분석하는 SETI@home 프로젝

트가 바로 그것이다. 참여방법은 간단하다. SETI의 웹사이트에서 관

련 프로그램을 내려받아 당신의 컴퓨터에 설치하면 된다. 그러면 당

신이 자는 동안 프로그램이 작동하여 전파망원경으로 수집한 방대한

데이터의 일부를 분석하고, 그 결과를 SETI 본부에 전송하는 식이다.

그래봐야 여전히 건초더미에서 바늘 찾기지만, 구획을 잘게 쪼개서

여러 명이 함께 찾으면 시간과 비용을 절감할 수 있다(간단히 말해서, 당

신이 소유한 컴퓨터의 연산능력을 SETI에 기부하는 셈이다_옮긴이).

나는 SETI 연구소의 소장인 세스 쇼스탁Seth Shostak과 여러 차례

에 걸쳐 인터뷰를 했는데, 그중 일부를 여기 소개한다.

나: 언제쯤 외계문명을 발견하게 될 것 같습니까?

쇼스탁: 늦어도 2025년 안에 발견될 겁니다.

나: 목소리에 자신감이 넘치는군요. 그런 확신은 어디서 온 건가요?

쇼스탁: 지난 수십 년 동안 하늘을 이잡듯이 뒤졌는데, 확실한 증거

는 아직 하나도 찾지 못했습니다. 사실 전파망원경으로 외

계인의 대화를 엿듣는 것은 일종의 도박입니다. 외계인들

이 라디오를 사용하지 않는다면 말짱 도루묵이니까요. 또

는 라디오주파수가 우리와 완전히 다르거나 전파 대신 레

이저빔을 사용할 수도 있습니다. 아니면 완전히 새로운 방

법으로 통신을 할지도 모르죠. 하지만 저에게는 드레이크 방정식Drake equation이라는 비장의 무기가 있습니다!

1961년, 세간에 나도는 온갖 억측에 식상함을 느낀 미국의 천문학자 프랭크 드레이크Frank Drake는 외계문명이 존재할 확률을 수학적으로 계산하는 방정식을 창안했다. 예를 들어 은하수에 존재하는 별의 수(약 1천억 개)에서 시작하여 '임의의 별이 행성을 거느릴 확률'을 곱하고, 여기에 '임의의 행성에 생명체가 존재할 확률'을 곱하고, 여기에 다시 '지적생명체가 발생할 확률'을 곱하고… 이런 식으로 줄여 나가다 보면 은하수에 존재하는 문명의 수가 대략적으로 얻어진다.

드레이크 방정식이 처음 등장했을 무렵에는 불확실한 변수가 너무 많아서 외계문명의 수가 수만에서 수백만 개로 들쭉날쭉했다.

그러나 요즘은 수시로 발견되는 외계행성 덕분에 각 단계의 확률이 훨씬 정확해졌다. 지금까지 얻은 데이터에 의하면 태양과 비슷한 별이 지구형 행성을 거느릴 확률은 줄잡아 1/5이다. 그러므로 우리 은하계(은하수)에는 지구형 행성이 200억 개 이상 존재하고 있다.

지나치게 단순했던 드레이크 방정식도 많이 개선되었다. 앞서 말한 대로 지구형 행성이 소행성이나 우주파편의 공격을 받아 생명체가 파괴되지 않으려면 그 주변에 목성형 행성이 존재하여 위험요소를 제거해줘야 하는데, 이 조건을 부가하면 '생명체가 존재할 가능성이 있는 지구형 행성의 수'가 크게 줄어든다. 또한 지구형 행성이 흔들리지 않고 안정적으로 자전하려면 달처럼 커다란 위성을 갖고 있어야 한다. 그렇지 않으면 수백만 년 후에 자전축이 뒤집어질 수도 있다(위성이 소행성 규모로 작으면 뉴턴의 운동법칙에 의해 행성의 작은 요동이 누적되다가 결국은 자전축이 뒤집힌다. 이렇게 되면 지각이 갈라지면서 대규모 지진과 초대형 쓰나미가 발생하고 화산이 일제히 폭발하여 모든 생명체를 쓸어버릴 것이다. 다행히도 우리의 달은 충분히 크기 때문에 지구의 요동이 누적되지 않는다. 그러나 화성은 주변 위성의 체급이 작아서 오래전에 자전축이 뒤집혔을 가능성이 높다).

현대과학은 생명체가 살 수 있는 행성과 관련하여 수많은 데이터를 수집했다. 그러나 생명체가 존재한다 해도 다양한 형태의 자연재해나 우주적 사고가 발생하여 순식간에 멸종할 수 있다는 사실도 알게 되었다. 실제로 지구에서도 소행성 충돌, 빙하기, 화산분출 등 우주적 사고와 자연재해가 여러 번 발생하여 지적생명체가 거의 멸종할 뻔했다. 그렇다면 행성에 생명체가 탄생할 확률은 얼마이며, 이들이 대규모 재난을 극복하고 살아남을 확률은 얼마나 될까? 이 값을 알아야 은하수에 존재하는 지적 문명의 수를 가늠할 수 있는데, 아직은 누락된 정보가 너무 많다.

최초의 접촉

나는 쇼스탁 박사를 만났을 때 속사포처럼 질문을 퍼부었다. "외계인이 지구에 온다면 어떤 일이 벌어질 것 같습니까?", "대통령이 합동참모본부의 수장들을 소환할까요?", "UN에서는 외계인을 환영하는 성명을 발표해야 합니까?", "외계인이 지구를 방문한다면 어떤 의례로 맞이해야 할까요?"

그의 대답은 다소 의외였다. "공식적으로 결정된 의례나 의전 같은

건 없습니다. 과학자들이 모여서 이 문제를 토론한 적은 있는데, 개인
적인 의견을 제시하는 정도였지요. 어떤 정부도 이 문제를 진지하게
다루지 않아요. 환영을 하건, 제발 그냥 지나가달라고 애원을 하건,
일단 대화가 통해야 하지 않겠습니까?"

　최초의 접촉은 일방통행으로 이루어질 가능성이 높다. 많은 사람
들은 월드시리즈가 진행 중인 야구장에 비행접시가 착륙하는 화끈한
장면을 기대하겠지만, 외계생명체를 최초로 발견하는 역사적 사건은
멀리 떨어진 행성에서 송출된 메시지를 수신하는 식으로 이루어질
것이다. 물론 수신만 가능할 뿐, 대화가 오간다는 보장은 없다. 이런
신호가 50광년 떨어진 별에서 날아왔다면, 우리가 회신을 보낸다 해
도 그들의 입장에서는 100년 만에 답장을 받은 셈이니 뜨거운 반응
을 기대하기 어렵다. 빛(전파)의 속도가 빠르다고는 하나, 우주적 스케
일에서 보면 복장이 터질 정도로 느리다.

　그렇다면 외계인이 지구를 직접 방문하는 경우를 생각해보자. 그들
의 의도를 파악하려면 대화가 가능해야 한다. 어떤 식으로 대화를 시
도해야 하는가? 그들은 과연 어떤 언어를 사용할 것인가?

　영화 〈어라이벌Arrival〉(한국에서는 '컨택트'라는 제목으로 개봉했다_옮긴
이)에서는 외계인을 태운 12개의 거대한 우주선이 미국, 중국, 러시아
를 비롯한 세계 각지의 상공에 등장한다. 그들의 의도를 파악하기 위
해 언어학자와 과학자가 우주선 안으로 들어가니, 커다란 오징어처럼
생긴 외계인이 스크린에 알 수 없는 글자를 끄적이며 말을 걸어왔다.
그런데 지구의 언어학자가 '언어'라는 단어를 '무기'로 잘못 해석하는
바람에 여러 국가들이 우주선을 향하여 핵무기를 장전한다. 단순한
오역 때문에 행성간 전쟁이 발발할 위기에 직면한 것이다.

(지구까지 날아올 정도로 과학이 발달한 외계인이라면 사전에 지구의 TV와 라디오방송을 충분히 분석하여 우리가 사용하는 언어를 이미 알고 있을 것이므로, 굳이 언어학자의 도움을 받을 필요가 없다. 설령 오해가 발생했다 해도, 우리보다 수천 년 앞선 외계종족에게 핵폭탄을 겨누는 것은 별로 좋은 생각이 아니다).

외계인의 언어체계가 우리와 완전히 다르다면 어떤 일이 벌어질까? 만일 외계인이 영장류가 아닌 똑똑한 개로부터 진화했다면 그들의 언어에는 시각정보보다 냄새가 주로 반영되어 있을 것이고, 새로부터 진화했다면 복잡한 멜로디로 이루어진 언어를 사용할 것이다. 돌고래의 후손이라면 수중음파탐지기로 들어야 하고, 곤충의 후손이라면 페로몬pheromone(다른 개체의 반응을 유인하는 분비물_옮긴이)에 담긴 의미를 해석해야 한다.

이런 동물의 두뇌구조는 인간과 근본적으로 다르다. 사람의 뇌는 시각과 언어능력에 집중되어 있는 반면, 다른 동물의 뇌는 냄새와 소리를 구별하는 쪽으로 진화해왔다.

그러므로 우리가 외계인과 조우한다 해도, 그들의 대화 방식이 우리와 비슷하다는 보장은 어디에도 없다.

외계인의 외모

SF 영화의 하이라이트는 단연 '외계인이 등장하는 장면'이다(이 점에서 볼 때 〈콘택트Contact〉는 꽤나 실망스러운 영화였다. 시종일관 외계인 이야기로 끌고 나가면서, 정작 외계인의 모습은 영화가 끝날 때까지 단 한 번도 나오지 않는다). 그런데 〈스타트렉〉에 등장하는 외계인은 생김새가 사람과 거의 비슷하고 완벽한 미국식 영어까지 구사한다. 우리와 다른 점이라 곤 희한하게 생긴 코뿐이다. 〈스타워즈〉의 외계인은 좀 더 다양하여 야생동물이나 물고기를 닮았지만, 그들이 사는 행성의 대기와 중력이 지구와 비슷하다는 점에는 예외가 없다.

우리는 외계인을 본 적이 없고 은하수에 존재하는 지구형 행성이 무려 200억 개가 넘는다고 하니, 우리가 상상할 수 있는 모든 형태가 다 가능할 것 같다. 그러나 생명체가 존재하려면 특정한 조건을 만족 해야 하기 때문에, 현실적으로 가능한 외계종족은 그리 많지 않을 것 같다. 장담하긴 어렵지만 외계행성에서도 생명체는 바다에서 시작되 었을 가능성이 높다. 또한 그들의 몸도 우리처럼 탄소에 기초한 분자 로 이루어져 있을 것이다. 탄소기반 유기물이 생명체에게 이상적인 이유는 (1) 분자의 복잡한 구조 덕분에 다량의 정보를 저장할 수 있고 (2) 다른 분자보다 자기복제에 유리하기 때문이다(개개의 탄소원자는 네 개의 원자와 결합하여 DNA나 단백질과 같은 기다란 탄화수소 체인을 만들 수 있 다. DNA 사슬에는 원자의 배열상태에 따라 각기 다른 정보가 저장되며, 이들이 두 가닥으로 붙어 있다가 분리되면 원래의 정보에 기초하여 새로운 복사본을 만 든다).

최근 들어 외계생명체의 발생기원과 생물학적 특성을 연구하는 '우 주생물학exobiology'이 새로운 분야로 떠오르고 있다. 여기에 투신한 과학자들은 탄소 이외의 다른 원소에 기초한 생명체가 탄생하여 번 성할 가능성을 열심히 탐색하고 있는데, 아직은 별 소득이 없다. 그 외에 목성형 행성의 대기에서 풍선처럼 떠다니는 생명체도 고려해보 았지만, 이런 상태로 생명을 유지하는 화학적 메커니즘은 아직 발견 되지 않았다.

나는 어린 시절에 〈금지된 행성〉이라는 영화를 보면서 소중한 교훈을 얻었다. 지구에서 파견된 우주인들이 외계행성을 발견하고 착륙했다가 거대한 괴물을 만나 위험에 빠진다. 일행 중 과학자라는 사람이 괴물의 발자국에 석고주형을 떠서 형태를 분석했는데, 발톱과 발가락, 뼈 등이 진화의 법칙에서 완전히 벗어난 것을 보고 대경실색한다.

그 장면은 나에게도 몹시 충격적이었다. 나 같으면 그냥 신기한 괴물이라고 생각했을 텐데, 과학자는 그것이 얼마나 소름끼치는 일인지 잘 알고 있었기에 그토록 공포에 질린 표정을 지었던 것이다. 괴물이건 외계인이건, 그들은 우리와 똑같은 자연의 법칙을 따를 수밖에 없다. 그들이 제아무리 유별난 생명체라 해도, 진공 중에서는 살 수 없다.

또 다른 예를 들어보자. 나는 네스호Loch Ness의 괴물 이야기를 처음 들었을 때 한 가지 의문이 떠올랐다. 그 괴물도 번식은 할 거 아닌가? 그렇다면 개체 수는 얼마나 될까? 공룡처럼 생긴 생명체가 호수에 살고 있다면 그곳에 서식하는 50여 종의 다른 생명체들과 함께 공동생태계를 이루었을 것이므로, 죽은 괴물의 뼈나 그들이 먹다 버린 다른 동물의 사체, 배설물 등 흔적이 반드시 남아 있을 것이다. 그런데 수많은 사람들이 그토록 열심히 찾아 헤맸는데도 증거가 하나도 발견되지 않았다는 것은 그런 괴물이 존재하지 않는다는 뜻이다. 다른 가능성은 없다.

우리가 알고 있는 진화의 법칙은 외계생명체에도 똑같이 적용된다. 외계문명의 탄생 과정을 정확하게 파악하는 것은 어차피 불가능하므로, 인류가 겪어온 과거에 비추어 짐작하는 수밖에 없다. 호모 사피엔스가 지능을 갖게 된 요인은 다음 세 가지로 요약된다.

1. 입체시stereo vision

일반적으로 먹이사슬의 상위에 있는 생명체는 하위 생명체보다 영리하다. 포식자가 사냥의 효율을 높이려면 위장술에 능하고 민첩해야 하며, 상대를 잘 속이고 계획도 잘 짜야 한다. 또한 사냥감이 주로 어디서 먹이를 찾고 약점이 무엇인지, 그리고 무슨 방어체계를 사용하는지도 잘 알고 있어야 한다. 물론 이 모든 사항을 숙지하려면 머리가 좋아야 한다.

반면에 피식자(사냥감)는 그저 잘 뛰기만 하면 된다.

이런 특성은 그들의 눈에 잘 반영되어 있다. 호랑이나 여우 같은 사냥꾼들은 두 눈이 얼굴 전면에 적절한 간격으로 배치되어 목적지까지 거리를 정확하게 파악할 수 있다(이것을 입체시立體視라 한다). 사냥을 할 때는 사냥감까지의 거리를 알아야 성공확률을 높일 수 있기 때문이다. 그러나 사냥감에게는 이런 기능이 필요 없다. 그들에게 필요한 것은 넓은 각도를 한 번에 스캔할 수 있는 광폭렌즈이다. 그래서 사슴이나 토끼 같은 초식동물의 눈은 얼굴 양면에 하나씩 달려 있다. 우주에 존재하는 모든 지적생명체들은 음식을 사냥하던 포식자의 후손일 것이다. 지금은 호전적인 성향이 사라졌다 해도 사냥꾼의 후손인 만큼 주의를 기울일 필요가 있다.

2. 네 손가락과 마주보는 엄지손가락

지적문명을 일으킨 생명체의 또 다른 특징 중 하나는 환경을 자신에게 유리한 쪽으로 바꿀 줄 안다는 것이다. 식물은 환경에 순응하다가 한계점을 넘으면 죽는 수밖에 없지만, 지능을 가진 동물은 환경을 조작하여 생존확률을 높인다. 특히 인간은 엄지손가락이 나머지 네 손가락과 마주보고 있어서, 도구를 만드는 데 절대적으로 유리했다. 과거에 인간의 손은 주로 나뭇가지를 잡고 매달리는 데 사용되었기 때문에, 지금도 엄지와 검지로 원을 만들면 아프리카 밀림의 나무 굵기와 비슷하다('마주보는 엄지'가 없다고 해서 나무에 매달리지 못한다는 뜻은 아니다. 촉수나 발톱을 사용해도 얼마든지 매달릴 수 있다. 그러나 이런 신체기관으로는 도구를 만들 수 없다).

방금 열거한 두 가지 항목을 모두 갖춘 동물은 사냥을 잘하고 도구 제작에 능하여 다른 동물보다 생존확률이 압도적으로 높다. 그러나 여기에 또 하나의 능력을 추가하면 가히 천하무적이 된다.

3. 언어

대부분의 동물은 한 개체로부터 무언가를 배울 수 있지만(예를 들어 새 끼들은 어미로부터 생존기술을 배운다), 그 개체가 죽으면 더 이상 배울 수 없다. 한 개체가 죽으면 그가 갖고 있던 모든 경험과 지식도 사라지기 때문이다.

중요한 정보를 여러 세대에 걸쳐 전수하려면 언어가 반드시 필요하다. 언어가 추상적일수록 더 많은 정보를 전수할 수 있다.

사냥꾼은 사냥감보다 언어개발 능력이 뛰어나다. 도망갈 때는 그저 앞만 보고 달리면 되지만, 팀을 이루어 사냥할 때에는 동료들끼리 중요한 정보를 실시간으로 주고받아야 하기 때문이다. 무리 지어 사는 동물에게 언어는 반드시 필요한 통신수단이다. 혼자서 마스토돈 mastodon(신생대 3기에 살았던 거대 포유동물_옮긴이)을 사냥하면 자칫 잘못하여 밟힐 수도 있지만, 무리를 지으면 매복, 포위, 기만술, 함정 등 다양한 전술을 구사하여 마스토돈을 쓰러뜨릴 수 있다. 이렇게 무리 생활을 하다 보면 언어가 자연스럽게 개발된다. 인류문명은 언어 덕분에 탄생했다고 해도 과언이 아니다.

나는 디스커버리 채널의 한 TV 프로그램에서 돌고래를 잔뜩 풀어 놓은 수영장 풀에 직접 들어가 언어의 사회적 기능을 온몸으로 체험한 적이 있다. 돌고래의 언어를 문자로 기록할 수는 없지만, 그들이 주고받는 소리신호는 수중음파탐지기를 이용하여 데이터로 저장할 수 있다.

나중에 데이터를 분석해보니, 지능을 의미하는 패턴이 뚜렷하게 나타났다. 예를 들어 영어로 쓰인 책에서 임의로 한 페이지를 골라 분석해보면 알파벳 'e'가 가장 빈번하게 등장한다. 이런 식으로 각 알파벳의 빈도수를 분석하면 그 언어만이 갖고 있는 특징을 파악할 수 있다 (이것은 언어학자들이 출처가 분명치 않은 문헌의 저자를 추적할 때 사용하는 방법이다. 예를 들어 셰익스피어의 작품에는 그만이 갖고 있는 특유의 '알파벳 통계 분포'가 존재한다).

이와 마찬가지로 돌고래가 내는 소리에는 특정한 수학공식을 따르는 고유의 패턴이 발견된다. 그들이 주고받는 신호는 무작위가 아니라, 구체적인 정보가 담겨 있다는 뜻이다.

개나 고양이가 내는 소리에도 이와 비슷한 패턴이 존재한다. 즉, 이들은 소리를 통해 의미 있는 정보를 교환하고 있으며, 각 정보의 차이를 구별할 정도로 높은 지능을 갖고 있다.

그러나 벌레가 내는 소리에서는 뚜렷한 규칙이 발견되지 않는다. 벌레의 지능으로는 다양한 정보를 구별할 수 없기 때문이다. 여기서 중요한 것은 동물도 원시적인 언어를 갖고 있으며, 컴퓨터를 통해 그 복잡성을 수치로 나타낼 수 있다는 점이다.

지적생명체의 진화

위에 열거한 세 가지 요소들이 지적생명체가 갖춰야 할 조건이라면, 후속 질문이 자연스럽게 떠오른다. 지구에서 이 조건을 모두 갖춘 동물은 몇 종이나 될까? 대부분의 포식동물은 입체시와 발톱, 엄니, 또는 촉수를 갖고 있지만 손(또는 앞발)으로 도구를 잡을 수 없다. 또한 이들은 정보를 공유하고 후대에 전달하는 데 반드시 필요한 언어를 구사하지 못한다.

인간의 진화와 지능을 공룡과 비교해보자. 공룡은 근 2천만 년 동안 지구의 지배자로 군림해오면서도 그들만의 '공룡문화'를 건설하지 못했다. 공룡의 지능을 가늠하기는 쉽지 않지만, 그들이 기록을 남기거나 건물을 지었다는 이야기는 들어본 적이 없다. 반면에 인간은 단 20만 년 사이에 찬란한 문명을 꽃피웠다.

그러나 공룡의 왕국을 자세히 들여다보면 곳곳에서 지능의 흔적이 눈에 뜨인다. 영화 〈쥐라기 공원Jurassic Park〉을 통해 유명해진 벨로키랍토르Velociraptor는 세월이 흐를수록 똑똑해졌던 것으로 추정된다. 그들의 눈은 포식자의 조건에 맞는 입체시였고, 무리 지어 사냥을 했기 때문에 정보를 교환하는 신호체계도 갖고 있었을 것이다. 또한 그들은 사냥감을 발톱으로 쥘 수 있었다. 소행성 충돌로 멸종하지 않았다면 인간처럼 '네 손가락과 마주보는 엄지손가락'으로 진화했을 것이다(이와 대조적으로 티라노사우루스 렉스Tyrannosaurus rex의 앞발은 사냥감의 살점을 쥐는 기능밖에 없었기 때문에 계속 살아남았다 해도 도구를 만들지는 못했을 것 같다. 구조적 관점에서 볼 때 티렉스는 '걸어 다니는 입'에 가까웠다).

340

《스타메이커》의 외계인

지금까지 언급된 내용을 기반으로 올라프 스테이플던의 《스타메이커》에 등장하는 외계인을 분석해보자. 이 소설의 주인공은 우주를 가로지르는 상상의 여행길에서 다양한 외계문명과 조우한다. 마치 은하수에 존재하는 모든 문명을 파노라마처럼 펼쳐놓은 듯한 느낌이다.

한 외계종족은 강한 중력장에서 진화하여 다리가 6개인데, 제일 앞에 있는 2개는 훗날 손으로 진화하여 도구를 만들고, 전체적인 모습은 반인반마 켄타우로스centaurus와 비슷한 형태로 진화한다.

주인공과 마주친 외계인 중에는 곤충처럼 생긴 종족도 있다. 개개의 개체들은 지능이 거의 없지만, 수십억 마리가 모이면 막강한 지능을 갖게 된다. 새처럼 생긴 종족은 떼를 지어 날아다니면서 신호를 교환하고, 식물처럼 생긴 종족은 낮에 조용히 지내다가 밤이 되면 동물처럼 이리저리 돌아다닌다. 심지어는 지능을 가진 별도 있었다.

대부분의 외계생명체는 바다에서 살고 있었다. 그중에서 가장 성공적으로 진화한 것은 공생관계에 있는 두 종種이었는데, 외관은 물고기와 게를 닮았다. 물고기는 바닷속을 빠르게 헤엄치고, 게는 물고기의 머리 뒤에 올라타서 갈고리 같은 손으로 다양한 도구를 사용한다. 둘의 조합은 매우 효율적이어서 그 행성에 존재하는 생명체의 거의 대부분을 차지했다. 그 후 게처럼 생긴 생명체는 육지로 진출하여 각종 기계장치와 전기기구, 로켓함선을 발명했고, 과학에 기초한 유토피아를 건설한다.

공생관계에 있는 외계생명체들은 거대한 스타십을 만들어서 우주를 여행하다가 그들보다 덜 진보된 문명과 마주친다. 스테이플던은

이 장면에서 다음과 같이 적어놓았다. "공생종족은 원시생물과 마주치지 않도록 각별한 주의를 기울였다. 그들의 눈에 뜨이면 더 이상 독립적인 삶을 누릴 수 없었기 때문이다."

다시 말해서, 물고기와 게가 공생관계를 유지하면 고등생물로 진화할 수 있지만 따로 떨어지면 불가능하다는 뜻이다.

외계에 다양한 생명체가 존재하고 이들이 물속이나 얼음으로 덮인 위성(유로파나 엔켈라두스)에서 살고 있다면, 한 가지 의문이 떠오른다. "수중생물이 고도의 지능을 가질 수 있을까?"

지구의 바다에는 진화에 불리한 몇 가지 문제점이 있다. 지느러미는 물속에서 매우 유용한 기관인 반면, 팔과 다리는 전혀 그렇지 않다. 몸에 지느러미가 달려 있으면 물속에서 빠르게 헤엄칠 수 있지만, 팔과 다리는 거추장스럽기만 하다. 그래서 수중생물 중에는 도구를 잡는 신체기관을 가진 종이 거의 없다. 즉, 수중생물은 지능이 높은 생명체로 진화하기 어렵다는 뜻이다(지느러미가 물건을 쥐는 쪽으로 진화하거나, 육지로 진출하여 팔과 다리로 진화할 수는 있다).

그럼에도 불구하고 문어는 매우 성공적인 진화 사례에 속한다. 바다 밑에서 3억 년 동안 살아온 문어는 무척추동물 중 가장 똑똑하다. 이들은 '지능이 높은 종으로 진화하는 데 필요한 세 가지 조건' 중 두 가지를 갖추고 있다.

첫째, 문어는 포식자답게 사냥에 적합한 눈을 갖고 있다(단, 두 눈이 정면을 향한 입체시는 아니다).

둘째, 여덟 개의 촉수(다리)는 물건을 쥐거나 옮기는 데 적절하고 성능도 매우 우수하다.

그러나 문어에게는 언어가 없다. 천성적으로 '고독한 사냥꾼'이어서 동료들과 의사소통할 필요가 없었기 때문이다. 그러므로 우리가 아는 한, 문어의 경험과 지식은 후대에 전달되지 않는다.

그래도 문어는 지능이 높은 편이다. 특히 수족관의 문어는 '탈출의 귀재'로 악명 높다. 약간의 틈만 있으면 유연한 몸을 십분 활용하여 귀신같이 빠져나온다. 그리고 문어를 미로에 풀어놓으면 한 번 지나갔던 길을 기억하면서 체계적으로 탈출경로를 탐색하는데, 이것도 다른 수중동물에서는 찾아볼 수 없는 능력이다. 또한 문어는 코코넛 껍질을 쥘 수 있고, 은신처를 스스로 만들기도 한다.

이토록 다재다능한 문어는 왜 고도의 지능을 발달시키지 못했을까? 아이러니하게도, 그것은 지금과 같은 재능을 갖기 위해 치른 대가였다. 바위 밑에 숨어서 먹이를 촉수로 움켜쥐는 것만으로도 충분했기에, 더 이상 지능을 개발할 필요가 없었던 것이다. 다시 말해서, 문어에게는 지능개발을 촉진하는 진화압進化壓, evolutionary pressure(종이 생존의 위기에 직면했을 때, 살아남는 쪽으로 변화를 촉진하는 요인_옮긴이)이 작용하지 않았다.

그러나 지구와 환경이 완전히 다른 외계행성에서 문어 같은 생명체가 살고 있다면, 그들은 집단사냥을 하면서 특정한 소리로 신호를 교환할지도 모른다. 문어의 주둥이가 기본적인 소리를 내는 쪽으로 진화할 수도 있다. 누가 알겠는가? 지구의 문어도 계속 진화하여 수억 년 후에 고도의 지능을 갖게 될지도 모른다.

따라서 문어가 똑똑한 종으로 진화할 가능성은 얼마든지 열려 있다.

스테이플던의 소설에 등장하는 또 하나의 똑똑한 종은 조류이다. 과학자들은 조류도 문어 못지않게 똑똑하다는 사실을 알아냈다. 그러나 문어와 달리 새들은 울음소리와 노래, 또는 특유의 선율을 통하여 매우 복잡한 정보를 교환하고 있다. 이성에게 매력을 과시할 때에는 멜로디가 훨씬 복잡해진다. 수컷 새가 암컷 앞에서 자신의 건강상태와 근력, 사냥능력 등을 과시하며 자신이 최고의 짝짓기 상대임을 설득해야 하니, 울음소리에 담긴 정보가 얼마나 복잡하고 미묘한지 짐작이 갈 것이다. 그러므로 조류는 자신의 씨를 가능한 한 많이 퍼뜨리기 위해 복잡한 소리를 개발할 수밖에 없었으며, 그와 함께 지능도 높아졌다. 게다가 매와 부엉이를 비롯한 일부 조류는 사냥꾼처럼 두 눈이 앞을 향해 나 있다. 그러나 아쉽게도 새에게는 환경을 개조하는 능력이 없다.

지금으로부터 수백만 년 전, 네 발로 걷던 동물 중 일부가 새로 진화했다. 새의 뼈를 분석해보면 마디와 관절, 발가락 등 모든 부위가 동물의 다리뼈와 일대일로 대응되는데, 이것은 동물의 다리가 새의 날개로 진화했다는 강력한 증거이다. 그러나 주변환경을 자신에게 유리한 쪽으로 개조하려면 도구를 사용할 줄 알아야 하고, 이를 위해서는 손으로 물건을 쥐는 능력이 반드시 필요하다. 따라서 조류가 똑똑해지려면 '하늘을 날고 도구를 조작하는' 두 가지 기능을 한 쌍의 날개로 수행하거나, 처음부터 6개의 다리로 시작하여 날개와 손을 별도로 개발해야 한다.

그러므로 조류가 어떻게든 도구를 다루는 능력을 개발한다면 고도의 지능을 보유한 종으로 진화할 수 있다.

문어와 조류 외에도 똑똑한 종으로 진화할 가능성이 있는 종은 사방에 널려 있다. 지구에서는 세 가지 조건을 모두 갖춘 호모 사피엔스가 절대적인 지배자로 군림하고 있지만, 환경이 다른 외계행성에서는 누가 최후의 승자가 될지 아무도 알 수 없다.

인간의 지능

인간은 어떻게 똑똑한 종으로 진화할 수 있었을까? 침팬지와 보노보 bonobo(인간과 진화적으로 가장 가까운 동물), 그리고 고릴라는 세 가지 조건을 거의 갖추었음에도 불구하고 원시적인 삶에서 벗어나지 못했는데, 왜 유독 사람만 똑똑해진 것일까?

다른 동물과 비교할 때, 호모 사피엔스는 신체구조가 어설프고 나약하기 짝이 없다. 이들이 야생에서 동물과 어울린다면 단박에 웃음거리로 전락할 것이다. 인간은 빨리 뛸 수 없고 손톱과 발톱이 날카롭지도 않으며, 후각도 매우 둔하다. 게다가 몸을 보호하는 단단한 외피가 없고, 근력도 약하고, 몸에 털이 없어서 외부자극에 매우 취약하다. 주변을 아무리 둘러봐도, 신체조건이 인간보다 열악한 동물은 찾아보기 힘들다.

현존하는 대부분의 동물들은 더 이상 진화할 필요가 없을 정도로 이상적인 신체구조를 갖고 있다. 개중에는 수백만 년 동안 전혀 변하지 않은 종도 있다. 인간은 물리적으로 약하고 어설프기 때문에 경쟁에서 살아남으려면 똑똑해지는 수밖에 없었다. 다시 말해서, 지능이 높아지는 쪽으로 진화압이 작용한 것이다.

한 이론에 의하면 수백만 년 전부터 아프리카 동부의 기후가 변하여 숲이 사라지고 목초지가 들어서면서, 오랜 세월 동안 숲에서 살아온 인류의 조상 중 상당수가 멸종했다고 한다.

역경을 딛고 살아남은 이들은 사방이 탁 트인 초원에서 먼 곳을 경계하기 위해 애써 허리를 펴고 두 발로 걷기 시작했다(그 증거 중 하나가 척추만곡증swayback, 척추가 앞쪽으로 과하게 굽는 증상이다. 이 증세는 잘못된 자세 때문에 나타나기도 하지만, 대부분은 원인이 분명하지 않은 '특발성 척추만곡증'이다. 진화학자들은 이 증세가 '과거에 긴 세월을 네 발로 걸어다니다가 짧은 기간 동안 무리하게 두 발로 일어섰기 때문에 나타나는 후유증'으로 이해하고 있다. 중년에 접어든 사람들 중 유독 척추 관련 환자가 많은 것도 이런 이유일 것이다).

직립보행은 인간에게 또 다른 이득을 가져다주었다. 두 손이 자유로워져서 도구를 만들 수 있게 된 것이다.

외계에 존재하는 지적생명체들도 우리처럼 신체가 나약하면서 똑똑할 가능성이 높다. 높은 지능은 열악한 신체조건을 극복하는 유일한 방법이기 때문이다. 또한 그들은 우리처럼 주변환경을 자신에게 유리한 쪽으로 개조하여 생존확률을 높였을 것이다.

다른 행성에서의 진화

그렇다면 외계생명체들 중 과학기술에 기초한 문명을 이룩한 종은 얼마나 될까?

앞서 말한 대로 은하에 존재하는 생명체의 대부분은 수중생물일 것이다. 이들이 자연적으로 생존에 필요한 기관을 발달시킬 수도 있지만, 지금 우리는 기술적인 면을 논하고 있으므로 바다 밑에서 고도의 문명이 탄생할 가능성을 따져보기로 하자.

인간의 문명은 농사를 짓기 시작한 후로 세 단계에 걸쳐 혁명적인 변화를 겪어왔다.

첫 번째 혁명은 증기기관과 굴뚝산업으로 대변되는 산업혁명이다.

이 시기에 사용 가능한 에너지는 석탄과 화석연료에 힘입어 수십 배로 증가했고, 농기구가 등장하면서 농사도 하나의 산업으로 성장할 수 있었다.

두 번째 혁명은 전기와 함께 찾아왔다. 발전소에서 생산된 전력 덕분에 가용에너지가 또다시 몇 배로 증가했고, 라디오와 TV, 원격통신 등 새로운 형태의 통신수단이 등장했으며, 사회 전체가 에너지와 정보로 넘쳐나기 시작했다.

세 번째는 컴퓨터에서 시작된 정보혁명이었다. 실리콘 저장장치에 방대한 양의 정보를 저장하고 빠른 속도로 처리함으로써, 모든 분야의 효율이 비교가 안 될 정도로 높아졌다.

바다 밑에서 태어난 외계문명도 에너지와 정보 분야에서 이와 비슷한 단계를 거칠 것인가?

유로파와 엔켈라두스는 태양에서 너무 멀리 떨어져 있기 때문에 바다 전체가 얼음으로 덮여 있다. 그러므로 이런 곳에 지적생명체가 살고 있다면 지구의 땅속생물처럼 앞을 보지 못할 것이다. 눈을 개발할 능력이 없어서가 아니라, 빛이 들어오지 않는 곳에서 애써 눈을 개발해봐야 아무 소용도 없기 때문이다. 어두운 바닷속에서는 눈보다 귀가 훨씬 유용하다. 아마도 그들은 바닷속을 여행할 때 수중음파탐지 기능을 사용할 것이다.

그러나 음파(소리)의 파장은 빛의 파장보다 훨씬 길기 때문에, 소리만으로는 우리가 눈으로 보는 것만큼 자세한 정보를 얻을 수 없다(초음파영상이 내시경영상보다 훨씬 거친 것도 같은 이유다). 그러므로 수중생물이 고도의 문명을 일으킨다 해도, 발전 속도는 지구의 인간보다 훨씬 느릴 것이다.

더욱 중요한 것은 에너지 문제이다. 물속에서는 화석연료를 태울수 없으므로 전력을 생산하기 어렵다. 연료를 태우려면 산소가 있어야 하는데, 물속에 포함된 소량의 산소로는 어림도 없다. 또한 태양열은 영구얼음층을 통과할 수 없으므로 태양열발전도 불가능하다.

물속에서는 내연기관과 불, 그리고 태양열을 사용할 수 없다. 그러므로 외계의 수중생물이 고도의 문명을 일으키려면 다른 에너지원을 찾아야 한다. 언뜻 생각하면 대안이 없을 것 같지만, 한 가지 가능성이 남아 있다. 해저면에서 지열이 뿜어져 나오는 열수분출공hydrothermal vent이 바로 그것이다. 유로파와 엔켈라두스에 이와 비슷한 분출공이 존재한다면 편리한 에너지원으로 사용 가능할 것이다.

물속에서 작동하는 증기엔진을 만들 수도 있다. 일반적으로 열수분출공 근처의 온도는 물의 비등점보다 높기 때문에, 파이프를 이용하여 뜨거운 물을 원하는 지역으로 전송하면 증기엔진을 가동할 수 있다. 외계의 수중생물이 기계시대로 진입한다면, 아마도 이런 과정을 거칠 것이다.

바다 밑의 열에너지로 광석을 녹여서 각종 금속과 합금을 생산할수도 있다. 즉, 물속에서도 야금술이 발전할 수 있다는 뜻이다. 해저광산에 충분한 양의 광물자원이 매장되어 있다면 '해저 산업혁명'도일으킬 수 있을 것이다.

단, '해저 전기혁명'은 일어날 가능성이 별로 없다. 물속에서는 대부분의 전기회로가 단락되어 제 기능을 수행할 수 없기 때문이다. 전기가 없으면 지금 우리가 누리는 현대문명을 구축할 수 없고, 기술도 정체 상태에 빠지게 된다.

그러나 여기에도 해결책이 있다. 해저면 밑에서 다량의 자철석磁鐵

石이 발견된다면, 이것으로 발전기를 만들어서 기계를 가동할 수 있다. 자석을 빠른 속도로 회전시키면(열에너지로 제트류를 만들어서 터빈을 돌리면 된다) 전선 속의 전자가 이동하면서 전류가 생성된다(자전거의 전조등과 수력발전소도 이 원리를 이용한 것이다). 그러므로 고도의 지능을 보유한 수중생물은 물속에서도 자석을 이용한 발전기를 만들어서 전기시대를 맞이할 수 있다.

컴퓨터에 기초한 정보혁명도 수중생물에게는 결코 쉬운 일이 아니지만 불가능할 것도 없다. 컴퓨터기술의 핵심은 실리콘이므로, 해저면 밑에서 실리콘을 채굴하고 정화한 후, 자외선 에칭기술을 이용하여 실리콘 칩에 회로를 새기면 된다(실리콘 칩 위에 회로도가 그려진 판을 올려놓고 자외선을 쪼이면 칩에 동일한 회로가 새겨진다. 자외선에 노출된 화학물질이 특정한 반응을 일으키면서 실리콘 기판에 흔적을 남기기 때문이다. 트랜지스터 칩 생산의 핵심기술인 이 공정은 수중에서도 진행될 수 있다).

그러므로 외계의 생명체가 물속에서 산다 해도, 우리처럼 고도의 지능을 개발하여 현대적인 기술문명을 일으킬 가능성은 얼마든지 있다.

외계 기술문명의 자연적 한계

초기문명이 태동하여 현대사회로 가는 머나먼 여정이 시작되었다 해도, 또 다른 문제가 도사리고 있다. 이것은 기술적인 문제가 아니라 주변환경 때문에 주어지는 한계이다.

예를 들어 금성이나 타이탄 같은 곳에서 지적생명체가 살고 있다면 두꺼운 구름에 가려 하늘의 별을 볼 수 없으므로 자신이 사는 곳이 우주의 전부라고 생각할 것이다.

우주에 대한 개념이 없으면 천문학이 발달할 수 없고, 종교적 교리도 행성이라는 한계를 벗어나기 어렵다. 구름 위로 진출할 필요성을 느끼지 않으니 과학기술이 정체 상태에 빠지고 우주개발 프로그램이라는 것 자체가 존재하지 않는다. 이런 곳에서는 원격통신이나 기상위성도 탄생하지 않을 것이다(스테이플던의 소설에서 일부 해저생명체들은 육지로 진출하여 천문학을 발전시킨다. 그들이 바다에 계속 머물렀다면 행성 바깥에도 세상이 존재한다는 사실을 모르는 채 살았을 것이다).

아시모프상 수상작 《황혼Nightfall》에는 외계문명의 과학발전을 방해하는 또 다른 요인이 등장한다. 우주 어딘가에 문명을 이룩한 외계종족이 살고 있는데, 이들의 행성은 무려 6개의 별 주변을 공전하고 있다. 간단히 말해서 6개의 태양이 연달아 뜨고 진다는 뜻이다. 하나의 태양이 지기 전에 그다음 태양이 떠오르기 때문에 이들에게는 밤이라는 것이 존재하지 않고 당연히 별을 본 적도 없다. 그래서 이 행성의 과학과 종교는 자신의 태양계가 우주의 전부라는 한계에 부딪혀 정체 상태에 빠져 있다.

그러던 어느 날, 과학자들은 그 행성의 문명이 2천 년마다 한 번씩 완전한 혼돈상태에 빠져왔다는 놀라운 사실을 알아냈다. 아득한 옛날부터 2천 년을 주기로 원인불명의 재앙이 발생하여 사회 전체가 붕괴되었다가 다시 일어나기를 반복했던 것이다. 사실 예전부터 그 행성에는 '세상이 캄캄해졌을 때 사람들이 일제히 모닥불을 밝혀놓고 빛이 돌아오기를 기다렸'는 전설이 전해 내려오고 있었다. 그 시기에 종말론이 전염병처럼 퍼져나갔고, 정부가 기능을 상실하면서 사회 전체가 붕괴되었다가 잿더미에서 다시 시작하여 근 2천 년 만에 지금과 같은 문명을 일으킨 것이다.

과학자들은 원인을 추적한 끝에 '2천 년마다 한 번씩 행성의 궤도가 비정상적으로 변하여 한동안 밤이 지속되었으며, 그다음 재앙이 코앞에 다가왔다'는 끔찍한 사실을 알아냈다. 원인은 알았는데 해결할 방법이 없으니, 참으로 답답한 노릇이다. 소설의 끝 부분으로 가면 예측한 대로 어둠이 찾아오고, 2천 년 동안 애써 이룩해온 문명은 혼돈 속으로 빠져든다.

이런 소설을 읽다 보면 지구와 환경이 완전히 다른 행성에서 생명체가 살아가는 것이 얼마나 어려운 일인지 다시 한 번 실감하게 된다. 지구에 사는 우리는 풍부한 에너지원을 마음대로 쓸 수 있고, 대기에 산소가 많아서 불을 피울 수 있고, 회로가 단락될 염려 없이 다양한 전기제품을 사용할 수 있고, 실리콘 매장량도 충분하고, 태양이 하나뿐이어서 밤하늘을 볼 수 있으니 역시 운이 좋았다. 이들 중 하나라도 누락되었다면 지금과 같은 문명을 건설할 수 없었을 것이다.

페르미역설 그들은 어디에 있는가?

지금까지 언급된 모든 사항을 고려한다 해도, 한 가지 의문이 머릿속을 맴돈다. "외계인은 대체 어디에 있는가? 외계인이 존재한다면 우주에 흔적을 남기거나 지구를 방문할 수도 있을 텐데, 그런 증거는 왜 하나도 발견되지 않는가?"[4]

가능한 답은 여러 가지가 있는데, 내 생각은 다음과 같다. 그들이 수백 광년 떨어진 지구까지 날아올 능력이 있다면, 그들의 과학은 지구와 비교할 수 없을 정도로 엄청나게 발전했을 것이다. 그런데 별로 건질 것 없는 지구까지 그 먼 거리를 무엇하러 날아오겠는가? 환상적인 과학기술을 보유한 외계인이 언젠가 지구를 방문할 것이라는 기대는 일찌감치 접는 게 좋다. 당신이라면 오직 다람쥐와 사슴을 보기 위해 아프리카까지 날아가겠는가? 때마침 볼일이 생겨서 그곳에 갔다 해도, 다람쥐와 사슴을 찾아서 대화를 시도하겠는가? 처음에는 몇 번 시도해볼 수도 있지만, 반응이 없으면 금방 흥미를 잃고 가던 길을 갈 것이다.

외계인이 태양계까지 온다 해도 지구를 방문할 것 같진 않다. 아마도 먼발치에서 약간 호기심 어린 눈으로 바라보며 스쳐지나갈 것이다. 또는 올라프 스테이플던이 수십 년 전에 생각했던 것처럼, '원시종족과 접촉하지 않는다'는 것이 외계인 탐사대의 지침일 수도 있다. 다시 말해서 그들이 우리의 존재를 알고 있다 해도, 수준 차이가 너무 크면 굳이 간섭할 생각이 없을 거라는 이야기다(스테이플던의 소설에는 이런 내용도 있다. "이상향utopia에 근접한 일부 문명은 더 이상의 진보를 원하지 않고 지금처럼 평화로운 상태를 유지하는 것으로 만족하고 있다. 마치 인간이 국립공원을 지정해놓고 야생동물을 원래 모습 그대로 유지하는 것과 비슷하다.").[5]

쇼스탁 박사와 인터뷰하는 자리에서 외계인이 나타나지 않는 이유를 물었더니, 스테이플던과는 완전히 다른 답이 돌아왔다. "우리보다 진보한 외계인들은 우주에 직접 나가지 않고 인공지능이 탑재된 로봇을 대신 보낼 겁니다. 그러므로 지구를 방문한 외계인이 생명체가 아닌 기계라고 해도 별로 놀라운 일은 아닙니다. 영화 〈블레이드 러너Blade Runner〉에서도 로봇이 우주에 파견되어 허드렛일을 하지 않습니까? 외계의 라디오신호가 잡히지 않는 것도 같은 이유일 겁니다.

외계문명이 우리와 비슷한 과학사를 거쳤다면 라디오를 발명한 후에 로봇을 만들었을 것이고, 인공지능시대에 접어든 후로는 로봇과 하나가 되어 라디오를 사용하지 않았을 테니 SETI 연구소에 파리만 날리는 거지요."

개중에는 '외계인들이 중요한 자원을 약탈하러 올지도 모른다'고 경고하는 사람도 있다. 외계행성에는 없지만 지구에는 풍부한 것 – 가장 대표적인 것이 '물'이다. 액체 상태의 물은 태양계에서 지구와 거대가스행성의 위성에만 존재하기 때문에 물이 절실하게 필요한 외계인의 표적이 되기 쉽다. 그러나 그들도 '얼음에 열을 가하면 물이 된다'는 것쯤은 알고 있을 것이므로, 얼음이 풍부한 혜성과 소행성을 집중 공략할 수도 있다. 부디 그들이 '저렴한 비용으로 얼음을 녹이는 기술'을 갖고 있기를 바랄 뿐이다.

지구의 광물자원을 약탈하러 올 수도 있다. 그러나 다행히도 우주에는 값진 광물을 잔뜩 함유한 천체가 수없이 널려 있으므로, 외계의 채굴꾼들이 지구를 택할 가능성은 별로 없다. 지구까지 올 정도로 과학이 발달했다면, 지적생명체가 살고 있는 행성보다 저항요소가 없는 소행성이나 혜성을 택할 것이다.

외계인이 열에너지를 구하기 위해 지구로 온다면 최악의 시나리오가 펼쳐진다.[6] 지구의 열에너지원을 약탈하려면 지구를 통째로 부숴야 하기 때문이다. 그러나 진보된 문명에서는 핵융합에너지를 사용할 것이므로, 굳이 열에너지를 약탈하러 지구까지 올 것 같진 않다. 다행히도 핵융합발전의 원료인 수소는 우주에서 가장 흔한 원소여서, 굳이 지구까지 오지 않아도 가까운 별에서 얼마든지 구할 수 있다.

우리는 그들의 길목에 서 있는가?

더글러스 애덤스Douglas Adams의 소설 《은하수를 여행하는 히치하이커를 위한 안내서Hitchhiker's Guide to the Galaxy》에서 외계인들은 단순히 '지나가는 길목에 있다'는 이유로 지구를 파괴하려 든다. 외계인연합에서 은하간 우회도로를 건설하는데, 그 길목에 지구가 있었기에 제거하기로 한 것이다. 이 결정을 내린 외계인 관료는 지구인에게 아무런 감정도 없었다. 단지 자신에게 주어진 임무를 수행한 것뿐이다. 이런 일은 현실에서도 일어날 수 있다. 사슴이 살고 있는 숲을 예로 들어보자. 무시무시한 사냥총을 들고 사슴을 쫓는 호전적인 사냥꾼과 주택단지를 물색하기 위해 서류가방을 들고 숲을 배회하는 심성 좋은 개발자, 둘 중 어느 쪽이 사슴에게 더 위험한 존재일까? 사슴한 마리에게는 사냥꾼이 더 위험하겠지만, 개발자는 숲 전체를 갈아엎을 것이므로 그 일대의 모든 사슴을 죽일 것이다.

허버트 조지 웰스의 《우주전쟁》에서도 화성인들은 지구생명체에게 아무런 원한도 없었다. 단지 그들의 고향 행성이 죽어가고 있었기에 지구를 접수하기로 한 것이다. 그들은 지구인을 미워하지 않았다. 다만 그들이 가는 길목에 우리가 있었을 뿐이다.

앞서 언급했던 슈퍼맨 영화 〈맨 오브 스틸〉의 시나리오도 이와 비슷하다. 파멸을 눈앞에 둔 크립톤 행성의 지도자들이 모든 크립톤인의 DNA를 저장하여 지구에서 되살리기로 했다. 그런데 이 프로젝트가 성공하려면 지구를 완전히 접수해야 한다. 물론 이것도 가능한 시나리오지만 다른 행성을 선택할 수도 있으니, 우리는 그저 외계인들이 지구를 무시하고 지나쳐주기를 바라는 수밖에 없다.

나의 연구동료인 폴 데이비스는 또 하나의 흥미로운 가능성을 제시했다. 외계인의 과학기술이 상상을 초월할 정도로 발전했다면, 현실보다 훨씬 우월하고 환상적인 가상현실 프로그램을 실행하여 그 안에서 영원히 살아갈 수도 있지 않을까? 너무 앞서가는 감이 있지만 불가능할 것도 없다. 인간 중에서도 현실세계보다 마약에 취한 몽롱한 상태를 더 좋아하는 사람이 있지 않은가? 물론 현실에서 마약을 허용하면 사회의 근간이 위태로워지므로 좋은 방법이 아니지만, 우리에게 필요한 모든 것을 기계가 제공해줄 수 있다면 가상현실에서 영원히 사는 것도 그리 나쁘지 않을 것 같다.

그렇다면 우리보다 수천~수백만 년 앞선 문명은 과연 어떤 모습일까? 그들과 마주치면 새로운 평화의 시대가 찾아올지, 아니면 열등한 우리가 멸종을 맞이하게 될지 정말 궁금하다.

고도로 발달한 문명의 문화, 정치, 그리고 사회구조가 어떤 형태인지는 아무도 알 수 없지만, 앞서 말한 바와 같이 제아무리 뛰어난 문명도 물리법칙의 한계를 극복할 수는 없다. 그러므로 물리법칙에 입각하여 문명의 진화 과정을 분석해보면 오래 지속된 문명의 형태를 대략적으로나마 짐작할 수 있을 것이다.

또 우리가 앞으로 오랜 세월 동안 외계인과 마주치지 않는다면 지구의 문명은 어떤 방향으로 진화할 것인가? 문명이 충분히 발달하면 별과 은하를 누비는 우주적 존재가 될 수 있을까?

일부 과학자들은 '시공간을 마음대로 주무르면서 우주 전체에 영향을 미치는'
4단계 문명을 추가해야 한다고 주장한다.
그 정도 능력이 있다면 하나의 우주에 만족할 이유가 없지 않을까?
크리스 임피

과학은 흥미로운 구석이 있다. 몇 안 되는 사실만으로 산더미 같은 추론을
만들어낸다. 정말 대단하지 않은가?
마크 트웨인

13

진보된
문명

그날 아침, 모든 타블로이드 신문에는 똑같은 머릿기사가 실렸다.[1]
"우주에서 거대한 외계구조물 발견!"
"천문학자들, 우주의 외계인 기계장치에 아연실색!"
〈워싱턴포스트〉는 이 난리법석에 적극적으로 동참하지 않았지만
"하늘에서 가장 불가사의한 별, 또다시 행동 개시"라는 헤드라인으로
사람들의 궁금증을 자극했다.

인공위성과 전파망원경으로 수집한 정보를 분석하면서 따분한 나
날을 보내던 천문학자들도 사방에서 걸려오는 전화에 일일이 답하느
라 연구가 마비될 지경이었다. "외계인이 만든 거대구조물이 정말로
발견되었습니까?", "그들은 어느 행성에 살고 있나요?", "그들이 지구
를 침략해오진 않을까요?"

갑자기 천문학계 전체가 꿀 먹은 벙어리가 되었다. 그도 그럴 것이,

우주에서 무언가 이상한 것이 발견되었는데 기존의 이론으로는 도저히 설명할 길이 없었기 때문이다. 그렇다고 대충 얼버무렸다간 나중에 어떤 독박을 쓰게 될지 모르니, 그저 입을 다무는 게 상책이었다.

이 모든 난리법석은 천문학자들이 어떤 별을 가로지르는 행성을 관측(트랜싯관측)하면서 시작되었다. 일반적으로 목성만 한 크기의 거대 행성이 모항성을 가로지를 때, 모항성의 밝기는 1%쯤 감소한다. 그런데 2011년에 케플러 우주선이 지구로부터 1,400광년 떨어진 KIC 8462852라는 별을 관측했을 때, 별의 밝기가 무려 15%나 감소했다. 대부분의 경우, 이 정도로 비정상적인 데이터는 폐기처분된다. 망원경의 전력공급원에 이상이 생겼거나 전기회로 출력부에 일시적으로 서지전압surge voltage이 걸려서 피크가 커질 수도 있고, 망원경의 반사거울에 먼지가 묻어서 엉뚱한 결과가 나올 수도 있기 때문이다.

그러나 2013년에 실행된 두 번째 트랜싯관측에서는 별의 밝기가 무려 22%나 감소했다. 지금까지 관측한 그 어떤 별도 2년 연속 이 정도로 희미해진 적이 없었다.

"이런 별은 난생처음 봅니다. 정말 이상하면서도 신비하죠." 당시 예일대학교의 박사후과정 연구원으로 재직하면서 KIC 8462852를 관측했던 타베타 보야잔Tabetha Boyajian의 말이다.[2]

그 후 상황은 더욱 이상한 쪽으로 흘러갔다. 루이지애나 주립대학교의 천문학자 브래들리 셰퍼Bradley Schaefer가 과거의 관측자료를 뒤지다가 그 별이 1890년 이후 주기적으로 희미해져왔음을 보여주는 사진건판을 발견한 것이다. 천문학잡지 〈애스트로노미 나우Astronomy Now〉에는 다음과 같은 기사가 실렸다. "이 놀라운 발견이 알려진 후 천문학자들은 역사상 가장 큰 미스터리를 풀기 위해 정신없이 뛰어다니고 있다."

천문학자들은 상상할 수 있는 모든 가설을 내놓았지만, 모두가 만족할 만한 설명은 단 하나도 없었다.

대체 무엇이 별을 그토록 광범위하게 가릴 수 있단 말인가? 계산대로라면 문제의 행성은 목성보다 22배나 커야 하는데, 그런 행성은 이론적으로 존재할 수 없고 관측된 적도 없다. 혹자는 행성이 모항성으로 빨려들어갔다고 주장했지만, 그런 초대형 사건이 주기적으로 반복될 리가 없지 않은가. 또 한 가지 가설은 그 별이 탄생 초기여서 주변에 원반형 먼지구름이 형성되어 빛을 가린다는 것이었다. 우주공간에서 먼지와 구름이 응축되어 태양계가 형성되면 원반은 중심부의 별보다 훨씬 크기 때문에, 원반이 별을 통과할 때마다 빛이 희미해질 수도 있다. 그러나 별에서 방출된 빛을 분석한 결과, KIC 8462852는 성숙한 별로 판명되었다. 즉, 별을 에워싼 먼지구름이 이미 오래전에 태양풍에 의해 날아가버렸다는 뜻이다.

이런 식으로 불가능한 가설을 하나씩 제거해나가다 보니, 끝까지 살아남은 가설은 단 하나뿐이었다. 이 가설을 기꺼이 받아들이는 천문학자는 한 명도 없지만, 가능성은 여전히 남아 있다. KIC 8462852를 가린 것이 자연적으로 형성된 천체가 아니라, 외계의 지적생명체가 만든 거대한 구조물이라는 것이다.

펜실베이니아 주립대학의 제이슨 라이트Jason Wright는 이렇게 말했다. "천문학자에게 외계인 가설은 모든 설명이 실패했을 때 꺼내는 최후의 카드여야 한다. 그런데 아무리 생각해도 지금이 바로 그때인 것 같다."

2011년에 별의 밝기가 크게 감소했다가 다시 2013년에 감소할 때까지 750일이 걸렸다. 그래서 천문학자들은 2017년 3월에 동일한 현상이 나타날 것으로 예측했는데, 역시 그 날짜에 문제의 별은 다시 희미해졌다. 이번에는 전 세계의 모든 천체망원경이 KIC 8462852를 관측했는데, 빛의 감소량은 약 3%였다.

도대체 무엇이 주기적으로 별빛을 가리는 것일까? 소수의 천문학자들은 그것이 '다이슨 스피어'일지도 모른다는 가설을 조심스럽게 내놓았다. 다이슨 스피어는 1937년에 올라프 스테이플던이 처음으로 제안했다가 물리학자 프리먼 다이슨이 구체화한 개념으로, '다량의 에너지를 얻기 위해 별을 통째로 에워싼 거대한 인공구조물'을 의미한다. 내친김에 상상력을 좀 더 발휘하면, 다이슨 스피어가 경도를 따라 거대한 창살이 나 있는 둥근 새장 모양이어서 주기적으로 별빛을 가릴 수도 있다. 이것은 2단계 문명이 에너지를 얻기 위해 별 주변에 설치한 초대형 구조물일지도 모른다. 아마추어 천문가들이나 과학잡지 기자들의 귀가 솔깃해지는 가설이다. 그런데 2단계 문명이란 무엇일까?

카르다셰프의 문명분류법

1964년, 외계문명이라는 모호한 개념에 불만을 느낀 러시아의 천문학자 니콜라이 카르다셰프Nikolai Kardashev는 '진보된 외계문명의 수준에 따른 분류법'을 최초로 제안했다.[3] 과학자들은 무엇이건 양量으로 나타내는 것을 좋아한다. 특히 대상에 대하여 아는 것이 별로 없을 때에는 수치로 가늠하는 것이 최선이다. 그래서 카르다셰프는 '에너

지소비량'에 기초하여 일반적인 문명의 수준을 세 가지 단계로 분류
했다. 문명이 다르면 문화, 정치, 역사도 다르겠지만, 모든 문명의 공
통점은 에너지를 소비한다는 점이다. 카르다셰프가 분류한 문명의 단
계는 다음과 같다.

1단계 문명: 행성에 도달하는 모든 태양에너지를 활용하는 문명
2단계 문명: 태양의 모든 에너지를 활용하는 문명
3단계 문명: 은하 전체의 에너지를 활용하는 문명

각 단계 문명의 에너지 소비량은 구체적으로 계산 가능하다. 특히
태양에서 지구표면 $1m^2$에 도달하는 햇빛의 양은 쉽게 계산할 수 있
다. 여기에 햇빛이 도달하는 지역의 총면적을 곱하면 1단계 문명에서
활용 가능한 에너지가 얻어진다(1단계 문명의 에너지는 전력단위로 약 $7 \times$
10^{17} W(와트)이며, 현재 지구에서 생산하는 총에너지의 약 100배이다).
태양에너지 중 지구에 도달하는 양은 극히 일부에 불과하다. 우리
는 태양과 지구의 크기를 알고 둘 사이의 거리도 알고 있으므로 적절
한 비례식을 세우면 태양에서 방출되는 복사에너지의 총량을 계산할
수 있다. 이 값은 약 4×10^{26} W로서, 2단계 문명에서 사용 가능한 총
에너지에 해당한다.
또한 우리는 은하에 존재하는 별의 수를 알고 있으므로, 위에서 얻
은 값에 이 개수를 곱하면 은하 전체의 에너지, 즉 3단계 문명에서 사
용 가능한 총에너지가 얻어진다. 이 값은 약 4×10^{37} W이다.
계산을 해놓고 보니 값 자체도 흥미롭다. 카르다셰프는 문명이 한
단계 높아질 때마다 에너지 소비량이 100억~1천억 배로 커진다고

했다.

그렇다면 우리의 문명은 몇 단계쯤 와 있을까? 현재 전 세계의 에너지 소비량으로 미루어볼 때, 지구의 문명은 약 0.7단계에 해당한다.

지구의 에너지 소비량이 매년 2~3%씩 증가한다고 가정하면(이 값은 전 세계 GDP의 증가율과 비슷하다), 지구의 문명은 앞으로 100~200년 후에 1단계 문명으로 진입한다. 그리고 이 계산에 의하면 수천 년 후에 2단계 문명으로 진입할 예정이다. 그러나 3단계로 진입하는 시기는 예측하기가 쉽지 않다. 항성간 여행이 언제, 어떤 식으로 진행될지 알 수 없기 때문이다. 대충 짐작해보면 최소 10만~100만 년, 또는 그 이상 걸릴 수도 있다.

0단계 문명에서 1단계 문명으로

문명의 모든 전환기 중에서 가장 어려운 것이 지금 우리가 겪고 있는 0단계→1단계로의 전환이다. 0단계 문명은 기술적, 사회적으로 가장 미개한 단계이기 때문이다. 사실 인류는 종파주의와 독재정치, 그리고 종교적 불화에서 벗어난 지 얼마 되지 않았으며 종교재판, 박해, 학살, 전쟁 등의 상처가 아직도 곳곳에 남아 있다. 과거의 인류는 미신과 무지, 극단적 감정, 증오감 등에 휩싸여 수시로 대량학살을 저질러왔다.

그러나 우리는 첨단 과학과 축적된 부에 힘입어 1단계 문명으로의 진입을 코앞에 두고 있다. 지금도 역사적 전환의 다양한 징조들이 우리 눈앞에서 펼쳐지는 중이다. 행성 공용어인 '인터넷'도 이미 탄생했다. 사실 인터넷은 1단계 문명권을 연결하는 광역 전화시스템이라 할 수 있다. 즉, 인터넷은 1단계 문명으로 가기 위해 제일 먼저 개발되어야 할 기술이다.

또한 우리는 행성 전체가 향유할 수 있는 문화도 갖고 있다. 스포츠로는 월드컵 축구와 올림픽이 있고, 음악 분야에서도 전 세계적인 스타가 지구 곳곳을 누비며 활동 중이다. 패션의류도 거의 세계화되어 유명상표는 전 세계 어느 곳에서나 구입할 수 있다.

개중에는 문화의 세계화가 지역문화와 풍속을 해친다고 우려하는 사람도 있지만, 요즘 제3세계 국가의 엘리트들은 모국어와 영어(또는 중국어)를 유창하게 구사한다. 미래에는 이중언어뿐만 아니라 모국문화와 광역문화에 모두 익숙한 '이중문화인'이 주류를 이룰 것이다. 행성 전체를 아우르는 광역문화가 아무리 위세를 떨쳐도, 각 지역의 특성은 끝까지 살아남아 다양성을 유지할 것이다.

이제 위에서 정의한 문명의 단계를 이용하여 은하에 존재하는 문명의 수를 가늠해보자. 1단계 문명에 드레이크 방정식을 적용하면 은하에 존재하는 1단계 문명의 수가 꽤 많은 것으로 나오는데, 그들이 존재한다는 증거는 단 하나도 없다. 왜 그럴까? 일론 머스크는 그 이유를 다음과 같이 추정했다. "고도의 과학기술을 보유한 외계문명은 무기의 위력도 상상을 초월할 것이므로, 서로 싸우다가 전멸했을 가능성이 높다." 꽤 그럴듯한 설명이다. 그들이 반드시 전쟁을 일으킨다는 보장은 없지만, 단 한 번이라도 제대로 붙으면 그것으로 끝이다. 즉, 1단계 문명의 가장 큰 위험요소는 내부에 도사리고 있다.

우리도 0단계 문명에서 1단계로 진입하려면 지구온난화와 생물학 테러, 그리고 핵 확산 등 몇 가지 장애물을 넘어야 한다.

가장 코앞에 닥친 장애물은 핵 확산이다. 현재 핵무기는 중동, 인도 아대륙, 한반도 등 세계에서 가장 불안한 지역으로 퍼져나가고 있다. 경제규모가 작은 나라들도 언젠가는 핵무기를 갖게 될 것이다. 과거에는 초강대국만이 핵무기를 보유할 수 있었다. 우라늄 원석을 무기용으로 정제하려면 가스확산공장과 초원심분리기 등 거대한 생산시설이 필요하기 때문이다(이 시설들은 인공위성에서 보일 정도로 규모가 크다).

그러나 세계 각국은 지난 수십 년 동안 치열한 정보전을 벌이면서 핵무기 제조법을 훔쳐 불안정한 지역에 팔아넘겼다. 그 결과 초원심분리기와 우라늄정제시설의 가격은 중진국도 감당할 수 있을 정도로 떨어졌고, 오래전부터 붕괴조짐을 보여왔던 북한 같은 국가조차 핵무기를 보유하게 되었다(규모는 작지만 살상능력은 꽤 높은 것으로 알려졌다).

인도와 파키스탄 같은 분쟁국가 사이에 전쟁이 일어나면 핵무기를 앞세운 세계대전으로 확산될 가능성이 높다. 현재 미국과 러시아는 각각 7,000개의 핵무기를 보유하고 있으며, 비국가행위자nonstate actors(특정 국가의 이익을 대변하지 않고 독자적으로 활동하는 단체_옮긴이)와 테러집단도 언제든지 핵무기를 손에 넣을 수 있게 되었다.

글로벌 비즈니스 네트워크Global Business Network(세계경제의 미래를 예측하고 대책을 강구하는 전문가 집단_옮긴이)는 미국 국방부의 의뢰를 받아 '지구온난화가 저개발국에 미치는 경제적 영향'을 분석했는데, 최종 보고서의 결론은 다음과 같았다. "온난화가 심해지면 굶주림에 시달린 저개발국의 국민들이 이웃 국가로 대거 이동할 것이며, 이들의 유입을 원치 않는 국가들은 최악의 경우 핵무기를 사용할 수도 있다." 이로부터 핵전쟁이 발발하지 않는다 해도, 지구온난화는 여전히 인류의 생존을 위협하는 걸림돌이다.

지구온난화와 생물테러

지금으로부터 약 1만 년 전에 마지막 빙하기가 끝난 후로, 지구의 기온은 계속 상승해왔다. 그러나 지난 50년간의 기온상승 속도는 경종을 울리기에 충분하다. 최근 들어 기온이 가파르게 상승하고 있다는 증거는 도처에 널려 있다.

- 극지방의 주요 빙하가 사라지고 있다.
- 북극의 얼음층은 지난 50년 사이에 평균 50% 얇아졌다.
- 세계에서 두 번째로 넓은 얼음 평원인 그린란드가 서서히 녹고 있다.
- 델라웨어Delaware(미국 동부의 주_옮긴이)의 면적과 비슷한 남극의 라르센 C 빙붕Larsen Ice Shelf C이 2017년에 갈라져서 빙하의 안정성을 장담할 수 없게 되었다.
- 지난 몇 년간 지구의 기온은 관측 역사상 최고를 기록했다.
- 지난 세기에 지구의 평균기온이 $1.3°C$ 높아졌다.
- 여름이 평균 1주일쯤 길어졌다.
- 대규모 산불과 홍수, 가뭄, 허리케인 등 100년에 한 번꼴로 일어나던 자연재해들이 더욱 빈번하게 일어나고 있다.

지구온난화가 지금과 같은 추세로 향후 수십 년 동안 계속된다면 국가의 기반이 흔들리고, 대규모 기아飢餓와 이주사태가 발생하는 등 세계경제가 위태로워진다. 이런 상황에서는 결코 1단계 문명으로 넘어갈 수 없다.

무기화된 세균도 인류의 생존을 위협하고 있다. 현재 전 세계에 흩어져 있는 생물학무기를 일거에 살포하면 인류의 98%가 사라진다.

인류역사를 통틀어 가장 막강한 위력을 발휘했던 킬러는 전쟁이 아니라 전염병plague과 유행병epidemic이었다(전염병은 매개체를 통해 전염되는 병이고, 유행병은 전염성, 또는 공통원인으로 인해 평소보다 많이 발생하는 병이다. 즉, 유행병은 전염성이 없어도 동시다발적으로 발생할 수 있다_옮긴이). 그런데 지금 여러 국가들은 천연두와 같은 치명적 병원균을 무기로 개조하여 창고에 쌓아두고 있다. 이런 무기가 살포되면 중세의 흑사병사태 못지않은 대참사가 일어날 것이다. 또는 누군가가 생물공학을 이용하여 에볼라 바이러스나 HIV(인간면역결핍 바이러스), 조류독감 등 이미 존재하는 병원균의 전염력과 치사율을 높여서 대량으로 살포할 수도 있다.

미래의 인류가 다른 행성으로 진출한다면 멸망한 문명의 흔적을 발견할지도 모른다. 핵무기로 인해 대기 중 방사능 수치가 지나치게 높거나, 온실효과 때문에 온도가 너무 높거나, 생물공학무기가 살포되어 죽음의 도시로 변했을 수도 있다. 그러므로 0단계 문명이 반드시 1단계로 넘어간다는 보장은 어디에도 없다. 이 관문을 넘지 못하면 어떤 문명도 살아남지 못할 것이다.

1단계 문명의 에너지

1단계 문명은 화석연료에서 벗어나 다른 에너지원을 찾을 수 있을까?
한 가지 가능성은 우라늄 원자핵분열에서 발생하는 핵에너지를 활용하는 것이다. 그러나 이 과정에서 양산된 핵폐기물은 수백만 년 동안 방사능을 방출하여 인류의 생존을 위협한다. 핵에너지를 사용한 지 50년이 지났는데도 핵폐기물을 안전하게 처리하는 방법은 아직 개발되지 않았다. 또한 체르노빌Chernobyl과 후쿠시마에서 보았듯이, 핵발전소에 돌발사고가 발생하면 돌이킬 수 없는 참사로 이어진다.

핵분열 대신 핵융합에너지를 사용할 수도 있다. 8장에서 말한 대로 핵융합발전은 아직 상용화되지 않았지만, 지금의 우리보다 100년쯤 앞선 1단계 문명은 이 기술을 완성하여 거의 무제한으로 사용할 것이다.

핵융합발전의 장점은 연료가 풍부하다는 점이다. 주원료인 수소는 바다에 무진장으로 널려 있다. 또한 핵융합발전소는 체르노빌이나 후쿠시마처럼 원자로가 녹아내릴 염려도 없다. 핵융합발전소의 기능에 이상이 생기면 융합반응이 자동으로 멈추기 때문이다(핵융합반응이 일어나려면 로슨조건Lawson criterion을 만족해야 한다. 즉, 압력과 온도가 임계값을 넘은 채 일정시간 동안 유지돼야 핵융합이 일어날 수 있다. 그러므로 어디선가 오작동이 발생하면 로슨조건이 충족되지 않아서 더 이상 핵융합이 진행될 수 없다).

또한 핵융합발전소에서 생산되는 핵폐기물은 핵분열발전소(원자력발전소)보다 훨씬 적다. 수소를 융합하는 과정에서 중성자가 생성되어 반응기의 철제부품에 방사선을 쪼이긴 하지만, 우라늄반응기의 방사선에 비하면 거의 무시할 수 있는 수준이다.

핵융합에너지 외에 다른 에너지원도 있다. 1단계 문명은 우주와 대기에서 낭비되는 태양에너지를 십분 활용할 것이다. 실제로 지구를 향해 날아오는 태양에너지의 60%는 대기를 통과하면서 손실된다. 그러므로 인공위성에 거대한 태양집열판을 달아서 대기 위로 띄우면 훨씬 많은 에너지를 확보할 수 있다.

우주에서 작동하는 태양에너지 수거장치는 여러 개의 거대한 거울을 달고 정지궤도를 돌며 햇빛을 모을 것이다(정지궤도위성은 공전속도가 지구의 자전속도와 같기 때문에, 지구에서 올려다보면 하늘의 한 지점에 고정된 것처럼 보인다). 여기서 수거된 에너지는 마이크로 복사파의 형태로 지구의 수신소에 전송되고, 전통적인 전력망을 통해 각 지역에 배달된다.

우주에서 태양에너지를 수거하면 좋은 점이 많다. 일단 깨끗하고 폐기물이 없으며, 하루 24시간 내내 에너지를 생산할 수 있다(이 위성의 궤도는 지구의 공전궤도에서 멀리 떨어져 있기 때문에 지구의 그림자에 가리는 경우는 거의 없다). 또한 태양광 패널은 움직이는 부분이 거의 없기 때문에 유지보수 비용이 크게 절감된다. 그러나 뭐니뭐니 해도 태양에너지의 가장 큰 장점은 '공짜'라는 것이다.

과학자들이 우주 태양광 발전을 주제로 토론을 하다 보면 거의 예외 없이 '기존의 기술로 가능하다'는 결론에 도달한다. 그러나 모든 우주관련 프로젝트가 그렇듯이, 가장 큰 문제는 '돈'이다. 대충 계산해봐도 우주에서 태양에너지를 취하는 것은 뒤뜰에 태양광 패널을 설치하는 것보다 훨씬 비싸다.

우리처럼 0단계를 벗어나지 못한 문명사회에서 우주 태양광 발전은 아직 무리겠지만, 1단계 문명으로 넘어가면 가장 자연스러운 에너지원이 될 것이다. 그 이유는 대충 다음과 같다.

1. 민간기업의 우주진출과 재활용 로켓 덕분에 우주여행 비용이 크게 절감된다.

2. 이번 세기 말에 우주엘리베이터가 완공될 가능성이 높다.
3. 초경량 나노소재로 우주 태양광 패널을 만들면 비용을 절감할
   수 있다.
4. 태양광 위성은 사람 대신 로봇을 우주로 보내서 조립할 수 있다.

안전성에도 별문제가 없다. 마이크로파는 인체에 무해하고 대부분
의 에너지는 빔에 속박되어 있으며, 빔 밖으로 유출되는 양도 환경기
준을 벗어나지 않는다.

2단계 문명으로의 전환

1단계 문명이 고향 행성의 에너지를 모두 소진하면 태양에너지를 십
분 활용하는 단계로 자연스럽게 넘어간다.

2단계로 진입한 문명은 멸망할 가능성이 거의 없기 때문에, 우주
어딘가에 존재한다면 쉽게 발견될 것이다. 우리가 아는 한, 2단계 문
명은 그 어떤 것으로도 파괴할 수 없다. 운석이나 소행성이 다가오면
로켓공학으로 해결하고, 온실효과는 수소에 기초한 태양열기술(연료
전지, 핵융합발전소, 우주 태양에너지 위성 등)로 막을 수 있다. 어떤 이유로
든 행성 전체가 위험에 빠지면 대규모 우주함대를 타고 행성을 떠나
면 된다. 필요하다면 행성의 위치를 옮길 수도 있다. 이들은 소행성의
궤적을 변형시킬 정도로 충분한 에너지를 동원할 수 있으므로, 소행
성이 행성을 스쳐지나가도록 유도하면 행성의 궤적이 조금 변형된다.
이 과정을 여러 번 반복하면 슬링샷효과slingshot effect(고무줄 총의 원

리. 단, 이 경우에는 고무줄의 역할을 중력이 대신한다_옮긴이)가 누적되어 고향 행성이 모항성으로부터 더 멀어지게 만들 수 있다. 모항성이 수명을 다하여 팽창하기 시작했을 때 이 기술을 적용하면 파국을 막고 시간을 벌 수 있다.

2단계 문명인들은 앞에서 언급한 다이슨 스피어를 건설하여 태양에서 방출되는 대부분의 에너지를 활용할 것이다(그러나 바위형 행성에 있는 건설재료만으로는 그 정도로 큰 구조물을 만들 수 없다. 우리 태양의 지름은 지구의 109배나 되기 때문에 지구의 원자재로는 턱없이 부족하다. 아마도 이 문제는 나노기술로 해결 가능할 것이다. 다이슨 스피어에 나노소재를 적용하여 분자 몇 개에 해당하는 얇은 두께로 만들면 적은 양으로 태양을 에워쌀 수 있다).

태양 전체를 에워싸는 거대구조물을 만들려면 긴 세월 동안 우주선을 수도 없이 띄워야 한다. 그러나 우주에 기반을 둔 로봇과 자체조직 물질(주어진 명령이나 규칙에 따라 스스로 재배치되는 물질_옮긴이)을 이용하면 굳이 우주선을 보내지 않아도 된다. 예를 들어 달에 나노공장을 지어서 다이슨 스피어의 패널을 만들면 우주공간에서 조립할 수 있다. 또한 이 로봇들은 자기복제가 가능하여 노동력에도 거의 한계가 없다.

2단계 문명은 붕괴될 염려가 없지만 장기적인 위험요소가 여전히 남아 있다. 열역학 제2법칙에 의해 모든 기계들이 자외선 열복사를 방출하면 결국 행성에는 생명체가 살 수 없게 된다. 열역학 제2법칙에 의하면 닫힌 계의 엔트로피entropy(무질서, 혼돈, 또는 쓰레기)는 항상 증가하기 때문에, 모든 기계와 전기장치, 그리고 모든 기반시설은 열의 형태로 쓰레기를 방출한다. 언뜻 생각하면 거대한 냉각장치를 만들어서 행성을 식히면 될 것 같지만, 이 장치의 구동모터에서 발생하는 열을 고려하면 전체 시스템(행성+냉각장치)의 열은 결국 증가할 수밖에 없다.

(무더운 여름날, 선풍기 바람을 쏘이면 잠시나마 시원해지는 것 같다. 과연 그럴까? 바람이 불면 땀이 빠르게 증발하면서 열을 빼앗아가므로 얼굴의 온도는 내려가지만, 당신의 근육과 뼈 등에서 더 많은 열이 방출되고 있다. 그러므로 선풍기 바람을 쏘여서 시원해지는 것은 심리적인 느낌일 뿐이고, 당신의 체온과 주변온도는 오히려 더 높아진다.)

2단계 문명 식히기

2단계 문명인들이 열역학 제2법칙과의 장기전에서 살아남으려면 각종 기계에서 발생한 열을 넓은 지역에 분산시켜야 한다. 이를 위해서는 대부분의 기계장치를 우주공간으로 옮기는 수밖에 없다. 아마도 2단계 문명은 열을 발생시키는 모든 기계와 도구를 행성 바깥에 설치할 것이다. 별의 에너지를 통째로 사용하면서도 폐열廢熱(낭비된 열)을 행성이 아닌 우주공간에 버리고 있으니. 행성 자체는 낙원이나 다름없다. 우주에 버린 열은 행성거주민에게 아무런 해도 끼치지 않은 채 서서히 사라질 것이다.

다이슨 스피어도 결국은 서서히 뜨거워지면서 자외선을 방출할 수밖에 없다(별의별 방법으로 자외선을 차단한다 해도, 결국은 차단장치도 뜨거워져서 자외선을 방출하게 된다).

오래전부터 과학자들은 하늘에서 자외선이 집중적으로 방출되는 지역을 찾아왔다. 자외선이 강하게 방출된다는 것은 그 근처에 2단계 문명이 존재한다는 강력한 증거이기 때문이다. 그러나 안타깝게도 아직은 아무런 소식이 없다. 시카고에 있는 페르미연구소Fermilab의 과학자들은 2단계 문명을 찾기 위해 지금까지 25만 개의 별을 스캔했는데, '흥미롭지만 출처가 확실치 않은' 4개의 후보를 발견했을 뿐이다. 적외선탐지에 특화되어 있는 제임스 웹 우주망원경이 2021년에 가동되기 시작하면 우리 은하 안에서 2단계 문명의 흔적을 찾아줄 것이다.

2단계 문명이 영원불멸이면서 필연적으로 자외선을 방출할 수밖에 없다면, 왜 아직도 발견되지 않은 것일까? 아마도 자외선을 추적하는 것은 지나치게 순진한 발상일지도 모른다.

애리조나 주립대학교의 천문학자 크리스 임피Chris Impey는 자신의 저서에 2단계 문명을 언급하면서 다음과 같이 적어놓았다. "고도로 발달한 문명은 우리보다 훨씬 큰 흔적을 남긴다. 2단계, 혹은 그 이상의 문명은 우리가 상상밖에 할 수 없거나 지극히 초보적 단계에서 개발 중인 기술을 완전히 마스터하여 자유자재로 활용할 것이다. 이 정도 수준이면 별의 진화 과정을 조절하거나, 반물질을 이용하여 별의 위치를 바꿀 수 있다. 또는 시공간을 마음대로 조절하여 웜홀과 아기 우주를 만들고, 중력파를 이용하여 통신을 주고받을 수도 있다."[4]

우주생물학자 데이비드 그린스푼은 이렇게 말했다. "논리적으로 생각해보자. 우리보다 훨씬 앞선 외계문명을 발견하고 싶다면 하늘에서 신을 연상케 하는 '신성한 신호'를 찾아야 한다. 그런데 다시 생각해보면 이처럼 바보 같은 짓도 없다. 논리적이면서 멍청한 짓이다. 뭐가 뭔지 나도 잘 모르겠다."[5]

어떻게 해야 이 딜레마에서 헤어나올 수 있을까? 한 가지 방법이 있다. 외계문명의 수준을 '에너지 소비량'과 '정보 소비량'이라는 두 가지 기준으로 분류하는 것이다.

현대사회는 정보의 양이 폭증하면서 장비를 소형화하고 에너지효율을 높이는 쪽으로 발전해왔다. 실제로 칼 세이건도 '정보량에 의거한 문명분류법'을 권장했다.

이 시나리오에 의하면 A형 문명은 1인당 100만 비트의 정보를 소비하고, B형 분명은 1인당 1,000만 비트의 정보를 소비한다. 한 단계 높아질 때마다 1인당 정보소비량이 10배로 증가하는 식이다. 따라서 Z형 문명의 1인당 정보 소비량은 무려 10^{31} 비트나 된다. 이 분류법에 의하면 우리는 한 사람당 약 10^{13}비트(10조 비트, 10TB)의 정보를 소비하고 있으므로 H형 문명에 속한다. 여기서 중요한 것은 에너지 소비량이 같은 문명도 정보 소비량은 얼마든지 다를 수 있다는 점이다. 그러므로 문명이 발달했다고 해서 반드시 다량의 자외선을 방출한다는 보장은 없다(정보 소비량이 많을수록 진보된 문명이라는 가정하에 그렇다_옮긴이).

과학박물관을 방문하면 이런 사례를 쉽게 찾을 수 있다. 산업혁명 시대에는 증기기관차나 증기선처럼 기계의 덩치가 엄청나게 컸고, 에너지효율이 낮아서 다량의 폐열을 방출했다. 1950년대에 사용했던 컴퓨터도 거의 집채만 한 크기여서, 냉각장치 없이는 장시간 가동이 불가능했다. 그러나 요즘 사용하는 스마트폰은 주머니에 들어갈 정도로 작아졌고, 성능은 비교가 안 될 정도로 좋아졌다. 과거보다 훨씬 복잡하고 똑똑하면서 폐열방출량이 현저하게 감소한 것이다.

그러므로 2단계 문명은 다이슨 스피어에서 발생한 열을 가까운 행성으로 퍼뜨리지 않으면서 방대한 양의 에너지를 사용할 것이다. 또는 열을 거의 발생시키지 않고 초고효율-초소형 컴퓨터를 만들어서 정보를 소비하는 쪽으로 진화할 수도 있다.

인간은 여러 종으로 분화될 것인가?

그러나 우주여행에 관한 한, 각 단계의 문명들이 도달할 수 있는 수준에는 한계가 있다. 예를 들어 1단계 문명은 사용 가능한 에너지가 행성에 국한되어 있으므로 화성처럼 가까운 행성을 테라포밍하거나, 기껏해야 가장 가까운 별에 진출하는 것이 최선이다. 이 단계에서는 로봇탐사선이 가까운 태양계로 진출하기 시작하여, 지구에서 가장 가까운 별 프록시마 센타우리에 도달하는 최초의 우주인이 탄생할 것이다. 그러나 인근에 있는 여러 개의 별들을 식민지로 건설하기에는 기술이 아직 부족하고, 비용을 충당할 능력도 없다.

1단계보다 수백~수천 년 앞선 2단계 문명은 은하수의 일부 지역을 식민지로 개척하겠지만, '빛의 속도'라는 한계를 뛰어넘지는 못할 것 같다. 2단계 문명이 광속보다 빠른 이동수단을 개발하지 못한다면 은하의 일부를 개척하는 데 최소 수백 년은 걸릴 것이다.

그러나 하나의 별에서 다른 별로 이동하는 데 수백 년이 걸린다면, 그곳으로 진출한 사람(또는 외계인)과 고향 행성에 남아 있는 사람들은 거리뿐만 아니라 문화적으로도 단절될 가능성이 높다. 행성들 사이의 연결고리가 느슨해지면 새로운 부류의 인간이 출현하여 낯선 환경에서 완전히 다른 방향으로 진화할 것이다. 새로운 행성으로 진출한 개척자들은 환경에 적응하기 위해 유전적, 기계적으로 신체를 변형시키다가, 결국은 고향 행성과 아무런 연대감도 느끼지 못하게 될 것이다.

이것은 아시모프의 《파운데이션》 시리즈의 내용과는 완전히 다른 결과이다. 그의 소설에 등장하는 5만 년 후의 은하제국은 단일권력으로 은하 전체를 다스린다. 두 개의 상반된 예측을 조화롭게 합칠 수는 없을까?

미래의 인류는 여러 종으로 분화되어 상호교류 없이 독립적으로 살아갈 것인가? 우리의 후손들은 외계의 별을 정복하는 과정에서 인간성을 상실할 것인가? 인간성의 종류가 다양해진다면, '인간적'이라는 말이 무슨 의미가 있는가?

종의 다양화는 인간뿐만 아니라 모든 생명체의 진화에서 공통적으로 나타나는 현상이다. 이 사실을 최초로 간파한 찰스 다윈은 종의 분화를 나무의 가지로 표현한 '수형도樹型圖, tree diagram'를 떠올렸다. 이 그림에서는 새로운 종이 분화할 때마다 나무에서 잔가지가 하나씩 늘어나고, 모든 종의 역사를 거꾸로 거슬러 가면 굵은 나무줄기로 수렴한다. 즉, 모든 생명체가 단 하나의 종에서 시작되었다는 뜻이다.

이 수형도는 현생인류뿐만 아니라, 수천 년 후에 등장할 2단계 문명인에게도 똑같이 적용된다.

인류의 대분산

미래의 인류가 은하 전역으로 흩어져서 분화되는 과정을 이해하려면 우리 자신의 진화 과정을 되돌아볼 필요가 있다. 지금으로부터 약 7만 5천 년 전에 인류의 대분산大分散, Great Diaspora이 일어나 아프리카에 살던 우리의 조상들이 사방으로 흩어지기 시작했다(그 이유는 토바 화산 폭발이나 빙하기와 같은 자연재해였을 것으로 추정된다). 그중 한 무리는 아프리카를 떠나 곳곳에 정착지를 건설하면서 중동을 거쳐 중앙아시아까지 진출했고 4만 년 전에는 몇 개의 세부 종으로 분화되었다. 이들 중 동쪽으로 더 나아가 아시아에 정착한 종족이 바로 현생 아시아인의 직계조상이다. 다른 종족은 북유럽으로 진출하여 백인의 조상이 되었고, 남동쪽으로 진출한 종족은 인도를 거쳐 동남아시아와 호주에 도달했다.

이 대분산의 흔적은 지금도 우리의 DNA에 선명하게 남아 있다.

현재 지구에는 피부색과 체격, 외모, 그리고 문화가 각기 다른 다양한 인류가 존재한다. 이들은 같은 조상으로부터 갈라져 나왔음에도 불구하고 동질감이라는 것이 별로 없다. 인류의 분산은 7만 5천 년 전부터 시작되었으니, 한 세대를 20년으로 잡았을 때 약 3,700세대 전에 공통의 조상으로부터 갈라져 나온 셈이다.

그로부터 수만 년이 지난 지금, 우리는 첨단 기술을 이용하여 모든 인종의 이주경로를 추적할 수 있게 되었으며, 이로부터 지난 7만 5천 년 동안 이어져 내려온 가계도家系圖를 복원할 수 있게 되었다.

언젠가 내가 BBC TV에서 제작한 〈시간의 진정한 본질〉이라는 특별 프로그램의 사회를 맡아 진행할 때, 진행요원들이 나의 유전자샘플을 추출하여 DNA 서열을 분석한 적이 있다. 이 실험의 목적은 나의 유전자 중 4개를 골라 다른 수천 명의 유전자와 비교한 후 일치하는 사람들이 살고 있는 지역을 찾는 것이었는데, 최종 결과를 지도에 그려 넣으니 나의 기원과 조상들의 이주경로가 일목요연하게 드러났다. DNA의 일부가 나와 일치하는 사람들의 분포도는 일본과 중국에 주로 밀집되어 있었으며, 가늘게 뻗어 나온 한 가닥이 고비사막을 거쳐 티베트로 이어지고 있었다. 이처럼 DNA를 분석하면 약 2만 년 전에 나의 조상들이 이주해온 경로를 거의 정확하게 복원할 수 있다.

인류는 얼마나 다르게 분화될 것인가?

그렇다면 앞으로 수천 년 동안 인류는 얼마나 다르게 분화될까? 진화나무에서 갈라져 나간 인종들은 수만 년 후에 서로를 알아볼 수 있을까?

이 질문에 답하기 위해 DNA를 '진화의 역사가 기록된 시계'로 간주해보자. 생물학자들은 각 세대에 걸쳐 DNA 변이가 거의 동일한 비율로 나타난다는 사실을 알아냈다. 예를 들어 진화적으로 인간과 가장 가까운 동물은 침팬지인데, 이들과 인간의 DNA 차이는 약 4%쯤 된다. 그리고 인간과 침팬지의 화석을 비교 분석해보면, 이들은 약 600만 년 전에 진화나무에서 갈라져 나왔음을 알 수 있다.

이는 곧 DNA 변이가 1% 진행되는 데 150만 년이 걸린다는 뜻이다. 물론 정확한 수치는 아니지만, 이 값을 근거로 우리 DNA의 변천사를 추적해보자.

일단은 DNA 변이가 발생하는 비율(150만 년당 1%)이 거의 일정하게 유지된다고 가정하자.

우리와 가장 가까운 친척인 네안데르탈인Neanderthal과 우리의 DNA는 0.5%쯤 차이가 난다. 따라서 우리는 50만~100만 년 전에 네안데르탈인과 분리되었다. 이것이 바로 위에서 말한 'DNA 시계'이다. 즉, DNA에서 0.5% 차이는 시간적으로 50만~100만 년에 해당한다.

이 논리를 현생인류에 적용해보자. 임의로 추출한 두 사람의 DNA 차이는 평균 0.1%이다. 따라서 현생인류는 15만 년쯤 전에 각기 다른 인종으로 분리되었으며, 시기적으로 인간의 기원과 거의 일치한다.

그러므로 DNA 시계가 주어지면 인간과 침팬지, 인간과 네안데르탈인, 그리고 각 인종들이 진화나무에서 갈라져 나온 시기를 알 수 있다.

다시 처음의 질문으로 돌아가보자. 미래의 인류가 은하 전역으로 퍼져나가면서 연결고리가 단절된다면 각 그룹은 얼마나 다르게 분화될까? 논리가 복잡해지는 것을 막기 위해, 우리의 후손들이 DNA를 조작하지 않고, 2단계 문명이 10만 년 동안 빛보다 빠른 우주선을 만들지 못한다고 가정하자.

분화된 집단들이 10만 년 동안 모든 접촉을 끊고 독자적으로 살아가는 경우, 위의 계산에 의하면 DNA의 차이는 0.1%를 넘지 않는다. 이것은 오늘날 인종 간의 차이와 비슷한 수준이다.

이는 곧 인류가 광속의 한계를 극복하지 못한 채 은하 전역으로 뿔뿔이 흩어져서 상호 연락을 끊고 살아간다 해도 여전히 '인간'으로 남는다는 뜻이다. 광속을 극복할 때까지는 대충 10만 년쯤 걸릴 텐데, 그때가 돼도 은하의 각 지역에 흩어져 사는 사람들 사이의 차이는 지금 존재하는 인종 간의 차이와 크게 다르지 않을 것이다.

이 현상은 언어의 변화에서도 찾아볼 수 있다. 고고학자와 언어학자들이 알아낸 바에 따르면 한 집단이 오래된 거주지를 떠나 다른 곳으로 이주할 때마다 방언이 가지를 치듯 파생되고, 세월이 흐르면서 하나의 독립된 언어로 정착되었다고 한다.

언어의 분화 및 변천 과정을 그림으로 표현한 '언어의 나무linguistic tree'와 고대인의 이주경로는 놀라울 정도로 비슷하다.

서기 874년에 노르웨이인들이 정착한 후로 유럽과 무관하게 살아온 아이슬란드는 언어와 유전이론을 확인할 수 있는 좋은 사례이다. 아이슬란드의 언어는 9세기의 노르웨이어와 매우 비슷하면서 스코틀랜드어와 아일랜드어가 조금 섞여 있는데(아마도 바이킹족이 스코틀랜드와 아일랜드에서 사람들을 납치하여 노예로 팔았기 때문일 것이다), 이들의 DNA 시계와 언어 시계를 비교하면 지난 천 년 동안 유전적으로 얼마나 분화되었는지 알 수 있다. 무려 천 년이 지났는데도, 조상들의 이주경로가 DNA와 언어에 고스란히 남아 있는 것이다.

DNA와 언어의 분화 과정이 서로 닮았다면, 문화와 종교는 어떻게 달라질 것인가? DNA로 조상의 이동경로를 알아낸 것처럼, 다양한 문화를 역으로 추적하여 인종의 기원을 알아낼 수 있을까?

공통의 핵심가치

인류가 대분산을 거쳐 뿔뿔이 흩어진 후 피부색과 체격, 얼굴, 머리카락색 등이 각기 다른 인종들이 출현하여 서로 다른 문명을 구축했지만, 모든 문화권에는 수천 년 동안 유지되어온 공통의 가치가 존재한다.

그 증거는 영화에서 쉽게 찾을 수 있다. 지난 7만 5천 년 동안 서로 고립된 채 완전히 다른 문명권에서 살아온 인종들이 똑같은 장면에서 웃고, 울고, 공포를 느끼지 않던가? 언어는 이미 오래전에 달라졌지만 웃음을 자아내는 요소는 만국공통이다.

미적 감각도 마찬가지다. 여러 고대문명의 유물을 함께 전시한 박물관에 가면 공통된 가치를 발견할 수 있다. 지역을 불문하고 모든 문화권에는 아름다운 풍경화와 권력자(또는 부자)의 초상화, 그리고 신의 위대함을 표현한 예술품이 전해 내려온다. 아름다움을 수치로 계량할 수는 없지만, 하나의 문화권에서 아름답다고 인정받은 작품은 다른 문화권에서도 여전히 아름답다. 꽃을 소재로 한 문양이 모든 문화권에 공통적으로 존재하는 것도 이런 이유일 것이다.

친절과 관대, 우정, 배려 등 남을 생각하는 이타심도 시대와 지역을 초월한 사회적 가치 중 하나이다. 모든 문명에는 다양한 형태의 행동규범이 있으며, 대부분의 종교는 가난하고 불행한 사람에 대한 자선과 동정을 권장한다.

공통의 핵심가치는 내면에만 있는 것이 아니다. 외부세계를 향한 호기심과 혁신, 창조성, 탐험정신 등도 많은 인류가 적극 권장하고 추구해왔다. 모든 문명권에는 탐험가와 개척자에 관한 영웅담이 전해 내려온다.

우리의 개인적 특성이 20만 년 동안 변하지 않은 것은 앞에서 언급했던 동굴거주자의 원리와 일맥상통한다. 따라서 미래의 인류가 우주 곳곳에 흩어진다 해도 인간 공통의 특성과 핵심가치는 변하지 않을 것이다.

또한 심리학자들의 연구결과에 의하면 사람의 마음을 사로잡는 얼굴형이 두뇌 속에 각인되어 있다고 한다. 수백 명의 얼굴사진을 일일이 찍은 후 컴퓨터 프로그램(포토샵 등)을 이용하여 하나로 겹쳐놓으면 '평균적인 얼굴'로 수렴하는데, 놀랍게도 그 결과는 '매우 매력적인 얼굴'이었다(얼마 전에 공개된 '한국 남녀의 평균 얼굴'을 보고 많은 사람들이 좌절감을 느낀 것도 이런 이유일 것이다. 그 얼굴은 '매력지수가 평균인 얼굴'이 아니라 '기하학적 평균'이었다_옮긴이). 이는 곧 사람들에게 매력적으로 보이는 얼굴형이 우리 머릿속에 각인되어 있으며, 그 형태가 지역에 상관없이 거의 비슷하다는 뜻이다. 결국 아름다운 얼굴은 예외적인 선남선녀가 아니라, '평균에 가까운 얼굴'이었다.

3단계 문명에 진입하여 초광속비행이 가능해지면 어떤 일이 벌어질 것인가? 우리가 소중하게 여기는 가치와 미학적 기준이 은하 전체에 보급될 것인가?

3단계 문명으로의 전환

2단계 문명은 결국 모항성과 그 근처에 있는 별들의 에너지를 모두 소모한 후, 은하의 에너지를 수집하는 3단계로 나아갈 것이다. 3단계 문명은 수십억 개의 항성뿐만 아니라, 은하의 중심에 있는 슈퍼블랙홀의 에너지까지 활용할 수 있다(슈퍼블랙홀의 질량은 태양의 200만 배에 달한다). 우리 은하의 중심부로 가면 별과 먼지구름의 밀도가 높아지는데(별 자체의 밀도가 아니라, 별들이 빽빽하게 배열되어 있다는 뜻이다_옮긴이), 이것은 3단계 문명에게 이상적인 에너지원이다. 또한 이 문명은 에너지 수집을 위해 은하 전역에 걸쳐 뿔뿔이 흩어져야 하므로, 중력파gravitational wave를 이용하여 통신을 시도할 것이다. 중력파는 1916년에 아인슈타인이 처음으로 예견한 후 100년이 지난 2016년에야 발견되었다. 레이저는 전달 도중에 흡수되거나 산란, 또는 확산되어 신호강도가 약해지지만, 중력파는 은하를 가로지를 수 있기 때문에 원격통신에 적합하다.

3단계 문명은 초광속비행을 구현할 수 있을까? 우리 은하의 지름은 약 10만 광년이다. 은하의 양쪽 끝에서 고전적인 방법으로 통신을 한 번 주고받는 데 20만 년이 걸린다는 뜻이다. 그러므로 빛의 속도를 극복하지 못하면 은하 전체를 식민지로 운영할 수 없다.

초광속비행은 3단계 문명에 반드시 필요한 기술이지만, 실현된다는 보장은 없다. 만일 3단계 문명이 광속을 극복하지 못한다면 수십억 개의 별들이 모여 있는 '은하 뒷마당'에 자기복제가 가능한 탐사로봇을 파견할 가능성이 높다. 이들은 빛보다 느린 속도로 긴 여행을 한 끝에 외계행성의 달(위성)에 착륙하여 에너지수집을 위한 영구기지를 건설할 것이다. 굳이 위성으로 가는 이유는 지각활동이 적어서 비교적 안전하고, 중력이 약해서 이착륙이 쉽기 때문이다. 탐사로봇은 태양에너지로 자체동력을 충당하면서 외계태양계에 대한 정보를 영구적으로 보내올 것이다.

위성에 착륙한 탐사로봇은 그곳에서 재료를 모아 공장을 건설한 후 자신과 똑같은 복제로봇을 대량생산하고, 여기서 탄생한 2세대 로봇들은 다른 위성을 향하여 탐사여행을 떠난다. 하나에서 출발하여 1,000개가 되고, 이들이 같은 과정을 반복하면 100만 개, 10억 개, 1조 개로 늘어난다. 이런 식으로 몇 세대만 지나면 은하의 한 지역이 수천조 개의 탐사로봇으로 에워싸이게 될 것이다. 이것이 바로 과학자들이 말하는 '폰 노이만 머신von Neumann machine'이다.

1968년에 개봉된 〈2001: 스페이스 오디세이〉의 줄거리도 이와 비슷하다. 이 영화는 인류가 달에 가기 전에 만들었는데도 지금까지 '외계인의 모습을 가장 현실적으로 그린 영화'로 평가되고 있다. 여기 등장하는 외계인은 달에 거대한 기둥 모양의 폰 노이만 머신을 설치하여 목성에 있는 중계소로 신호를 보내고 있었다.

그러므로 우리가 처음으로 마주치는 외계인은 벌레의 눈을 가진 괴물이 아니라, 조그만 자기복제로봇일 것이다. 나노기술이 완벽하게 적용되었다면 너무 작아서 안 보일 수도 있다. 혹시 우리집 뒷마당이나 달 어딘가에 이들의 방문 흔적이 남아 있는데, 눈에 보이지 않아서 지나친 것은 아닐까?

폴 데이비스는 과학잡지에 기고한 글에서 "달에 다시 우주인을 파견하여 특이한 에너지를 사용한 흔적이나 전파송신시설을 찾을 필요가 있다"고 주장했다. 수백만 년 전에 외계인들이 달에 폰 노이만 머신을 설치했다면, 햇빛을 에너지원으로 사용하면서 라디오파를 꾸준히 방출할 것이다. 그리고 달에는 지각운동이 없으므로 수백만 년이 지난 지금까지 정상적으로 작동할 것이다.

요즘 달과 화성에 사람을 보내는 우주개발 프로그램이 힘을 얻고 있다. 이 계획이 실현된다면 과거에 외계인이 달이나 화성에 설치한 에너지 관련 시설을 발견할지도 모른다.

(《신들의 전차》의 저자인 에리히 폰 데니켄Erich von Däniken을 비롯한 일부 사람들은 외계인이 이미 수백, 수천 년 전에 지구를 방문하여 인류의 고대문명에 흔적을 남겼다고 믿고 있다. 이들의 주장에 의하면 고대의 예술작품에 등장하는 헤어스타일과 의상은 외계 우주인의 모습을 그대로 표현한 것이며, 심지어는 그림에서 헬멧과 연료탱크, 우주복 등도 찾을 수 있다고 한다. 물론 가능한 이야기지만 그림만으로 외계인 지구방문설을 증명하는 데에는 무리가 있다. 우리에게 필요한 것은 손으로 만질 수 있는 확실한 증거이다. 예를 들어 외계인이 우주공간에 정거장을 건설했다면 전선줄이나 칩, 공구, 전자기기, 쓰레기 등 그들의 존재를 증명할 만한 물건이 떠다닐 것이다. 조그만 칩 하나만 발견돼도 세상은 발칵 뒤집힌다. 당신 주변의 누군가가 외계인에게 납치되었다가 기적적으로 풀려났다고 주장한다면, 이런 조언을 해주기 바란다. "다음에 또 납치되면, 풀려나기 전에 쓰레기통에서 아무거나 하나만 훔쳐오라구. 별로 어려운 일도 아니잖아?")

그러므로 3단계 문명은 광속을 극복하지 못해도 수십만 년 안에 수조×수조 개의 탐사로봇을 은하 전역에 파견하여 유용한 정보를 수집할 수 있다.

폰 노이만 머신은 3단계 문명이 은하의 정보를 수집하는 가장 효율적인 방법이지만, 좀 더 직접적인 방법도 있다. 나는 이것을 "레이저 포팅laser porting"이라 부른다.

레이저 포팅

SF 작가들의 희망사항 중 하나는 사람이 순수한 에너지의 형태로 변환되어 우주를 탐험하는 것이다. 먼 미래에는 물질적 육체를 버리고 빛에 올라탄 채 '빛의 속도로' 우주를 탐험하게 될지도 모른다. 육체의 한계를 벗어났으니 혜성과 나란히 달릴 수 있고, 폭발하는 화산을 코앞에서 볼 수 있고, 분열식을 구경하듯이 토성의 고리를 스쳐지나갈 수 있고, 은하의 반대편을 방문할 수도 있다.

꿈에서나 가능한 이야기라고? 아니다. 이것은 확고한 과학에 기초한 기술이며, 10장에서 언급한 '휴먼 커넥톰 프로젝트'가 바로 그 열쇠이다. 인간의 두뇌지도를 완벽하게 재현한다는 이 야심 찬 프로젝트가 예정대로 21세기 말쯤에 완결되면 우리의 모든 기억과 감각, 느낌, 심지어는 성격까지 하나의 지도에 요약할 수 있게 된다. 이 모든 정보를 레이저에 실어서 우주로 쏘아 보내는 것이 바로 '레이저 포팅'이다. 육체를 제외한 당신의 모든 것이 빛의 속도로 날아가며 우주를 둘러본다. 이 얼마나 환상적인 기술인가!

당신의 커넥톰(두뇌의 모든 정보가 담겨 있는 디지털 지도)은 단 2초 만에 달까지 갈 수 있다. 화성은 몇 분, 목성은 몇 시간이면 되고, 프록시마 센타우리도 4년이면 갈 수 있다. 은하를 가로지르는 데에도 10만 년이면 충분하다.

이런 식으로 외계행성에 도달하여 레이저빔에 저장된 정보를 컴퓨터 본체에 다운로드하면, 당신의 커넥톰은 로봇 아바타를 조종할 수 있다. 로봇의 몸은 강하고 튼튼하여 대기 중에 독성물질이 섞여 있거나, 온도가 너무 높거나(또는 낮거나), 중력이 강해도 임무 수행에는 아무런 지장이 없다. 두뇌의 신경망 패턴이 컴퓨터에 저장되어 있는 한, 당신은 아바타가 보고 느끼는 모든 것을 똑같이 보고 느낄 수 있다. 이 정도면 당신이 직접 그곳에 간 것과 마찬가지다.

이 방법을 사용하면 무겁고 비싼 로켓을 발사하지 않아도 되고, 우주정거장을 새로 지을 필요도 없다. 당신의 의식은 오직 정보로만 전송되었기 때문에 무중력상태에서 오랫동안 살지 않아도 되고, 소행성과 충돌할 염려도 없고, 강한 복사에 노출될 일도 없고, 지루함을 느끼지도 않는다. 그리고 광속은 우주공간에서 당신이 이동할 수 있는 최고속도이다. 게다가 당신의 관점에서 볼 때 탐사여행은 순식간에 끝난다. 당신이 기억하는 것이라곤 연구실에 들어와서 곧바로 목적지에 도달했다는 것뿐이다(특수상대성이론에 의하면 빛의 속도로 움직이는 계, 또는 물체에서는 시간이 흐르지 않는다. 빛을 타고 가는 동안 당신의 의식이 완전히 멈춘다는 뜻이다. 그러므로 은하를 가로지르는 동안에도 당신은 시간이 흐르는 것을 전혀 느끼지 못한다. 이것은 가사상태에 빠져 시간을 느끼지 못하는 것과 근본적으로 다르다. 당신이 가사상태에 빠져도 우주선 안에 있는 각종 기계장비는 여전히 작동하고 연료도 소모되지만, 광속으로 달릴 때에는 문자 그대로 '모든 것이 멈춘다.' 그렇다면 여행 도중에 관심 있는 장면을 주의깊게 관찰할 수 없지 않을까? 걱정할 것 없다. 아무 중계소에서나 멈춰서 주변을 자세히 관찰할 수 있다).

별에 갈 때에는 레이저 포팅이 가장 빠르고 편리하다. 앞으로 100년 후에 지구의 문명이 1단계로 진입하면 레이저 포팅 실험이 최초로 수행될 것이며, 2단계와 3단계 문명에서는 멀리 떨어진 별에 이미 자기복제로봇을 파견하여 식민지를 구축했으므로 은하 반대편으로 진출할 때 이 방법을 사용할 것이다. 3단계 문명은 은하수의 모든 별들을 연결하는 '레이저 포팅 슈퍼고속도로망'을 구축하여 수조 명에 달하는 사람들을 은하 전역에 보낼지도 모른다.

아이디어 자체는 가히 환상적이다. 그러나 실제로 구현하는 데에는 몇 가지 문제점이 있다.

커넥톰을 레이저에 담는 것은 별로 어렵지 않다. 레이저가 실어나를 수 있는 정보의 양에는 원리적으로 한계가 없기 때문이다. 문제는 레이저 중계소를 곳곳에 설치하여 우주네트워크를 구축하는 것이다. 레이저가 멀리 떨어진 별까지 무사히 도달하려면 길목에 설치된 중계소에서 당신의 커넥톰을 수신하여 증폭하고, 이것을 다음 중계소로 전송하고… 마치 계주선수가 바통을 이어받듯이 단계적으로 진행되어야 한다. 앞에서도 말했지만 별을 에워싼 오르트 구름은 지름이 수 광년에 달하여 가까운 별들끼리는 오르트 구름이 겹칠 수도 있으므로, 그 안에서 정지상태에 있는 혜성은 레이저 중계소로 안성맞춤이다(중계소는 외계위성보다 오르트 구름의 혜성에 설치하는 것이 좋다. 위성은 행성 주변을 공전하다가 뒤로 숨을 수도 있지만, 오르트 구름의 혜성은 대체로 정지상태에 있기 때문이다).

그러나 공사 과정에서 중계소 네트워크가 확장되는 속도는 빛보다 느릴 수밖에 없다. 이 문제를 해결하는 한 가지 방법은 광속에 거의 가까운 '레이저항해laser sail'를 이용하는 것이다. 나노로봇이 레이저 항해 우주선을 타고 오르트 구름의 혜성에 도달하면 스스로 복제하여 그곳에 중계소를 건설하는 식이다(건설자재는 혜성에 있는 원료를 사용하면 된다).

중계소를 건설하는 속도는 빛보다 느리지만, 일단 완공되기만 하면 우리의 커넥톰은 빛의 속도로 우주를 누빌 수 있다.

레이저 포팅은 과학적 탐사 외에 관광용으로도 쓸 수 있다. "별로 떠나는 휴가여행"—상상만 해도 짜릿하지 않은가? 방법은 간단하다. 일단 여행사 직원과 상의하여 당신이 가고 싶은 행성과 위성, 그리고 혜성을 선택한다. 장소가 멀다는 것만 빼면 요즘 여행과 비슷하다. 당신이 직접 가는 것이 아니므로 사람이 살 수 없는 극단적인 환경이어도 상관없다. 다 골랐는가? 그다음에는 현지에서 당신의 몸을 대신할 아바타를 고를 차례다. 이 아바타는 가상현실이 아니라 초인적 능력을 보유한 실제 로봇으로, 관광지에서 당신이 원하는 대로 움직여줄 것이다. 당신이 방문하게 될 행성에는 슈퍼파워를 장착한 아바타가 모든 준비를 마치고 대기 중이다. 레이저 포팅으로 당신의 커넥톰이 목적지에 도착하면 당신의 대역으로 선발된 아바타가 행성 전역을 누비며 숨막히게 아름다운 풍경을 보여줄 것이다. 여행이 끝나면 당신은 뒤에 올 관광객에게 아바타를 넘겨주고, 레이저 포팅을 이용하여 다음 행성으로 이동한다. 거리에 구애받지 않으니, 단 한 번의 여행으로 여러 개의 행성과 위성, 그리고 혜성을 구경할 수 있다. 은하를 누비는 주체는 당신이 육체가 아니라 커넥톰이므로, 여행 도중에 사고를 당하거나 병에 걸릴 염려도 없다.

그동안 우리는 밤하늘을 바라보며 "저곳에 누군가가 살고 있지 않을까?"라며 궁금해하다가도 "저토록 춥고, 험하고, 척박한 곳에 생명체가 살 리 없다"며 상상의 나래를 접곤 했다. 그러나 레이저 포팅을 알고 있다면 상상을 포기할 이유가 없다. 고도의 문명을 보유한 외계인에게는 은하 전체가 관광지일 것이기 때문이다. 그중에서도 특별히 인기가 좋은 행성은 지금도 관광객의 아바타로 북적대고 있을 것이다(그렇다면 앞으로 지구도 우주관광객을 유치하기 위해 은하관광 주식회사와 계약을 체결하고, 관광지를 개발해야 할 것이다_옮긴이).

웜홀과 플랑크에너지

3단계 문명은 빛보다 빠른 초광속이동을 구현할 수도 있다. 1905년에 발표된 특수상대성이론에는 위배되지만, 그 후에 새로 등장한 물리학이론에 의하면 얼마든지 가능하다. '플랑크에너지Planck energy' 영역에서는 기존의 중력법칙을 거스르는 희한한 현상이 수시로 일어나고 있다.

플랑크에너지의 개념을 이해하기 위해, 잠시 현대물리학의 현주소를 되돌아보자. 빅뱅에서 소립자에 이르기까지, 대부분의 물리적 현상들은 아인슈타인의 '일반상대성이론'과 미시세계의 현상을 설명하는 '양자이론'으로 완벽하게 설명된다. 일반상대성이론은 빅뱅과 블랙홀, 그리고 팽창하는 우주의 진화 과정 등 큰 스케일에서 일어나는 현상을 다루는 반면, 양자이론은 원자규모 이하의 미시세계에서 모든 소립자의 물리적 특성과 거동방식을 설명해준다. 독자들의 거실에서 매일같이 일어나는 '기적 같은 전기적 현상'(주로 가전제품)들은 양자이론을 통해 이해할 수 있다.

그런데 문제는 이 두 개의 이론이 하나로 조화롭게 통일되지 않는 다는 점이다. 사실 일반상대성이론과 양자이론은 각기 다른 가정과 다른 수학, 그리고 다른 물리적 배경에서 탄생했기 때문에 통일되기를 바라는 것 자체가 무리일지도 모른다.

통일장이론Unified Field Theory, UFT(일반상대성이론과 양자이론을 통일한 궁극의 이론_옮긴이)이 존재한다면, 아마도 두 이론은 플랑크에너지 수준에서 통일될 것이다. 이 값은 빅뱅이 일어나던 무렵이나 블랙홀 중심부의 에너지와 비슷한 수준으로, 이 지점에서 아인슈타인의 중력이론(일반상대성이론)은 완전히 붕괴된다.

플랑크에너지는 약 10^{19}GeV($1\text{GeV}=10^9\text{eV}$)로, 현재 세계에서 가장 강력한 입자가속기(LHC, CERN에서 운용 중인 강입자충돌기)가 발휘할 수 있는 에너지의 1천조 배에 달한다.

과연 인간의 능력으로 이 에너지에 도달할 수 있을까? 지금 당장은 불가능해 보이지만, 3단계 문명에서 사용 가능한 총 에너지는 플랑크에너지와 거의 비슷한 수준이다(1단계 문명의 10^{20}배가 넘는다). 그러므로 3단계 문명인들은 시공간을 비틀어서 원하는 모양으로 만들 수 있다.

이들은 강입자충돌기LHC보다 훨씬 큰 입자가속기를 만들어서 상상을 초월하는 에너지에 도달할 것이다. LHC는 튜브를 원형으로 감은 도넛 모양의 장치로서 지름이 27km에 달하고, 가속기 전체가 자기장으로 에워싸여 있다.

양성자로 이루어진 빔beam이 LHC에 주입되면 자기장의 영향을 받아 원형궤적을 그리게 되고, 주기적으로 가해지는 에너지펄스에 의해 속도가 점점 빨라진다. 튜브 속에서는 두 가닥의 양성자빔이 서로 반대방향으로 가속되는데, 이들이 최고속도에 도달하면 정면충돌을 일으키면서 14조 eV에 달하는 에너지가 순간적으로 방출된다. 인공적으로 도달한 에너지로는 단연 역사상 최대이다(LHC가 완공되었을 때 일부 사람들은 "블랙홀이 생성되어 지구를 삼켜버릴 수도 있다"며 가동을 반대했다. 물론 이것은 완전히 틀린 생각이다. 우주에서 날아오는 입자의 소나기, 즉 우주선宇宙線, cosmic ray에는 14조 eV보다 큰 에너지로 지구를 때리는 입자도 섞여 있는데, 미니블랙홀이 생성되어 지구를 위협한 적은 단 한 번도 없지 않은가?).

LHC를 넘어서

LHC는 새로운 입자를 속속 발견하면서 자신의 존재가치를 증명해오다가, 2012년에 힉스보손Higgs boson을 발견함으로써 정점을 찍었다(이 입자의 존재를 처음으로 예견했던 피터 힉스Peter Higgs와 프랑수아 앙글레르Francois Englert는 2013년에 노벨상을 받았다).[6] LHC의 주요 목적 중 하나는 양자이론의 가장 진보된 버전인 '표준모형Standard Model'의 마지막 퍼즐조각을 끼워 맞추는 것이다.

표준모형은 저에너지 영역에서 일어나는 모든 현상을 완벽하게 설명해주기 때문에, 종종 '거의 모든 것의 이론the theory of almost everything'이라 불리기도 한다. '거의'라는 수식어가 붙은 이유는 완벽한 이론에 필요한 조건을 100% 갖추지 못했기 때문이다. 부족한 부분을 정리해보면 대충 다음과 같다.

1. 표준모형에는 중력이 누락되어 있다. 게다가 아인슈타인의 중력

이론을 표준모형에 강제로 포함시키면 무한대가 속출하면서 총체적인 난관에 봉착한다.

2. 표준모형에 포함된 입자의 종류는 다소 작위적이다. 쿼크는 36종이나 되고(6종류의 향香, flavor에 3종류의 색color, 그리고 모든 쿼크마다 반쿼크 짝이 존재하므로 6×3×2＝36이다_옮긴이) 양-밀스 글루온Yang-Mills gluon, 렙톤lepton(전자와 뮤온), 그리고 힉스보손Higgs boson이 존재한다는 것은 실험을 통해 알려졌는데, 그 이유는 아직 오리무중이다.

3. 표준모형에 등장하는 19개의 자유변수(입자의 질량과 결합상수 등)는 이론 자체에서 결정되지 않고 물리학자가 작위적으로 입력해야 한다. 즉, 이 변수들이 지금과 같은 값을 갖는 이유를 알 길이 없다.

잡다한 입자들을 한데 모아놓은 것만으로는 궁극의 이론이 될 수 없다. 이것은 마치 오리너구리와 개미핥기, 그리고 고래를 스카치테이프로 붙여놓고 "수백만 년의 진화를 거쳐 탄생한 자연의 걸작"이라고 우기는 것과 비슷하다.

현재 계획 중인 차세대 입자가속기로는 약 48km 길이의 직선형 튜브 안에서 전자와 반전자anti-electron(전자의 반입자_옮긴이)를 충돌시키는 국제선형충돌기International Linear Collider, ILC가 있다. 이 초대형 가속기는 일본의 키타카미산맥北上山脈(일본 혼슈本州의 북동부에 있는 산맥_옮긴이)에 설치될 예정이며, 일본정부에서 20억 달러를 출연하기로 약속한 상태이다.

ILC의 최대출력에너지는 1조 eV에 불과하지만, 여러 가지 면에서

LHC보다 우월하다. 양성자는 쿼크와 글루온으로 이루어져 있어서 내부구조가 복잡하기 때문에 충돌 과정을 분석하기가 어렵기로 유명하다. 그러나 전자는 내부구조가 없는 점입자point particle여서 상호작용이 깔끔하기 때문에 쉽게 분석할 수 있다.

물리학이 아무리 발전해도 0단계 문명에서 플랑크에너지 영역을 탐사하는 것은 불가능하다. 그러나 3단계 문명의 입자가속기는 시공간의 안전성을 검증하는 수준으로 업그레이드될 것이며, 이를 이용하여 시공간의 지름길을 만들 수도 있을 것이다.

소행성벨트

문명이 고도로 발달하면 가속기의 규모도 소행성벨트만큼 커질 것이다. 벨트 안으로 양성자가 주입되면 거대한 자석의 영향을 받아 거대한 원형궤적을 돌게 된다. 입자가 가는 길은 진공이어야 하기 때문에, 지구의 가속기는 원형튜브 내부를 진공상태로 유지하느라 수많은 부속장치를 주렁주렁 달고 있다. 그러나 우주공간은 지구에서 엄청난 비용을 들여 만든 진공보다 완벽한 진공에 훨씬 가까우므로 굳이 튜브를 설치할 필요가 없다.

우주입자가속기에 필요한 것이라곤 양성자빔이 원형궤적을 따라가도록 유도하는 거대한 자석뿐이다. 더욱 좋은 소식은 모든 궤적을 자석으로 에워쌀 필요가 없다는 것이다. 양성자가 "자석 정거장"에 도달하면 전기에너지로 자석을 작동시켜서 양성자빔의 궤적이 다음 정거장을 향하도록 수정하면 된다. 기본적인 원리는 육상경기의 릴레이경주와 비슷하다. 그리고 양성자빔이 자석정거장을 통과할 때마다 레이저 형태의 에너지가 빔에 투입되어 점차 플랑크에너지에 가까워진다.

가속기의 에너지가 이 수준에 도달했을 때 공간의 한 지점에 초점을 맞춰 발사하면 웜홀의 문이 열린다. 여기에 충분한 양의 음에너지를 투입하면 웜홀이 열린 상태를 긴 시간 동안 안정적으로 유지할 수 있다.

웜홀을 통과하는 여행은 과연 어떤 느낌일까? 아직은 아무도 알 수 없지만, 칼텍의 물리학자 킵 손Kip Thorne은 영화 〈인터스텔라〉에 과학고문으로 참여하면서 그럴듯한 방법을 제시했다. 컴퓨터 프로그램으로 빛이 거쳐온 과거의 궤적을 추적하여, 웜홀여행에서 눈에 보이는 광경을 시각화하는 것이다. 과거에 영화에서 흔히 봐왔던 웜홀과 달리, 이것은 과학적 논리를 거쳐 가장 사실에 가깝게 만들어진 장면이었다.

(〈인터스텔라〉를 본 사람은 주인공이 블랙홀에 다가갈 때 거대한 구球가 나타나는 장면을 기억할 것이다. 이것이 바로 블랙홀의 경계면에 해당하는 사건지평선 event horizon으로, 한 번 통과하면 절대로 탈출할 수 없다. 사건지평선 내부에는 밀도가 엄청나게 크면서 막강한 중력을 행사하는 블랙홀이 자리잡고 있다.)

거대한 입자가속기를 건설하지 않고서도 웜홀을 여행하는 방법이 몇 가지 있다. 그중 하나는 138억 년 전에 빅뱅과 함께 탄생한 '천연 웜홀'을 이용하는 것이다. 빅뱅 직후 우주가 팽창하기 시작했을 때 조그만 웜홀들도 함께 팽창하여, 지금쯤 상당한 규모로 커졌을 것이다. 지금까지 웜홀을 본 사람은 아무도 없지만, 자연적으로 만들어질 가능성은 얼마든지 있다. 지금도 일부 물리학자들은 우주에서 웜홀을 찾기 위해 다양한 관측을 시도하는 중이다(내 기억에 의하면 TV 드라마

우주선이 웜홀로 진입하면 양자요동quantum fluctuation에서 발생한 강력한 복사輻射를 견뎌
내야 한다. 현존하는 물리학 이론 중 오직 끈이론string theory만이 이 복사의 양을 계산하여
생존 가능성을 예측할 수 있다.

〈스타트렉〉에서도 웜홀을 찾는 에피소드가 꽤 많이 있었다. 엔터프라이즈호의 선
원들은 천연웜홀을 찾기 위해 별빛의 궤적을 특별한 방식(주로 구형이나 고리모
양)으로 왜곡시키는 물질을 찾아다니곤 했다).

킵 손과 그의 동료들은 웜홀을 여행하는 또 하나의 수단으로 진공
중에서 미세한 구멍을 찾아 확장시키는 방법을 제안했다. 최신이론
에 의하면 공간은 미세한 웜홀로 가득차 있으며, 그곳에서 우주가 탄
생했다가 사라지기를 반복하고 있다. 그러므로 충분한 양의 에너지를
동원할 수 있다면, 오래전부터 존재해온 웜홀을 찾아서 크게 확장할
수 있을 것이다.

그러나 위에 제시한 모든 방법에는 한 가지 문제가 도사리고 있다.

웜홀은 '중력자graviton'라는 중력매개입자로 에워싸여 있기 때문에, 웜홀을 통과하다 보면 양자적 보정(이 경우에는 중력복사)에 고스란히 노출된다. 대부분의 경우 양자적 보정은 극히 작은 양이어서 무시해도 상관없지만, 웜홀을 통과할 때 나타나는 양자적 보정은 무한대가 되어 여행객을 죽이고도 남는다. 그리고 복사에너지가 강하면 웜홀의 입구가 닫혀서 돌아오지 못할 수도 있다. 웜홀여행은 과연 안전한가? 지금도 물리학자들은 이 문제를 놓고 설전을 벌이고 있는데, 뚜렷한 결론은 내려지지 않았다.

일단 웜홀 속으로 진입하면 아인슈타인의 일반상대성이론은 무용지물이 되고 양자적 효과가 모든 것을 좌우한다. 웜홀 내부의 상황을 정확하게 예측하려면 더욱 정교한 이론이 필요한데, 현재 이 조건을 만족하는 것은 과학 역사상 가장 희한한 이론으로 알려진 끈이론뿐이다.[7]

양자적 모호함

과연 어떤 이론이 플랑크에너지 수준에서 일반상대성이론과 양자이론을 통일할 수 있을까? 아인슈타인은 '만물의 이론Theory of Everything, TOE을 찾기 위해', 또는 '신의 마음을 읽기 위해' 생애 마지막 30년을 고스란히 바쳤지만 아무런 성과도 올리지 못한 채 1955년에 세상을 떠났고, 그 후로 60여 년이 지난 지금까지 TOE는 현대물리학의 가장 중요한 숙제로 남아 있다. TOE가 발견된다면 우주의 가장 은밀한 비밀이 만천하에 드러날 것이며, 시간여행과 웜홀, 고차원

공간, 평행우주, 그리고 빅뱅 직후에 일어난 모든 일들을 체계적으로 이해할 수 있을 것이다. 사실은 초광속비행의 성공 여부도 TOE에 달려 있다.

그 내막을 이해하려면 양자이론의 핵심원리인 베르너 하이젠베르크Werner Heisenberg의 불확정성원리uncertainty principle부터 알아야 한다. 이 원리에 의하면 측정장비가 아무리 정밀해도 임의의 입자(전자, 뉴트리노 등)의 위치와 속도를 동시에 정확하게 측정할 수 없다. 다시 말해서, 자연에는 '양자적 모호함'이 항상 존재한다는 뜻이다. 바로 이 원리 때문에 전자는 위치와 속도가 각기 다른 여러 개의 상태에 '동시에' 존재하게 된다. 상식적으로 생각하면 모든 만물은 측정을 당하건 당하지 않건, 명확한 위치와 속도를 갖고 있을 것 같다. 이것이 소위 말하는 '객관적 실체'이다. 그래서 아인슈타인은 불확정성원리를 몹시 싫어했다.

그러나 양자역학은 객관적 실체를 부정한다. 거울에 비친 당신의 모습은 아무리 봐도 실체인 것 같지만, 사실은 그렇지 않다. 사람의 몸도 결국은 양자적 모호함으로 가득한 파동(입자)으로 이루어져 있기 때문이다. 즉, 거울에 비친 당신의 모습은 수많은 파동의 평균이며, 개중에는 방 전체에 넓게 퍼진 파동도 있다. 심지어는 파동의 일부가 화성을 넘어 우주공간으로 퍼져나갈 수도 있다(내가 박사과정 학생들에게 내주는 문제 중에는 이런 것도 있다. "어느 날 밤 침대에서 잠들었다가 당신의 몸을 구성하는 모든 파동이 화성으로 이동하여, 다음날 아침에 화성에서 깨어날 확률을 구하라.").

이것을 '양자보정', 또는 '양자요동quantum fluctuation'이라 한다. 거시적인 규모에서는 효과가 서로 상쇄되어(평균되어) 측정할 수 없을 정도로 작아지지만, 원자규모로 가면 양자보정이 무시할 수 없을 정도로 커진다. 바로 이 효과 때문에 전자가 여러 곳에 각기 다른 상태로 '동시에' 존재할 수 있는 것이다(타임머신을 타고 현대에 온 뉴턴에게 누군가가 "트랜지스터 속의 전자는 여러 개의 상태에 동시에 존재할 수 있다"고 주장한다면 비명을 지르며 뒤로 넘어갈 것이다. 그러나 현대의 전기문명이 가능했던 것은 바로 이 양자보정 덕분이었다. 어떤 전능한 존재가 불확정성의 스위치를 꺼서 양자보정을 사라지게 만든다면, 모든 전기제품이 기능을 멈추면서 현대문명은 수백 년 전으로 후퇴할 것이다).

다행히도 물리학자들은 원자규모에서 양자보정을 계산하는 방법을 개발했고, 그 결과는 오차범위가 10조분의 1도 안 될 정도로 정확하다. 사실 양자이론은 과학 역사상 가장 정확한 이론이면서 가장 기이한 이론이기도 하다(아인슈타인은 "앞으로 양자이론보다 더 정확한 이론이 등장한다면, 그 체계는 양자이론보다 더 이상할 것"이라고 했다). 너무나 희한하고 황당무계해서 받아들이기 어렵지만, 계산결과가 혀를 내두를 정도로 정확하니 믿지 않을 수가 없다.

하이젠베르크의 불확정성원리가 존재하는 한, 우리가 알고 있는 진실은 근본적인 단계에서 수정되어야 한다. 그중 하나는 블랙홀이 완전히 검지 않다는 것이다. 양자이론에 의하면 블랙홀은 호킹복사 Hawking radiation를 희미하게 방출하고 있기 때문에, 약간 회색을 띠고 있다. 또한 대부분의 교과서에는 블랙홀의 중심부(또는 시간의 시작점)에 중력이 무한대인 '특이점singularity'이 존재한다고 적혀 있지만, 무한대중력은 불확정성원리에 위배된다(다시 말하면 특이점이라는 것이 아예 존재하지 않는다는 뜻이다. 사실 특이점은 방정식이 먹혀들지 않을 때 현대과학의 무지함을 감추기 위해 만들어낸 용어에 불과하다. 양자이론에는 가장 근본적인 단계에 '모호함'이 존재하므로, 굳이 특이점을 들먹일 필요가 없다). 진공의 개념도 마찬가지다. 흔히 진공이라고 하면 '아무것도 없는 완벽한 무無의 공간'을 떠올린다. 그러나 '완벽한 무' 역시 불확정성원리에 위배되기 때문에, 완벽한 진공은 존재할 수 없다(실제로 진공 중에서는 입자와 반입자가 갑자기 나타났다가 사라지기를 반복하고 있다. 이것도 위에서 말한 양자요동의 일종이다). 이와 비슷한 이유로, 모든 것이 완전한 정지상태에 있는 절대온도 0K도 존재하지 않는다(온도가 0K로 접근해도 원자는 미세하게 움직이는데, 이것을 영점에너지zero-point energy라 한다).

중력의 양자이론(양자중력이론)을 구축할 때에도 심각한 문제가 발생한다. 아인슈타인의 일반상대성이론에 양자적 보정을 가하면 중력을 매개하는 '중력자'라는 입자가 등장하는데(전자기력을 매개하는 광자와 비슷한 개념이다), 감지하기가 워낙 어려워서 한 번도 발견된 적이 없다. 양자중력이론을 찾는 물리학자들은 중력자의 존재를 굳게 믿고 있지만, 중력자를 이론에 포함시킨 채 양자보정을 계산하면 여지없이 무한대가 발생한다.

유한하면서 계산 가능한 양자보정으로 양자중력이론을 구축하는 것은 현대물리학의 최대 현안으로 남아 있다. 아인슈타인의 중력이론은 시공간의 지름길인 웜홀의 존재를 허용하고 있지만, 그것이 얼마나 안정적인 통로인지는 알 수 없다. 중력의 양자보정을 계산하려면 상대성이론과 양자이론을 결합한 이론이 필요하다.

끈이론

지금까지 제시된 물리학이론 중 이 문제를 해결할 수 있는 후보는 끈이론뿐이다. 끈이론에 의하면 우주에 존재하는 모든 물질과 에너지는 미세한 끈으로 이루어져 있으며, 끈의 진동패턴에 따라 다양한 입자가 창출된다. 다시 말해서, 전자는 점입자가 아니라 '특별한 패턴으로 진동하는 끈'이다. 전자를 초강력 현미경으로 확대해서 보면 구球가 아닌 끈이 나타날 것이다. 전자가 점으로 보이는 이유는 끈의 길이가 엄청나게 짧기 때문이다.

끈은 진동패턴에 따라 쿼크와 메손meson(중간자), 뉴트리노neutrino(중성미자), 광자 등의 형태로 존재한다. 자연에 소립자가 그토록 다양하게 존재하는 이유는 끈의 진동패턴이 다양하기 때문이다. 게다가 끈이론에 의하면 끈이 움직일 때마다 아인슈타인의 예견대로 시공간이 휘어지기 때문에, 일반상대성이론과 양자이론을 통일하는 데 매우 유리하다.

끈이론이 옳다면 모든 소립자는 고유의 '음정'을 갖고 있는 셈이다. 우주는 수많은 끈들이 만들어내는 웅장한 교향곡이고 물리학은 그 속에서 화음을 찾아내는 학문이며, 생전에 아인슈타인이 그토록 알고 싶어했던 '신의 마음'은 초공간을 통해 울려 퍼지는 우주적 음악 속에 깃들어 있다.

끈이론은 지난 수십 년 동안 물리학자들을 그토록 괴롭혀왔던 양자적 보정을 어떻게 해결했을까? 그 비결은 바로 초대칭supersymmetry이었다. 모든 입자는 자신의 초대칭짝에 해당하는 초대칭입자sparticle를 갖고 있다. 예를 들어 전자의 초대칭짝은 셀렉트론selectron(앞의 's'

는 super의 머리글자를 따온 것이다_옮긴이)이고, 쿼크의 초대칭짝은 '스쿼크squark'이다. 그러므로 양자적 보정도 일상적인 입자와 초대칭입자에 모두 가해줘야 하는데, 이들이 서로 상쇄되어 무한대 문제가 해결되는 것이다(초대칭을 도입한 끈이론을 초끈이론superstring theory이라 한다_옮긴이).

이것이 바로 끈이론의 위력이다. 수학적인 과정은 정말로 우아하면서도 아름답기 그지없다. 그런데 물리학자들이 느끼는 아름다움의 원천은 과연 무엇일까?

예술가에게 아름다움이란 자신의 작품에 가치를 더해주는 천상의 선물이겠지만, 물리학의 아름다움은 '대칭symmetry'이라는 한 단어로 요약된다. 특히 시공간의 궁극적 실체를 탐구할 때 대칭은 반드시 필요한 요소이다. 예를 들어 눈의 결정은 60도 회전시켜도 모양이 변하지 않는다. 만화경 속의 그림이 아름답게 보이는 이유는 거울에 비친 영상이 반복적으로 나타나기 때문이다. 이런 경우, 눈의 결정과 만화경 속 영상은 '방사대칭radial symmetry을 갖고 있다'고 말한다. 특정한 점을 중심으로 회전시켜도 모양이 변하지 않는다는 뜻이다. 꽃, 나비, 파르테논신전 등이 아름답게 보이는 이유는 대칭성을 갖고 있기 때문이다. 심지어는 사람의 얼굴도 좌우대칭에 가까울수록 아름답게 느껴진다.

소립자를 서술하는 방정식이 주어졌다고 가정해보자. 당신이 방정식의 변수와 연산자의 위치를 이리저리 바꾸면서 갖고 놀다가 "두 개의 입자를 맞바꿔도 방정식은 변하지 않는다"는 사실을 발견했다면, 자신도 모르게 감탄사가 튀어나올 것이다. 왜 그런가? 무언가에 변화를 가했는데 형태가 변하지 않는다는 것은 곧 대칭이 존재한다는 뜻이고, 모든 대칭은 태생적으로 아름답기 때문이다.

대칭의 위력

대칭은 미학적으로 아름다울 뿐만 아니라, 방정식의 불완전함과 이상異常, anomaly을 제거하는 강력한 수단이다. 눈송이결정을 60도씩 회전시키다 보면 손상된 부위를 금방 찾을 수 있다. 회전하기 전과 후의 형태를 비교하다가 다른 점이 눈에 뜨였다면 이는 곧 결정의 한 부위가 손상되었다는 뜻이고, 이 부위를 수정하면 결정은 다시 완벽해진다.

물리학의 경우도 마찬가지다. 양자이론의 방정식을 구축하다 보면 이상과 발산發散, divergence(무한대)이 곳곳에서 발견되곤 한다. 그러나 방정식에 대칭이 존재하면 결점을 제거할 수 있다. 초대칭은 이런 식으로 양자이론의 무한대와 불완전성 문제를 해결해주었다.

게다가 초대칭은 물리학 역사상 스케일이 가장 큰 대칭이다. 초대칭이 존재한다고 가정하면 방정식의 원형을 유지한 채 모든 입자를 섞어서 재배열할 수 있다. 초대칭은 매우 강력한 개념이어서 중력자를 비롯한 표준모형의 모든 소립자를 회전시키거나 맞바꿀 수 있으며, 아인슈타인의 중력이론과 소립자를 통일하는 자연스러운 방법을 제시해준다.

끈이론은 아인슈타인의 장방정식과 표준모형의 소립자로 이루어진 거대한 눈송이결정과 비슷하다. 여기서 개개의 가지는 우주에 존재하는 모든 입자를 나타내고, 결정을 회전시키면 입자들이 서로 맞바뀐다. 그래서 끈이론을 신봉하는 물리학자 중에는 "만일 아인슈타인이라는 인물이 존재한 적 없고 입자가속기에 수십억 달러를 투자하지 않았다 해도, 20세기의 물리학은 끈이론 하나만으로 충분했을 것"이라고 주장하는 사람도 있다.

가장 중요한 것은 입자와 초대칭입자의 양자보정이 서로 상쇄되어 유한한 양자중력이론을 구축할 수 있다는 점이다. 또한 이로부터 우리는 끈이론과 관련하여 제기된 중요한 질문에 답할 수 있다. "끈은 왜 10차원 공간에 존재하는가? 12차원이나 13차원은 왜 안 되는가?"

그 이유는 끈이론에 등장하는 입자의 수가 시공간의 차원에 따라 달라지기 때문이다. 높은 차원에서는 끈이 진동할 수 있는 방법이 많기 때문에 입자의 종류도 많아진다. 그러나 입자의 양자보정이 초대칭입자의 양자보정과 상쇄되는 현상은 오직 10차원에서만 일어난다.

끈이론은 수학적으로도 매우 특이한 이론이다. 과거에는 수학자들이 상상력을 한껏 발휘하여 새로운 이론을 창시하면 나중에 물리학자들이 그것을 차용하여 물리학이론을 만들어내곤 했다. 예를 들어 휘어진 곡면의 기하학은 19세기에 독일의 수학자 베른하르트 리만 Bernhard Riemann이 구축해놓았고, 이 이론은 1915년에 아인슈타인의 중력이론에서 핵심적 역할을 했다. 그러나 끈이론은 부수적으로 수많은 수학 분야를 새로 창출하여 전 세계 수학자들을 놀라게 했다. 평소에 물리학자를 얕잡아보던 젊은 수학자들도 끈이론을 배우지 않고서는 첨단수학에 동참할 수 없었으니, 상황이 완전히 역전된 셈이다.

아인슈타인의 중력이론은 웜홀과 초광속비행을 허용했지만, 양자보정이 가해졌을 때 웜홀의 안정성을 계산하려면 끈이론의 도움을 받아야 한다.

지금까지 언급된 내용을 정리해보자. 중력이론에 양자보정을 가하면 무한대가 발생한다. 지난 수십 년 동안 이론물리학자들은 이 무한대를 제거하기 위해 혼신의 노력을 기울여왔지만 아무런 성과도 올리지 못했다. 그러나 끈이론은 초대칭을 이용하여 두 개의 양자보정을 상쇄시킴으로써 유한한 이론을 얻어내는 데 성공했다.

그러나 끈이론이 제아무리 우아하고 강력하다 해도, 증거가 없으면 아무짝에도 쓸모없다. 과연 끈이론은 실험적 검증을 통과할 수 있을까?

끈이론에 쏟아진 비난

끈이론은 과거의 어떤 이론도 풀지 못한 난제를 한 방에 해결했지만 나름대로 문제점을 안고 있다. 첫째, 끈이론에서 말하는 '물리학의 통일'은 플랑크에너지 수준에서 일어나는데, 앞서 말한 대로 지금의 입자가속기로는 도저히 도달할 수 없는 영역이다. 실험실에서 아기우주baby universe를 만들 수 있다면 직접 검증이 가능하겠지만, 이것도 아직은 요원한 이야기다.

둘째, 다른 이론과 마찬가지로 끈이론도 여러 개의 해解를 갖고 있다. 예를 들어 빛의 거동을 서술하는 맥스웰방정식Maxwell's equation은 무한 개의 해를 갖고 있는데, 이것은 별문제가 되지 않는다. 실험 초기단계에서 우리가 다루는 빛이 전구인지, 레이저인지, 또는 TV인지를 명시한 후 적절한 초기조건을 부과하면 단 하나의 해가 결정되기 때문이다. 그러나 우리가 다루는 대상이 우주 전체라면 초기조건을 어떻게 부과해야 할까? 물리학자들은 '만물의 이론이라면 빅뱅의 초기조건도 이론으로부터 유추할 수 있다'고 믿고 있다. 그러나 끈이론은 무수히 많은 해들 중 어느 것이 진짜인지, 아무런 실마리도 제공하지 않는다. 초기조건이 없으면 끈이론이 양산한 무한대의 해들은 모두 타당하며, 이들은 각기 하나의 우주에 대응된다. 간단히 말해서, 무수히 많은 '평행우주'가 존재하게 되는 것이다.

셋째, 끈이론에 의하면 우리가 살고 있는 우주의 시공간은 4차원이 아닌 10차원이다(1990년대 중반에 등장한 M-이론에 의하면 11차원이다_옮긴이). 우리가 살고 있는 시공간의 차원을 자체적으로 결정한 이론은 끈이론이 처음이었다. 그것도 4차원이 아닌 10차원이라니! 그러면 나머지 6차원은 어디로 갔다는 말인가? 끈이론이 처음 등장했을 때, 대부분의 물리학자들은 '10차원 시공간'이라는 말에 질려서 이론이 아닌 SF 소설쯤으로 치부해버렸다(노벨상 수상자인 리처드 파인만Richard P. Feynman은 칼텍의 교정에서 끈이론의 창시자 중 한 사람인 존 슈바르츠John Schwarz와 마주칠 때마다 이런 인사를 건네곤 했다. "하이, 존! 오늘은 몇 차원에서 살고 계신가?").

초공간에서 살아가기

우주에 존재하는 모든 만물은 공간적으로 세 가지 속성을 갖고 있다. '길이'와 '폭', 그리고 '높이'가 바로 그것이다. 여기에 시간을 추가하면 4개의 숫자 세트가 완성되고, 이것만 있으면 우주에서 일어나는 모든 사건을 4차원 시공간에서 정의할 수 있다. 예를 들어 내가 친구와 뉴욕에서 만나고자 한다면, "42번가street 5번로avenue에 있는 건물 10층에서 오후 4시에 만나자"는 식으로 네 가지 정보를 교환해야 한다. 그러나 수학자에게는 좌표가 3개이건 4개이건, 별 차이가 없다. 3차원이나 4차원이라고 해서 다른 차원보다 특별할 이유가 없기 때문이다. 우주의 근본적 특성이 반드시 일상적인 숫자로 표현되어야 한다는 법이 어디 있는가?

그래서 수학자들은 끈이론의 차원에 개의치 않는다. 4차원이건 10차원이건, 숫자만 다를 뿐 똑같은 차원이기 때문이다. 그러나 물리학자에게는 눈에 보이는 것이 중요하기 때문에, 10차원을 어떻게든 가시화하기 위해 애를 쓴다. 나는 샌프란시스코에 살던 어린 시절에 일본식 찻집 뒷마당에 있는 얕은 연못을 바라보며 시간을 보내곤 했다. 연못 속에는 물고기 몇 마리가 돌아다니고 있었는데, 그들을 볼 때마다 항상 같은 의문이 떠올랐다. "물고기로 산다는 것은 어떤 느낌일까? 물고기에게 세상은 어떤 모습으로 보일까?" 아마도 물고기들은 이 세상이 2차원이라고 생각할 것이다. 얕은 연못에서는 앞뒤나 좌우로 나아갈 수 있을 뿐, 위아래라는 개념이 없기 때문이다. 물고기 중 누군가가 3차원을 언급한다면 괴짜취급 받기 십상이다. 이 연못 속에 꽤나 보수적인 물리학자 물고기 'K'가 살고 있다고 가정해보자. 그는 이 세상이 2차원이라고 하늘같이 믿으면서, 다른 물고기가 고차원이나 초공간을 언급할 때마다 코웃음을 쳐왔다. 그러던 어느 날, 그 근처를 지나던 사람이 연못에 손을 넣고 K를 잡아 올렸다. 처음에 K는 마구 발버둥을 치다가 정신을 차리고 보니 지느러미도 없는 생명체가 자신을 움켜쥔 채 움직이고 있다. 지느러미 없이도 앞으로 나아갈 수 있다니, 새로운 물리법칙이다. 게다가 이 생명체는 물이 없어도 숨

을 쉴 수 있다. 이건 또 새로운 생물학 법칙이다! 게다가 K의 몸이 위
아래로 오락가락하고 있다(사실은 그 사람이 물고기의 무게를 가늠하느라 위
아래로 흔들었다). 이건 완전히 새로운 방향이다! 이런 방향으로는 움직
여본 적이 없어서 현기증이 난다. 잠시 후 그 사람은 K를 다시 연못
속에 풀어주었다. 기적적으로 살아 돌아온 K는 다른 물고기들을 모아
놓고 입에 거품을 물어가며 일장연설을 펼칠 것이다. "이봐, 내가 방
금 바깥 세상에 나갔다 왔는데, 정말 이상한 곳이었어! 거기 사는 생
명체들은 지느러미 없이 움직이고, 물이 없이도 숨을 쉬더라구. 더욱
이상한 것은 방향이 하나 더 있었다는 거야. 너희들, 위아래로 움직여
본 적 없지? 그건 정말 환상적인 경험이었어. 바깥 세상에는 차원이
하나 더 있었던 거야!"

우리도 K와 비슷한 신세일지도 모른다. 끈이론이 옳다면 우주에는
우리에게 친숙한 4차원 시공간 외에, 눈에 보이지 않는 차원이 추가
로 존재한다. 이 여분의 차원들은 어디에 숨어 있는 것일까? 한 가지
가능성은 6개의 차원이 아주 작은 영역에 '돌돌 말려 있어서' 눈에 보
이지 않는다는 것이다. 종이를 돌돌 말아서 아주 가느다란 튜브를 만
들었다고 가정해보자. 원래 종이는 2차원 물체지만 가느다란 튜브를
먼 거리에서 바라보면 1차원 물체처럼 보인다. 그러나 종이를 말았다
고 해서 차원이 사라질 수는 없으니, 튜브는 엄연히 2차원이다.

끈이론의 차원도 이와 비슷한 맥락으로 이해할 수 있다. 끈이론에
의하면 우주는 원래 10차원이었으나, 어떤 이유에선지 6개의 차원이
돌돌 말리는 바람에 4개의 차원만 남게 된 것이다. 언뜻 듣기에는
SF 소설을 방불케 하지만, 지금도 물리학자들은 나머지 차원을 찾기
위해 고군분투하고 있다.

고차원 시공간은 일반상대성이론과 양자이론을 통일하는 데 어떤 도움을 줄 수 있을까? 중력과 강한 핵력, 약한 핵력, 그리고 전자기력을 4차원 시공간에서 하나의 이론으로 묶다 보면 차원이 부족하다는 것을 금방 알게 된다. 마치 짝이 맞지 않는 직소퍼즐을 억지로 끼워 맞추는 것과 비슷하다. 그러나 여기에 차원을 추가해나가면 퍼즐조각이 톱니바퀴처럼 맞아 들어가면서 하나의 그림이 완성된다.

2차원 평면세계에 살고 있는 쿠키맨을 상상해보자. 이들은 왼쪽이나 오른쪽으로 이동할 수 있지만 '위'로는 절대 갈 수 없다. 위로 가려면 자신이 살고 있는 세계를 이탈해야 하기 때문이다. 과거에 이 근처에서 아름다운 3차원 수정水晶, crystal이 폭발하여 수백만 개의 파편조각이 평면세계에 쏟아져 내렸다. 쿠키맨들은 여러 해 동안 조각을 이어 붙여서 두 개의 커다란 2차원 덩어리를 만드는 데 성공했으나, 백방으로 애를 써도 두 덩어리를 끼워 맞출 수가 없었다. 그러던 어느 날, 한 쿠키맨이 기발한 아이디어를 떠올렸다. 덩어리 하나를 세 번째 차원방향인 '위로' 들어올려서 나머지 덩어리 위에 얹어놓으면 완벽한 모양이 되지 않을까? 이들은 첨단 과학을 총동원하여 두 개의 덩어리를 세 번째 차원방향으로 쌓는 데 성공했고, 그 결과 수백만 개의 수정조각들은 하나의 완벽한 3차원 수정으로 복원되었다. 결국 수정 복원작업의 핵심은 세 번째 차원의 방향으로 덩어리를 쌓는 것이었다! 중력이론과 양자이론도 이런 식으로 통일될 수 있다. 위에서 말한 두 개의 수정조각은 일반상대성이론과 양자이론이고 수정은 끈이론이며, 폭발사건은 빅뱅에 해당한다.

논리가 아무리 완벽하다 해도 검증을 거치지 않으면 물리학이론이 될 수 없다. 앞서 말한 대로 끈이론은 직접 검증이 불가능하지만, 물리학이론 중에는 간접적인 검증을 통해 사실로 판명된 것도 많다. 예를 들어 태양의 주성분이 수소와 헬륨이라는 것은 누구나 아는 사실이지만, 태양에 직접 가본 사람은 없지 않은가? 우리가 태양의 성분을 알고 있는 것은 과학자들이 태양빛을 프리즘에 통과시켜서 여러 개의 단색광으로 분리한 후, 그 분포상태를 분석하여 수소와 헬륨에 해당하는 '지문'을 찾아냈기 때문이다(태양의 성분을 알아내기 전까지만 해도 헬륨은 지구에서 발견된 적이 한 번도 없었다. 1868년에 일식이 일어났을 때 한 무리의 과학자들이 태양빛을 분석하다가 새로운 원소를 발견하여 '헬륨helium'으로 명명했다. 헬리오스helios는 태양신의 이름이고 '-ium'은 금속 이름 뒤에 붙는 접미사이므로, 직역하면 '태양에서 발견된 금속'이라는 뜻이다. 그 후 1895년에 지구에서 헬륨이 최초로 발견되었는데, 알고 보니 금속이 아닌 기체였다).

암흑물질과 끈이론

끈이론도 이와 비슷하게 간접적으로 검증될 수 있다. 끈은 진동패턴에 따라 각기 다른 입자에 대응되므로, 입자가속기를 이용하여 '높은 옥타브'에 해당하는 새로운 입자를 찾으면 된다. 두 개의 양성자를 수조 eV까지 가속하여 정면충돌시키면 사방으로 흩어지는 파편 속에서 끈이론이 예견한 새로운 입자가 생성될 수도 있다. 또한 이로부터 천문학의 가장 큰 미스터리가 해결될지도 모른다.

1960년대에 천문학자들은 은하수Milky Way의 회전운동을 관측하다가 매우 이상한 사실을 알게 되었다. 지금의 자전속도라면 은하를 구성하고 있는 별들이 원심력을 이기지 못하고 뿔뿔이 흩어져야 하는데, 은하수는 거의 100억 년 동안 원래 형태를 유지해왔다. 뉴턴의 법칙이 은하에는 적용되지 않는 걸까? 실제로 은하수는 뉴턴의 법칙에서 허용된 한계속도(별들이 흩어지지 않는 최대속도)보다 10배나 빠르게 회전하고 있었다.

정말 심각한 문제가 아닐 수 없다. 이 상황에서 우리가 내릴 수 있는 결론은 두 가지뿐이다. (1)뉴턴의 운동법칙이 틀렸거나 (2)눈에 보이지 않지만 질량을 가진 물질이 은하를 에워싸고 있어서 별들이 흩어지지 않도록 중력을 행사하고 있어야 한다. 그런데 아무리 생각해도 (1)은 아닌 것 같다. 지난 350년 동안 단 한 번도 틀린 적 없는 법칙이 이제 와서 우리를 배신할 리가 없지 않은가. 그렇다면 은하수는 우리가 그림으로 봐왔던 아름다운 모습(거대한 나선형 팔을 펼치고 장엄하게 돌고 있는 모습)이 아니라, 은하의 총 질량의 10배에 달하는 미지의 물질로 뒤덮여 있다고 보아야 한다. 이 물질의 정체가 무엇이건 눈에 보이질 않으니, 빛과 상호작용을 하지 않는다는 것만은 분명하다.

천체물리학자들은 이 보이지 않는 질량을 '암흑물질dark matter'로 명명했다. 물론 이름을 붙이는 것으로 문제가 해결될 수는 없다. 새로운 물질이 발견되었으니, "우주만물은 원자로 이루어져 있다"는 기존의 이론을 대대적으로 수정해야 한다. 암흑물질은 눈에 보이지 않지만 질량을 가진 다른 물질처럼 빛을 휘어지게 만든다. 그러므로 은하 주변에서 빛이 휘어지는 정도를 분석하면, 컴퓨터를 이용하여 대략적인 암흑물질 분포지도를 만들 수 있다. 이 지도에 의하면 은하가 갖고 있는 질량의 대부분은 암흑물질의 형태로 존재한다.

암흑물질은 눈에 보이지 않으면서 중력을 행사하고 있지만, 손으로 만질 수는 없다. 원자와 상호작용을 하지 않으니 당신의 손과 방바닥,

심지어는 지구도 가뿐하게 통과한다. 지구 근방에 있는 암흑물질은 뉴욕과 호주 사이를 마음대로 오락가락할 것이다. 단, 지구의 중력을 벗어날 수 없으므로 멀리 도망가지는 못한다.

암흑물질을 '높은 진동수로 진동하는 초끈superstring'(초대칭이 존재하는 끈_옮긴이)으로 간주하는 이론도 있다. 가장 유력한 후보는 광자의 초대칭입자인 '포티노photino'(또는 '작은 광자'라고도 함)인데, 빛과 상호작용을 하지 않아서 눈에 보이지 않고, 질량을 갖고 있으며, 긴 시간 동안 안정적인 상태를 유지할 수 있으므로 암흑물질의 조건을 모두 만족한다.

이 추론은 몇 가지 방법으로 검증 가능하다. 첫 번째 방법은 LHC(강입자충돌기)로 양성자를 충돌시켜서 암흑물질을 만들어내는 것이다. 두 개의 양성자가 광속에 가까운 속도로 달리다가 정면으로 충돌하면 아주 짧은 시간 동안 암흑물질이 생성될 수 있다. 이 방법이 성공한다면 과학계는 발칵 뒤집어질 것이다. 역사상 처음으로 원자에 기초하지 않은 물질을 만들어냈으니 그럴 만도 하다. LHC로 충분하지 않다면 ILC(국제선형충돌기)를 동원할 수도 있다.

다른 방법도 있다. 암흑물질이 존재한다면 지구는 암흑물질의 바람을 맞으면서 앞으로 나아가고 있으므로(공전), 지구에 설치된 입자감지기에 암흑물질입자가 충돌하여 소립자가 생성된다면 간접적인 증거가 될 수 있다. 지금도 세계 곳곳의 물리학자들은 실험실에 입자감지기를 설치해놓고 끈기 있게 기다리는 중이다. 이들 중 누군가의 감지기에 암흑물질의 흔적이 남는다면, 그는 틀림없이 노벨상을 받게 될 것이다.

입자가속기나 입자감지기에서 암흑물질이 발견된다면, 끈이론이 예견한 암흑물질의 특성과 비교하여 추론의 진위 여부를 판단할 수 있다. 이것이 바로 이론의 타당성을 검증하는 방식이다.

군이 암흑물질에 의존하지 않아도 끈이론을 검증하는 방법은 또 있다. 뉴턴의 중력법칙은 별이나 행성처럼 규모가 큰 물체의 운동을 좌우하고 있지만, 수 cm에서 수 m 거리에서는 검증된 사례가 거의 없다. 끈이론은 공간이 고차원임을 주장하고 있는데 뉴턴의 중력은 3차원공간에서 성립하는 법칙이므로, 가까운 거리에서는 뉴턴의 역제곱법칙inverse square law(중력의 세기가 거리의 제곱에 반비례하여 작아진다는 법칙_옮긴이)이 성립하지 않을 것이다(예를 들어 공간이 4차원이라면 가까운 거리에서 중력은 거리의 제곱이 아닌 세제곱에 반비례할 것이다. 아직은 아무런 증거도 발견되지 않았지만, 물리학자들은 조금씩 거리를 좁혀가면서 실험을 계속하고 있다).

우주에 중력파 감지기를 설치하는 방법도 있다. 루이지애나주와 워싱턴주에 걸쳐 있는 레이저간섭계 중력파감지기Laser Interferometer Gravitational-Wave Observatory, LIGO는 2016년에 블랙홀이 충돌하면서 발생한 중력파를 감지했고, 2017년에는 충돌하는 중성자별의 중력파를 감지하여 세간의 관심을 끌었다. LIGO를 개선한 레이저간섭계 우주안테나Laser Interferometer Space Antenna, LISA가 완성되면 빅뱅의 순간에 발생한 중력파를 감지할 수 있을 것으로 기대된다. 이 프로젝트가 성공하면 '비디오테이프를 되감아서' 빅뱅 이전에 어떤 일이 있었는지 추측할 수도 있다. 이 모든 것은 끈이론이 예견한 '빅뱅 이전의 우주'를 검증하는 데 중요한 실마리를 제공할 것이다.

끈이론과 웜홀

끈이론은 소립자를 닮은 미니블랙홀의 존재를 예견했다. 그러므로 미니블랙홀을 발견해도 끈이론은 부분적으로 증명되는 셈이다.

앞에서 우리는 에너지 소비량과 물리법칙에 기초하여 미래의 문명을 예측해보았다. 지구를 포함한 모든 문명은 1단계(행성문명)에서 2단계(항성문명)를 거쳐 3단계(은하문명)로 진화할 것이다. 특히 3단계 문명인들은 폰 노이만 머신이나 레이저 포팅에 의식을 실어서 은하 전역을 누비고 다닐 것이다. 여기서 중요한 것은 3단계 문명이 플랑크 에너지에 도달하여 시공간을 조작하고, 빛보다 빠르게 이동할 수 있다는 점이다. 초광속비행의 물리학을 이해하려면 아인슈타인의 중력이론을 초월한 이론이 필요한데, 그 후보가 바로 끈이론이다.

이론물리학자들의 꿈은 끈이론을 이용하여 시간여행, 차원간 여행, 웜홀과 같은 신비한 현상의 양자보정을 계산하고, 빅뱅 이전에 있었던 사건을 알아내는 것이다. 예를 들어 3단계 문명이 블랙홀을 적절히 조작하여 다른 평행우주로 연결되는 통로를 만들었다 해도, 끈이론이 없으면 통로 안으로 진입했을 때 어떤 일이 일어날지 예측할 방법이 없다. 진입과 동시에 폭발하지 않을까? 중력복사가 너무 강해서 진입 후에 입구가 닫히지는 않을까? 여행자는 무사히 살아 돌아와서 친구들에게 경험담을 들려줄 수 있을까?

끈이론은 웜홀을 통과할 때 여행자에게 쏟아지는 중력복사의 양을 계산하여 위의 질문에 답을 줄 수 있다.

웜홀과 관련하여 물리학자들 사이에 회자되는 또 하나의 질문이 있다. "웜홀을 통과하여 시간을 거슬러 가면 어떤 일이 일어날 것인가?"

과거로 가서 아직 결혼하지 않은 할아버지를 죽이면 당장 모순이 발생한다. 할아버지가 죽었으니 당신의 아버지는 물론이고 당신도 존재할 수 없는데, 어떻게 이 세상에 태어나 웜홀여행을 한다는 말인가?[8] 아인슈타인의 일반상대성이론은 (음에너지가 존재한다는 가정하에) 타임머신을 허용하고 있지만, 이 역설적 상황에 대해서는 아무런 언급도 하지 않았다. 그러나 끈이론은 모든 것을 계산할 수 있는 유한한 이론(무한대로 발산하지 않는 이론_옮긴이)이므로, 모든 역설을 해결해줄 것이다(개인적으로는 타임머신을 타면 시간의 강이 두 줄기로 갈라진다고 생각한다. 다시 말해서, 시간이 두 가닥으로 흐른다는 뜻이다. 당신이 죽인 사람은 이 세계의 할아버지가 아니라 다른 우주에 살고 있는 할아버지였다. 이런 식으로 다중우주를 도입하면 시간여행에서 발생하는 역설적 상황을 피해갈 수 있다).

그러나 끈이론의 수학이 너무 복잡하여. 지금 당장은 양자보정을 계산하기가 쉽지 않다. 단, 이것은 실험과 무관한 수학적 문제이므로 미래의 어느 날 뛰어난 물리학자가 등장하여 웜홀과 초공간의 특성을 낱낱이 밝혀줄 것이다. 대중들에게 초광속비행은 한갓 이야깃거리에 불과하지만, 물리학자는 초끈이론을 이용하여 실현가능성을 확인할 수 있다. 그러나 구체적인 결과가 나오려면 좀 더 기다려야 한다.

분산의 끝?

3단계 문명은 중력의 양자이론을 이용하여 초광속비행을 구현할 것이다.

그런데 초광속비행이 가능해지면 인류의 삶은 어떻게 달라질까?

앞에서 우리는 광속을 넘지 못한 2단계 문명이 우주식민지를 개척해나가다가 지역 간 연결이 두절되어 새로운 종으로 분화되고, 결국은 모행성과 무관하게 살아갈 것으로 예측했었다.

3단계 문명이 플랑크에너지에 도달하여 옛날에 갈라져나간 동족과 재회한다면, 과연 어떤 일이 벌어질까?

시대를 불문하고 역사는 되풀이된다. 비행기와 현대기술이 등장하면서 인류의 대분산Great Diaspora은 종지부를 찍었고 대륙을 연결하는 초고속 네트워크가 구축되었으며, 우리 선조들이 수만 년에 걸쳐 이동했던 거리를 지금은 단 몇 시간 만에 날아갈 수 있게 되었다.

이와 마찬가지로 2단계 문명에서 3단계로 넘어가면 인류는 (정의에 의해) 시공간이 불안정해지는 플랑크에너지 수준에서 초광속비행을 구현하여 2단계 시기에 은하 전역으로 흩어진 수많은 식민지를 다시 하나로 통합할 것이다. 아무리 멀리 떨어져 있어도 '인간'이라는 공통의 뿌리를 갖고 있으므로, 모든 가치와 목표를 공유하는 새로운 은하문명을 구축할 수 있다. 아시모프의 소설에 등장하는 은하제국도 이와 비슷한 과정을 거쳐 건설되었다.

앞서 언급한 대로 수만 년에 걸쳐 발생한 유전적 차이는 대분산 이후 갈라진 현생인종 간의 차이와 크게 다르지 않다. 신체의 세세한 부분은 다를지 몰라도, '인간성humanity'이라는 공통분모는 유지된다는 이야기다. 문화의 차이가 아무리 커도, 한 문명권에서 태어난 아이는 다른 문명권에서 아무런 문제없이 자랄 수 있다.

또한 현대의 고고학자가 그래왔듯이, 3단계 문명의 고고학자들은 2단계 문명을 이룩한 선조들의 은하 내 이주경로를 추적하면서 다양한 유적지를 발견하게 될 것이다.

아이작 아시모프의 《파운데이션》 시리즈에서 주인공은 은하제국의 모태가 되었던 잊혀진 고대행성을 찾아 은하를 배회한다. 수조 명의 인구가 살고 있는 수백만 개의 행성 중에서 하나를 찾는 것은 거의 불가능한 일처럼 보였다. 그러나 그는 가장 오래된 행성에서 고대 식민지의 폐허를 발견한다. 그 행성은 전쟁과 질병, 그리고 연이은 불운을 겪으면서 사람들의 기억에서 완전히 잊혀졌다.

이처럼 3단계 문명인들은 빛보다 느린 속도로 퍼져나간 2단계 문명의 흔적을 찾아 은하를 배회할 것이다. 지금 우리의 문명이 다양한 고대문명의 유산인 것처럼, 3단계 문명은 2단계 문명에서 탄생한 다양한 지역문명의 종합체일 것이다.

그러므로 초광속비행은 인류를 하나의 거대한 은하문명으로 통합하는 데 반드시 필요한 기술이다.

케임브리지대학교의 천문학자 마틴 리스 경은 이렇게 말했다. "인간이 자멸의 길을 택하지 않는다면, 머지않아 후-인간시대post-human era가 열리면서 지구의 생명체들이 은하 전역으로 진출하여 상상할 수 없을 만큼 다양한 종으로 분화할 것이다. 그렇다면 우리의 조그만 지구는 은하 전체에서 가장 중요한 장소이며, 지구에서 시작된 최초의 성간여행은 은하 전체에 엄청난 반향을 불러올 막중한 임무를 띠게 될 것이다."

그러나 문명이 제아무리 발달해도 '우주의 종말'이라는 궁극의 운명을 피할 수는 없다. 고도로 발달한 문명은 그들의 기술을 이용하여 죽어가는 우주에서 탈출할 수 있을까? 이것이 가능하려면 문명은 3단계를 넘어 4단계로 진화해야 한다.

누구는 세상이 불로 망한다 하고, 누구는 얼음으로 덮여 끝난다고 한다.
나의 경험에 비춰볼 때 불로 끝나는 편이 나을 것 같다.
로버트 프로스트

영원은 정말로 끔찍하게 긴 시간이다.
특히 종말을 향해 갈 때 더욱 길게 느껴진다.
우디 앨런

14

우주
탈출

지구가 죽어가고 있다.

뭐, 놀랄 건 없다. 영화 〈인터스텔라〉 이야기다. 어느 날부턴가 식량 생산이 급감하면서 농업 자체가 위태로워졌다. 사람들이 굶주리기 시작하면 지난 수천 년간 애써 쌓아올린 문명도 곧 붕괴될 것이다.

전직 NASA 우주인 출신인 쿠퍼(매튜 매코너헤이Matthew McConaughey 분)는 위험하기 짝이 없는 임무를 띠고 지구를 떠난다. 얼마 전 토성 근처에서 웜홀 입구가 열렸는데, 그곳을 통해 은하의 다른 곳으로 가서 새로운 행성에 정착하는 것만이 유일한 살길이다. 우리의 영웅 쿠퍼는 인류를 구하기 위해 스스로 자원하여 웜홀로 진입하는 우주선에 탑승한다.

한편, 지구의 과학자들은 웜홀의 비밀을 캐느라 여념이 없다. 그런 것을 누가 만들었으며, 왜 하필 지구의 종말에 맞춰서 나타났는가?

얼마 후, 드디어 비밀이 밝혀졌다. 그 웜홀은 우리보다 수백만 년 앞선 과학기술을 보유한 종족이 만든 일종의 탈출구였으며, 그들은 우리의 직계후손이었다. 초공간에서 살고 있는 그들은 멸망 위기에 직면한 조상을 구하기 위해(사실은 자신을 구하기 위해) 첨단 과학기술을 동원하여 웜홀을 만들어놓은 것이다. 이 영화에 과학고문으로 참여했던 물리학자 킵 손은 좀 더 사실적인 영상을 구현하기 위해 끈이론을 참조했다고 한다.

인류가 모든 위기를 극복하고 살아남는다 해도 우주 자체가 수명을 다하면 어떻게 해볼 도리가 없다. 숲이 죽으면 야생동물이 죽고, 바다가 죽으면 물고기도 죽듯이, 더 이상 삶의 터전이 없는 한 인간도 우주와 함께 죽어야 한다.

앞으로 시간이 충분히 흐르면 우주는 춥고 어두운 지옥으로 변할 것이다. 우주가 빅프리즈Big Freeze(팽창하는 우주가 맞이하게 될 최후_옮긴이)를 맞이하면 별은 물론이고 모든 생명체들도 더 이상 존재할 수 없다. 온도가 절대온도 0K에 접근하면서 모든 만물이 꽁꽁 얼어붙을 것이기 때문이다.

무슨 방법이 없을까? 우주와 함께 죽는 것이 우리의 숙명일까? 〈인터스텔라〉의 영웅 쿠퍼처럼, 우리도 초공간으로 피할 수는 없을까?

우주가 죽는 과정을 이해하려면 아인슈타인의 중력이론에서 예견된 우주의 미래와 지난 수십 년 사이에 밝혀진 새로운 사실을 자세히 들여다볼 필요가 있다.

지금까지 알려진 방정식에 의하면 우주의 최후는 다음 세 가지 중 하나의 형태로 찾아올 것이다.

빅크런치, 빅프리즈, 빅립

첫 번째 가능성은 우주가 어느 시점부터 팽창을 멈추고 서서히 수축되어 완전히 으깨지는 '빅크런치Big Crunch'이다. 이 시나리오에서 우주의 은하들은 서서히 모여들어 하나로 합쳐지고, 별들 사이의 거리도 점점 가까워지면서 온도가 대책 없이 상승한다. 결국 모든 별들은 엄청나게 뜨거운 하나의 덩어리로 뭉개지고, 그럴수록 중력이 더욱 강해져서 빅크런치를 맞이하게 된다. 일각에서는 빅크런치 후에 빅바운스Big Bounce를 거쳐 빅뱅이 재현된다고 주장하는 학자도 있다.

두 번째 가능성은 우주가 지금처럼 계속 팽창하다가 꽁꽁 얼어붙는 '빅프리즈'이다. 열역학 제2법칙에 의하면 우주의 총 엔트로피는 항상 증가하며, 우주가 계속 팽창하면 물질과 열이 넓게 퍼지면서 온도가 점차 낮아진다. 별들은 더 이상 빛을 발하지 않고 밤하늘은 칠흑처럼 어두워질 것이며, 온도는 절대온도 0K에 가까워진다. 이런 환경에서는 분자조차도 움직일 수 없다.

지난 수십 년 동안 천문학자들은 우리의 우주가 위에 열거한 두 가지 시나리오 중 어떤 최후를 맞이할지 알아내기 위해 백방으로 노력해왔다. 우주의 운명을 좌우하는 요인은 여러 가지가 있지만, 가장 중요한 것은 '평균밀도'이다. 우주의 밀도가 충분히 높으면 멀리 떨어진 은하들을 잡아당길 물질과 중력이 충분하여 우주는 빅크런치로 끝나게 된다. 반면에 밀도가 낮으면 팽창을 저지할 만큼 중력이 강하지 않아서 우주는 계속 팽창하다가 빅프리즈를 맞이할 것이다. 이 두 가지 시나리오를 가르는 임계밀도는 대략 "1m³당 수소원자 6개"이다.

그러나 사실 펄무터Saul Perlmutter와 아담 리스Adam Riess, 그리고 브라이언 슈미트Brian Schmidt는 기존의 통념을 뒤집는 새로운 사실을 발견하여 2011년에 노벨 물리학상을 공동으로 수상했다. 우주의 팽창속도가 느려지기는커녕, 오히려 빨라지고 있음을 발견한 것이다. 당시 미국의 과학잡지 〈사이언티픽 아메리칸〉에는 다음과 같은 기사가 실렸다. "천체물리학자들, 우주가 점점 더 빠르게 팽창한다는 사실에 아연실색하다." 우주의 나이는 138억 년인데 약 50억 년 전부터 팽창속도가 빨라지기 시작했고, 지금도 계속 빨라지고 있다(이것을 '가속팽창'이라 한다_옮긴이). 펄무터를 비롯한 천문학자들은 멀리 떨어진 은하에서 폭발하는 초신성을 관측하여 수십억 년 전의 우주팽창속도를 계산한 끝에 이와 같은 결론에 도달했다(Ia형 초신성은 밝기가 일정하기 때문에 눈에 보이는 밝기를 측정하면 거리를 알 수 있다. 자동차 전조등의 밝기를 알고 있을 때 멀리 보이는 전조등의 밝기로부터 자동차까지의 거리를 알 수 있는 것과 같은 이치다. 이처럼 원래 밝기가 알려진 광원을 '표준촛불standard candle'이라 한다. Ia형 초신성은 우주의 표준촛불로서, 겉보기 밝기와 원래 밝기를 비교하면 초신성까지의 거리를 알 수 있다). 과학자들이 초신성에서 방출된 빛을 분석해보니 역시 예상대로 우리로부터 멀어지고 있었다. 그런데 놀랍게도 우리에게 가까운 초신성은 멀어지는 속도가 훨씬 빠르게 나타났다. 멀리 있는 초신성은 과거의 모습이고 가까운 초신성은 비교적 최근의 모습이니, 이로부터 우리가 내릴 수 있는 결론은 하나뿐이다. 우주의 팽창속도는 점점 빨라지고 있다!

그렇다면 빅프리즈와 빅크런치 외에 또 하나의 가능성이 대두된다. 우주가 대책 없이 빠르게 팽창하다가 모든 만물이 갈가리 찢어지면서 최후를 맞이하는 '빅립Big Rip'이 바로 그것이다.

빅립 시나리오에서 멀리 떨어진 은하는 멀어지는 속도가 점점 빨라지다가 결국 광속을 초과하여 우리의 시야에서 영원히 사라진다(이것은 특수상대성이론에 위배되지 않는다. 움직이는 것은 은하가 아니라 공간 자체이기 때문이다. 모든 물체는 빛보다 빠르게 움직일 수 없지만, 텅 빈 공간은 임의의 속도로 팽창할 수 있다). 그러므로 우주가 빅립을 향해 다가가면 밤하늘은 완전히 캄캄해져서 아무것도 보이지 않을 것이고, 천문학자라는 직업도 사라질 것이다.

이런 추세가 계속되면 모든 은하와 태양계가 뿔뿔이 흩어지고, 결국은 우리 몸을 구성하는 원자들까지 분해된다. 그리하여 빅립의 마지막 단계에 접어들면 물질은 더 이상 존재할 수 없다.

〈사이언티픽 아메리칸〉에는 이런 기사도 실렸다. "공간의 팽창속도가 점점 빨라지면서 오랜 세월이 흐르면 은하가 분해되고, 별이 조각나고, 원자까지 갈가리 찢어진다. 결국 우리의 우주는 특이점에서 무한대의 에너지를 이기지 못하고 폭발할 것이다."

영국의 위대한 철학자이자 수학자였던 버트런드 러셀은 자신의 저서에 다음과 같은 글을 남겼다.

모든 헌신과 영감 어린 생각들, 그리고 모든 천재적 발상들은 태양계와 함께 사라지고, 인류가 지은 위대한 사원들도 우주의 폐허 속에 묻힐 운명이다… 이 확고한 절망이 진실임을 깨달은 사람만이 영혼의 안전한 거처를 확보할 수 있다.

러셀은 물리학자들이 예견한 지구의 종말을 '우주의 폐허'와 '확고한 절망'으로 표현했다. 그러나 그는 수십 년 후에 우주개발시대가 도래하여 지구탈출이 가능해진다는 것을 예측하지 못했다.

지구가 죽으면 다른 행성이나 위성으로 가고, 태양이 죽으면 다른 태양계로 이주하면 된다. 그런데 우주 자체가 수명을 다하면 어디로 탈출해야 하는가?

불 또는 얼음?

고대인들은 우주의 종말을 어느 정도 예견했던 것 같다.

모든 종교에는 우주의 탄생과 죽음에 관한 신화나 전설이 존재한다.

노르웨이의 신화 '라그나로크Ragnarok'('신들의 황혼Twilight of the Gods' 이라는 뜻)에 의하면 세상이 끝날 때 눈과 얼음으로 덮이고, 아스가르드Asgard에 거주하는 신들과 얼음거인 사이에 최후의 전쟁이 벌어진다. 성경에도 아마겟돈Armageddon으로 알려진 종말론이 등장하는데 최후의 순간에 선과 악이 대 충돌을 일으키고, 네 명의 기사가 등장하여 최후의 심판을 내린다. 힌두교 경전에는 세상의 종말과 관련된 내용은 없고, 우주가 80억 년을 주기로 영원히 반복된다고 적혀 있다.

이런 신화들이 탄생한 지 수천 년이 지난 지금, 과학자들은 우주의 진화 과정과 종말을 조금씩 이해하기 시작했다.

지구의 종말은 불과 함께 찾아올 예정이다. 앞으로 50억 년쯤 지나면 태양의 수소가 고갈되어 더 이상 핵융합반응을 할 수 없게 되고, 그때부터 태양은 정신없이 팽창하여 적색거성이 된다. 지구에서 보면 하늘 전체가 활활 타오르면서 바닷물이 증발하고 산과 바위는 녹아내릴 것이다. 그야말로 생지옥이 따로 없다. 이 와중에 지구는 거대한 태양에 잡아먹혀서 뜨거운 태양대기 속에 재로 흩어질 것이다. 성서에 적혀 있는 것처럼 "재는 재로, 먼지는 먼지로 되돌아간다." 어차피 지구와 우리는 별의 잔해에서 태어났으니, 별로 돌아가는 것이 순리일지도 모르겠다.

지구는 불로써 최후를 맞이하지만, 태양의 최후는 좀 다르다. 적색거성이 되어 주변 행성을 대부분 먹어치운 후, 핵융합 연료를 모두 소진한 태양은 빠르게 수축하면서 점점 차가워지다가 지구만 한 크기의 백색왜성white dwarf이 되고, 결국은 어두운 왜성(핵융합반응의 찌꺼기)이 되어 은하를 표류할 것이다.

우리 은하(은하수)에게는 또 다른 최후가 기다리고 있다. 앞으로 약 40억 년 후에 우리 은하는 가장 가까운 은하인 안드로메다은하 Andromeda galaxy와 충돌할 예정인데, 안드로메다는 은하수보다 두 배쯤 크기 때문에 사실 충돌이라기보다 '적대적 인수합병'에 가깝다. 컴퓨터를 이용하여 충돌 과정을 시뮬레이션 해보면, 두 은하가 서로 상대방 주변을 선회하며 죽음의 춤을 추는 장관이 펼쳐진다(은하수와 안드로메다는 모두 나선은하이다. 유튜브에서 "colliding galaxies"로 검색하면 두 은하가 충돌할 때 벌어지는 상황을 단계적으로 볼 수 있다_옮긴이). 두 은하의 중심에 자리잡고 있는 초대형 블랙홀은 서로 상대방 주변을 공전하다가 정면으로 충돌하여 하나의 블랙홀로 통합되고, 결국은 하나의 거대한 타원은하로 거듭날 것이다.

우주의 키워드는 '순환cycle'이다. 행성과 별, 그리고 은하는 죽은 후에 다시 태어난다. 별이 최후를 맞이하여 장렬하게 폭발하면 우주로 흩어진 잔해에서 다음 세대 별이 탄생하고, 이 과정은 우주가 끝날 때까지 되풀이될 것이다. 우리의 태양은 세 번째 세대, 즉 '3세대 별'에 속한다.

과학자들은 우주의 일생도 알아냈다. 얼마 전까지만 해도 천문학자들은 138억 년에 걸친 우주의 역사와, 향후 수조 년 동안 펼쳐질 우주의 미래를 거의 다 알고 있다고 생각했다. 그들이 알아낸 우주의 생애는 대충 다음과 같이 요약된다.

1. 제1기는 빅뱅~10억 년으로, 우주는 이온화된 분자구름으로 가득차 있어서 전체적으로 불투명했고, 전자와 양성자가 결합하여 원자가 되기에는 온도가 너무 높았다.
2. 2기는 빅뱅 후 10억~1천억 년으로, 우주가 충분히 식어서 원자가 형성되고 혼돈으로부터 별과 은하가 탄생했다. 텅 빈 공간은 이 시기에 접어들면서 비로소 투명해졌고, 별들이 처음으로 빛을 발하기 시작했다. 지금이 바로 2기에 해당한다.
3. 3기는 빅뱅 후 1천 억~수조 년으로, 대부분의 별은 핵융합 원료를 소진하여 조그만 적색왜성이 된다. 이들은 향후 수조 년 동안 희미한 빛을 발하며 생명을 유지할 것이다.
4. 4기는 빅뱅 후 수조 년 이후로, 모든 별들이 완전히 타서 우주가 칠흑으로 변한다. 남은 것이라곤 수명을 다한 중성자별과 블랙홀뿐이다.
5. 마지막 시기에 접어들면 블랙홀이 증발하여 분해되고, 우주에는 핵폐기물과 아원자입자subatomic particles(양성자, 중성자, 전자, 소립자 등 원자보다 작은 입자의 총칭_옮긴이)만 남는다.[1]

그러나 우주의 팽창속도가 점점 빨라지고 있다는 사실이 알려진 후로 위의 시나리오는 수십억 년으로 압축되었다. '빅립'이라는 새로운 최후가 대두되면서 천문학의 판 자체가 뒤집힌 것이다.

암흑에너지

대체 무엇 때문에 우주의 최후를 예견하는 이론이 이토록 급변한 것일까?[2]

아인슈타인의 일반상대성이론에 의하면 우주의 진화를 관장하는 에너지원은 두 가지가 있는데, 그중 하나가 별과 은하 근처에 중력장을 생성하는 '시공간의 곡률'이다. 우리가 땅을 딛고 두 발로 설 수 있는 것도 바로 이 곡률 덕분이며, 대부분의 천체물리학자들의 연구주제이기도 하다.

그러나 우주에는 또 하나의 에너지원이 존재한다. 우리가 직접 느낄 수는 없지만, '암흑에너지dark energy'라는 진공상태의 에너지가 우주의 운명을 좌우하고 있다(암흑물질과는 다른 개념이다. 혼동하지 말자!). 다시 말해서, 텅 빈 공간에 에너지가 저장되어 있다는 뜻이다.

최근 연구에 의하면 암흑에너지는 일종의 반중력反重力, antigravity처럼 작용하여 우주를 팽창시킨다. 그리고 우주가 팽창할수록 암흑에너지가 더욱 많아져서 팽창속도가 빨라지는 것이다.

지금까지 수집된 관측데이터로 미루어볼 때, 우주에 존재하는 물질/에너지(물질과 에너지는 아인슈타인의 $E=mc^2$를 통해 상호교환이 가능한 양이다)의 69%가 암흑에너지일 것으로 추정되고 있다(암흑물질은 전체의 26%이고 수소와 헬륨이 5%이며, 눈에 보이는 천체와 우리 몸을 구성하는 무거운 원소들은 모두 합해도 0.5%를 넘지 않는다). 즉, 우주팽창의 원동력인 암흑에너지는 우주에서 가장 강력한 에너지원으로, 휘어진 시공간에 저장된 에너지보다 훨씬 많다.

우주론이 직면한 가장 큰 문제는 암흑에너지의 원천을 알아내는 것이다. 암흑에너지는 어디서 왔으며, 결국 우주를 파괴할 것인가?

상대성이론과 양자이론을 강제로 합치면 암흑에너지의 양을 대충 계산할 수 있는데, 그 값은 관측을 통해 알려진 값보다 무려 10^{120}배나 크다! 이론과 실험의 차이가 큰 순서로 순위를 매긴다면 과학 역사를 통틀어 단연 챔피언 감이다. 무언가 잘못돼도 크게 잘못되었다. 통일장이론unified field theory은 과학적 호기심이 아니라 우주의 작동원리를 알기 위해서라도 반드시 완성되어야 한다. 우주와 모든 생명체의 운명이 여기에 달려 있다.

종말 탈출

먼 훗날 우주가 문자 그대로 '얼어죽을' 운명이라면, 우리의 운명은 어떻게 될까? 우주의 종말을 피해 살아남을 수 있을까?

우리에게는 세 가지 선택이 남아 있다.

첫 번째 선택은 우주의 순환 사이클이 자연스럽게 돌아가도록 내 버려두는 것이다. 물리학자 프리먼 다이슨의 말대로 온도가 낮을수록 생명체의 생각은 느려진다. 온도가 계속 내려가다 보면 아주 단순한 생각을 하는 데에도 수백만 년이 걸릴 것이다. 그러나 인간은 이런 상황을 전혀 눈치채지 못한다. 다른 생명체의 생각도 똑같이 느려지기 때문이다. 그래도 어찌되었건 대화는 나눌 수 있다. 이런 세상에서 태어나 한평생 살아간다면, 나름대로 모든 것이 정상이라고 생각할 것이다.

추운 세상에서 사는 것도 나름대로 재미있다. 정상적인 환경에서 발생확률이 거의 0에 가까웠던 양자도약이 일상적으로 일어난다. 눈앞에서 웜홀이 수시로 열렸다가 닫히고, 곳곳에서 거품우주가 탄생한다. 물론 정말로 자주 일어나는 것은 아니다. 생각하는 속도가 느려졌기 때문에 자주 일어나는 것처럼 보이는 것이다.

그러나 '느려진 체감시간'은 일시적 방편일 뿐이다. 계속 느려지다 보면 결국 분자의 운동까지 느려져서 어떤 정보도 교환할 수 없게 된다. 이 시점이 되면 생각은 물론이고 행동까지 완전히 멈출 것이다. 그래도 한 가닥 희망은 남아 있다. 모든 것이 멈추기 전에, 팽창을 가속시키던 암흑에너지가 어느 순간 갑자기 사라질 수도 있다. 팽창속도가 점점 빨라지는 이유를 알 수 없으니, 희망을 가져볼 만하다.

4단계 문명으로 넘어가기

두 번째 선택은 은하보다 많은 에너지를 활용하는 4단계 문명으로 넘어가는 것이다. 얼마 전에 나는 일반대중을 상대로 우주론을 강의하다가 카르다셰프의 문명분류법을 언급한 적이 있는데, 강연이 끝난 후 열 살쯤 된 소년이 나에게 다가와 당돌하게 말했다.

소년: 교수님은 틀렸어요. 1, 2, 3단계 문명이 있다면 4단계 문명도 있어야죠.

나: 그건 아니란다. 우주에는 행성과 별, 그리고 은하밖에 없잖아? 은하보다 더 큰 에너지원은 없으니까 4단계 문명은 불가능해.

그러나 얼마 후부터 내가 너무 성급한 결론을 내렸다는 느낌이 들기 시작했다.

앞서 말한 대로, 문명이 한 단계 높아질 때마다 에너지 소비량은 100억~1천억 배로 증가한다. 그런데 관측 가능한 우주에는 약 1천억 개의 은하가 있으므로, 이 모든 에너지를 활용하는 문명이 존재한다면 당연히 4단계 문명으로 불러야 한다.

4단계 문명(다은하 문명)의 에너지원은 우주에서 가장 풍부한 암흑에너지일 것이다. 과연 이들은 암흑에너지를 이용하여 빅립을 막을 수 있을까?

4단계 문명은 여러 은하의 에너지를 활용할 수 있으므로, 끈이론에서 말하는 여분차원에 '암흑에너지의 극성이 바뀌는' 구球를 만들어서 우주팽창을 거꾸로 되돌릴 수 있을 것이다. 구의 바깥에서는 우주가 엄청난 속도로 팽창하고 있지만, 내부에서는 은하들이 정상적으로 진화한다. 4단계 문명은 이런 방법으로 죽어가는 우주에서 살아남을 수 있다.

어떤 면에서 보면 이것은 13장에서 언급했던 다이슨 스피어와 비슷하다. 단, 다이슨 스피어는 별에서 방출된 에너지를 모으는 수단이고, 4단계 문명의 구는 암흑에너지를 가둬서 팽창을 진정시키는 장치이다.

마지막 선택은 시공간에 웜홀을 만들어서 다른 우주로 이동하는 것이다. 우리의 우주가 죽어가고 있다면 더 젊은 우주를 찾아 탈출하는

것도 생각해볼 만하다.[3]

원래 아인슈타인의 방정식에서 예견된 우주는 '팽창하는 거대한 거품'이었다(이 모형에서 우리의 우주는 거품의 내부가 아니라 표면에 해당한다). 그러나 끈이론에 의하면 여러 개의 거품우주가 방정식의 해로 존재한다. 간단히 말해서, 우주가 하나가 아니라 여러 개(다중우주)라는 것이다.

대부분의 거품은 크기가 아주 작다. 게다가 이들은 미니빅뱅으로 탄생했다가 금방 사라지기 때문에 우리의 삶에 아무런 영향도 주지 않는다. 스티븐 호킹은 진공 중에 우글거리는 작은 우주들을 "시공간 거품space-time foam"이라 불렀다. 즉, 진공은 완벽한 무無가 아니라, 그 안에서 작은 우주들이 끊임없이 움직이고 있다. 우리의 몸 안에서도 시공간 거품이 진동하고 있지만, 다행히 크기가 너무 작아서 느껴지지 않는다.

이 이론에 의하면 빅뱅은 얼마든지 반복해서 일어날 수 있다. 그럴 때마다 모체우주mother universe에서 아기우주가 탄생한다. 우리의 우주는 거대한 다중우주의 일부에 불과하다.

(가끔은 작은 거품 중 일부가 진공으로 사라지지 않고 암흑에너지에 의해 크게 부풀기도 한다. 우리의 우주는 이런 과정을 거쳐 탄생했을지도 모른다. 또는 두 개의 거품우주가 충돌했거나, 하나의 거품이 더 작은 거품으로 분열되는 와중에 탄생했을 수도 있다.)

13장에서 말한 바와 같이, 진보된 문명은 소행성벨트와 비슷한 규모의 입자가속기를 만들수 있다. 크기가 이 정도면 웜홀도 만들 수 있을 것이다. 여기에 음에너지를 투입하여 웜홀의 입구를 안정적으로 유지할 수 있다면, 소위 말하는 '우주탈출'도 가능하다. 앞에서 우리는 카시미르 효과를 통해 음에너지가 생성되는 과정을 논한 적이 있다. 그러나 음에너지원은 고차원에도 존재한다. 이것을 끌어다 쓸 수 있다면 빅립이 일어나지 않도록 암흑에너지의 값을 바꾸거나, 웜홀 입구에 집중적으로 투입하여 개방된 상태를 오랫동안 유지할 수 있다.

다중우주에 속한 모든 우주(또는 거품)에 동일한 물리법칙이 적용된다는 보장은 없다. 이왕 가는 김에, 우리가 살게 될 새로운 우주가 "원자들이 안정적인 상태를 유지하고(그래야 우리가 도착했을 때 몸이 분해되지 않는다) 암흑에너지의 양이 훨씬 적어서 행성은 존재할 수 있지만 빅프리즈로 치달을 염려는 없는" 우주라면 더욱 좋을 것이다.

인플레이션

다중우주가설을 터무니없는 공상쯤으로 여기는 독자들도 있을 줄 안다.[4] 그러나 인공위성이 관측한 최신데이터를 보면 생각이 달라질 것이다. 빅뱅이론의 초강력버전인 '인플레이션이론inflation theory'(급속팽창이론)이 등장한 후로, 평소 회의적이었던 과학자들조차 다중우주를 믿지 않을 수 없게 되었다. 이 이론에 의하면 빅뱅이 일어나기 직전에 상상을 초월하는 엄청난 폭발이 일어나서, 처음 10^{-33}초 동안 우주는 기존의 빅뱅이론에서 예측한 것보다 훨씬 빠르게 팽창했다(그렇다고 해서 인플레이션이론이 우주탄생 이전의 상태를 서술한다는 뜻은 아니다. 우주가 대폭발로 탄생했다는 점에서는 빅뱅이나 인플레이션이나 마찬가지다. 다만 인플레이션이론으로 수정이 가해지면서 우주탄생의 시점이 기존의 빅뱅이론보다 아주 조금 과거로 이동한 것뿐이다_옮긴이). 이 아이디어를 처음으로 제안한 MIT의 앨런 구스Alan Guth와 스탠퍼드대학교의 안드레이 린데 Andrei Linde는 오랜 세월 동안 천문학의 미스터리로 남아 있던 몇 가지 난제를 일거에 해결했다. 예를 들어 우주는 아인슈타인의 방정식에서 예견된 것보다 훨씬 평평하고 균일하다. 그러나 우주가 초고속으로 팽창했다면, 큰 풍선의 표면이 평평해 보이는 것처럼 공간도 평평해졌을 것이다(공간이 평평하다는 것은 납작한 면을 뜻하는 게 아니라, '공간의 곡률이 0에 가깝다'는 뜻이다_옮긴이).

또 한 가지 문제는 우주가 지나치게 균일하다는 것이다.[5] 하늘의 한 방향을 바라보다가 시야를 180도 돌려서 반대방향을 바라보면 두 지역의 천체분포도가 거의 비슷하다(요즘은 별이 보이지 않아서 같은지 다른지 별 느낌이 없다. 천체망원경으로 봐야 확실하게 알 수 있다_옮긴이). 이것은 두 지역 사이에 어떤 형태로든 정보가 교환되었음을 의미한다. 그런데 빛의 속도는 유한하고 우주의 나이는 138억 년밖에 안 되었기 때문에, 탄생초기에 정보전송이 시작되었다 해도 반대편까지 도달하려면 아직 한참을 더 가야 한다. 따라서 우주에는 천체가 집중된 지역과 텅 빈 지역이 불규칙하게 분포되어 있어야 한다. 그런데 어떻게 우주의 모든 영역이 그토록 균일할 수 있단 말인가?

인플레이션이론이 제시한 답은 다음과 같다. 시간이 처음 흐르기 시작했을 때 우주는 물질이 균일하게 분포되어 있으면서 아주 작은 조각에 불과했으나, 이 조각이 인플레이션과 함께 팽창하여 지금처럼 균일한 우주가 되었다. 그리고 인플레이션이론은 양자역학에 기초한 이론이어서, 확률은 작지만 다시 일어날 가능성도 있다.

인플레이션이론은 관측데이터를 정확하게 설명했지만 논란의 여지가 없는 것은 아니다. 우주가 짧은 시간 동안 빠르게 팽창했다는 가설은 인공위성이 수집한 관측데이터와 잘 일치하는데, 인플레이션이 일어난 원인은 아직도 불분명하다. 그리고 이 문제를 해결할 가능성이 있는 이론은 역시 끈이론뿐이다.

언젠가 인플레이션이론의 원조인 앨런 구스를 만났을 때 실험실에서 아기우주가 탄생할 가능성이 있는지 물었더니, 그는 내가 그런 질문을 하리라고 짐작했다는 듯 특유의 미소를 지으며 여유 있게 대답했다. "그렇지 않아도 계산을 직접 해본 적이 있습니다. 이 계산에서는 엄청난 양의 열이 발생하는 한 지점에 집중해야 합니다. 실험실에서 아기우주가 탄생한다면 빅뱅을 연상케 하는 대폭발이 일어날 겁니다. 단, 이 폭발사건은 다른 차원에서 일어나기 때문에 눈에 보이지 않습니다. 하지만 핵폭탄이 터졌을 때와 맞먹는 충격파가 우리를 덮칠 겁니다. 그러니까 아기우주가 만들어졌다고 생각된다면 만사 젖혀두고 무조건 도망가는 게 상책입니다!"

열반

다중우주(평행우주)는 종교적 관점에서 해석될 수도 있다. 내가 볼 때 모든 종교는 두 가지 종류로 구분된다. 이 세상이 "특정한 시점에 창조되었다"고 믿는 종교와 "창조되지도, 사라지지도 않고 영원히 존재한다"고 믿는 종교가 바로 그것이다. 예를 들어 유대교와 기독교의 신학자들은 우주가 창조된 날이 명확하게 존재한다고 주장한다(빅뱅과 관련된 계산을 최초로 수행한 사람은 가톨릭 사제이자 물리학자였던 조르주 르메트르 Geroges Lemaître였다. 그가 아인슈타인의 일반상대성이론에 관심을 갖게 된 것은

430

성경의 창세기와 일치한다고 믿었기 때문이다). 그러나 불교에는 신神이라는 개념이 없으며, 우주는 시작도 끝도 없이 영원히 존재한다고 믿는다. 불교의 사제(중)들이 중요하게 생각하는 것은 열반涅槃, nirvana뿐이다. 간단히 말해서 두 종교는 서로 상반된 우주관을 고수하고 있다.

그러나 다중우주의 개념을 수용하면 방금 언급한 두 개의 상반된 관점을 하나로 묶을 수 있다. 끈이론에 의하면 우주는 빅뱅이라는 혼돈에서 시작되었지만, 지금 우리는 여러 개의 거품으로 이루어진 다중우주에서 살고 있다. 그리고 이 거품들은 4차원보다 훨씬 큰 10차원 초공간에서 시작도 끝도 없이 떠다니고 있다.

그러므로 창세기에 등장하는 천지창조는 열반(초공간)이라는 훨씬 넓은 영역에서 수시로 일어나는 사건이다.

이렇게 생각하면 기독교와 불교의 우주관이 간단하고 우아하게 통일된다. 우리의 우주는 불 속에서 태어난 것이 아니라, 영원히 지속되는 열반의 세계에서 다른 평행우주와 공존하고 있다.

스타메이커

이런 이야기를 하다 보면 올라프 스테이플던의 SF 소설에서 우주를 마음대로 창조하고 폐기하는 전지적 존재 '스타메이커'가 떠오른다. 그는 새로운 우주를 창조하여 이리저리 갖고 놀다가 곧바로 다음 우주를 창조하고… 이 과정을 끝없이 반복하고 있다. 그가 창조한 우주들은 각기 다른 물리법칙이 적용되며, 생명체의 형태도 다르다. 이런 점에서 볼 때 스타메이커는 부지런한 화가와 비슷하다.

화가가 자신의 작품을 한곳에 모아놓고 감상하듯이, 그는 초월적 위치에 서서 자신이 창조한 다중우주를 한눈에 바라보고 있다. 스테이플던의 소설은 다음과 같이 이어진다. "개개의 우주에는… 자신만의 독특한 시간이 할당되어 있다. 스타메이커는 특정한 우주에서 일어나는 일련의 사건을 그 우주의 시간에서 바라볼 수도 있고, 모든 우주의 사건이 공존하는 자신만의 시간에서 바라볼 수도 있다."

이것은 끈이론 학자들이 다중우주를 바라보는 관점과 비슷하다. 다중우주에 존재하는 모든 우주들은 끈이론 방정식의 해에 해당하며, 자신만의 물리법칙과 고유시간, 그리고 고유한 측정단위를 갖고 있다. 스테이플던이 말한 것처럼, 이 우주들을 한눈에 조망하려면 특정한 우주시간에서 벗어나 모든 우주의 바깥에서 바라봐야 한다.

(또한 이것은 성 아우구스티누스Saint Augustine가 말했던 시간 개념과도 비슷하다. 신이 전지전능한 존재라면 지구적 관점에 얽매이지 않을 것이다. 신성한 존재는 마감시간에 맞추기 위해 서두를 필요가 없고, 군이 시간약속을 할 필요도 없다. 그러므로 신은 '시간의 바깥'에 존재한다. 이와 마찬가지로 스타메이커와 끈이론 학자는 거품으로 가득찬 다중우주를 시간의 바깥에서 바라보고 있다.)

모든 가능한 우주들이 모여서 다중우주를 형성하고 있다면, 그중 어느 것이 우리의 우주인가? 우리의 우주는 무작위로 태어났는가? 아니면 전능한 존재의 설계에 따라 정교하게 만들어진 작품인가?

우주에 작용하는 힘을 연구하다 보면, 이들이 '지적생명체가 태어나고 진화하는 데 알맞도록' 정교하게 세팅되었다는 느낌을 갖게 된다. 예를 들어 핵력이 지금보다 조금 강했다면 태양은 이미 수백만 년 전에 다 타서 수명을 다했을 것이고, 지금보다 조금 약했다면 태양은 애초부터 빛을 발하지 못했을 것이다. 중력도 마찬가지다. 중력이 지금보다 조금 강했다면 우주는 수십억 년 전에 빅크런치로 끝났을 것이고, 조금 약했다면 이미 빅프리즈를 맞이하여 꽁꽁 얼어붙었을 것이다. 지구에 생명체가 번성할 수 있었던 것은 중력과 핵력이 그들에게 가장 이상적인 세기로 '세팅되었기' 때문이다. 그 외의 다른 힘과 변수들도 누군가가 정교하게 짜 맞춘 것처럼 생명체에게 유리한 값으로 세팅되어 있다.

이 우연의 일치를 설명하기 위해 몇 가지 철학사조가 탄생했는데, 그중 하나가 코페르니쿠스원리Copernican principle이다. 이 원리에 의하면 지구는 전혀 특별한 천체가 아니며, 자연의 힘도 생명체에게 유리하게 세팅되지 않았다. 지구는 아무런 목적 없이 공간을 떠도는 우주먼지에 불과하며, 지금과 같은 환경에서 살아갈 수 있는 생명체가 우연히 탄생한 것뿐이다.

또 다른 설명으로는 '인류원리anthropic principle'를 들 수 있다. 이 원리에 의하면 우리의 존재 자체가 우주에 부과된 제한조건들을 설명해준다. 인류원리의 약한 형태(약인류원리, weak anthropic principle)는 '우리가 지금 존재하면서 자연의 법칙을 탐구하고 있으므로' 자연의 법칙이 생명체에게 유리할 수밖에 없다고 주장한다. 생명체에게 불리했다면 우리가 아예 존재하지 않았을 것이기 때문이다. 다른 우주는 다른 생명체에게 유리할 수도 있지만, 어쨌거나 우리의 우주는 이런 문제를 생각하고 기록으로 남길 수 있는 생명체가 살아갈 수 있도록 모든 환경이 조성된 우주였다. 강인류원리strong anthropic principle는 이보다 더욱 급진적이어서, '생명체가 탄생하려면 수많은 조건이 충족되어야 하는데, 우주가 우연히 그런 쪽으로 진화할 가능성은 거의 없다. 따라서 우주는 애초부터 생명체가 살아갈 수 있도록 디자인되었다'고 주장한다.

코페르니쿠스원리에 의하면 우리의 우주는 특별한 구석이 하나도 없지만, 인류원리는 그 반대이다. 그런데 신기한 것은 두 개의 상반된 주장이 우리가 알고 있는 우주와 잘 부합된다는 점이다.

(초등학교 2학년 때, 나의 담임선생님은 지구와 태양의 거리가 지금과 같은 이유를 다음과 같이 설명했다. "하나님이 지구를 아주 많이 사랑해서, 지구를 태양으로부터 적절한 거리에 갖다놓았어요. 지금보다 가까웠다면 바닷물이 펄펄 끓어서 다 증발했을 테고, 지금보다 멀었다면 꽁꽁 얼어붙었겠지요. 그래서 하나님은 바다가 물로 존재할 수 있는 적당한 거리를 선택하신 거예요." - 이것은 지구와 태양의 거리에 관하여 내가 최초로 접했던 과학적 설명이었다.)

논리적으로 자체모순이 없다 해도, 누군가가 생명체(특히 인간)를 특별히 우대하여 우주를 디자인했다는 주장은 설득력이 떨어진다. 그러나 "외계에는 수많은 행성이 존재하며, 이들 중 대부분은 태양과의 거리가 너무 멀거나 가까워서 생명체가 살 수 없다"고 생각하면 굳이 종교를 개입시키지 않아도 이 문제를 해결할 수 있다. 지구가 골디락스 존에 자리잡아서 우리가 존재하게 된 것은 순전히 행운이었다.

이와 마찬가지로, 우주가 생명체에게 유리하도록 세팅된 것도 순전히 운이었다. 다중우주에 존재하는 수십억 개의 우주들 중 대부분은 환경이 척박하여 생명체가 아예 존재하지 않고, 생명체에게 유리한 극소수의 우주들 중 하나에 우리가 살고 있는 것뿐이다. 복권에 당첨된 사람에게 무슨 이유가 있겠는가? 복권업자가 발행한 복권 중에는 당첨되지 않은 복권이 압도적으로 많았고, 복권을 샀다가 돈만 날린 사람도 부지기수다. 당첨된 사람은 그냥 운이 좋았을 뿐이며, 1등 당첨자는 복권을 추첨할 때마다 반드시 나타난다(복권의 종류마다 다르겠지만 대충 넘어가자_옮긴이). 이렇게 생각하면 '인간을 지극히 사랑하는' 조물주를 도입할 필요가 없다. 우리가 지금 여기에 존재하면서 이런 문제를 논의할 수 있는 것은 생명체에게 우호적인 '1등짜리 우주복권'을 뽑았기 때문이다.

그러나 이 문제를 다른 관점에서 바라볼 수도 있다. 이것은 내가 선호하는 관점이자, 지금 수행 중인 연구의 주제이기도 하다. 이 가설에 의하면 우주는 하나가 아니라 무수히 많지만, 대부분은 상태가 불안정하여 결국 안정적인 우주로 붕괴된다. 과거에도 수많은 우주가 존재했지만 오래 지속되지 않아서 우리에게 할당될 기회가 없었다. 우리의 우주가 지금까지 살아남은 이유는 가장 안정한 우주였기 때문이다.

나의 관점은 코페르니쿠스원리와 인류원리를 하나로 통합한 것이다. 나는 우리의 우주가 전혀 특별하지 않다는 코페르니쿠스원리에 동의하지만, 다른 우주에 없는 두 가지 특성을 갖고 있다고 생각한다. '매우 안정적이면서 생명체에게 우호적'이라는 특성이 바로 그것이다. 그렇다면 초공간이라는 열반의 세계를 부유浮遊하는 평행우주들 중 대부분은 불안정하여 이미 사라졌거나 생명체를 양육하지 못했고, 극히 일부만이 살아남아서 우리와 같은 생명체의 존재를 허용했다고 생각할 수 있다.

끈이론의 마지막 챕터는 아직 완성되지 않았다. 이론이 완성되면 우주에 흩어져 있는 암흑물질의 양 및 입자를 서술하는 변수와 비교하여 이론의 타당성을 검증할 수 있다. 만일 끈이론이 옳다면, 먼 훗날 우주를 붕괴시킬 암흑물질의 미스터리도 풀릴 것이다. 그리고 인류가 4단계 문명으로 진입하여 모든 은하의 에너지를 활용하게 된다면, 끈이론을 이용하여 우주의 종말을 피할 수 있을 것이다.

마지막 질문

아이작 아시모프는 자신이 집필한 단편소설 중 〈마지막 질문The Last Question〉이 가장 마음에 든다고 했다. 이 소설에는 수조 년 후의 인간상과 종말을 맞이하는 인간의 자세가 간결한 필체로 서술되어 있다.

〈마지막 질문〉에 등장하는 인간들은 장구한 세월에 걸쳐 컴퓨터에게 똑같은 질문을 반복한다. "우주는 필연적으로 죽을 운명인가? 아니면 팽창과 동결로 이어지는 죽음의 코스를 되돌려서 살아날 것인가?"

수조 년 후, 인간은 물질의 속박에서 벗어나 '의식을 가진 순수한 에너지'로 존재하면서 은하 전역을 마음대로 오갈 수 있게 되었다. 그들의 물리적 육체는 멀리 떨어진 태양계에 저장해놓았으나, 그조차 시간이 흐르면서 까맣게 잊혀졌다. 이제 인간은 육신을 털어버리고 완전한 자유를 얻은 것이다. 그러나 컴퓨터에게 "엔트로피를 되돌릴 수 있는가?"라고 물을 때마다 항상 같은 답이 돌아왔다. "데이터가 부족하여 답을 구할 수 없음."

세월이 더 흘러 컴퓨터는 하나의 행성에 설치할 수 없을 정도로 막대해졌고, 결국 4차원 시공간을 벗어나 초공간에 자리잡았다. 그 사이에 별과 은하는 수명을 다하여 희미한 먼지가 되었고, 인간은 하나둘씩 컴퓨터와 결합하기 시작했다. 우주와 함께 대책 없이 사라지느니, "아직도 열심히 해결책을 찾고 있는" 컴퓨터에 의지하는 편이 안전하다고 생각한 것이다. 우주의 종말이 코앞에 다가왔을 무렵, 드디어 컴퓨터는 엔트로피를 되돌리는 방법을 알아내고 죽어가는 우주를 향해 마지막 한마디를 외친다. "빛이 있으라!"

그러자 빛이 있었다.

결국 인간은 장구한 세월에 걸쳐 신과 같은 존재로 진화하고, 우주가 종말을 맞이했을 때 새로운 우주를 창조하여 모든 것을 새로 시작한다는 스토리다. 내가 보기에도 SF의 최고 걸작으로 손색이 없다. 이 책을 마무리하기 전에, 아시모프의 소설을 현대물리학의 관점에서 다시 한 번 분석해보자.

13장에서 말했듯이, 인간의 의식을 레이저에 실어서 초광속으로 우주를 누비는 레이저 포팅 기술은 다음 세기쯤 완성될 예정이다. 결국 레이저 포팅은 수십억 명의 의식을 싣고 은하를 가로지르는 '우주 초고속도로'로 진화할 것이다. 그러므로 아시모프의 소설처럼 미래의 인간이 순수한 에너지로 존재한다는 것은 그리 황당한 발상이 아니다.

그다음으로, 컴퓨터가 크고 강력해져서 초공간으로 옮겨지고 에너지로 존재하던 모든 인간들이 컴퓨터와 하나가 된다는 부분을 생각해보자. 앞으로 세월이 충분히 흐르면 인간은 스타메이커와 비슷한 존재가 되어, 초공간의 관점에서 우리 우주를 포함한 다중우주를 내려다보면서(개개의 우주는 수천 억 개의 은하로 이루어져 있다) 새로운 거점으로 삼을 만한 우주를 고를 수 있다. 그렇다면 원자로 이루어진 안정적인 물질이 주류를 이루면서, 새로운 태양계가 형성되고 새로운 생명체가 탄생할 수 있는 젊은 우주를 선택할 것이다. 그러므로 인류가 먼 미래까지 살아남는다면 최후의 순간에 우주와 함께 죽지 않고, 다중우주에서 적절한 우주를 골라 거주지를 옮길 것이다. 그렇다. 우리의 이야기는 우주가 죽어도 끝나지 않는다.

인류가 오랫동안 살아남으려면 지구에 연연하지 말고 우주로 진출해야 한다… 이 점에서 나는 낙관주의자다. 향후 200년 동안 재난을 이기고 살아남는다면, 우주 전역으로 뻗어나가서 안전한 삶을 누릴 수 있을 것이다. 우주에 독립적인 식민지가 구축되기만 하면 안전은 보장된다.
 - 스티븐 호킹

모든 꿈은 몽상가의 머리에서 시작된다. 항상 기억하라. 당신은 별로 진출하여 세상을 바꿀 만큼 강하고 열정적인 마음을 갖고 있다.
 - 해리엇 터브먼Harriet Tubman

감사의 글

이 책을 집필하는 동안 나에게 도움을 주었던 모든 사람들, 그리고 바쁜 일정에도 불구하고 내가 진행하는 라디오와 TV 프로그램에 출연하여 인터뷰에 응해준 모든 과학자들에게 진심으로 감사드린다. 그들의 깊은 지식과 예리한 통찰력이 없었다면 이 책은 탄생하지 못했을 것이다,

여러 해 동안 나와 함께 일하면서 나의 책이 성공을 거둘 수 있도록 물심양면으로 도와준 출판대리인 스튜어트 크리체프스키Stuart Krichevsky에게도 깊은 감사를 전한다. 그는 나의 1등 도우미이자 1등 자문가이기도 하다.

그동안 내 책의 완성도를 높이는 데 결정적 역할을 했던 펭귄 랜덤하우스의 편집자 에드워드 캐스트마이너Edward Kastemeiner에게도 고마운 마음을 전한다. 항상 그래왔듯이, 이번에도 그는 원고를 꼼꼼하게 읽고 값진 조언을 해주었다.

그 외에 감사의 마음을 전하고 싶은 사람들의 명단은 아래와 같다.

P. J. 야코보비츠 Jacobowitz 저널리스트, 〈PC 매거진PC Magazine〉

S. 제이 올샨스키S. Jay Olshansky 생물노인학자, 일리노이대학교 시카고캠퍼스, 《불사의 길을 찾아서The Quest for Immortality》의 공동저자

게리 스몰 Gary Small 《아이브레인iBrain》의 공동저자

그레고리 벤포드 Gregory Benford 물리학자, 캘리포니아대학교 어바인캠퍼스

그레고리 스톡 Gregory Stock UCLA, 《인간의 재설계Redesigning Humans》의 저자

글렌 맥기 Glenn McGee 《완벽한 신체The Perfect Body》의 저자

난부 요이치로南部陽一郎 노벨 물리학상 수상자(2008), 시카고대학교

니시모토 신지西本眞司 신경과학자, 캘리포니아대학교 버클리캠퍼스

닉 보스트롬 Nick Bostrom 트랜스휴머니스트, 옥스퍼드대학교

닉 세이건 Nick Sagan 《이것이 미래인가?Call This the Future?》의 공동저자

닐 거센펠트 Niel Gersenfeld MIT 미디어연구소, 비트와 원자 센터Center for Bits and Atoms 센터장

닐 디그래스 타이슨 Niel deGrasse Tyson 천문학자, 헤이든천문관 소장

닐 슈빈 Niel Shubin 진화생물학자, 시카고대학교, 《내 안의 물고기Your Inner Fish》의 저자

닐 커민스 Niel Comins 물리학자, 메인대학교, 《우주여행의 위험The Hazards of Space Travel》의 저자

대니얼 데닛 Daniel Dennet 터프츠대학교, 인지연구센터 공동이사

대니얼 워스하이머 Daniel Werthheimer 천문학자, SETI@home, 캘리포니아대학교 버클리캠퍼스

대니얼 크리비어 Danial Crevier 컴퓨터과학자, 코레코이미징Coreco Imaging 대표

대니얼 태멋 Daniel Tammet 《브레인맨, 천국을 만나다Born on a Blue Day》의 저자

대니얼 페어뱅크스 Daniel Fairbanks 유전학자, 유타벨리대학교, 《에덴의 유물Relics of Eden》의 저자

댄 리네한 Dan Linehan 《스페이스십원SpaceShipOne》의 저자

더글라스 호프스태터 Douglas Hofstadter 퓰리처상 수상자, 《괴델, 에셔, 바흐Gödel, Escher, Bach》의 저자

데이비드 골드스타인 David Goldstein 전 캘리포니아 공과대학 부학장

데이비드 그로스 David Gross 노벨 물리학상 수상자(2004), 칼비 이론물리학 연구소Kalvi

Institute for Theoretical Physics

데이비드 나하무 David Nahamoo IBM 특별연구원, 인간언어기술팀Human Language Technologies Group

데이비드 리퀴에 David Riquier 하버드대학교 집필교육/조교

데이비드 아처 David Archer 지구물리학자, 시카고대학교, 《긴 해빙기The Long Thaw》의 저자

데이비드 이글먼 David Eagleman 신경과학자, 스탠퍼드대학교

데이비드 지런터 David Gelernter 컴퓨터과학자, 예일대학교

데이비드 쾀멘 David Quammen 진화생물학자, 《마지못해 나섰던 다윈The Reluctant Mr. Darwin》의 저자

도나 셜리 Donna Shirley 전 NASA 화성프로그램 매니저

도널드 요한슨 Donald Johanson 고인류학자, 인간기원연구소Institute of Human Origins, 최초의 인간 루시Lucy의 발견자

도널드 힐레브랜드 Donald Hillebrand 아르곤 국립연구소Argonne National Laboratory 에너지시스템분과 과장

돈 골드스미스 Don Goldsmith 천문학자, 《달아나는 우주Runaway Universe》의 저자

디팩 초프라 Deepak Chopra 《슈퍼브레인Super Brain》의 저자

딘 오니쉬 Dean Ornish 캘리포니아대학교 샌프란시스코캠퍼스 의과대학 임상교수

라만 프린자 Raman Prinja 천문학자, 런던대학교

레너드 서스킨드 Leonard Susskind 물리학자, 스탠퍼드대학교

레너드 헤이플릭 Leonard Hayflick 캘리포니아대학교 샌프란시스코캠퍼스 의과대학

레로이 차오 Leroy Chaio 우주인, NASA

레베카 골드버그 Rebecca Goldberg 환경운동가, 퓨 자선신탁Pew Charitable Trusts

레스터 브라운 Lester Brown 지구정책연구소 설립자, 소장

레슬리 비섹커 Leslie Biesecker 유전의학자, 미국 국립보건원 선임연구원

레온 레더만 Leon Lederman 노벨 물리학상 수상자(1988), 일리노이 공과대학교

레이 커즈와일 Ray Kurzweil 발명가, 미래학자, 《영적 기계의 시대The Age of Spiritual Machines》의 저자

로널드 그린 Ronald Green 유전체 및 생명윤리학자, 다트머스대학, 《디자인된 아기

Babies by Design》의 저자

로드니 브룩스 Rodney Brooks 전 MIT 인공지능연구소 소장

로렌스 브로디 Lawrence Brody 미국 국립보건원 유전의학부 선임연구원

로렌스 쿤 Lawrence Kuhn 영화제작자, 〈진실에 더 가까이Closer to Truth〉

로렌스 크라우스 Lowrence Krauss 물리학자, 애리조나주립대학교, 《스타트렉의 물리학 The Physics of Star Trek》의 저자

로버트 란자 Robert Lanza 생명공학자, 아스텔라스 글로벌Astellas Global Regenerative Machine 대표

로버트 만 Robert Mann 《법의학 탐정Forensic Detective》의 저자

로버트 바우만 중령 Lt. Col. Robert Bowman 미국 항공보안연구소

로버트 월리스 Robert Wallace 《스파이크래프트Spycraft》의 공동저자

로버트 이리에 Robert Irie 컴퓨터과학자, MIT 인공지능연구소 코그 프로젝트Cog Project

로버트 주브린 Robert Zubrin 화성협회Mars Society 설립자

로버트 짐머만 Robert Zimmerman 《지구탈출Leaving Earth》의 저자

로버트 커시너 Robert Kirshner 천문학자, 하버드대학교

로버트 핑켈슈타인 Robert Finkelstein 로봇 및 컴퓨터공학자, 로보틱 테크놀로지 주식회사Robotic Technology Inc.

로저 로니우스 Roger Launius 《우주로봇Robots in Space》의 공동저자

로저 윈스 Roger Wiens 천문학자, 로스앨러모스 국립연구소Los Alamos National Laboratory

루이스 프리드먼 Louis Friedman 행성협회Planetary Society 공동설립자

리사 랜들 Lisa Randall 물리학자, 하버드대학교, 《숨겨진 우주Wraped Passages》의 저자

리처드 고트 3세J. Richard Gott III 물리학자, 프린스턴대학교, 《아인슈타인의 우주에서의 시간여행Time Travel in Einstein's Universe》의 저자

리처드 뮬러 Richard Muller 천체물리학자, 캘리포니아대학교 버클리캠퍼스

리처드 스톤 Richard Stone 과학 저널리스트, 〈디스커버 매거진Discover Magazine〉

리처드 프리스턴 Richard Preston 《핫존The Hot Zone》, 《냉동기 속의 유령The Demon in the Freezer》의 저자

마리아 피니초 Maria Finitzo 영화제작자, 줄기세포전문가, 피버디상Peabody Award 수상자

마빈 민스키 Marvin Minsky 컴퓨터과학자, MIT, 《마음의 사회The Society of Mind》의 저자

마샤 바투시액 Marcia Bartusiak 《아인슈타인의 미완성교향곡Einstein's Unfinished Symphony》의 저자

마이크 웨슬러 Mike Wessler 코그 프로젝트Cog Project, MIT 인공지능연구소

마이클 가자니가 Michael Gazzaniga 신경과 전문의, 캘리포니아대학교 산타바바라캠퍼스

마이클 노바체크 Michael Novacek 고생물학자, 미국 자연사박물관

마이클 뉴펠드 Michael Neufeld 《폰 브라운: 우주를 꿈꾼 사람, 전쟁기술자Von Braun: Dreamer of Space, Engineer of War》의 저자

마이클 더투조스 Michael Dertouzos 컴퓨터과학자, MIT

마이클 르모닉 Michael Lemonick 전 〈타임Time〉지 과학부 편집자

마이클 브리운 Michael Brown 천문학자, 캘리포니아 공과대학교

마이클 블레즈 Michael Blaese 미국 국립보건원 선임연구원

마이클 샐러몬 Michael Salamon NASA 기초물리학 및 아인슈타인 프로그램 운영자

마이클 서머스 Michael Summers 천문학자, 《외계행성Exoplanets》의 공동저자

마이클 셔머 Michael Shermer 스켑틱협회Skeptic Society, 〈스켑틱Skeptic〉 잡지사 설립자

마이클 오펜하이머 Michael Oppenheimer 환경운동가, 프린스턴대학교

마이클 웨스트 Michael West 에이지엑스 테러퓨틱스AgeX Therapeutics 대표

마이클 폴 메이슨 Michael Paul Mason 《헤드케이스Head Cases》의 저자

마크 와이저 Mark Weiser 제록스파크Werox PARC 연구원

마크 컷코스키 Mark Cutkosky 기계공학자, 스탠퍼드대학교

마틴 리스 경 Sir Martin Lees 천문학자, 케임브리지대학교, 《태초 그 이전Before the Beginning》의 저자

막스 테그마크 Max Tegmark 우주론학자, MIT

머리 겔만 Murray Gell-Mann 노벨 물리학상 수상자(1969), 산타페연구소Santa Fe Institute, 캘리포니아 공과대학교

메리엣 디크리스티나 Mariette DiChristina 〈사이언티픽 아메리칸Scientific American〉 편집자

미겔 니코렐리스 Miguel Nicolelis 신경과학자, 듀크대학교

밥 버먼 Bob Berman 천문학자, 《밤하늘의 비밀Secret of the Night Sky》의 저자

버즈 올드린 Buzz Aldrin NASA 우주인, 암스트롱에 이어 두 번째로 달에 발자국을 남긴 사람

베르너 뢰벤슈타인Werner R. Loewenstein 전 세포물리학연구소 소장, 컬럼비아대학교

브라이언 그린Brian Green 물리학자, 컬럼비아대학교, 《엘러건트 유니버스Elegant Universe》의 저자

브라이언 설리반Brian Sullivan 천문학자, 헤이든천문관Hayden Planetarium

비키 콜빈Vicky Colvin 화학자, 라이스대학교

사라 시거Sara Seager 천문학자, MIT

사이먼 싱Simon Singh 작가 겸 제작자, 《페르마의 마지막 정리Fermat's Last Theorem》, 《빅뱅Big Bang》의 저자

세스 로이드Seth Lloyd 기계공학자, 물리학자, MIT, 《우주 프로그램하기Programming the Universe》의 저자

세스 쇼스탁Seth Shostak 천문학자, SETI 연구소

세시 벨라무어Sesh Velamoor 미래학자, 미래재단Foundation for the Future

숀 캐롤Sean Carroll 우주론학자, 캘리포니아 공과대학

스탠 리Stan Lee 마블코믹스 《스파이더맨Spider-Man》의 저자

스티브 커즌스Steve Cousins 윌로우 개러지Willow Garage 개인로봇 프로그램

스티브 케이츠Steve Kates 천문학자, TV 사회자

스티브 쿡Steve Cook 마셜 우주비행센터Marshall Space Flight Center, NASA 대변인

스티븐 로젠버그Steven Rosenberg 종양면역과Tumor Immunology Section 과장, 미국 국립보건원

스티븐 스퀴어스Steven Squyres 천문학자, 코넬대학교

스티븐 와인버그Steven Weinberg 노벨 물리학상 수상자(1979), 텍사스대학교(오스틴)

스티븐 제이 굴드Stephen Jay Gould 생물학자, 하버드대학교

스티븐 쿰머Steven Cummer 컴퓨터과학자, 듀크대학교

스티븐 핑커Steven Pinker 심리학자, 하버드대학교

스펜서 웰스Spencer Wells 유전학자 겸 제작자, 《인간의 여정The Journey of Man》의 저자

시드니 퍼코위츠Sidney Perkowitz 《할리우드의 과학Hollywood Science》의 저자

신시아 브리질Cynthia Breazeal MIT 미디어연구소, 미래 스토리텔링센터 소장

아담 세비지Adam Savage TV 프로그램 〈호기심해결사MythBusters〉의 진행자

아미르 악젤Amir Aczel 《우라늄전쟁Uranium Wars》의 저자

아서 러너-램 Arthur Lerner-Lam 지질학자, 화산학자, 사이먼 리베이 지구연구소Earth Institute Simon LeVay,《과학이 잘못되었을 때When Science Goes Wrong》의 저자

아서 위긴스 Arthur Wiggins 물리학자,《물리학의 즐거움The Joy of Physics》의 저자

아서 카플란 Arthur Caplan 뉴욕대학교 의과대학 의료윤리학과 설립자

알렉스 보에즈 Alex Boese 거짓말 박물관Museum of Hoaxes 설립자

앤 드루얀 Ann Druyan 작가 겸 제작자, 코스모스 스튜디오Cosmos Studio

앤드류 체이킨 Andrew Chaikin《달 위의 사람A Man on the Moon》의 저자

앤서니 윈쇼-보리스 Anthony Wynshaw-Boris 유전학자, 케이스 웨스턴 리저브대학교

앨런 구스 Alan Guth MIT,《팽창하는 우주Inflationary Universe》의 저자

앨런 라이트먼 Alan Lightman 물리학자, MIT,《아인슈타인의 꿈Einstein's Dream》의 저자

앨런 와이즈먼 Alan Weisman《인류가 없는 세상The World Without Us》의 저자

앨런 홉슨 Allan Hobson 정신과 의사, 하버드대학교

앨빈 토플러 Alvin Toffler 미래학자,《제3의 물결The Third Wave》의 저자

에릭 그린 Eric Green 미국 인간게놈 연구소National Human Genome Research Institute, 미국 국립보건원

에릭 치비안 Eric Chivian 의사, 핵전방지를 위한 국제의사기구

에벌린 게이츠 Evalyn Gates 클리블랜드 자연사박물관Cleveland Museum of Natural History,《아인슈타인의 망원경Einstein's Telescope》의 저자

올리버 색스 Oliver Sacks 신경과 의사, 컬럼비아대학교

월터 길버트 Walter Gilbert 노벨 화학상 수상자(1980), 하버드대학교

윌리엄 멜러 William Meller《에벌루션 REvolution R》의 저자

윌리엄 핸슨 William Hanson《의학의 변방The Edge of Medicine》의 저자

재레드 다이아몬드 Jared Diamond 퓰리처상 수상자, 캘리포니아대학교 로스앤젤레스캠퍼스

잭 가이거 Jack Geiger 사회적 책임을 위한 의사회Physicians for Social Responsibility 공동 설립자

잭 갤런트 Jack Gallant 신경과학자, 캘리포니아대학교 버클리캠퍼스

잭 스턴 Jack Stern 줄기세포전문가, 신경외과 임상부교수, 예일대학교

잭 케슬러 Jack Kessler 의과대학 교수, 노스웨스턴 의사협회Northwestern Medical Group

제나 핀콧 Jena Pincott 《신사는 정말로 금발을 좋아하는가?Do Gentlemen Really Prefer Blonde?》의 저자

제럴드 에델만 Gerald Edelman 노벨 생리의학상 수상자(1972), 스크립스 연구소Scripps Research Institute

제레미 리프킨 Jeremy Rifkin 경제동향연구재단Foundation on Economic Trends 설립자

제이미 하이네만 Jamie Hyneman TV 프로그램 〈호기심해결사MythBusters〉의 진행자

제이 바브리 Jay Barbree 《문샷Moon Shot》의 저자

제이 자로슬라프 Jay Jaroslav MIT 인공지능연구소, 인간지능연구부Human Intelligence Enterprise

제인 리슬러 Jane Rissler 전 선임연구원, 참여과학자모임Union of Concerned Scientist

제임스 가빈 James Garvin NASA 수석연구원

제임스 맥러킨 James McLurkin 컴퓨터과학자, 라이스대학교

제임스 벤포드 James Benford 물리학자, 마이크로웨이브 사이언스Microwave Science 대표

제임스 캔턴 James Canton 《극단적인 미래The Extreme Future》의 저자

제프리 랜디스 Geoffrey Landis 물리학자, NASA

제프리 베넷 Jeffrey Bennett 《UFO를 넘어서Beyond UFOs》의 저자

제프리 테일러 Geoffrey Taylor 물리학자, 멜버른대학교

제프리 호프만 Jeffrey Hoffman NASA 우주인, MIT

조지 존슨 George Johnson 과학 저널리스트, 뉴욕타임스New York Times

조지 처치 George Church 하버드대학교 의과대학 유전학과 교수

조지프 로트블랫 Joseph Rotblat 세인트 바톨로뮤 병원St. Bartholomew's Hospital

조지프 롬 Joseph Romm 전 미국진보센터Center for American Progress 선임연구원

조지프 리켄 Joseph Lykken 물리학자, 페르미 국립가속기연구소Fermi National Accelerator Laboratory

조프 안데르센 Geoff Andersen 미국 공군사관학교, 《망원경Telescope》의 저자

존 그랜트 John Grant 《타락한 과학Corrupted Science》의 저자

존 도너휴 John Donoghue 브레인게이트Brain Gate 창시자, 브라운대학교

존 루이스 John Lewis 천문학자, 애리조나대학교

존 배로 John Barrow 물리학자, 케임브리지대학교Cambridge Univ., 《불가능Impossibility》

의 저자

존 엘리스 John Ellis 물리학자, 유럽입자물리연구소

존 파월 John Powell JP 에어로스페이스JP Qerospace 설립자

존 파이크 John Pike 글로벌 시큐리티GlobalSecurity.org 관리자

존 호건 John Horgan 저널리스트, 스티븐스 기술연구소Stevens Institute of Technology, 《과학의 종말The End of Science》의 저자

짐 벨 Jim Bell 천문학자, 코넬대학교

찰스 세이프 Charles Seife 《병 속의 태양Sun in a Bottle》의 저자

찰스 펠러린 Charles Pellerin 전 NASA 천체물리학 소장

칼 세이건 Carl Sagan 천문학자, 코넬대학교,《코스모스Cosmos》의 저자

칼 짐머 Carl Zimmer 생물학자,《진화Evolution》의 공동저자

캐서린 램스랜드 Katherine Ramsland 법의학자, 드세일즈대학교

케빈 워릭 Kevin Warwick 인간사이보그 전문가, 레딩대학교

켄 크로스웰 Ken Croswell 천문학자,《장대한 우주Magnificent Universe》의 저자

코리 파월 Corey Powell 〈디스커버Discover〉 수석편집자

크리스 임피 Chris Impey 천문학자, 애리조나대학교,《살아 있는 우주The Living Universe》의 저자

크리스 쾨니히 Kris Koenig 천문학자, 영화제작자

크리스 터니 Chris Turney 기후학자, 울렁공대학교,《얼음, 진흙, 그리고 피Ice, Mud and Blood》의 저자

크리스토퍼 코키노스 Christopher Cokinos 천문학자,《무너진 하늘The Fallen Sky》의 저자

크리스토퍼 플래빈 Christopher Flavin 월드워치 연구소Worldwatch Institute 선임연구원

크리스티나 닐 Christina Neal 화산학자, 미국 지질조사국U. S. Geological Survey

크리스틴 코스그로브 Christine Cosgrove 《노멀 앳 애니 코스트Normal at Any Cost》의 저자

크리스 해드필드 Chris Hadfield 캐나다 우주국CSA 우주인

테드 테일러 Ted Taylor 물리학자, 미국 핵탄두 설계자

토마소 포지오 Tomaso Poggio 인자과학자, MIT

토머스 그레이엄 대사 Ambassador Thomas Graham 6명의 미국 대통령 재임기간 동안 무기제어와 확산방지를 주도했던 전문가

토머스 코크란 Thomas Cochran 물리학자, 천연자원 보호협회Natural Resources Defense
Council

톰 존스 Tom Jones NASA 우주인

트래비스 브래드퍼드 Travis Bradfoed 《태양혁명Solar Revolution》의 저자

티모시 페리스 Timothy Ferris 작가 겸 제작자, 《은하시대의 도래Coming Age in the Milky
Way》의 저자

파울 에를리히 Paul Ehrlich 환경운동가, 스탠퍼드대학교

패트릭 맥크레이W. Patrick McCray 《하늘을 주시하라! Keep Watching the Skies!》의 저자

패트릭 터커 Patrick Tucker 미래학자, 세계미래회의World Future Society

패티 마에스 Pattie Maes MIT 미디어연구소, 미디어아트 및 과학부 교수

폴 길스터 Paul Gilster 《센타우리의 꿈Centauri Dreams》의 저자

폴 데이비스 Paul Davis 물리학자, 《초힘Superforce》의 저자

폴 맥밀런 Paul McMillan 스페이스워치Space Watch 이사

폴 멜처 Paul Meltzer 미국 국립보건원, 암연구센터Center for Cancer Research

폴 사포 Paul Saffo 미래학자, 스탠퍼드대학교 미래연구소

폴 슈츠 Paul Shuch 항공우주공학자, SETI 연맹 명예이사

폴 스타인하르트 Paul Steinhardt 물리학자, 프린스턴대학교, 《끝없는 우주Endless
Universe》의 공동저자

폴 스푸디스 Paul Spudis 지질학자, 달 연구 과학자, 《달의 가치The Value of the Moon》
의 저자

풀비오 멜리아 Fulvio Melia 천체물리학자, 애리조나대학교

프랭크 윌첵 Frank Wilczek 노벨 물리학상 수상자(2004), MIT

프랭크 폰 히펠 Frank von Hippel 물리학자, 프린스턴대학교

프레드 왓슨 Fred Watson 천문학자, 《스타게이저Stargazer》의 저자

프랜시스 콜린스 Francis Collins 미국 국립보건원 원장

프리먼 다이슨 Freeman Dyson 물리학자, 프린스턴 고등과학원

프리초프 카프라 Fritjof Capra 《레오나르도의 과학The Science of Leonardo》의 저자

피어스 비조니 Piers Bizony 《당신만의 우주선 제작법How to Build Your Own Spaceship》
의 저자

피터 도허티 Peter Doherty 노벨 생리의학상 수상자(1996), 세인트 주드 소아연구병원St. Jude Children Research Hospital

피터 딜워스 Peter Dilworth MIT 인공지능연구소

피터 슈워츠 Peter Schwartz 미래학자, 글로벌 비즈니스 네트워크Global Business Network 설립자

피터 싱어 Peter Singer 《하이테크 전쟁Wired for War》의 저자

피터 워드 Peter Ward 《레어 어스Rare Earth》의 공동저자

피터 팔레스 Peter Palese 바이러스학자, 마운트 시나이 아이칸 의과대학Icahn School of Medicine at Mount Sinai

필립 모리슨 Philip Morrison 물리학자, MIT

필립 코일 Philip Coyle 전前 미국 국방차관보

한스 모라벡 Hans Moravec 카네기멜론대학교 로봇연구소, 《로봇Robot》의 저자

헨리 켄들 Henry Kendall 노벨 물리학상 수상자(1990), MIT

헨리 폴락 Henry Pollack 노벨 평화상 수상자(2007), 기후변화에 관한 정부간 협의체 IPCC, Intergovernmental Panel on Cilmate Change

미치오 카쿠, 나는 그가 부럽다. 고교시절에 입자가속기를 손수 만들었던 열정이 부럽고, 끈이론을 구축한 전문가적 식견이 부럽고, 누구와도 허물없이 대화를 나누는 소통능력이 부럽고, 결국은 상대를 납득시키는 언변이 부럽다. 그러나 가장 부러운 것은 70대의 나이가 무색할 정도로 박력 있게 밀어붙이는 그의 미래지향적 사고이다.

외계행성에 문명을 구축한다고? 코앞에 있는 화성에도 아직 못 갔는데, 태양계를 벗어나 다른 별, 다른 행성을 식민지로 삼는다고? 정말이지 '범우주적 봉이 김선달'이 따로 없다. 이뿐만이 아니다. 세월이 더 흐르면 인간의 활동무대가 은하 전역, 우주 전체, 심지어는 다른 평행우주로 확대될 것이라고 한다. 예전에도 미치오 카쿠의 책을 번역하면서 이와 비슷한 느낌을 종종 받았지만, 이번 책은 단연 최상급이다. 그런데 신기한 것은 살짝 코웃음을 치며 번역에 착수했다가, 번역이 끝날 때쯤 되면 나 자신이 카쿠가 된 듯 주변 사람들에게 그의 미래관을 홍보하고 다닌다는 것이다. 《평행우주》가 그랬고, 《불가능은 없다》도 그랬고, 《미래의 물리학》은 한술 더 떴고, 《마음의 미래》는 나를 미래파로 만들었고, 이 책은 나에게 생전 처음으로 '오래 살고 싶다'는 욕심을 품게 했다. 환상적인 미래가 코앞으로 다가왔는데, 그걸 못 보고 죽는다면 저승에 가서도 한스러울 것 같다.

저자의 이야기가 한갓 공상으로 들리지 않는 이유는 모든 과정을 각 단계별로 세분하여 구체적인 방법을 제시했기 때문이다. 달과 화성은 민간기업이 만든 우주선을 타고 가면 되고, 가장 가까운 외계행성은 인공지능이 탑재된 자기복제로봇을 선발대로 보내서 기초시설을 건설한 후 라이트세일light sail이나 핵융합로켓, 또는 반물질로켓을 타고 가면 된다. 가까운 별도 모자라 은하 전체를 정복하고 싶다면 웜홀을 통과하거나, 두뇌의 모든 정보를 레이저에 실어서 날려보내면 된다. 기본적인 기술은 이미 개발되었거나 한창 개발 중에 있다. "무엇하러 자꾸 먼 곳으로 가려고 하는가?"라는 의문이 들 때쯤 되면 저자는 인류의 역사를 되짚으면서 누구라도 설득될 수밖에 없는 이유를 제시한다. "우리 조상들도 아프리카에 갇혀 살다가 자원이 부족해지자 목숨을 걸고 미지의 세계로 진출하지 않았는가?" 정말 그렇다. 인류의 조상들은 과학지식이 거의 전무했던 시대에 '오직 살아남기 위해' 대륙을 가로지르고 대양을 건너 세계 곳곳으로 진출했다. 아프리카에서 아시아로 오는 데 수만 년이 걸렸으니, 먼 우주로 진출하는 데에는 훨씬 긴 세월이 걸릴 것이다. 그러나 문명이 발달할수록 에너지소비량은 기하급수로 증가하고, 그 많은 에너지를 충당하려면 우주로 눈을 돌리는 수밖에 없다. 그냥 갈 수 있어서 가는 것이 아니라, 가지 않으면 살아남을 수 없기 때문에 반드시 가야 하는 것이다.

사람들에게 "죽은 후의 세상이 어떨 것 같은가?"라고 물으면 천국이니 지옥이니 하면서 사후세계에 대한 상상의 나래를 펼치곤 한다. '죽은 후의 세상'이라는 말 자체가 다소 모호하긴 하지만, 그것을 '내가 떠난 후의 지구'로 해석하는 사람은 거의 없다. 내가 없는 세상은 더 이상 '세상'이 아니기 때문이다. 물론 잘못된 생각은 아니다. 나 자신도 그렇다. 그러나 수십만 년 전부터 이 세상을 이끌어온 주인공은 앞날을 예측하고 준비하는 사람들이었고, 그들은 한결같이 긍정적인 미래관을 갖고 있었으며, 그들 덕분에 지금과 같은 문명을 이룩할 수 있었다. 게다가 지금 과학기술은 무언가 크게 한 방을 터뜨리기 직전까지 와 있으니, 굳이 이타심을 강요할 필요도 없다. "내가 영생을 누리지 못하고 죽는 마지막 세대가 될까봐 걱정된다"는 제럴드 서스먼 Gerald Sussman의 한탄이 피부에 와닿지 않는가?

이젠 미치오 카쿠가 가까운 친구처럼 느껴진다. 그가 집필한 교양 과학서의 절반 이상을 내가 번역했으니 그럴 만도 하다. 나의 서투른 번역으로 그의 메시지가 퇴색되지 않았을까 걱정이 앞서지만, 희망과 과학을 버무린 그의 초긍정 미래관을 독자들에게 소개한 것만으로도 과분한 혜택을 누렸다고 생각한다. 부디 저자가 오랫동안 건강한 모습으로 희망적인 메시지를 계속 들려주기를 기원하면서, 그리고 그가 예견했던 환상적인 미래에 우리의 후손들이 인간답게 사는 모습을 머릿속에 그리면서, 뿌듯한 마음으로 마지막 마침표를 찍는다.

2019년 4월
산본 수리산 자락에서
역자 박병철

후주

프롤로그

1 A. R. Templeton, "Genetics and Recent Human Evolution," *International Journal of Organic Evolution* 61, no. 7 (2007): 1507-19. 다음 책도 참고하라. *Supervolcano: The Catastrophic Event That Changed the Course of Human History; Could Yellowstone Be Next?* (New York: MacMillan, 2015).

2 토바의 화산폭발이 대재앙을 불러왔다는 점에는 이견의 여지가 없지만, 이 사건 때문에 인류의 진화방향이 바뀌었다는 주장에 모든 과학자들이 동의하는 것은 아니다. 옥스퍼드대학교의 한 연구팀은 아프리카 동부 말라위호Lake Malawi의 퇴적층을 깊이 파고 들어가 수만 년 전의 대기상태를 복구했는데, 이들이 얻은 데이터에 의하면 토바 화산 폭발사건이 주변 생태계에 지대한 영향을 미친 것은 사실이지만, 지구의 기후를 영구적으로 바꿀 정도는 아니었다. 그러나 말라위호에서 얻은 데이터만으로 지구 전역의 기후를 추정하는 것은 다소 무리가 있다. 일부학자들은 7만 5천 년 전에 일어난 진화의 병목현상이 1회성 재앙 때문이 아니라 환경이 서서히 붕괴되었기 때문이라고 주장하고 있다. 정확한 결론이 내려지려면 앞으로 더 많은 연구가 필요하다.

1장 | 이륙 준비

1 뉴턴의 운동법칙은 다음 세 가지 항목으로 요약된다.
   • 외부에서 힘을 가하지 않는 한, 모든 물체는 현재의 운동상태를 고수한다(우주공간에서는 공기저항이 없기 때문에 우주에 진입한 우주선은 별도의 추진 없이 순항이 가능하

다. 그러므로 멀리 떨어진 천체까지 가는 데 필요한 연료의 양은 거리에 비례하지 않는다).
- 물체에 작용한 힘은 질량에 가속도를 곱한 값과 같다. 달에 고층건물과 교량, 그리고 공장을 지을 수 있는 것은 바로 이 법칙(방정식) 덕분이다. 전 세계 모든 대학교의 일반물리학 강좌에서는 다양한 역학계에 대하여 이 방정식을 푸는 방법을 가르치고 있다.
- 모든 작용-action에는 크기가 같고 방향이 반대인 반작용-reaction이 수반된다. 로켓이 연료를 뒤로 분사하면서 앞으로 나아가는 것도 이 법칙의 결과이다.

태양계 안에서 우주선을 띄울 때에는 위에 열거한 세 가지 법칙이 잘 들어맞는다. 그러나 다음 세 가지 경우는 예외이다.

(a) 물체의 속도가 광속에 견줄 정도로 빠른 경우
(b) 블랙홀과 같이 중력의 세기가 극단적으로 강한 경우
(c) 원자규모 이하의 작은 거리

이 현상들을 설명하려면 상대성이론과 양자역학을 도입해야 한다.

2   Chris Impey, *Beyond*(New York: W. W. Norton, 2015).

3   Impey, *Beyond*, p. 30.

4   치올콥스키와 고다드, 그리고 폰 브라운은 서로에게 영향을 미쳤을까? 이 점은 역사학자들 사이에서도 의견이 분분하다. "이들은 서로 고립된 상태에서 연구를 수행했기 때문에 상대방의 이론을 접할 기회가 없었다"고 주장하는 사람도 있고, "연구결과를 학술지에 발표했기 때문에 직접 만나지 않아도 상대방의 이론을 접할 기회가 충분히 있었다"고 주장하는 사람도 있다. 그러나 독일 나치당이 고다드에게 자문을 구했다는 것만은 분명한 사실이므로, 독일정부의 지원을 받았던 폰 브라운은 치올콥스키와 고다드의 연구결과를 잘 알고 있었을 것이다.

5   Hans Fricke, *Der Fisch, der aus der Urzweit kam*(Munich: Deutscher Taschenbuch-Verlag, 2010), 23-24.

6   Lance Morrow, "The Moon and the Clones", *Time*, August 3, 1998. 폰 브라운에 대한 정치적 평가는 M. J. Neufeld의 *Wernher von Braun: Dreamer of Space, Engineer of War*(New York: Vintage, 2008)을 참고하기 바란다. 본문의 내용 중 일부는 2007년 9월에 내가 진행하는 라디오 프로에서 Neufeld와 인터뷰한 내용을 정리한 것이다. 우주시대의 서막을 연 폰 브라운의 일대기는 다양한 책을 통해 소개되었지만, 나치에 협조한 전력에 대해서는 작가마다 의견이 분분하다.

7   D. J. Sayler, *The Rocket Men: Vostok and Voskhod, the First Soviet Manned*

Spaceflights(New York: Springer Verlag, 2001)

8 Gregory Benford and James Benford, *Starship Century*(New York: Lucky Bat Books, 2014), p. 3.

2장 | 우주여행의 새로운 시대

1 Peter Whorisky, "For Jeff Bezos, The Post Represents a New Frontier," *Washington Post*, August 12, 2013.

2 R. A. Keer, "How Wet the Moon? Just Damp Enough to Be Interesting," *Science Magazine* 330 (2010): 434.

3 B. Harvey, *China's Space Program: From Conception to Manned Spaceflight* (Dordrecht: Springer-Verlag, 2004).

4 J. Weppler, V. Sabathicr, and A. Bander, "Costs of an International Lunar Base" (Washington, D.C.: Center for Strategic and International Studies, 2009); http://csis.org/publication/costs-international-lunar-base.

3장 | 하늘의 광산

1 www.planetaryresources.com 참조.

4장 | 화성이냐 파산이냐

1 일론 머스크의 다양한 어록은 www.investopedia.com/university/elon-musk-biography/elon-musk-most-influential-quotes.asp에서 확인할 수 있다.

2 https://manofmetropolis.com/nick-graham-fall-2017-review.

3 *The Guardian*, September 2016; www.theguardian.com/technology/2016/sep/27/elon-musk-spacex-mars-exploration-space-science.

4 *The Verge*, October 5, 2016; www.theverge.com/2016/10/5/13178056/boeing-ceo-mars-colony-rocket-space-elon-musk.

5 *Business Insider*, October 6, 2016; www.businessinsider.com/boeing-spacex-mars-elon-musk-2016-10.

6 상동.

7 www.nasa.gov/feature/deep-space-gateway-to-open-opportunities-for-distant-destinations.

5장 | 화성 식민지

1   2017년 7월, 〈사이언스 판타스틱Science Fantastic〉 라디오 인터뷰에서 발췌.

2   https://www.manofmetropolis.com/nick-graham-fall-2017-review 참조.

6장 | 거대가스행성과 혜성

1   로슈한계Roche limit와 조력潮力, tidal force은 뉴턴의 중력법칙만으로 충분히 계산할 수 있다. 위성은 점이 아니라 구형 물체이므로, 목성과 같은 거대가스행성의 위성은 행성을 바라보는 쪽에 작용하는 중력이 그 반대편(위성의 뒷면)에 작용하는 중력보다 강하여 럭비공처럼 약간 길쭉해진다. 그러나 위성은 스스로 모양을 유지하려는 자체중력도 갖고 있다. 위성이 모행성에 가까이 접근하면 위성을 잡아당기는 모행성의 중력과 위성 자체의 중력이 균형을 이루는 지점에 도달하게 되고, 이보다 가까워지면 위성이 분해되기 시작한다. 이 점이 바로 로슈한계이다. 거대가스행성의 띠는 예외 없이 로슈한계보다 가까운 곳에 존재하므로, 이들은 조력에 의해 탄생했을 가능성이 높다(물론 다른 가능성도 있다).

2   카이퍼벨트Kuiper Belt와 오르트 구름Oort Cloud에 있는 혜성들은 각기 가른 기원에서 탄생한 것으로 추정된다. 태양계 형성 초기에 우리의 태양은 수소와 먼지가 수 광년에 걸쳐 뻗어 있는 거대한 구형구름이었다. 이 구름이 자체중력에 의해 수축되면서 회전하기 시작했고, 주변에 형성된 회전원판이 국지적으로 수축되어 지금의 행성으로 진화했다. 그런데 회전원판에는 물이 함유되어 있어서 이들이 원심력에 의해 밖으로 쏠리다가 태양계 외곽에 혜성으로 이루어진 고리가 형성되었는데, 이것이 바로 카이퍼벨트이다. 그러나 기체와 먼지 중 일부는 회전원판에 속하지 않은 채 얼음 덩어리로 뭉쳐서 원시항성(초기 태양)의 외곽으로 흩어졌다. 이것이 아마도 오르트 구름의 기원일 것이다.

7장 | 우주로봇

1   *Discover Magazine*, April 2007. doscoverymagazine.com/2017/april-2017/cultivating-common-sense.

2   많은 사람들은 인공지능이 사람의 일을 대신하여 대규모 실업사태가 발생할까봐 걱정하고 있다. 충분히 가능한 일이지만, 다행히도 이 효과를 상쇄해줄 또 다른 요인이 존재한다. 로봇의 수요가 많아지면 로봇의 설계와 수리, 보수, 공급 등 관련산업이 폭발적으로 성장하여 오늘날의 자동차산업보다 커질 것이다. 게다가 잡역부

와 경찰, 공사장인부, 배관공, 정원사, 청부업자 등 중간 수준의 숙련도를 요구하면서 같은 일을 반복하지 않는 직업은 로봇이 대신할 수 없다. 일반적으로 로봇이 할 수 없는 일은 (a)풍부한 상식이 요구되는 일과 (b)고도의 형태인식능력이 필요한 일, 그리고 (c)사람과 접촉하는 일이다. 예를 들어 법률사무소의 보조원은 로봇으로 대치할 수 있지만, 배심원과 판사 앞에서 논쟁을 벌이고 설득하는 일은 사람이 훨씬 잘한다. 중개인들은 로봇에게 밀려나도 지적자본을 무기 삼아 서비스의 부가가치를 높일 수 있다. 분석력과 경험, 직관, 그리고 무언가를 혁신하는 능력은 사람이 로봇보다 훨씬 뛰어나기 때문이다.

3 Samuel Butler, *Darwin Among the Machines*, www.quotes-inspirationa.com/quote/visualize-time-robots-dogs-humans-121.

4 www.quotes-inspirationa.com/quote/visualize-time-robots-dogs-humans-121을 방문하면 더 많은 정보를 볼 수 있다.

5 Raffi Khatchadourianm "THe Doomsday Invention", *New Yorker*, November 23, 2015; www.newyorker.ccom/magazine/2015/11/23/doomsday-invention-artificial-intelligence-nick-bostrom.

6 인공지능의 득과 실에 관한 논쟁은 좀 더 넓은 관점에서 바라볼 필요가 있다. 모든 주장은 보는 관점에 따라 장점이 될 수도 있고, 단점이 될 수도 있기 때문이다. 활과 화살이 처음 발명되었을 때에는 다람쥐나 토끼 같은 작은 동물을 잡는 용도로 사용되었지만, 결국은 사람을 죽이는 살상무기로 진화했다. 비행기가 처음 등장했을 때에도 한동안은 오락이나 우편물 배달에 사용되다가 수십 년 만에 폭탄을 떨구는 대량살상무기가 되었다. 인공지능도 이와 비슷한 전철을 밟을 가능성이 높다. 처음 수십 년 동안은 새로운 일자리와 새로운 산업을 창출하는 등 인간에게 유리한 쪽으로 사용되겠지만, 지능이 충분히 높아지면 인간을 위협할 수도 있다. 이 시점은 언제쯤 찾아올 것인가? 나는 기계가 자의식을 갖는 순간부터 위협적인 존재가 되리라고 생각한다. 지금의 로봇은 자신이 로봇이라는 사실조차 모르고 있지만, 미래에는 상황이 크게 달라질 것이다. 그러나 자의식을 가진 로봇이 금세기 안에 만들어질 가능성은 거의 없으므로 준비할 시간은 충분하다.

7 특이점을 분석할 때에는 각별한 주의를 기울여야 한다. 미래의 로봇은 세대를 거듭할수록 똑똑해질 것이므로, 우리의 후손들은 초지성을 가진 로봇을 빠르게 생산할 수 있다. 물론 컴퓨터의 메모리 용량도 점점 커지겠지만, 이것만으로 똑똑하다고 할 수 있을까? 컴퓨터가 2세대 컴퓨터를 직접 만들었다 해도, 2세대가 1세대보다 똑똑

하다는 보장은 어디에도 없다. 사실 "똑똑하다"는 말의 정의 자체가 모호하다. 먼 미래에 컴퓨터가 사람보다 똑똑해질 수도 있지만, 똑똑하다는 말 자체가 모호하니 어떤 과정을 거쳐 그런 단계에 도달하게 될지 짐작할 수 없다.

8 내가 보기에 인간이 가진 지능의 핵심은 미래를 시뮬레이션하는 능력이다. 인간은 끊임없이 미래를 계획하고, 꿈꾸고, 상상하고, 심사숙고한다. 이 행위는 절대로 멈출 수 없다. 간단히 말해서 인간은 "미래를 예측하는 기계"이다. 그러나 미래를 시뮬레이션하려면 수십억 개에 달하는 상식의 법칙을 이해해야 하며, 이 법칙들은 주로 생물학과 화학, 물리학 등에 기초하고 있다. 상식의 법칙에 대한 이해가 깊을수록 시뮬레이션은 더욱 정확해진다. 오늘날 인공지능이 직면한 가장 큰 문제는 기계에게 상식을 이해시키는 것이다. 지난 수십 년 동안 인공지능학자들은 상식을 프로그램화하기 위해 수많은 시도를 해왔지만 모두 실패로 끝났다. 현재 세계에서 가장 뛰어난 컴퓨터조차 어린아이의 상식을 따라가지 못한다. 로봇은 이 세상과 관련된 가장 단순한 상식조차 이해하지 못하기 때문에, 이들이 세상을 떠맡는다면 참담한 실패로 끝날 것이다. 로봇이 세상을 운영하려면 인간보다 똑똑해지는 것만으로는 부족하다. 다양한 계획을 수립하고 추진하려면 가장 간단한 상식법칙부터 이해해야 한다. 예를 들어 로봇에게 은행강도 짓을 시키면 엇비슷하게 흉내는 낼 수 있겠지만 결국은 실패할 것이다. 로봇은 앞으로 펼쳐질 모든 가능한 시나리오를 예측할 수 없기 때문이다.

8장 | 우주선 만들기

1 R. L. Forward, "Roundtrip Interstellar Travel Using Laser-Pushed Lightsails", *Journal of Spacecraft* 21, no. 2(1984): 187-95.

2 G. Vulpetti, L. Johnson, and L. Matloff, *Solar Sails: A Novel Approach to Interplanetary Flight*(New York: Springer, 2008).

3 Jules Verne, *From the Earth to the Moon*. www.space.com/5581-nasa-deploy-solar-sail-summer.html.

4 G. Dyson, *Project Orion: The True Story of the Atomic Spaceship*(New York: Henry Holt, 2002).

5 S. Lee and S. H. Saw, "Nuclear Fusion Energy-Mankind's Giant Step Forward", *Journal of Fusion Energy*, 29, 2, 2010.

6 지구에서 자기장감금 핵융합을 아직 구현하지 못하는 근본적 이유는 안정성문제

때문이다. 우주공간의 거대한 구형기체에서는 자체중력이 균일하게 작용하기 때문에 스스로 압축되어 핵융합을 일으킬 수 있다. 그러나 자기磁氣는 남극과 북극이 존재하기 때문에, 한 영역을 자기장으로 압축하면 다른 부분이 튀어나온다. 즉, 자기장으로는 기체를 균일하게 압축시킬 수 없다(풍선의 한 부분을 누르면 다른 부분이 튀어나오는 것과 같은 이치다). 한 가지 방법은 도넛 모양의 자기장을 생성한 후 그 안에서 기체를 압축하는 것인데, 지금의 기술로는 압축상태를 1/10초 이상 유지할 수 없다. 스스로 작동하는 핵융합 반응기를 만들기에는 턱없이 짧은 시간이다.

7 반물질로켓의 효율은 이론적으로 100%지만, 눈에 보이지 않는 손실이 존재한다. 예를 들어 물질과 반물질이 충돌하면 중성미자neutrino가 방출될 수 있는데, 에너지로 활용하기에는 양이 너무 적다. 지금도 태양에서 방출된 중성미자가 우리 몸을 수시로 관통하고 있지만, 우리는 아무것도 느끼지 못한다. 중성미자는 1광년(약 10조 km) 두께의 납을 가볍게 관통할 정도로 투과력이 강하다. 그러므로 물질-반물질 충돌에서 생성된 중성미자의 에너지는 손실된 양으로 간주해야 한다.

8 R. W. Bussard, "Galactic Matter and Interstellar Flight", *Astronautics Acta* 6(1960): 179-94.

9 D. B. Smitherman Jr. "Space Elevators: An Advanced Earth-Space Infrastructure for the New Millennium", NASA pub. CP 2000-210429.

10 NASA Science, "Audacious and Outrageous: Space Elevators"; https://science.nasa.gov/science-news/science-at-nasa/2000/asto7sep_1.

11 아인슈타인의 특수상대성이론은 간단한 문장에 기초하고 있다. "모든 관성계(등속운동을 하는 기준계)에서 빛의 속도는 일정하다." 물론 이것은 뉴턴의 법칙에 어긋난다. 뉴턴은 빛의 속도에 어떤 제한도 두지 않았기 때문이다. 빛의 속도가 일정하려면 뉴턴의 운동법칙은 대대적인 수술을 받아야 한다. 그중 몇 가지를 추리면 다음과 같다.

• 로켓의 속도가 빠를수록 로켓 내부의 시간은 느리게 흐른다.
• 로켓의 속도가 빠를수록 진행방향으로 공간이 수축된다(즉, 길이가 짧아진다).
• 로켓의 속도가 빠를수록 질량이 커진다.

그렇다면 로켓의 속도가 광속에 도달했을 때 시간은 완전히 멈추고, 로켓의 선체는 무한히 납작해지고, 질량은 무한대가 되어야 하는데, 부피가 0이면서 질량이 무한대인 물체는 수학적으로 불가능하다. 그러므로 로켓은 광속에 도달하거나 광속을 초과할 수 없다(물론 이 논리는 로켓뿐만 아니라 모든 물체에 적용된다. 그러나 우주의 팽창속도는 광속보다 빨라도 특수상대성이론에 위배되지 않는다. 우주가 팽창할 때에는 그 속에 있는 천체들이 공간상의 한 지점에서 다른 지점으로 이동하는 것이 아니라, 공간 자체가 팽창하기 때문이다).

그럼에도 불구하고 빛보다 빠르게 이동하는 방법이 있기는 있다. 아인슈타인의 일반상대성이론에 입각하여 시공간을 잡아당기거나, 구부리거나, 찢으면 된다. 예를 들어 시공간을 잡아당겨서 두 개의 우주를 샴쌍둥이처럼 연결한 후(이것을 다중연결공간multiply connected space이라 한다) 연결통로를 통해 이동하면 빛보다 빠르게 이동할 수 있다(이 연결통로를 웜홀이라 한다). 종이 두 장을 평행하게 나열해놓고 구멍을 뚫어서 연결한 것과 비슷하다. 또는 우주선 앞의 공간을 압축한 후 앞으로 나아가도 빛보다 빠르게 갈 수 있다. 물론 이것은 실제로 광속을 초과한 운동이 아니라 "목적지까지 남은 거리를 단축시키는" 변칙을 구사한 것뿐이다.

12 스티븐 호킹은 "아인슈타인의 방정식에서 시간여행이나 웜홀을 허용하는 모든 해는 음의 물질(음에너지)를 반드시 포함한다"는 정리를 증명했다.

뉴턴의 고전역학은 음에너지를 허용하지 않는다. 그러나 양자역학에서 음에너지는 카시미르 효과를 통해 그 존재가 입증되었다. 단, 크기가 너무 미미하여 첨단장비를 동원해도 관측하기가 쉽지 않다. 두 개의 금속판이 마주보고 있을 때, 카시미르 에너지는 거리의 세제곱에 반비례한다. 즉, 금속판의 거리가 가까워질수록 카시미르 에너지는 급격하게 증가한다.

그러므로 카시미르 에너지를 많이 수집하려면 두 금속판의 간격을 원자단위 이하로 줄여야 한다. 물론 지금의 기술로는 불가능하지만, 우리보다 훨씬 앞선 과학기술을 보유한 외계생명체가 존재한다면 다량의 음에너지를 확보하여 타임머신과 웜홀 우주선을 운용하고 있을 것이다.

13 M. Alcubierre, "The Warp Drive: Hyperfast Travel Within General Relativity", *Classical and Quantum Gravity* 11, no. 5(1994): L73-L77.

9장 | 케플러와 행성

1 William Boulting, *Giordano Bruno: His Life, Thought, and Martyrdom* (Victoria, Australia: Leopold Classic Library, 2014).

2 상동.

3 케플러 우주선에 관하여 더 많은 정보를 원하는 독자들은 NASA의 웹사이트 http://www.kepler.arc.nasa.gov를 참고하기 바란다.

케플러 우주선은 은하수의 극히 일부를 집중적으로 뒤져서 별을 공전하는 행성 4천여 개를 찾아냈고, 천문학자들은 이 데이터에 기초하여 은하수에 존재하는 행성을 대략적으로나마 분석할 수 있었다. 케플러호 후에 발사될 우주선은 은하수의 다른 영역을 관측하여 새로운 형태의 행성과 지구형 행성을 찾을 예정이다.

4 사라 시거Sara Seager 교수의 인터뷰에서 발췌. 〈사이언스 판타스틱Science Fantastic〉 라디오, 2017년 6월.

5 Christopher Crockett, "Year In Review: A Planet Lurks Around the Star Next Door", Science News, December 14, 2016.

6 사라 시거Sara Seager 교수의 인터뷰에서 발췌. 〈사이언스 판타스틱Science Fantastic〉 라디오, 2017년 6월.

7 www.quotes.euronews.com/poeple/michael-gillion-KAp4OyeA.

10장 | 불멸의 존재

1 A. crow, J. Hunt, and A, Heinm "Enbryo Space Colonization to Overcome the Interstellar Time Distance Bottleneck", Journal of the British Interplanetary Society 65(2012): 283-85.

2 Linda Marsa, "What It Takes to Reach 100", Discover Magazine, October 2016.

3 과학자들 중에는 영생이 열역학 제2법칙에 위배된다고 주장하는 사람도 있다. 이 법칙에 의하면 생명체를 포함한 모든 만물은 결국 쇠퇴하고 붕괴되어 사라진다. 그러나 제2법칙에도 벗어날 구멍이 있으니, "닫힌 계의 엔트로피(entropy, 무질서도)는 항상 증가한다"는 항목이 바로 그것이다. 계가 열려 있으면(즉, 외부에서 에너지가 유입되면) 엔트로피는 감소할 수도 있다. 이것이 바로 냉장고의 원리이다. 냉장고 아래쪽에 있는 모터가 파이프를 통해 기체를 밀어내면 부피가 팽창하면서 냉장고의 온도가 내려간다. 생명체의 경우도 외부로부터 에너지를 흡수하면(태양) 엔트로피가 감소할 수 있다.

우리가 생명체로 존재할 수 있는 것은 태양이 식물에게 에너지를 공급하고, 우리가 그 식물을 먹음으로써 에너지를 취하여, 엔트로피 증가로 인해 손상된 부위를 수리하고 있기 때문이다. 즉, 우리는 엔트로피를 '국지적으로' 감소시킬 수 있다. 그러므로 인간의 불멸을 논할 때에는 "외부에서 에너지를 취하면(식사, 운동, 유전자치료, 새로운 효소 흡수 등) 열역학 제2법칙을 피해갈 수 있다"는 점을 고려해야 한다.

4 Michio Kaku, The Physics of the Future(New York: Anchor Books, 2012), p.118.

5 여기서 중요한 것은 "인구가 지금처럼 증가하면 자원부족으로 종말을 맞이할 것"
이라던 1960년대의 비관적 예측이 틀렸다는 점이다. 현재 인구증가율은 점점 낮아
지는 추세이다(인구는 증가하고 있지만, '증가하는 속도'가 느려진다는 뜻이다_옮긴이). 그
러나 세계인구는 여전히 증가하고 있기 때문에(특히 사하라 이남의 아프리카 국가들)
2050~2100년의 세계인구를 예측하기란 결코 쉽지 않다. 일부 인구통계학자들은
미래의 인구증가율이 진정국면에 접어들어 결국 정체 상태가 될 것으로 예측하고
있지만, 이것도 하나의 가설일 뿐이다.

6 https://quotefancy.com/quote/1583084/Danny-Hillis-I-m-as-fond-of-my-
body-as-anyone-but-if-I-can-be-200-with-a-body-of-silicon.

11장 | 트랜스휴머니즘과 과학기술

1 Andrew Pollack, "A Powerful New Way to Edit DNA", *New York Times*, March 3,
2014; www.nytimes.com/2014/03/04/health/a-powerful-new-way-to-edit-
DNA.html.

2 Michio Kaku, *Visions*(New York: Anchor Books, 1998), p. 220 and Micho Kaku,
The Physics of the Future, p. 118.

3 Micio Kaku, *The Physics of the Future*, p. 118.

4 F. Fukuyama, "The World's Most Dangerous Ideas: Transhumanism", *Foreign
Policy* 144(2004): 42-43.

12장 | 외계생명체 찾기

1 아서 클라크Arthur C. Clarke는 이런 말을 한 적이 있다. "지구를 제외한 우주에는 지
적 생명체가 존재할 수도 있고, 존재하지 않을 수도 있다. 둘 중 어느 쪽이 진실이
건, 놀랍고 황당하긴 마찬가지다."

2 Rebecca Boyle, "Why These Scientists Fear Contact with Space Aliens", NBC
News, February 8, 2017; www.nbcnews.com/storyline/the-big-question/
why-these-scientists-fear/contact-space-aliens-n717271.

3 사람들은 SETI 프로젝트를 각기 다른 관점에서 바라보고 있다. 어떤 사람은 은하가
지적생명체로 가득차 있다고 믿는가 하면, 또 어떤 사람들은 우리가 우주에 존재하
는 유일한 생명체라고 믿고 있다. 구체적 분석이 가능한 사례가 지구 하나밖에 없
기 때문에, 우리가 의지할 수 있는 것은 드레이크 방정식Drake equation뿐이다.

다른 의견이 궁금한 독자들은 다음 문헌을 참고하기 바란다. N. Bostrom, "Where Are They: Why I Hope the Cearch for Extraterrestrial Intelligence Finds Nothing", *MIT Technology Review Magazine*, May/June 1998, 72-77.

4 E. Jones, "Where Is Everybody? An Account of Fermi's Question", *Los Alamos Technical Report* LA 10311-MS, 1985. S. Webb, *If the Universe Is Teeming with Aliens... Where is Everybody?*(New York: Copernicus Books, 2002).

5 Stapledon, *Star Maker*(New York: Dover, 2008), p. 118.

6 그 외에도 많은 시나리오가 가능하다. 예를 들어 우주 전체를 통틀어 오직 지구에만 생명체가 존재할 수도 있다. 골디락스 존이 만족해야 할 조건을 계속 추가해나가다 보면, 확률이 빠르게 감소하여 결국 지구 하나만 남게 된다. 흔히 골디락스 존이라고 하면 태양계의 특정 지역을 떠올리지만, 사실은 은하수 안에서도 골디락스 존이 존재한다. 예를 들어 행성이 은하중심부에 너무 가까우면 복사가 강해서 생명체가 살 수 없고, 너무 멀면 무거운 원소가 희박하여 생명체에 필요한 분자가 형성될 수 없다. 그 외에도 아직 알려지지 않은 다양한 조건이 존재할 수 있으므로, 모든 조건을 고려할 때 생명체가 살아갈 수 있는 행성이 우주 전체를 통틀어 지구밖에 없을지도 모른다. 골디락스 존 조건 하나가 추가될 때마다 확률이 크게 줄어들기 때문이다(모든 확률을 곱하면 거의 0에 수렴할 것이다).

일부 과학자들은 외계생명체가 우리와 완전히 다른 화학 및 물리법칙에 기초하고 있기 때문에 실험실에서 재현할 수 없다고 주장한다. 즉, 외계생명체를 논하기에는 우리의 지식이 너무 편협하다는 뜻이다. 이것도 사실일지 모른다. 앞으로 우주를 탐험하다가 기존의 이론에서 완전히 벗어난 외계생명체를 발견할 수도 있다. 그러나 "우리가 모르는 법칙" 운운하며 논리를 펼치는 것은 별로 바람직한 자세가 아니다. 과학은 검증가능하고 재현이 가능하면서 반증도 가능한 이론에 기초해야 하므로, 아직 발견되지 않은 법칙을 가정하는 것은 별 도움이 되지 않는다.

13장 | 진보된 문명

1 David Freeman, "Are Space Aliens Behind the 'Most Mysterious Star in the Universe'?", *Huffington Post*, August 25, 2016; www.huffingtonpost.com/entry/are-space-aliens-behind the-most-mysterious-star-in-the-universe_us_57bb5537e4b00d9c3a1942f1. 다음 기사도 참조하라. Sarah Kaplan, "The Weirdest Star in the Sky Is Acting Up Again", *Washington Post*, May 24, 2017;

www.washingtonpost.com/ news/speaking-of-science/wp/2017/05/24/the-weirdest-star-in-the-sky-is-acting-up-again/?utm_term=5301cac2152a.

2 Ross Anderson, "The Most Mysterious Star in Our Galaxy", *The Atlantic*, October 13, 2015; www.theatlantic.com/science/archive/2015/10/the-most-interesting-star-in-our-galaxy/41023.

3 N. Kardashev, "Transmission if Information by Extraterrestrial Civilizations", *Soviet Astronomy* 8, 1964: 217.

4 Chris Impey, *Beyond: Our Future in Space*(New York: W. W. Norton, 2016), pp. 255-56.

5 David Grinspoon, *Lonely Planets*(New York: HarperCollins, 2003), p. 333.

6 한때 세간에는 "대형 강입자충돌기(LHC) 같은 입자가속기가 가동되면 블랙홀이 생성되어 지구를 집어삼킬 것"이라는 소문이 돌았지만, 이것은 다음과 같은 이유에서 전혀 사실이 아니다.

첫째, 블랙홀이 생성되려면 거성巨星, giant star에 맞먹는 에너지가 투입되어야 하는데, LHC로는 턱없이 부족하다. LHC의 에너지는 소립자 수준이어서 절대로 시공간에 구멍을 낼 수 없다. 둘째, 우주에서 날아오는 소립자의 소나기, 즉 우주선宇宙線, cosmic ray의 에너지는 LHC보다 훨씬 큰데도 지구는 아직 멀쩡하다. 그러므로 소립자는 에너지가 LHC보다 커도 지구에 해를 입히지 않는다. 마지막으로, 끈이론에 의하면 미래의 어느 날 입자가속기 안에서 미니블랙홀이 생성될 수도 있지만, 이들은 별이 아닌 소립자에 불과하기 때문에 전혀 위험하지 않다.

7 지난 100년 동안 물리학자들은 일반상대성이론과 양자이론을 합치려고 시도했다가 번번이 수학적 모순에 부딪혀 뜻을 이루지 못했다. 예를 들어 중력자graviton(중력의 매개입자_옮긴이) 두 개의 산란 과정을 계산하면 예외 없이 무한대가 얻어진다. 이론물리학이 직면한 가장 큰 문제는 중력과 양자이론을 통일하여 유한한 답을 얻어내는 것이다.

현재 성가신 무한대를 제거할 수 있는 이론은 초끈이론superstring theory뿐이다. 이 이론에는 무한대를 상쇄시킬 수 있는 강력한 초대칭supersymmetry이 존재한다. 즉, 모든 입자는 자신의 초대칭짝인 초대칭입자sparticle를 갖고 있어서, 입자에서 발생한 무한대와 초대칭입자에서 발생한 무한대가 서로 상쇄되어 유한한 답을 얻을 수 있다. 또한 끈이론은 시공간의 차원을 자체적으로 결정한 유일한 이론이기도 하다(차원이 결정되는 것도 사실은 초대칭 때문이다). 일반적으로 우주에 존재하는 모든 입자는 보손(boson, 스핀이 정수인 입자)과 페르미온(fermion, 스핀이 반정수인 입자)으로 분류되며, 공간의 차원이 높을수록 보손과 페르미온의 수도 많아진다. 구체적인 계산을 해보면 페르미온이 보손보다 훨씬 빠르게 증가하는데, 두 곡선이 만나는 지점이 바로 10차원(초끈)과 11차원(구球와 거품의 막膜, membrane)이다. 그러므로 수학적으로 타당한 초끈이론의 공간은 10차원이나 11차원이어야 한다.

시공간의 차원을 10으로 선택하면 수학적으로 타당한 끈이론을 수축할 수 있다. 그러나 10차원에서는 끈이론의 종류가 무려 5가지나 된다. 우리의 목적은 시공간을 서술하는 궁극의 이론을 찾는 것인데, 이런 이론이 5개나 있다는 것은 선뜻 받아들이기 어렵다. 우리에게 필요한 것은 "유일하게 타당한" 단 하나의 이론이다(생전에 아인슈타인은 이런 질문을 던진 적이 있다. 신은 왜 우주를 지금과 같은 형태로 창조했는가? 그 외에 다른 선택의 여지는 없었는가?).

1990년대 중반에 에드워드 위튼Edward Witten은 "차원을 하나 추가하면 5개의 끈이론이 하나로 통일된다"는 사실을 알아냈다. 이것이 바로 그 유명한 11차원 M-이론으로, 끈과 막膜, membrane을 모두 포함하고 있다. 11차원 막에서 시작하여 차원 하나를 줄이면(평평하게 만들거나 자르면) 이미 알고 있는 5종류의 끈이론이 얻어진다(3차원 비치볼을 납작하게 누르면 2차원의 원이 되는 것처럼, 11차원 막을 납작하게 누르면 10차원 끈이 된다). 그러나 M-이론의 실체는 아직 규명되지 않았다. 우리가 아는 것이라곤 M-이론에서 차원을 하나 줄이면 다섯 개의 끈이론이 얻어진다는 것과, 저에너지 극한에서 M-이론이 11차원 초중력이론으로 변환된다는 것뿐이다.

8 시간여행은 또 하나의 이론적 문제점을 안고 있다. 빛의 입자인 광자가 웜홀로 진입하여 몇 년 전의 과거로 거슬러갔다가, 그만큼 시간이 흘러 현재가 되었을 때 다시 웜홀로 진입한다면, 이 과정이 무한히 반복되어 타임머신이 폭발할 수도 있다. 스티븐 호킹은 이런 이유로 시간여행이 불가능하다고 주장했다. 그러나 이 문제를 해결하는 방법이 하나 있다. 양자역학의 다중세계이론many-worlds theory에 의하면 우주는 매 순간마다 끊임없이 둘로 갈라지고 있으며, 시간이 갈라지면 광자는 단 한 번만 돌아올 수 있다. 이 광자가 다시 웜홀로 진입하면 다른 우주로 가기 때문에, 실제로 웜홀을 통과한 횟수는 한 번뿐이다. 우주가 매 순간 분리된다는 다중우주의 개념을 받아들이면 시간여행과 관련된 모든 역설이 해결된다. 만일 당신이 과거로 가서 아직 결혼하지 않은 당신의 할아버지를 죽인다 해도 그는 다른 우주에 살고 있는 할아버지이며, 훗날 당신을 낳게 될 할아버지는 당신과 같은 우주에서 건강하게 잘 살고 있다.

14장 | 우주 탈출

1 블랙홀도 결국은 죽는다. 불확정성원리에 의해 모든 것은 불확실하며, 블랙홀도 예외일 수 없다. 많은 사람들은 블랙홀이 사건지평선 안으로 유입되는 물체의 100%를 흡수한다고 알고 있지만, 사실 이것은 불확정성원리에 위배된다. 실제로 블랙홀에서는 복사에너지가 희미하게 방출되고 있는데, 이것을 호킹복사Hawking radiation라 한다. 스티븐 호킹은 블랙홀의 복사가 일종의 흑체복사(black body radiation, 달궈진 금속조각에서 방출되는 복사와 비슷하다)이며, 특정한 온도를 갖고 있음을 증명했다. 그의 이론에 의하면 긴 세월 동안 복사를 방출한 블랙홀은 검은색이 아닌 회색을 띠게 되고 상태가 불안정해지다가 결국 폭발과 함께 사라진다. 간단히 말해서, 블랙홀은 영원히 살 수 없다.

　먼 미래에 우주가 빅프리즈를 맞이한다고 가정하면, 수조×수조 년 후에 모든 물체가 붕괴된다는 점도 고려해야 한다. 현재 표준모형에서 양성자는 안정한 입자로 분류되어 있지만, 원자 내부에서 작용하는 다른 힘들을 하나로 통일하다 보면 양성자가 양전자positron와 뉴트리노(neutrino, 중성미자)로 붕괴된다는 결론에 도달한다. 이것이 사실이라면 모든 물질은 언젠가 양전자와 뉴트리노, 전자 등으로 붕괴되고, 원자에 기초한 생명체가 더 이상 존재할 수 없는 시점이 찾아온다. 열역학 제2법칙에 의하면 두 물리계 사이에 온도 차이가 있어야 유용한 에너지를 추출할 수 있는데, 빅프리즈가 도래하면 우주 전역의 온도가 절대온도 0K에 접근하여 온도차가 사라지기 때문에 유용한 일(에너지)을 추출할 수 없다. 다시 말해서, 모든 만물이 정지상태에 놓이기 때문에 생명체가 존재한다 해도 아무런 의미가 없다.

2 암흑에너지는 물리학 역사상 가장 큰 미스터리 중 하나이다. 아인슈타인의 장방정식에는 두 개의 공변항covariant term(좌표를 변환해도 형태가 변하지 않는 항_옮긴이)이 존재하는데, 하나는 별과 먼지, 행성 등에 의해 시공간이 휘어진 정도를 나타내는 '축약된 곡률텐서contracted curvature tensor'이고 다른 하나는 '시공간의 부피 volume of space-time'이다. 이는 곧 진공 중에도 에너지가 존재한다는 뜻이며, 우주가 팽창할수록 진공이 커져서 팽창을 유도하는 암흑에너지의 양도 많아진다. 다시 말해서, 진공이 팽창하는 정도는 '현재 존재하는 진공의 부피'에 비례한다는 뜻이다. 그래서 우주의 팽창속도는 지수함수적으로 증가하는데, 이것을 '드 지터 팽창de Sitter expansion'이라 한다(이 사실을 처음 발견한 네덜란드의 천문학자 빌럼 드 지터Willem de Sitter의 이름에서 따온 용어이다).

　드 지터 팽창은 초기 빅뱅이론의 모태가 되었으나, 물리학의 어떤 원리를 동원해도 지수함수적 팽창을 설명할 길이 없었다. 현재 이 문제를 해결할 만한 후보는 끈이론뿐인데, 그래도 암흑물질의 정확한 양을 계산하기에는 역부족이다. 암흑에너지와 관련하여 끈이론이 알아낸 것은 10차원 초공간을 돌돌 감는 방법에 따라 암흑에너지의 양이 달라진다는 것뿐이다.

3   웜홀을 만들었다 해도 또 한 가지 문제가 남아 있다. 웜홀의 반대쪽 출구에서 물질이 안정한 상태를 유지한다는 보장이 있어야 한다. 예를 들어 우리의 우주가 지금처럼 안정적으로 존재할 수 있는 것은 양성자가 안정한 입자이기 때문이다(언젠가 붕괴된다 해도, 최소 138억 년 동안은 안정한 상태를 유지해왔다. 그렇지 않았다면 우주는 이미 붕괴되었을 것이다). 다른 우주 중에는 양성자가 양전자처럼 질량이 작은 입자로 붕괴되는 우주가 존재할 수도 있다. 이런 우주에서는 우리에게 친숙한 모든 화학원소들이 붕괴되고, 전자와 뉴트리노의 안개가 온 세상을 덮고 있을 것이다. 그러므로 웜홀을 통해 다른 우주로 갈 때는 그곳에 존재하는 물질이 우리의 물질처럼 안정적인지 미리 확인해야 한다.

4   A, Guth, "Eternal Inflation and Its Implications", *Journal of Physics A* 40, no. 25(2007): 6811.

5   인플레이션이론은 빅뱅이론이 안고 있는 몇 가지 문제를 일거에 해결했다. 첫째, 우리의 우주는 표준빅뱅이론에서 예견된 것보다 훨씬 평평하다flat. 이 문제는 "우주가 기존의 이론에서 예측한 것보다 훨씬 빠르게 팽창했다"고 가정하면 자연스럽게 해결된다. 초기우주의 아주 작은 부분이 방대한 크기로 팽창하여, 거의 평평해졌다고 생각하면 된다. 둘째, 인플레이션이론을 도입하면 우주가 기존의 이론에서 예견된 것보다 훨씬 균일한 이유를 설명할 수 있다. 실제로 망원경으로 밤하늘을 스캔해보면, 모든 방향의 풍경이 구별할 수 없을 정도로 똑같다. 그러나 빛의 속도는 유한하기 때문에, 초기우주가 균일하게 섞이기에는 아직 시간이 충분히 흐르지 않았다. 그런데 우주는 어떻게 이토록 균일해졌을까? 답: 빅뱅의 모태가 되었던 '미세한 우주'가 처음부터 균일한 상태였고, 이것이 급속하게 팽창하여 지금처럼 균일한 우주가 되었다고 생각하면 된다.

이 두 가지 외에도 인플레이션이론은 위성으로 관측한 우주배경복사cosmic background radiation와 정확하게 일치한다. 이론이 옳다는 뜻이 아니라, "지금까지 수집된 모든 데이터와 일치한다"는 것뿐이다. 이론의 진위 여부는 시간이 말해줄 것이다. 한 가지 문제는 인플레이션이 일어난 원인을 아무도 모른다는 것이다. 인플레이션이 일어난 후부터는 모든 것이 이론적으로 말끔하게 설명되지만, 인플레이션을 일으킨 원인은 완벽한 미지로 남아 있다.

더 읽을거리

Arny, Thomas, and Stephen Schneider. *Explorations: An Introduction to Astronomy*. New York: McGraw-Hill, 2016.

Asimov, Isaac. *Foundation*. New York: Random House, 2004. 《파운데이션》 (황금가지)

Barrat, James. *Our Final Invention: Artificial Intelligence and the End of the Human Era*. New York: Thomas Dunn Books, 2013. 《파이널 인벤션》 (동아시아)

Benford, James, and Gregory Benford. *Starship Century: Toward the Grandest Horizon*. Middletown, DE: Microwave Sciences, 2013.

Bostrom, Nick. *Superintelligence: Paths, Dangers, Strategies*. Oxford: Oxford University Press, 2014. 《슈퍼 인텔리전스》(까치)

Brockman, John, ed. *What to Think About Machines That Think*. New York: Harper Perennial, 2015.

Clancy, Paul, Andre Brack, and Gerda Horneck. *Looking for Life, Searching the Solar System*. Cambridge: Cambridge University Press, 2005.

Comins, Neil, and William Kaufmann III. *Discovering the Universe*. New York: W. H. Freeman, 2008.

Davies, Paul. *The Eerie Silence*. New York: Houghton Mifflin Harcourt, 2010.

Freedman, Roger, Robert M. Geller, and William Kaufmann III. *Universe*. New York: W. H. Freeman, 2011.

Georges, Thomas M. *Digital Soul: Intelligent Machines and Human Values*.

New York: Perseus Books, 2003.

Gilster, Paul. *Centauri Dreams*. New York: Springer Books, 2004.

Golub, Leon, and Jay Pasachoff. *The Nearest Star*. Cambridge: Harvard
University Press, 2001.

Grinspoon, David. *Lonely Planets: The Natural Philosophy of Alien
Life*. New York: HarperCollins, 2003.

Impey, Chris. *Beyond: Our Future in Space*. New York: W. W. Norton, 2016.

_____. *The Living Cosmos: Our Search for Life in the Universe*.
New York: Random House, 2007.

Kaku, Michio. *The Future of the Mind*. New York: Anchor Books, 2014.
《마음의 미래》(김영사)

_____. *The Physics of the Future*. New York: Anchor Books, 2011.
《미래의 물리학》(김영사)

_____. *Visions: How Science Will Revolutionize the 21st Century*. New York:
Anchor Books, 1999. 《비전 2003》(작가정신)

Kasting, James. *How to Find a Habitable Planet*. Princeton: Princeton University
Press, 2010.

Lemonick, Michael D. *Mirror Earth: The Search for Our Planet's Twin*.
New York: Walker and Co., 2012.

_____. *Other Worlds: The Search for Life in the Universe*. New York: Simon
and Schuster, 1998.

Lewis, John S. *Asteroid Mining 101: Wealth for the New Space Economy*.
Mountain View, CA: Deep Space Industries, 2014.

Neufeld, Michael. *Von Braun: Dreamer of Space, Engineer of War*.
New York: Vintage Books, 2008.

O'Connell, Mark. *To Be a Machine: Adventures Among Cyborgs,
Utopians, Hackers, and the Futurists Solving the Modest Problem of Death*.
New York: Doubleday Books, 2016. 《트랜스휴머니즘》(문학동네)

Odenwald, Sten. *Interstellar Travel: An Astronomer's Guide*. New York:
The Astronomy Cafe, 2015.

Petranek, Stephen L. *How We'll Live on Mars*. New York: Simon and

더 읽을거리

Schuster, 2015.《화성 이주 프로젝트》(문학동네)

Sasselov, Dimitar. *The Life of Super-Earths*. New York: Basic Books, 2012.

Scharf, Caleb. *The Copernicus Complex: Our Cosmic Significance in a Universe of Planets and Probabilities*. New York: Scientific American/ Farrar, Straus and Giroux, 2015.

Seeds, Michael, and Dana Backman. *Foundations of Astronomy*. Boston: Books/Cole, 2013.

Shostak, Seth. *Confessions of an Alien Hunter*. New York: Kindle eBooks, 2009.

Stapledon, Olaf. *Star Maker*. Mineola, NY: Dover Publications, 2008. 《스타메이커》(오멜라스)

Summers, Michael, and James Trefil. *Exoplanets: Diamond Worlds, Super Earths, Pulsar Planets, and the New Search for Life Beyond Our Solar System*. Washington, D.C.: Smithsonian Books, 2017.

Thorne, Kip. *The Science of "Interstellar."* New York: W. W. Norton, 2014.《인터스텔라의 과학》(까치)

Vance, Ashlee, and Fred Sanders. *Elon Musk: Tesla, SpaceX, and the Quest for a Fantastic Future*. New York: HarperCollins, 2015. 《일론 머스크, 미래의 설계자》(김영사)

Wachhorst, Wyn. *The Dream of Spaceflight*. New York: Perseus Books, 2000.

Wohlforth, Charles, and Amanda R. Hendrix. *Beyond Earth: Our Path to a New Home in the Planets*. New York: Pantheon Books, 2017. 《우리는 지금 토성으로 간다》(처음북스)

Woodward, James F. *Making Starships and Stargates: The Science of Interstellar Transport and Absurdly Benign Wormholes*. New York: Springer, 2012.

Zubrin, Robert. *The Case for Mars*. New York: Free Press, 2011.

찾아보기